K. Steinbuch · W. Rupprecht

Nachrichtentechnik

Dritte, neubearbeitete Auflage

Band I: Schaltungstechnik
von W. Rupprecht

Mit 203 Abbildungen

Springer-Verlag
Berlin Heidelberg New York 1982

Dr.-Ing. Karl Steinbuch

Professor i. R. an der Universität Karlsruhe (T.H.)

Dr.-Ing. Werner Rupprecht

Professor an der Universität Kaiserslautern

CIP-Kurztitelaufnahme der Deutschen Bibliothek

Steinbuch, Karl: Nachrichtentechnik/K. Steinbuch, W. Rupprecht.
3., neubearb. Aufl. — Bd. 1. Schaltungstechnik.
Berlin, Heidelberg, New York: Springer 1982

NE: Rupprecht, Werner

ISBN 3-540-11342-8 3. Aufl. Springer-Verlag Berlin Heidelberg New York
ISBN 0-387-11342-8 3rd. ed. Springer-Verlag New York Heidelberg Berlin

ISBN 3-540-06083-9 2. Aufl. Springer-Verlag Berlin Heidelberg New York
ISBN 0-387-06083-9 2nd ed. Springer-Verlag New York Heidelberg Berlin

Bindearbeiten: K. Triltsch. Würzburg
2060/3020-543210

Vorwort zum Gesamtwerk

Die Entwicklung der Elektrischen Nachrichtentechnik läuft seit einigen Jahren verstärkt zur digitalen Technik. Dafür gibt es gute Gründe wie Störfestigkeit, Genauigkeit, besonders aber die Möglichkeit, nahezu beliebige Kommunikationsdienste in einheitlicher Weise zu realisieren. Dennoch wird es aus physikalischen Gründen auch in der Nachrichtentechnik stets Bereiche geben, die analoge Betrachtungsweisen erfordern.

Die vorangegangenen Auflagen dieses Buchs haben bereits sowohl analoge als auch digitale Techniken behandelt. Die inzwischen eingetretene technische Entwicklung machte es jedoch notwendig, daß der größte Teil des Textes völlig neu geschrieben werden mußte. Dabei konnte aber das ursprüngliche Grundkonzept, insbesondere auch die Unterteilung des Stoffs in die drei Gebiete *Schaltungstechnik* (früher als Elemente der Nachrichtentechnik bezeichnet), *Nachrichtenübertragung* und *Nachrichtenverarbeitung* im wesentlichen beibehalten werden. Das ermöglichte zudem die aus Umfangs- und Kostengründen naheliegende Aufteilung in drei separat erscheinende Einzelbände. Trotz vieler Querbezüge können die Einzelbände unabhängig voneinander gelesen werden.

Die Abfassung von Band III, Nachrichtenverarbeitung, wurde freundlicherweise von Herrn Professor Wendt übernommen, der darüberhinaus auch an der Überarbeitung der Detailkonzeption aller Bände maßgebenden Anteil hat. Bei der Überarbeitung war es ein wichtiges Anliegen, die grundsätzlichen Prinzipien besonders herauszustellen, welche bleibende Gültigkeit besitzen, auch wenn die Technologie sich ändert. Ferner sollte der Text einerseits wissenschaftlichen Ansprüchen genügen, andererseits aber einen einführenden Charakter haben und für den Anfänger geeignet sein. Literaturhinweise wurden möglichst nur dort gemacht, wo eine eingehendere Darstellung den gesteckten Rahmen gesprengt hätte.

Die Verfasser danken dem Springer-Verlag für die gute Zusammenarbeit und das Interesse an der sorgfältigen Herstellung der drei Bände.

W. Rupprecht

Vorwort zu Band I

Schaltungstechnik umfaßt die Gebiete Bauelemente, Schaltungstechnologie und Methoden der Schaltungsberechnung. Alle in diesem Band gegebenen Beschreibungen von Bauelementen betreffen in der Hauptsache deren äußeres elektrisches Verhalten an den Anschlußpolen. Für die Schaltungsberechnung ist allein dieses äußere Verhalten von Interesse. Auf den inneren Aufbau und die Technologie der Bauelemente wird nur am Rande eingegangen. Ganz verzichtet wurde auf die Darstellung von Schaltungstechnologien, wie die Herstellung von Leiterplatten, das Drucken von Leiterbahnen und Bauelementen auf Keramiksubstrat, die Diffusions- und Ätzvorgänge der integrierten Halbleitertechnik usw.

Wenn bei der Neuauflage der Inhalt des vorliegenden Bandes I auch nicht in gleich hohem Umfang Änderungen erfahren hat wie der Inhalt der Bände II und III, so sind doch wichtige Akzentverschiebungen und Ergänzungen zu nennen. Hinsichtlich neuer Bauelemente ist zu erwähnen, daß besonders den in den vorigen Auflagen kaum berücksichtigten Feldeffekttransistoren nun ein breiter Raum gewidmet wird. Im Vordergrund der Darstellung steht aber das Gemeinsame, das für alle Bauelemente und Schaltungen gleichermaßen wichtig ist, nämlich der Umgang mit Kennlinien und Kennlinienfeldern und die Modellierung für den dynamischen Betrieb. Dies erforderte ein stärkeres Eingehen auch auf nichtlineare und zeitvariante Zusammenhänge bei resistiven, kapazitiven und induktiven Grundkomponenten.

Eine weitere wichtige Grundlage für den praktischen Schaltungsentwurf bzw. für die Schaltungsberechnung bilden die Kenntnis von Grundschaltungen und Methoden der Schaltungsanalyse. Es werden daher Grundschaltungen nicht nur vorgestellt, sondern auch ausführlich analysiert, und es werden Methoden aufgezeigt, wie eine Dimensionierung für ein gewünschtes Verhalten durchgeführt wird. Auf entsprechende CAD-Programme wird allerdings nicht eingegangen. Grundschaltungen zur Realisierung logischer Operationen werden in Band III beschrieben.

Herrn Dipl.-Ing. W. Maier und Herrn Dipl.-Ing. Ch. Münch dankt der Verfasser für die Hilfe beim Korrekturlesen und Herrn Prof. Dr. P. Weiß, Kaiserslautern, für Hinweise zu den Kapiteln 0 und 1.

W. Rupprecht

Inhaltsverzeichnis

Schaltungstechnik 23

0 Zusammenstellung einiger Hilfsmittel aus der theoretischen Elektrotechnik

Als *Elektrische Nachrichtentechnik* werden Anordnungen und Verfahren bezeichnet, welche der elektrischen Übertragung oder Verarbeitung von Nachrichten dienen.

Der gesamte Stoff wird hier in drei Bände unterteilt, nämlich in

I. Schaltungstechnik

— Bauelemente, Netzwerke, Verstärker —

II. Nachrichtenübertragung

— Signaltheorie, Übertragungswege, Informationstheorie —

III. Nachrichtenverarbeitung

— Schaltwerkstheorie, Struktur digitaler Systeme —

In allen drei Bänden werden gewisse Kenntnisse der Theoretischen Elektrotechnik vorausgesetzt. Deshalb ist den Bänden ein Kapitel 0 vorangestellt, in welchem ein kurzer Überblick über die wichtigsten Bezeichnungen, Definitionen und Gesetze aus diesem Gebiet gegeben wird, soweit sie für die elektrische Nachrichtentechnik erforderlich sind. Im Gegensatz zu den Bänden hat dieses Kapitel 0 einen vorwiegend aufzählenden Charakter und ist daher hauptsächlich zum Nachschlagen gedacht.

Von wenigen Ausnahmen abgesehen, sind alle Gleichungen in diesem Buch Größengleichungen, die vom Maßsystem unabhängig sind. Näheres über Größen und Einheiten steht im Abschnitt 0.7.

0.1 Spannungen, Ströme

In der elektrischen Nachrichtentechnik dienen Spannungen und Ströme nicht nur zur Energieversorgung, sondern auch zur elektrischen Darstellung von Signalen. Spannungen und Ströme werden durch große Buchstaben gekennzeichnet, wenn es sich um zeitlich konstante, d. h. feste Werte handelt, sie werden durch kleine Buchstaben gekennzeichnet, wenn sie Funktionen der Zeit sind.

0.1.1 Gleichspannung, Gleichstrom

Hierfür werden folgende Symbole (große Buchstaben) verwendet:

U = Gleichspannung,

I = Gleichstrom.

0.1.2 Sinusförmige Wechselspannungen und -ströme

Eine sinusförmige Wechselspannung wird dargestellt durch (vgl. Bild 0.1):

$$u = u(t) = \hat{U} \sin(\omega t + \varphi_u) =$$
$$= U_{\text{eff}} \sqrt{2} \sin(\omega t + \varphi_u). \qquad (0.1)$$

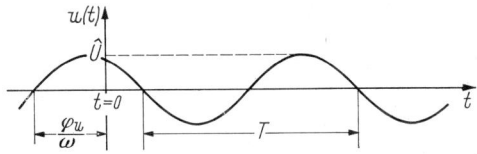

Bild 0.1. Kenngrößen einer sinusförmigen Wechselspannung ($\varphi_u > 0$)

Für den Strom gilt entsprechend

$$i = i(t) = \hat{I} \sin(\omega t + \varphi_i) =$$
$$= I_{\text{eff}} \sqrt{2} \sin(\omega t + \varphi_i). \qquad (0.2)$$

u bzw. i heißen Momentanwerte,

$\hat{U}$ bzw. $\hat{I}$ heißen Scheitelwerte oder Amplituden (ausgesprochen als „U Dach" bzw. „I Dach"),

t ist die Zeit,

f ist die Frequenz,

$\omega = 2\pi f$ heißt Kreisfrequenz, wird aber auch als „Frequenz" bezeichnet, wenn Verwechslungen mit f ausgeschlossen sind,

$T = \dfrac{1}{f}$ ist die Periodendauer,

φ_u bzw. φ_i heißen Nullphasenwinkel,

$U_{\text{eff}} = \dfrac{\hat{U}}{\sqrt{2}}$ bzw. $I_{\text{eff}} = \dfrac{\hat{I}}{\sqrt{2}}$ heißen Effektivwerte,

vgl. Abschnitt 0.2 (bei den Effektivwerten läßt man häufig den Index eff weg, d. h. man schreibt sie genauso wie die Gleichstromwerte).

0.1.2.1 Komplexe Darstellung sinusförmiger Wechselspannungen und -ströme

Unter Benutzung des Satzes von Euler

$$e^{j\alpha} = \cos \alpha + j \sin \alpha = \operatorname{Re}\{e^{j\alpha}\} + j \operatorname{Im}\{e^{j\alpha}\}, \quad (0.3)$$

Re = Realteil,   Im = Imaginärteil,

lassen sich sinusförmige Wechselspannungen und -ströme nach Gl. (0.1) bzw. Gl. (0.2) auch folgendermaßen darstellen

$$u = \hat{U}\sin(\omega t + \varphi_u) = \hat{U}\operatorname{Im}\{e^{j(\omega t + \varphi_u)}\} =$$
$$= \operatorname{Im}\{\hat{U}e^{j\varphi_u}e^{j\omega t}\} = \operatorname{Im}\{\underline{U}\,e^{j\omega t}\}, \qquad (0.4)$$

$$i = \hat{I}\sin(\omega t + \varphi_i) = \hat{I}\operatorname{Im}\{e^{j(\omega t + \varphi_i)}\} =$$
$$= \operatorname{Im}\{\hat{I}e^{j\varphi_i}e^{j\omega t}\} = \operatorname{Im}\{\underline{I}\,e^{j\omega t}\}. \qquad (0.5)$$

$\underline{U} = \hat{U}\,e^{j\varphi_u}$ und $\underline{I} = \hat{I}\,e^{j\varphi_i}$ heißen *komplexe Amplituden*. An dieser Stelle ist auch die Einführung komplexer Momentanwerte zweckmäßig

$$\underline{u} = \underline{U}\,e^{j\omega t}, \qquad (0.6)$$

$$\underline{i} = \underline{I}\,e^{j\omega t}. \qquad (0.7)$$

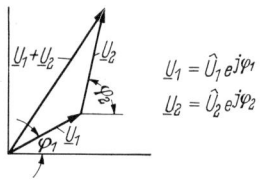

$\underline{U}_1 = \hat{U}_1 e^{j\varphi_1}$

$\underline{U}_2 = \hat{U}_2 e^{j\varphi_2}$

Bild 0.2. Zeigerdiagramm für die Addition komplexer Amplituden

Zum praktischen Rechnen braucht man oft lediglich die komplexen Amplituden $\underline{U}$ und $\underline{I}$. Zum Beispiel errechnet sich bei der Addition zweier sinusförmiger Spannungen gleicher Frequenz mit den komplexen Amplituden $\underline{U}_1$ und $\underline{U}_2$ die resultierende Spannung $\underline{U}_3$ aus der geometrischen Summe der *Zeiger* $\underline{U}_1$ und $\underline{U}_2$ im *Zeigerdiagramm* (Bild 0.2). Zeiger sind nicht dasselbe wie Vektoren. Erstere sind komplexe, letztere gerichtete Größen. Der Unterschied wird besonders bei der Multiplikation deutlich.

0.1.3 Nichtsinusförmige Spannungen und Ströme

In diesen sowie in den restlichen Unterabschnitten von Abschnitt 0.1 soll die Beschreibung auf die Spannung beschränkt bleiben. Die Gleichungen für den Strom lauten ganz entsprechend.

0.1.3.1 Periodische nichtsinusförmige Spannungen, Pulse

Bei periodischen Spannungen gilt generell

$$u(t) = u(t + T),$$

wobei T die Periodendauer ist. Periodische nichtsinusförmige Spannungen können nach Fourier durch Überlagerung unendlich vieler sinusförmiger Spannungen (Spektrum) mit im allgemeinen unterschiedlichen Amplituden (*Amplitudenspektrum*) und unterschiedlichen Nullphasenwinkeln (*Phasenspektrum*) dargestellt werden, sofern gewisse Bedingungen erfüllt sind, die unten noch genannt werden. Die Frequenzen der einzelnen Sinusspannungen sind ganzzahlige Vielfache (Harmonische) der Grundfrequenz ω_0 bzw. f_0 (*Linienspektrum*). Die Grundfrequenz f_0 ist der Kehrwert der Periodendauer T der nichtsinusförmigen Spannung

$$u(t) = U + \hat{U}_1\sin(\omega_0 t + \varphi_{u1}) +$$
$$+ \hat{U}_2\sin(2\omega_0 t + \varphi_{u2}) + \cdots$$

$$= U + \sum_{k=1}^{\infty} \hat{U}_k \sin(k\omega_0 t + \varphi_{uk}) =$$

$$= U + \sum_{k=1}^{\infty} a_k \cos(k\omega_0 t) + \sum_{k=1}^{\infty} b_k \sin(k\omega_0 t).$$
$$(0.8)$$

$u(t)$ Momentanwert zum Zeitpunkt t,
$\hat{U}$ Scheitelwert einer Sinusspannung,
U Gleichspannungskomponente,
φ_u Nullphasenwinkel einer Sinusspannung,
k Zählindex, $k = 1, 2, 3, \ldots$ ganzzahlig, k und $\underset{\sim}{k}$ bedeutet dasselbe,
a_k, b_k Fourier-Koeffizienten.

Die Fourier-Koeffizienten errechnen sich mit der Periodendauer $T = 2\pi/\omega_0$ zu

$$a_k = \frac{2}{T}\int_{-T/2}^{+T/2} u(t)\cos(k\omega_0 t)\,\mathrm{d}t, \qquad (0.9\,\mathrm{a})$$

$$b_k = \frac{2}{T}\int_{-T/2}^{+T/2} u(t)\sin(k\omega_0 t)\,\mathrm{d}t. \qquad (0.9\,\mathrm{b})$$

Die Gleichspannungskomponente bestimmt sich zu

$$U = \frac{1}{T} \int\limits_{-T/2}^{+T/2} u(t)\, dt.$$
(0.9c)

Aus Gl. (0.8) ergibt sich

$$\hat{U}_k = \sqrt{a_k^2 + b_k^2},$$
(0.10)

$$\tan \varphi_{uk} = \frac{a_k}{b_k}.$$
(0.11)

Die Fourier-Analyse läßt sich stets durchführen, wenn die Zeitfunktion innerhalb einer Periode nur endlich viele Unstetigkeitsstellen besitzt und wenigstens eines der Integrale

$$\int\limits_{-T/2}^{+T/2} |u(t)|\, dt$$
(0.12a)

oder

$$\int\limits_{-T/2}^{T/2} u^2(t)\, dt$$
(0.12b)

endlich ist. Diese Bedingungen sind hinreichend. Man erhält eine kompaktere Darstellung der Fourier-Reihe, wenn man in Gl. (0.8) die Sinus- und Kosinusfunktionen durch Exponentialfunk-tionen gemäß Gl. (0.3) ersetzt. Dies führt zu

$$u(t) = \sum_{k=-\infty}^{+\infty} \underline{U}(k)\, e^{jk\omega_0 t}$$
(0.13)

mit

$$\underline{U}(k) = \frac{1}{T} \int\limits_{-T/2}^{+T/2} u(t)\, e^{-jk\omega_0 t}\, dt =$$

$$= \begin{cases} (a_k - jb_k)/2 & \text{für } k > 0, \\ U & \text{für } k = 0, \\ (a_{-k} + jb_{-k})/2 & \text{für } k < 0. \end{cases}$$
(0.14)

Die Fourier-Koeffizienten $\underline{U}(k)$ sind im allgemeinen komplex. Für $k \geq 0$ gilt:

$$\underline{U}(k) = |\underline{U}(k)|\, e^{j\varphi(k)} =$$

$$= +\frac{1}{2} \sqrt{a_k^2 + b_k^2}\, e^{j \arctan (-b_k/a_k)}.$$
(0.15)

Es ist $\underline{U}(-k) = \underline{U}^*(k)$. Für die Gesamtheit aller k, die von $-\infty$ bis $+\infty$ zählen, stellen die Beträge $|\underline{U}(k)|$ das Amplitudenspektrum von $u(t)$ und die Winkel $\varphi(k)$ das Phasenspektrum von $u(t)$ dar. Beide Spektren sind Linienspektren.
Ein Beispiel einer periodischen Zeitfunktion und ihre zugehörigen Spektren zeigt Bild 0.3. Die Fourier-Koeffizienten errechnen sich dafür zu

$$\underline{U}(k) = \frac{j}{2k\pi}\, \{e^{-jk\pi} - 1\}.$$

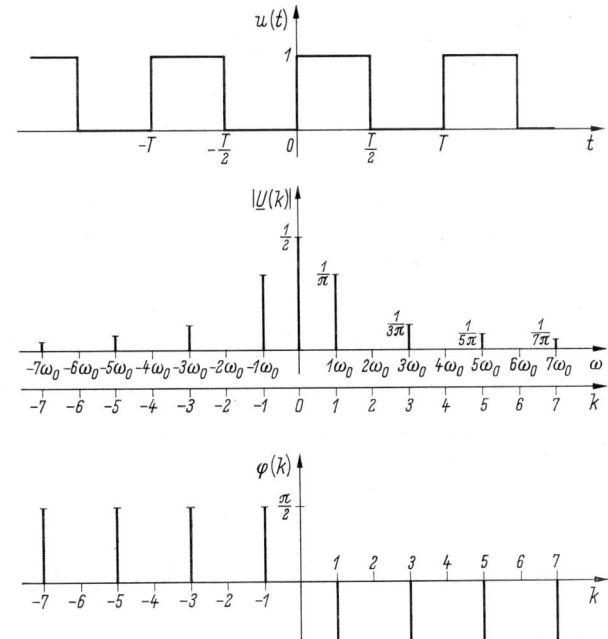

Bild 0.3. Beispiel einer periodischen Zeitfunktion (a) mit zugehörigem Amplitudenspektrum (b) und Phasenspektrum (c). Bei einer reellwertigen Zeitfunktion $u(t)$ ist das Amplitudenspektrum $|\underline{U}(k)|$ stets eine gerade Funktion und das Phasenspektrum $\varphi(k)$ stets eine ungerade Funktion

Über eine Leistungsbetrachtung (vgl. Abschnitt 0.2) ergibt sich auch für die periodische nichtsinusförmige Spannung ein Effektivwert. Dieser errechnet sich zu

$$U_{\mathrm{eff}} = + \sqrt{\frac{1}{T} \int\limits_{-T/2}^{+T/2} u^2(t)\,\mathrm{d}t}.$$ (0.16)

Mit Gl. (0.8) ergibt sich

$$U_{\mathrm{eff}} = + \sqrt{U^2 + \left(\frac{\hat{U}_1}{\sqrt{2}}\right)^2 + \left(\frac{\hat{U}_2}{\sqrt{2}}\right)^2 + \left(\frac{\hat{U}_3}{\sqrt{2}}\right)^2 + \cdots}$$

$$= + \sqrt{U^2 + U_{1\mathrm{eff}}^2 + U_{2\mathrm{eff}}^2 + U_{3\mathrm{eff}}^2 + \cdots}$$ (0.17)

und mit Gl. (0.13)

$$U_{\mathrm{eff}} = + \sqrt{\sum_{k=-\infty}^{+\infty} |\underline{U}(k)|^2}.$$ (0.18)

0.1.3.1.1 Klirrfaktor

Oft ist es umständlich, periodische nichtsinusförmige Spannungen durch zwei Spektren darzustellen. Es interessiert häufig nur ein rohes Maß, inwieweit eine periodische Spannung sich von der reinen Sinusspannung unterscheidet, ohne daß man wissen will, wie groß die einzelnen Amplituden $\hat{U}_k$ und Nullphasenwinkel ψ_{uk} sind. Dieses Maß kann durch den *Klirrfaktor* ausgedrückt werden.
Ist keine Gleichspannungskomponente vorhanden, dann bezeichnet man mit *Gesamtklirrfaktor* den Ausdruck

$$k = \frac{\text{Effektivwert der Oberschwingungen}}{\text{Effektivwert der Gesamtschwingung}} =$$

$$= \frac{\sqrt{U_{2\mathrm{eff}}^2 + U_{3\mathrm{eff}}^2 + U_{4\mathrm{eff}}^2 + \cdots}}{\sqrt{U_{1\mathrm{eff}}^2 + U_{2\mathrm{eff}}^2 + U_{3\mathrm{eff}}^2 + \cdots}}.$$ (0.19)

Man unterscheidet noch weiter Klirrfaktoren 2., 3., ... ν-ter Ordnung. Der Klirrfaktor ν-ter Ordnung heißt

$$k_\nu = \frac{U_{\nu\mathrm{eff}}}{\sqrt{U_{1\mathrm{eff}}^2 + U_{2\mathrm{eff}}^2 + U_{3\mathrm{eff}}^2 + \cdots}}.$$ (0.20)

Eine andere Definition des Klirrfaktors ist

$$k' = \frac{\text{Effektivwert der Oberschwingungen}}{\text{Effektivwert der Grundschwingung}}.$$ (0.21)

k und k' können mit Gl. (0.20) ineinander umgerechnet werden

$$k = \frac{k'}{\sqrt{1 + k'^2}}.$$ (0.22)

Falls der Klirrfaktor klein gegen Eins ist, gilt mit guter Näherung $k \approx k'$.

0.1.3.2 Unperiodische nichtsinusförmige Spannungen, Impulse

Es lassen sich nicht nur periodische nichtsinusförmige Spannungsverläufe auf zwei gleichwertige Arten (als Zeitfunktion oder als Spektrum) darstellen, sondern auch unperiodische Verläufe. Während sich bei periodischen Spannungen *Linienspektren* ergeben, ergeben sich bei unperiodischen *kontinuierliche Spektren*.
Für die Berechnung des Spektrums einer Zeitfunktion dienen im wesentlichen zwei Integralbeziehungen, die Fourier-Transformation und die Laplace-Transformation.
Bei Zeitfunktionen $u(t)$, für die

$$\int\limits_{-\infty}^{+\infty} |u(t)|\,\mathrm{d}t$$ (0.23a)

oder

$$\int\limits_{-\infty}^{+\infty} u^2(t)\,\mathrm{d}t$$ (0.23b)

existiert, kann das Frequenzspektrum über das Fourier-Integral (zweiseitige Fourier-Transformation) berechnet werden

$$\underline{U}(\mathrm{j}\omega) = \int\limits_{-\infty}^{+\infty} u(t)\,\mathrm{e}^{-\mathrm{j}\omega t}\,\mathrm{d}t.$$ (0.24)

$\underline{U}(\mathrm{j}\omega)$ hat die Dimension Spannung mal Zeit oder Spannung pro Frequenz, wenn $u(t)$ die Dimension Spannung hat. $\underline{U}(\mathrm{j}\omega)$ ist im allgemeinen Fall komplex, d. h.

$$\underline{U}(\mathrm{j}\omega) = A(\omega) + \mathrm{j}B(\omega) = \hat{U}(\omega)^{\mathrm{j}\varphi(\omega)}.$$ (0.25)

Für reellwertige Zeitfunktionen $u(t)$ ist der Realteil $A(\omega)$ eine gerade, der Imaginärteil $B(\omega)$ eine ungerade Funktion von ω. Wie bei den periodischen Funktionen ergibt sich auch bei den nichtperiodischen Funktionen ein Amplitudenspektrum

$$|\underline{U}(\mathrm{j}\omega)| = \hat{U}(\omega) = \sqrt{A^2(\omega) + B^2(\omega)}$$ (0.26)

und ein Phasenspektrum

$$\text{arc}\,\{\underline{U}\,(\mathrm{j}\omega)\} = \varphi(\omega) = \arctan\frac{B(\omega)}{A(\omega)}. \qquad (0.27)$$

Die Berechnung der Zeitfunktion aus der Spektralfunktion erfolgt mit der Rücktransformationsformel

$$u(t) = \frac{1}{2\pi}\int\limits_{-\infty}^{+\infty}\underline{U}\,(\mathrm{j}\omega)\,\mathrm{e}^{+\mathrm{j}\omega t}\,\mathrm{d}\omega =$$

$$= \int\limits_{-\infty}^{+\infty}\underline{U}\,(\mathrm{j}\,2\pi f)\,\mathrm{e}^{+\mathrm{j}2\pi ft}\,\mathrm{d}f. \qquad (0.28)$$

Die Gesamtenergie im Zeitbereich ist gleich derjenigen im Frequenzbereich, d. h. es gilt die Parsevalsche Gleichung

$$\int\limits_{-\infty}^{+\infty}u^2(t)\,\mathrm{d}t = \frac{1}{2\pi}\int\limits_{-\infty}^{+\infty}|\underline{U}\,(\mathrm{j}\omega)|^2\,\mathrm{d}\omega. \qquad (0.29)$$

Wegen Gl. (0.23) ist es für die Anwendung der Fourier-Transformation notwendig, daß $u(t) \to 0$ für $t \to \pm\infty$. Bei Zeitfunktionen, für die dies nicht zutrifft, die jedoch für $t < 0$ verschwinden und für die das Integral

$$\int\limits_{0}^{\infty}|u(t)|\,\mathrm{e}^{-\sigma_0 t}\,\mathrm{d}t$$

für einen positiven reellen Mindestwert von σ_0 existiert, kann das Frequenzspektrum durch die einseitige Laplace-Transformation berechnet werden.

$$\underline{U}\,(s) = \int\limits_{0}^{\infty}u(t)\,\mathrm{e}^{-st}\,\mathrm{d}t = \mathfrak{L}\{u(t)\}$$

mit $\quad s = \sigma + \mathrm{j}\omega\quad$ und $\quad\text{Re}\,\{s\} > \sigma_0. \qquad (0.30)$

Aus der Spektralfunktion kann umgekehrt wieder die Zeitfunktion $u(t)$ mit der Rücktransformationsformel Gl. (0.31) berechnet werden, sofern zu einem gegebenen $\underline{U}\,(s)$ ein $u(t)$ existiert, was nicht immer der Fall sein muß. Eine anschließende Kontrolle mit Gl. (0.30) ist darum angebracht.

$$u(t) = \frac{1}{2\pi\mathrm{j}}\int\limits_{\sigma_0-\mathrm{j}\infty}^{\sigma_0+\mathrm{j}\infty}\underline{U}\,(s)\,\mathrm{e}^{st}\,\mathrm{d}s = \mathfrak{L}^{-1}\{\underline{U}\,(s)\}. \qquad (0.31)$$

Bei Zeitfunktionen, die für $t < 0$ verschwinden und für die Gl. (0.23) zutrifft, kann im Fourier-

Integral Gl. (0.24) die untere Integrationsgrenze zu Null gesetzt und im Laplace-Integral Gl. (0.30) $s = \mathrm{j}\omega$ gesetzt werden. In diesem Sonderfall gehen Fourier- und Laplace-Transformation ineinander über.

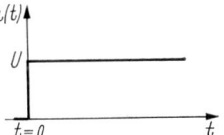

Bild 0.4. Sprungfunktion
$u(t) = 0\quad$ für $\quad t < 0;\quad u(t) = U\quad$ für $\quad t > 0$

Ein Beispiel für eine Zeitfunktion, deren Spektrum nicht mit der Fourier-, wohl aber mit der Laplace-Transformation berechnet werden kann, ist die Sprungfunktion nach Bild 0.4. Das Frequenzspektrum hierfür errechnet sich mit Gl. (0.30) zu

$$\underline{U}\,(s) = \frac{U}{s} = \frac{U}{\sigma + \mathrm{j}\omega}.$$

Die praktische Anwendung der Laplace-Transformation erfolgt zweckmäßigerweise mit Hilfe von Tabellen, in denen die für die wichtigsten Funktionen ausgerechneten Integrale zusammengestellt sind. Tabelle 0.1 gibt einige Beispiele an, von denen die letzten beiden die Beziehungen für bestimmte Operationen auf eine Funktion $u(t)$ behandeln. Umfangreiche Tabellen finden sich z. B. bei Holbrook [4].

0.1.3.3 Zufällige Spannungen

Die zufällige Spannung $\boldsymbol{u}$ ist wahrscheinlichkeitstheoretisch eine Zufallsvariable, von welcher man erst a posteriori weiß, welchen tatsächlichen Wert u sie zu einem bestimmten Zeitpunkt annimmt. Häufig sind aber a priori Wahrscheinlichkeitsangaben bekannt, z. B. in Form der Wahrscheinlichkeitsdichtefunktion $p(u)$. Bild 0.5 zeigt ein Beispiel einer Wahrscheinlichkeitsdichtefunktion.

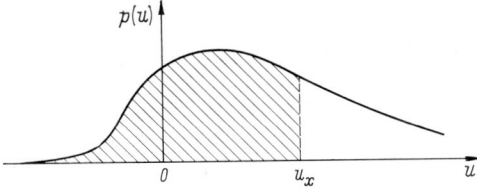

Bild 0.5. Beispiel einer Wahrscheinlichkeitsdichtefunktion

Tabelle 0.1 Einige Korrespondenzen zur Laplace-Transformation

Zeitfunktion $u(t)$ für $t > 0$	Laplace-Transformierte $\underline{U}(s) = \mathfrak{L}\{u(t)\}$
Sprungfunktion 1	$\dfrac{1}{s}$
$e^{\alpha t}$	$\dfrac{1}{s - \alpha}$
$\sin \omega_0 t$	$\dfrac{\omega_0}{s^2 + \omega_0{}^2}$
$\dfrac{1}{\alpha}\,(e^{\alpha t} - 1)$	$\dfrac{1}{s(s - \alpha)}$
$\dfrac{e^{\beta t} - e^{\alpha t}}{\beta - \alpha}$	$\dfrac{1}{(s - \alpha)\,(s - \beta)}$
$\dfrac{1}{\alpha\beta} + \dfrac{\alpha\,e^{\beta t} - \beta\,e^{\alpha t}}{\alpha\beta(\beta - \alpha)}$	$\dfrac{1}{s(s - \alpha)\,(s - \beta)}$

Differentiationssatz:

$\dfrac{\mathrm{d}u}{\mathrm{d}t}$	$s\underline{U}(s) - u(+0)$

Integrationssatz:

$\displaystyle\int\limits_0^t u(\tau)\,\mathrm{d}\tau$	$\dfrac{1}{s}\,\underline{U}(s)$

Verschiebungssatz:

$u(t - t_0);\ t_0 \geq 0$	$\underline{U}(s)\,e^{-st_0}$

Die Wahrscheinlichkeit $P(\boldsymbol{u} = u_\mathrm{x})$ dafür, daß die Momentanspannung $\boldsymbol{u} \leq u_\mathrm{x}$ ist, errechnet sich zu

$$P(\boldsymbol{u} \leq u_\mathrm{x}) = \int\limits_{-\infty}^{u_\mathrm{x}} p(u)\,\mathrm{d}u. \tag{0.32}$$

Da die momentane Spannung mit Sicherheit im Bereich $-\infty \leq \boldsymbol{u} \leq +\infty$ liegt, gilt für alle Wahrscheinlichkeitsdichtefunktionen

$$\int\limits_{-\infty}^{+\infty} p(u)\,\mathrm{d}u = 1. \tag{0.33}$$

Hat man zwei voneinander statistisch unabhängige zufällige Spannungen $\boldsymbol{u}_1$ und $\boldsymbol{u}_2$ mit den Wahrscheinlichkeitsdichtefunktionen $p_1(u)$ und $p_2(u)$, dann errechnet sich die Wahrscheinlichkeitsdichtefunktion $p_3(u)$ der Spannungssumme $\boldsymbol{u}_3 = \boldsymbol{u}_1 + \boldsymbol{u}_2$ mit dem Faltungsintegral

$$p_3(u) = \int\limits_{-\infty}^{+\infty} p_1(v)\,p_2(u - v)\,\mathrm{d}v. \tag{0.34}$$

Bei Vorgängen, die das Resultat einer Vielzahl unabhängiger Teilereignisse sind, wie z. B. das

Wärmerauschen oder die Rauschspannung eines ohmschen Widerstandes, stellt die Wahrscheinlichkeitsdichtefunktion meist eine Gaußsche Verteilungskurve dar (sog. Gauß-Rauschen). Bild 0.6a zeigt ein Beispiel einer solchen regellos verlaufenden Spannung $u(t)$. Die zugehörige Wahrscheinlichkeitsdichtefunktion $p(u)$ zeigt Bild 0.6b. Sie wird beschrieben durch

$$p(u) = \frac{1}{\sqrt{2\pi}\ U_\mathrm{eff}}\ e^{-u^2/2U_\mathrm{eff}^2}. \tag{0.35}$$

U_eff ist der Effektivwert der regellosen Spannung $u(t)$. Das bedeutet, daß die Spannung $u(t)$ im ohmschen Widerstand R im zeitlichen Mittel die Leistung $P = U_\mathrm{eff}^2/R$ umsetzt.

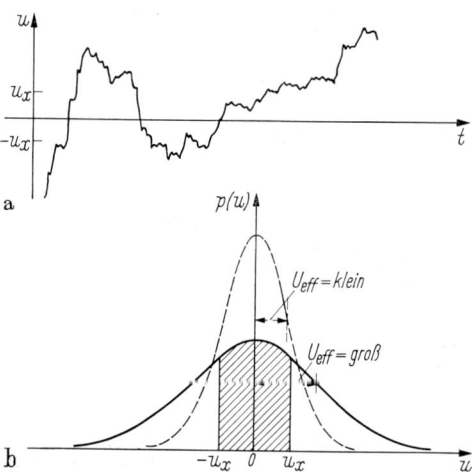

Bild 0.6. (a) Beispiel einer regellos verlaufenden Spannung, (b) Gaußsche Wahrscheinlichkeitsdichtefunktion

Die Wahrscheinlichkeit $P(u_\mathrm{x})$, daß die Momentanspannung u im Bereich $-u_\mathrm{x} \leq \boldsymbol{u} \leq +u_\mathrm{x}$ liegt, entspricht der schraffierten Fläche in Bild 0.6b, d. h.

$$P(-u_\mathrm{x} \leq \boldsymbol{u} \leq +u_\mathrm{x}) = \int\limits_{-u_\mathrm{x}}^{+u_\mathrm{x}} p(u)\,\mathrm{d}u =$$

$$= \frac{1}{\sqrt{2\pi}\ U_\mathrm{eff}} \int\limits_{-u_\mathrm{x}}^{+u_\mathrm{x}} e^{-u^2/2U_\mathrm{eff}^2}\,\mathrm{d}u. \tag{0.36}$$

Für die Summe zweier statistisch unabhängiger Zufallsspannungen mit Gaußschen Verteilungskurven und den Effektivwerten $U_{1\mathrm{eff}}$ und $U_{2\mathrm{eff}}$

errechnet sich der resultierende Effektivwert $U_{3\text{eff}}$ über Gl. (0.34) zu [vgl. Gl. (0.17)]

$$U_{3\text{eff}} = + \sqrt{U_{1\text{eff}}^2 + U_{2\text{eff}}^2} \, . \qquad (0.37)$$

0.1.4 Frequenzen, komplexe Frequenz

Für Frequenzen werden folgende Symbole verwendet:

f (natürliche) Frequenz,

$\omega = 2\pi f$ Kreisfrequenz.

Als komplexe Kreisfrequenz bezeichnet man den Ausdruck [vgl. Gl. (0.30)]

$$s = \sigma + j\omega . \qquad (0.38)$$

Der Begriff der komplexen Kreisfrequenz ist besonders in der Netzwerktheorie von großer Bedeutung. Die formale Erweiterung von Gl. (0.6) und Gl. (0.7) auf komplexe Kreisfrequenzen ergibt

$$\underline{u} = \underline{U}e^{st} = \underline{U}e^{(\sigma+j\omega)t} = \underline{U}e^{\sigma t}e^{j\omega t},$$

$$\underline{i} = \underline{I}e^{st} = \underline{I}e^{(\sigma+j\omega)t} = \underline{I}e^{\sigma t}e^{j\omega t}.$$

Den Realteil σ der komplexen Frequenz bezeichnet man als *Wuchskoeffizient*. Den Zahlenwert der komplexen Frequenz kann man (wie alle komplexen Zahlen) in der Gaußschen Ebene darstellen, die in diesem Fall als *komplexe Frequenzebene* bezeichnet wird (vgl. Bild 0.7). Punkte auf der imaginären Achse ($j\omega$-Achse) der komplexen Frequenzebene kennzeichnen reine Sinusschwingungen. Die $j\omega$-Achse wird daher auch als reelle Frequenzachse bezeichnet. Punkte in der linken s-Halbebene ergeben Sinusschwingungen mit exponentiell abklingenden, Punkte der rechten Halbebene Sinusschwingungen mit exponentiell anklingenden Hüllkurven. Die Frequenzen dieser Schwingungen sind durch die jeweiligen Ordinaten ω gegeben, die Schnelligkeiten des exponentiellen Ab- oder Anklingens werden durch die jeweiligen Abszissen σ bestimmt. Die Punkte auf der σ-Achse beschreiben reine Exponentialkurven.

0.2 Leistung

Von fundamentaler Bedeutung ist der Begriff der Leistung. Man unterscheidet verschiedene Arten von Leistungen. Am wichtigsten ist der Begriff der *Wirkleistung P*. Alle Leistungen ergeben sich aus dem Produkt von Strom und Spannung am gleichen Klemmenpaar. Bild 0.8 zeigt ein Klemmenpaar, welches durch einen Zweipol abgeschlossen ist. Die gestrichelten Pfeile sind *Richtungspfeile*. Der Richtungspfeil für den Strom zeigt (bei Wechselstrom für den gerade betrachteten Zeitpunkt) stets in die Strömungsrichtung der positiven Ladungsträger. Der Richtungspfeil für die Spannung zeigt (für den betrachteten Zeitpunkt) stets vom positiveren zum negativeren Potential.

Bei den in Bild 0.8 eingezeichneten Richtungspfeilen ist die vom Zweipol aufgenommene (momentane) Leistung positiv. Wäre entweder der Richtungspfeil für den Strom oder für die Spannung anders gerichtet, dann wäre die vom Zweipol aufgenommene (momentane) Leistung negativ. Sind beide Richtungspfeile umgedreht, dann ist die Leistung wieder positiv.

Die ausgezogenen Pfeile von Bild 0.8 sind *Zählpfeile*. Diese werden z. B. bei der Analyse von Netzwerken zunächst willkürlich gesetzt. Die zum Zählpfeil gehörige Größe (= Spannung oder Strom) ist positiv, wenn Zählpfeil und Richtungs-

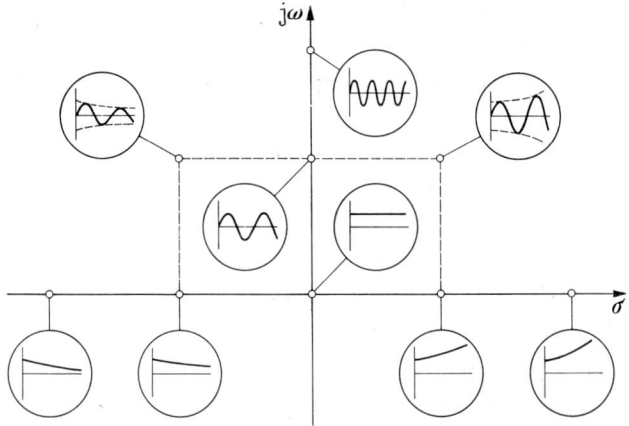

Bild 0.7. Erläuterung der komplexen Frequenz vgl. auch Bild 2.9

pfeil in die gleiche Richtung weisen, sie ist negativ, wenn sie in entgegengesetzte Richtungen weisen. Die Verwendung von Zählpfeilen ist besonders in Wechselstromkreisen zweckmäßig, weil die Zählpfeilrichtung unabhängig vom betrachteten Zeitpunkt ist (vgl. Abschnitt 0.4).

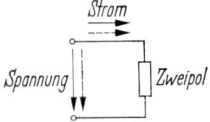

Bild 0.8. Zweipol mit Richtungspfeilen (gestrichelt) und Zählpfeilen (ausgezogen) für Strom und Spannung

0.2.1 Leistung bei Gleichstrom

Die Leistung ergibt sich aus dem Produkt von Gleichspannung U und Gleichstrom I am gleichen Klemmenpaar

$$P = UI. \tag{0.39}$$

Bei Gleichstrom ist nur eine Wirkleistung möglich. Das Vorzeichen ergibt sich aus den Richtungspfeilen.

0.2.2 Leistung bei sinusförmigem Wechselstrom

Der Momentanwert der elektrischen Leistung $p(t)$ errechnet sich aus dem Produkt von Momentanspannung $u(t)$ und Momentanstrom $i(t)$. Mit den Gln. (0.1) und (0.2) wird

$$p(t) = u(t)\, i(t) = \hat{U} \sin(\omega t + \varphi_u)\, \hat{I} \sin(\omega t + \varphi_i)$$

$$= \frac{\hat{U}\hat{I}}{2} [\cos(\varphi_u - \varphi_i) -$$

$$- \cos(2\omega t + \varphi_u + \varphi_i)]. \tag{0.40}$$

In Gl. (0.40) setzt sich $p(t)$ aus einem zeitunabhängigen und einem zeitabhängigen Glied zusammen. Das zeitabhängige Glied $\cos(2\omega t + \varphi_u + \varphi_i)$ ergibt im zeitlichen Mittel Null. Folglich berechnet sich der zeitliche Mittelwert der Leistung (das ist die Wirkleistung) bei Wechselstrom zu

$$P = U_{\text{eff}} I_{\text{eff}} \cos \varphi = P_{\text{s}} \cos \varphi. \tag{0.41}$$

P Wirkleistung,
$\cos \varphi$ Leistungsfaktor,
$\varphi = \varphi_u - \varphi_i$ Phasenwinkel zwischen Strom und Spannung.

Die *Scheinleistung* P_{s} ist das Produkt von Effektivspannung und Effektivstrom ohne Berücksichtigung des Leistungsfaktors

$$P_{\text{s}} = U_{\text{eff}} I_{\text{eff}}. \tag{0.42}$$

Für $\cos \varphi = 1$ sind Scheinleistung und Wirkleistung gleich. Von Bedeutung ist weiterhin noch die *Blindleistung* P_{q}. Sie berechnet sich zu

$$P_{\text{q}} = U_{\text{eff}} I_{\text{eff}} \sin \varphi = P_{\text{s}} \sin \varphi. \tag{0.43}$$

Aus den Gln. (0.41), (0.42) und (0.43) folgt die Beziehung zwischen Wirk-, Blind- und Scheinleistung

$$P_{\text{s}}^2 = P^2 + P_{\text{q}}^2. \tag{0.44}$$

0.2.2.1 Komplexe Leistung

Die komplexe Leistung $\underline{P}$ ergibt sich aus der komplexen Darstellung sinusförmiger Wechselströme. Man rechnet hier mit den komplexen Amplituden $\underline{U}$ und $\underline{I}$. Ist $\underline{I}^*$ der zu $\underline{I}$ konjugiert komplexe Wert, dann ergibt sich die komplexe Leistung $\underline{P}$ zu

$$\underline{P} = \frac{1}{2}\, \underline{U}\underline{I}^* = \frac{1}{2}\, \hat{U} e^{j\varphi_u} \hat{I} e^{-j\varphi_i} = U_{\text{eff}} I_{\text{eff}} e^{j(\varphi_u - \varphi_i)}$$

$$= U_{\text{eff}} I_{\text{eff}} e^{j\varphi} = U_{\text{eff}} I_{\text{eff}} \cos \varphi + j U_{\text{eff}} I_{\text{eff}} \sin \varphi$$

$$= P + j P_{\text{q}}. \tag{0.45}$$

Der Realteil der komplexen Leistung ist die Wirkleistung, der Imaginärteil die Blindleistung.

P Wirkleistung,

P_{q} Blindleistung.

Der Betrag der komplexen Leistung ist gleich der Scheinleistung Gl. (0.44)

$$|\underline{P}| = \sqrt{P^2 + P_{\text{q}}^2} = P_{\text{s}}. \tag{0.46}$$

0.2.3 Leistung bei nichtsinusförmigen Strömen

Bei periodischen nichtsinusförmigen Wechselströmen errechnet sich die mittlere Leistung oder Wirkleistung zu

$$P = \frac{1}{T} \int_0^T u(t)\, i(t)\, \mathrm{d}t, \tag{0.47}$$

T Periodendauer,

u, i Momentanwerte.

Gleichung (0.47) gilt auch für Gleichstrom (wobei T beliebig ist) und sinusförmige Ströme. Setzt man in Gl. (0.47) die folgenden Ausdrücke für die nichtsinusförmigen Spannungen und Ströme ein (vergl. Gl. (0.8))

$$u(t) = U + \sum_{k=1}^{\infty} \hat{U}_k \sin(k\omega t + \varphi_{uk}),$$

$$i(t) = I + \sum_{k=1}^{\infty} \hat{I}_k \sin(k\omega t + \varphi_{ik}),$$

so ergibt sich nach einiger Rechnung die Wirkleistung zu

$$P = UI + \frac{1}{2} \sum_{k=1}^{\infty} \hat{U}_k \hat{I}_k \cos(\varphi_{uk} - \varphi_{ik})$$

$$= UI + \sum_{k=1}^{\infty} U_{k\mathrm{eff}} I_{k\mathrm{eff}} \cos \varphi_k. \qquad (0.48)$$

$U_{k\mathrm{eff}}$ bzw. $I_{k\mathrm{eff}}$ Effektivwerte der k-ten Oberwelle,

$\varphi_k = \varphi_{uk} - \varphi_{ik}$ Phasenwinkel zwischen Strom und Spannung der k-ten Oberwelle.

Die *Scheinleistung* P_s bei nichtsinusförmigen periodischen Strömen ergibt sich wie in Gl. (0.42) zu

$$P_\mathrm{s} = U_\mathrm{eff} I_\mathrm{eff}.$$

Setzt man darin die Effektivwerte U_eff und I_eff nichtsinusförmiger Ströme nach Gl. (0.15) ein, dann folgt

$$P_\mathrm{s} = \sqrt{U^2 + U_{1\mathrm{eff}}^2 + U_{2\mathrm{eff}}^2 + \cdots} \;\cdot$$

$$\cdot \sqrt{I^2 + I_{1\mathrm{eff}}^2 + I_{2\mathrm{eff}}^2 + \cdots} =$$

$$= \sqrt{\left(U^2 + \sum_{k=1}^{\infty} U_{k\mathrm{eff}}^2\right)\left(I^2 + \sum_{k=1}^{\infty} I_{k\mathrm{eff}}^2\right)}. \quad (0.49)$$

Die *Blindleistung* P_q bei nichtsinusförmigen periodischen Strömen berechnet sich aus, siehe Gl. (0.44),

$$P_\mathrm{s}^2 = P^2 + P_\mathrm{q}^2.$$

Für P und P_s werden die Ausdrücke der Gln. (0.48) und (0.49) eingesetzt und anschließend wird Gl. (0.44) nach P_q aufgelöst.
Bei der Blindleistung unterscheidet man zwischen *Feldblindleistung* und *Verzerrungsblindleistung*. Feldblindleistung tritt auf bei Energiespeichern (Kapazitäten, Induktivitäten). Verzerrungsblind-

leistung tritt auf bei nichtlinearen Zweipolen (vgl. Abschnitt 0.3).
Bei unperiodischen Strömen und Spannungen ist die momentane Leistung

$$p(t) = u(t) \cdot i(t). \qquad (0.50)$$

0.2.4 Leistungen bei zufälligen Strömen

Die Berechnung der Leistung bei stationären zufälligen Strömen erfolgt oft mit Hilfe von Leistungsdichtespektren. Man unterscheidet einesteils zwischen einseitigen und zweiseitigen Leistungsdichtespektren, anderenteils zwischen Leistungsdichtespektren unterschiedlicher physikalischer Bedeutung.
Die einseitigen Leistungsdichtespektren sind nur für nichtnegative Frequenzen $f \geq 0$ definiert. Die zweiseitigen Leistungsdichtespektren sind darüberhinaus auch für negative Frequenzen definiert.
Hinsichtlich der physikalischen Bedeutung seien zwei Arten genannt. Das Leistungsdichtespektrum der ersten Art, das mit $\Phi^{(1)}(f)$ bezeichnet sei, hat die Dimension Leistung pro Frequenz und gibt an, welche mittlere Leistung die Quelle in jedem differentiellen Frequenzintervall df maximal abgeben kann. Beim einseitigen Spektrum $\Phi^{(1)}(f)$ beträgt die im Intervall $f_1 \leq f \leq f_2$ maximal abgebbare Leistung

$$P = \int_{f_1}^{f_2} \Phi^{(1)}(f)\,df. \qquad (0.51)$$

Nähere Ausführungen hierzu finden sich in Abschnitt 3.3.4.
Das Leistungsdichtespektrum der zweiten Art, das mit $\Phi(f)$ bezeichnet sei, hat die Dimension Signalquadrat pro Frequenz (Spannungsquadrat oder Stromquadrat pro Frequenz). Es beschreibt denjenigen Anteil, den das zufällige Signal $s(t)$ in jedem differentiellen Frequenzintervall df zum mittleren Signalquadrat beiträgt. Beim zweiseitigen Spektrum $\Phi(f)$ beträgt das mittlere Signalquadrat im Frequenzintervall $|f| \leq f_1$

$$\int_{-f_1}^{f_1} \Phi(f)\,df = \overline{s^2(t, f_1)} = \lim_{T \to \infty} \frac{1}{2T} \int_{-T}^{T} s^2(t, f_1)\,dt. \qquad (0.52)$$

Dabei ist $s(t, f_1)$ ein auf die Bandbreite $|f| \leq f_1$ begrenztes beliebiges Mustersignal des zufälligen Signals $s(t)$. Unter Mustersignal versteht man ein Beispiel eines möglichen Verlaufs, den das zufällige Signal (neben anderen möglichen Verläufen) annehmen kann. Nähere Ausführungen hierzu finden sich in Abschnitt 4.2.3. Das Leistungsdichtespektrum der zweiten Art wird oft auch einseitig definiert.

Von großer praktischer Bedeutung ist der Begriff des weißen Rauschens. Weißes Rauschen besitzt in einem relativ großen Frequenzbereich von $-f_g$ bis $+f_g$ ein konstantes frequenzunabhängiges Leistungsdichtespektrum $\Phi(f) = \Phi_0$, siehe Bild 0.9.

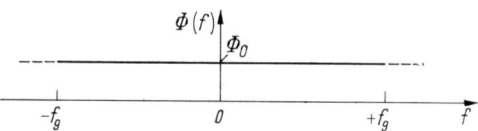

Bild 0.9. Leistungsdichtespektrum des weißen Rauschens

Die Verteilungsdichtefunktion $p(u)$ von weißem Rauschen stellt nicht immer, aber doch oft eine Gaußsche Verteilungskurve nach Bild 0.6 b dar. Umgekehrt ist nicht jedes Gauß-Rauschen zugleich weiß.

0.3 Zweipolige und vierpolige Schaltelemente

0.3.1 Zweipolige Schaltelemente

Zweipolige Schaltelemente besitzen zwei Anschlußklemmen. Die wichtigsten zweipoligen Elemente sind Spannungsquelle, Stromquelle, ohmscher Widerstand, Induktivität, Kapazität und die ideale Diode. Bild 0.10 zeigt die Schaltzeichen von Spannungsquellen und Stromquellen. Für die allgemeine Spannungsquelle gilt

$$u(t) \text{ eingeprägt;} \quad i(t) \text{ beliebig.} \qquad (0.53)$$

Für die allgemeine Stromquelle gilt

$$i(t) \text{ eingeprägt;} \quad u(t) \text{ beliebig.} \qquad (0.54)$$

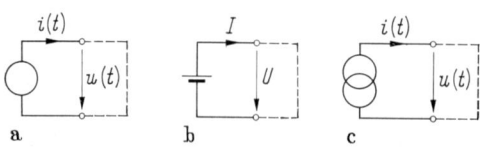

Bild 0.10. Schaltungssymbole unabhängiger Quellen

(a) allgemeine Spannungsquelle, (b) Gleichspannungsquelle, (c) allgemeine Stromquelle

Eingeprägt heißt, daß die betreffende Größe unabhängig von der Beschaltung der Quelle ist. Kurzschluß der Spannungsquelle und Leerlauf der Stromquelle sind nicht erlaubt. Spannungs- und Stromquelle sind aktive Elemente.

Beim ohmschen Widerstand R, siehe Bild 0.11 a, sind Strom und Spannung wie folgt verknüpft (Ohmsches Gesetz)

$$u(t) = Ri(t). \qquad (0.55)$$

Den Reziprokwert $G = 1/R$ des ohmschen Widerstands bezeichnet man als Leitwert.

Der ohmsche Widerstand ist linear, wenn seine Größe R unabhängig vom durchfließenden Strom und unabhängig von der an seinen Klemmen liegenden Spannung ist. Der lineare Widerstand ist passiv, falls $R > 0$ ist.

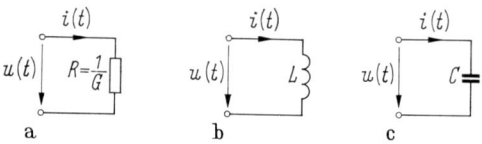

Bild 0.11. Schaltungssymbol

(a) des ohmschen Widerstandes, (b) der Induktivität, (c) der Kapazität

Für die Induktivität L und Kapazität C (Bild 0.11 b und c) gilt im Zeitbereich

$$u = L \frac{di}{dt} \quad \text{bzw.} \quad i(t) = \int_0^t \frac{1}{L} u(\tau)\, d\tau + i(0), \qquad (0.56)$$

$$i = C \frac{du}{dt} \quad \text{bzw.} \quad u(t) = \int_0^t \frac{1}{C} i(\tau)\, d\tau + u(0). \qquad (0.57)$$

Induktivität und Kapazität sind linear, wenn L und C unabhängig von Strom und Spannung sind. Sie sind darüber hinaus passiv, falls $L > 0$ und $C > 0$, vgl. Abschnitte 1.1 und 1.3.1. Durch Anwendung des Differentiationssatzes der Laplace-Transformation folgt im linearen Fall aus Gl. (0.56) und Gl. (0.57)

$$\underline{U}(s) = sL\underline{I}(s) - Li(0), \qquad (0.58)$$

$$\underline{I}(s) = sC\underline{U}(s) - Cu(0) \qquad (0.59)$$

und daraus für den Sonderfall $i(0) = 0$, $u(0) = 0$, $s = j\omega$

$$\underline{U}(j\omega) = j\omega L\underline{I}(j\omega), \qquad (0.60)$$

$$\underline{I}(j\omega) = j\omega C\underline{U}(j\omega). \qquad (0.61)$$

Das Schaltzeichen der idealen Diode zeigt Bild 0.12a. Ihr Verhalten wird durch zwei Zustände oder Bereiche charakterisiert, nämlich den Durchlaßbereich (DB)

$$u(t) = 0 \quad \text{für} \quad i(t) \geq 0 \qquad (0.62)$$

und den Sperrbereich (SB)

$$i(t) = 0 \quad \text{für} \quad u(t) \leq 0. \qquad (0.63)$$

Die ideale Diode ist nichtlinear und passiv.

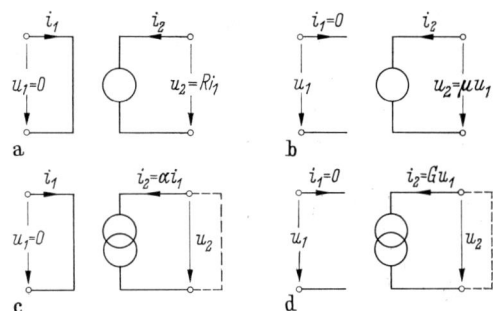

Bild 0.13. Schaltungssymbole gesteuerter Quellen (a) stromgesteuerte Spannungsquelle, (b) spannungsgesteuerte Spannungsquelle, (c) stromgesteuerte Stromquelle, (d) spannungsgesteuerte Stromquelle

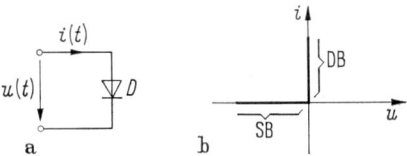

Bild 0.12. (a) Schaltungssymbol der Diode, (b) Strom-Spannungskennlinie der idealen Diode

Allgemein ist Linearität folgendermaßen definiert: Ruft eine Ursache $u_1(t)$ die Wirkung $v_1(t)$, und eine andere Ursache $u_2(t)$ die Wirkung $v_2(t)$ hervor, dann muß bei einem linearen System die Ursache $a_1u_1(t) + a_2u_2(t)$ die Wirkung $a_1v_1(t) + a_2v_2(t)$ hervorrufen. Dies gilt für beliebige Erregungen $u_1(t)$ und $u_2(t)$ und beliebige Konstanten a_1 und a_2.
Ein System ist passiv, wenn es keinen Beschaltungsfall gibt, bei dem das System an seinen Klemmen mehr Energie abgibt als es zuvor aufgenommen und gespeichert hat. Anderenfalls ist es aktiv. (Ein Verstärker ist aktiv, wenn man nur die Anschlußpunkte des Signaleingangs und Signalausgangs als Klemmen bezeichnet, nicht aber die Anschlußpunkte für die Energieversorgung, vgl. Abschnitt 3.)

0.3.2 Vierpolige Schaltelemente

Vierpolige Schaltelemente besitzen vier Anschlußklemmen. Die wichtigsten vierpoligen Elemente sind die gesteuerten Quellen, der ideale Übertrager und das gekoppelte Induktivitätenpaar.
Bild 0.13 zeigt die vier verschiedenen Typen gesteuerter Quellen. Für die stromgesteuerte Spannungsquelle gilt

$$u_2(t) = Ri_1(t),$$
$$u_1(t) = 0, \quad i_2(t) \text{ beliebig.} \qquad (0.64)$$

Die Ausgangsspannung $u_2(t)$ ist also vom steuernden Eingangsstrom $i_1(t)$ abhängig.

Für die spannungsgesteuerte Spannungsquelle gilt

$$u_2(t) = \mu u_1(t),$$
$$i_1(t) = 0, \quad i_2(t) \text{ beliebig.} \qquad (0.65)$$

Entsprechend gilt für die stromgesteuerte Stromquelle

$$i_2(t) = \alpha i_1(t),$$
$$u_1(t) = 0, \quad u_2(t) \text{ beliebig,} \qquad (0.66)$$

und für die spannungsgesteuerte Stromquelle

$$i_2(t) = Gu_1(t),$$
$$i_1(t) = 0, \quad u_2(t) \text{ beliebig.} \qquad (0.67)$$

Alle gesteuerten Quellen sind aktiv.

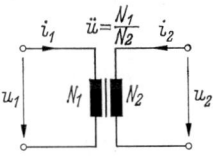

Bild 0.14. Schaltungssymbol des idealen Übertragers

Für den idealen Übertrager in Bild 0.14 gilt definitionsgemäß

$$u_1(t) = \ddot{u}u_2(t),$$
$$i_1(t) = -\frac{1}{\ddot{u}}\, i_2(t). \qquad (0.68)$$

$\ddot{u}$ bezeichnet das Übersetzungsverhältnis. Der ideale Übertrager ist passiv.

Das lineare gekoppelte Induktivitätenpaar von Bild 0.15 schließlich wird durch folgende Gleichungen beschrieben

$$u_1(t) = L_1 \frac{\mathrm{d}i_1}{\mathrm{d}t} + M \frac{\mathrm{d}i_2}{\mathrm{d}t},$$

$$u_2(t) = L_2 \frac{\mathrm{d}i_2}{\mathrm{d}t} + M \frac{\mathrm{d}i_1}{\mathrm{d}t}. \qquad (0.69)$$

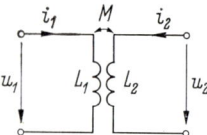

Bild 0.15. Gekoppeltes Induktivitätenpaar

M ist die sogenannte Gegeninduktivität. Für den Sonderfall $i_1(0) = i_2(0) = 0$ und $s = \mathrm{j}\omega$ folgt über die Laplace-Transformation

$$\underline{U}_1(\mathrm{j}\omega) = \mathrm{j}\omega L_1 \underline{I}_1(\mathrm{j}\omega) + \mathrm{j}\omega M \underline{I}_2(\mathrm{j}\omega),$$

$$\underline{U}_2(\mathrm{j}\omega) = \mathrm{j}\omega L_2 \underline{I}_2(\mathrm{j}\omega) + \mathrm{j}\omega M \underline{I}_1(\mathrm{j}\omega). \qquad (0.70)$$

Über das Vorzeichen von M wird später im Abschnitt 1.5 noch näher die Rede sein.

0.4 Analyse von Netzwerken

Netzwerke entstehen durch Zusammenschalten beliebiger aktiver und passiver zweipoliger und vierpoliger Schaltelemente. Die Punkte, an denen zwei oder mehrere Klemmen von Elementen oder Verbindungsleitungen miteinander verbunden sind, bezeichnet man als Knoten. Die Berechnung des elektrischen Verhaltens zwischen zwei beliebigen Knoten oder Knotenpaaren ist Gegenstand der Netzwerkanalyse.

0.4.1 Kirchhoffsche Sätze

Grundlage der Netzwerkanalyse bilden die Kirchhoffschen Sätze. Der erste Kirchhoffsche Satz, die Knotenregel, lautet:

Die Summe der einem Knotenpunkt zufließenden Ströme (Zweigströme) ist gleich Null.

$$\sum_\nu i_\nu(t) = 0 \quad \text{bzw.} \quad \sum_\nu \underline{I}_\nu = 0. \qquad (0.71)$$

Der Index ν kennzeichnet die zum betreffenden Knoten gehörenden Zweige. Für das Beispiel in Bild 0.16 gilt

$$i_1(t) + i_2(t) - i_3(t) - i_4(t) = 0.$$

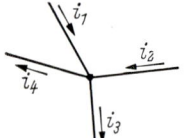

Bild 0.16. Zur Erläuterung der Knotenregel

Der zweite Kirchhoffsche Satz, die Schleifenregel, lautet:

Längs eines geschlossenen Weges, d. h. in einer Schleife, ist die Summe aller Spannungen gleich Null.

$$\sum_\nu u_\nu(t) = 0 \quad \text{bzw.} \quad \sum_\nu \underline{U}_\nu = 0. \qquad (0.72)$$

Der Index ν kennzeichnet diesmal die zur betreffenden Schleife gehörenden Zweige. Für das Beispiel in Bild 0.17 gilt

$$-u_1(t) - u_6(t) + u_5(t) - u_4(t) + u_3(t) = 0.$$

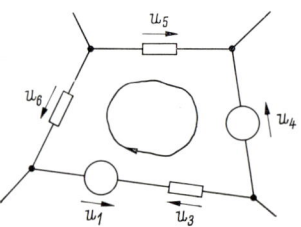

Bild 0.17. Zur Erläuterung der Schleifenregel

0.4.2 Schleifen- und Knotenanalyse

Netzwerke, die außer Spannungs- oder Stromquellen nur lineare Schaltelemente enthalten, lassen sich mit Hilfe der Schleifen- und Knotenanalyse analysieren.

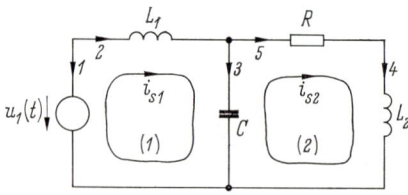

Bild 0.18. Zur Erläuterung der Schleifenanalyse

Der Schleifenanalyse liegt das Konzept des Schleifenstroms i_s zugrunde. Dieses Konzept läßt sich am besten anhand eines Beispiels erläutern. In Bild 0.18 sind sämtliche Zweige des Netzwerks in willkürlicher Weise durchnumeriert (von $\nu = 1$

bis 5) und mit einem Pfeil versehen. Der Pfeil soll die Zählrichtung des Zweigstroms i_ν und der Zweigspannung u_ν kennzeichnen. Für Zweigstrom i_ν und Zweigspannung u_ν wird also die gleiche Zählrichtung vorausgesetzt. Ferner sind in Bild 0.18 in willkürlicher Weise zwei Schleifen (oder Maschen) (1) und (2) eingetragen. In diesen Schleifen sollen die Schleifenströme i_{s1} und i_{s2} fließen. Die Numerierung und Orientierung der Zweige und Schleifen wird zwar zunächst willkürlich vorgenommen, sie ist aber dann verbindlich und darf im Laufe der Berechnung nicht abgeändert werden.

Die Zweigströme i_ν lassen sich wie folgt durch die Schleifenströme $i_{s\mu}$ ausdrücken

$$i_1 = -i_{s1}; \quad i_2 = i_{s1}; \quad i_3 = i_{s1} - i_{s2}; \quad i_4 = i_{s2};$$
$$i_5 = i_{s2}. \tag{0.73}$$

Die Anwendung der Schleifenregel ergibt nun für Schleife (1)

$$-u_1 + u_2 + u_3 = 0$$

oder

$$-u_1(t) + L_1 \frac{di_{s1}}{dt} + \frac{1}{C} \int_0^t (i_{s1} - i_{s2})\, d\tau +$$
$$+ u_3(0) = 0, \tag{0.74}$$

und für Schleife (2)

$$-u_3 + u_4 + u_5 = 0$$

oder

$$-\frac{1}{C} \int_0^t (i_{s1} - i_{s2})\, d\tau - u_3(0) +$$
$$+ R i_{s2} + L_2 \frac{di_{s2}}{dt} = 0. \tag{0.75}$$

Durch Laplace-Transformation ergeben sich für den Sonderfall $i_2(0) = 0$, $i_4(0) = 0$, $u_3(0) = 0$ und $s = j\omega$ aus den Gln. (0.74) und (0.75) die folgenden Beziehungen

$$\underline{U}_1(j\omega) = j\omega L_1 \underline{I}_{s1}(j\omega) + \frac{1}{j\omega C} [\underline{I}_{s1}(j\omega) - \underline{I}_{s2}(j\omega)], \tag{0.76}$$

$$0 = \frac{-1}{j\omega C} [\underline{I}_{s1}(j\omega) - \underline{I}_{s2}(j\omega)] + R\underline{I}_{s2}(j\omega) +$$
$$+ j\omega L_2 \underline{I}_{s2}(j\omega), \tag{0.77}$$

die wir fortan als „$j\omega$-Schleifengleichungen" oder „$j\omega$-Maschengleichungen" bezeichnen wollen.

Anmerkung: Wenn eine Schleife so gezeichnet ist, daß sie keinen Zweig schneidet, dann bezeichnet

man sie auch als *Masche*. Maschen sind demnach spezielle Schleifen.

Durch Auflösen der Schleifengleichungen erhält man die Schleifenströme. Mit den Schleifenströmen läßt sich jeder Zweigstrom und jede Zweigspannung berechnen.

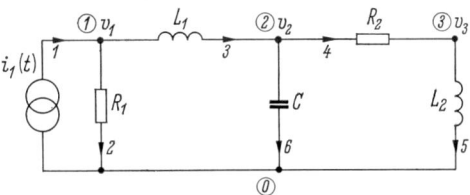

Bild 0.19. Zur Erläuterung der Knotenanalyse

Für die Knotenanalyse werden Knotenpotentiale v eingeführt. Im Beispiel von Bild 0.19 hat Knoten (1) das Potential v_1, der Knoten (2) das Potential v_2 und der Knoten (3) das Potential v_3. Der mit (0) gekennzeichnete Knoten sei der Bezugsknoten mit dem Potential Null Volt. Pfeil und Nummer an jedem Zweig bezeichnen wieder Richtung und Nummer von Zweigspannung und Zweigstrom des betreffenden Zweiges. Die Eintragung der Knotenpotentiale und Zweigspannungen und -ströme darf wieder zunächst willkürlich vorgenommen werden, ist aber dann für die weitere Rechnung verbindlich.

Die Zweigspannungen lassen sich durch die Knotenpotentiale ausdrücken. Für Bild 0.19 gilt

$$u_1 = -v_1; \quad u_2 = v_1; \quad u_3 = v_1 - v_2;$$
$$u_4 = v_2 - v_3; \quad u_5 = v_3; \quad u_6 = v_2. \tag{0.78}$$

Die Anwendung der Knotenregel auf Knoten (1) liefert

$$i_1 - i_2 - i_3 = 0 \tag{0.79}$$

oder

$$i_1(t) - \frac{v_1}{R_1} - \frac{1}{L_1} \int_0^t (v_1 - v_2)\, d\tau - i_3(0) = 0. \tag{0.80}$$

Für Knoten (2) ergibt sich

$$i_3 - i_4 - i_6 = 0 \tag{0.81}$$

oder

$$\frac{1}{L_1} \int_0^t (v_1 - v_2)\, d\tau + i_3(0) - \frac{v_2 - v_3}{R_2} -$$
$$- C \frac{dv_2}{dt} = 0, \tag{0.82}$$

und schließlich für Knoten (3)

$$i_4 - i_5 = 0 \qquad (0.83)$$

oder

$$\frac{v_2 - v_3}{R_2} - \frac{1}{L_2} \int_0^t v_3 \mathrm{d}\tau - i_5(0) = 0. \qquad (0.84)$$

Durch Laplace-Transformation ergeben sich für den Sonderfall $i_3(0) = 0$, $i_5(0) = 0$, $u_6(0) = 0$ und $s = \mathrm{j}\omega$ aus obigen Gleichungen die folgenden Beziehungen

$$I_1(\mathrm{j}\omega) = \frac{\underline{V}_1(\mathrm{j}\omega)}{R_1} + \frac{1}{\mathrm{j}\omega L_1} [\underline{V}_1(\mathrm{j}\omega) - \underline{V}_2(\mathrm{j}\omega)],$$

$$(0.85)$$

$$0 = -\frac{1}{\mathrm{j}\omega L_1} [\underline{V}_1(\mathrm{j}\omega) - \underline{V}_2(\mathrm{j}\omega)] +$$

$$+ \frac{\underline{V}_2(\mathrm{j}\omega) - \underline{V}_3(\mathrm{j}\omega)}{R_2} + \mathrm{j}\omega C \underline{V}_2(\mathrm{j}\omega), \quad (0.86)$$

$$0 = -\frac{\underline{V}_2(\mathrm{j}\omega) - \underline{V}_3(\mathrm{j}\omega)}{R_2} + \frac{1}{\mathrm{j}\omega L_2} \underline{V}_3(\mathrm{j}\omega),$$

$$(0.87)$$

die wir fortan als „$\mathrm{j}\omega$-Knotengleichungen" bezeichnen wollen. Durch Auflösen der Knotengleichungen erhält man die Knotenpotentiale. Mit den Knotenpotentialen läßt sich jede Zweigspannung und jeder Zweigstrom berechnen.

Bei der Analyse linearer Netzwerke, die mehrere unabhängige Quellen enthalten, kann man vom Überlagerungssatz Gebrauch machen. Dazu setzt man zunächst alle unabhängigen Quellen zu Null mit Ausnahme der ersten und berechnet die Teillösung, die sich auf Grund der ersten Quelle allein ergibt. Danach berechnet man die Teillösung, die sich ergibt, wenn mit Ausnahme der zweiten Quelle alle Quellen zu Null gesetzt werden. Danach berechnet man die Teillösung, die sich allein auf Grund der dritten Quelle ergibt, usw. Die endgültige Gesamtlösung errechnet sich dann als Summe aller Teillösungen. (Nullsetzen heißt: Spannungsquellen durch Kurzschlüsse, Stromquellen durch Leerläufe ersetzen.)

Für viele Anwendungen der Netzwerktheorie ist der von Helmholtz stammende Satz von der Ersatzstromquelle nützlich. Dieser Satz, der für lineare Netzwerke gilt, besagt folgendes:

Wenn man sich für einen Strom in einem beliebigen Zweig eines Netzwerkes interessiert, so kann man das ganze übrige Netzwerk, das den interessierenden Zweig umgibt, ersetzt denken durch die Serienschaltung einer Spannungsquelle und eines Innenwiderstandes.

Die Leerlaufspannung dieser Ersatzquelle ist diejenige Spannung, die im Netzwerk über dem interessierenden Zweig entsteht, wenn dieser Zweig unterbrochen wird. Der Innenwiderstand der Ersatzquelle berechnet sich aus dieser Leerlaufspannung und dem Kurzschlußstrom, der fließt, wenn der interessierende Zweig überbrückt wird. Statt der Serienschaltung kann auch die Parallelschaltung desselben Innenwiderstands mit einer Stromquelle verwendet werden, deren Kurzschlußstrom gleich dem Kurzschlußstrom in der Schaltung ist, wenn der interessierende Zweig überbrückt wird.

0.4.3 Anpassung von Zweipolquellen, Reflexionsfaktor, Echomaß

0.4.3.1 Anpassung

Gegeben sei eine Spannungsquelle mit der Leerlaufspannung U_0 und dem Innenwiderstand R_1 (Bild 0.20).

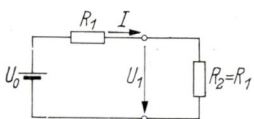

Bild 0.20. Anpassung einer Spannungsquelle

Die Frage ist, wie groß der reelle Abschlußwiderstand R_2 sein muß, damit in ihm die maximale Leistung umgesetzt wird. Man errechnet

$$P = U_1 I = \frac{U_0 R_2}{R_1 + R_2} \frac{U_0}{R_1 + R_2} = U_0^2 \frac{R_2}{(R_1 + R_2)^2},$$

$$(0.88)$$

$$\frac{\mathrm{d}P}{\mathrm{d}R_2} \overset{!}{=} 0 = U_0^2 \left\{ \frac{(R_1 + R_2)^2 - 2R_2(R_1 + R_2)}{(R_1 + R_2)^4} \right\}$$

$$\rightarrow R_2 = R_1. \qquad (0.89)$$

Im Abschlußwiderstand R_2 wird dann die maximale Leistung umgesetzt, wenn $R_1 = R_2$, was man durch Bilden der 2. Ableitung bestätigt findet. Dieser Betriebszustand wird mit *Leistungsanpassung* bezeichnet. Sind Innenwiderstand $\underline{Z}_1$ und Abschlußwiderstand $\underline{Z}_2$ komplex, dann wird maximale Leistung im Abschlußwiderstand $\underline{Z}_2$ umgesetzt, wenn

$$\underline{Z}_2 = \underline{Z}_1^*. \qquad (0.90)$$

$\underline{Z}_1^*$ ist der zu $\underline{Z}_1$ konjugiert komplexe Wert.

0.4.3.2 Reflexionsfaktor

Die Zweipolquelle nach Bild 0.20 sei angepaßt, d. h. $R_1 = R_2$. Dann ist der Strom I'

$$I' = \frac{U_0}{2R_1}.$$

Für den Fall, daß keine Anpassung vorliegt, ist der Strom I

$$I = \frac{U_0}{R_1 + R_2} = I' - I_E. \qquad (0.91)$$

Den Strom I kann man sich formal zusammengesetzt denken aus der Überlagerung des Anpaßstromes I' und eines Echostroms I_E. Der Echostrom I_E berechnet sich zu

$$I_E = I' - \frac{U_0}{R_1 + R_2} = U_0 \left(\frac{1}{2R_1} - \frac{1}{R_1 + R_2} \right) =$$

$$= \frac{U_0}{2R_1} \frac{R_2 - R_1}{R_2 + R_1} = I' \frac{R_2 - R_1}{R_2 + R_1}. \qquad (0.92)$$

Mit *Reflexionsfaktor* r bezeichnet man das Verhältnis von Echostrom zu Anpaßstrom

$$r = \frac{I_E}{I'} = \frac{R_2 - R_1}{R_2 + R_1}. \qquad (0.93)$$

Für den Anpassungsfall ist $r = 0$.
Bei der komplexen Rechnung hat es sich eingebürgert, die Formel für den reellen Reflexionsfaktor r einfach ins Komplexe zu übertragen (vgl. Abschnitt 5.2.3.1)

$$\underline{r} = \frac{\underline{Z}_2 - \underline{Z}_1}{\underline{Z}_2 + \underline{Z}_1}. \qquad (0.94)$$

0.4.3.3 Echomaß

Das Echomaß g_E ist ein Maß für die Größe des Anpaßfehlers. Es ist definiert als

$$g_E = \ln \frac{1}{\underline{r}} = \ln \frac{\underline{Z}_2 + \underline{Z}_1}{\underline{Z}_2 - \underline{Z}_1} = a_E + \mathrm{j} b_E. \qquad (0.95)$$

$a_E = \ln \dfrac{1}{|\underline{r}|}$ Echodämpfung oder Reflexionsdämpfung,

b_E Echowinkel.

0.5 Lineare Vierpole

Von großer praktischer Bedeutung sind solche linearen Netzwerke, bei denen man zwei Eingangs- und zwei Ausgangsklemmen unterscheiden kann (vgl. Bild 0.21).

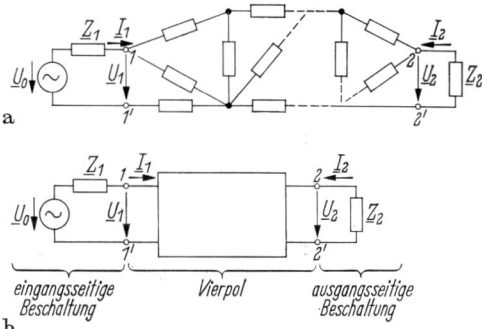

a

eingangsseitige **Vierpol** **ausgangsseitige**
Beschaltung **Beschaltung**

b

Bild 0.21. Willkürliches Netzwerk mit zwei Klemmenpaaren (a) und seine vereinfachte Darstellung als Vierpol (b)

Die Eingangsklemmen $1-1'$ sind im Normalfall mit einem Generator (Sender) mit der Quellspannung $\underline{U}_0$ und dem Innenwiderstand $\underline{Z}_1$ (eingangsseitige Beschaltung), die Ausgangsklemmen $2-2'$ mit einem Verbraucher (Empfänger) $\underline{Z}_2$ (ausgangsseitige Beschaltung) abgeschlossen. Das beliebige zwischen Eingangs- und Ausgangsklemmen gelegene Netzwerk nennt man Vierpol. Der Vierpol wird symbolisch durch einen Kasten (Bild 0.21 b) dargestellt. Die Funktion des linearen Vierpols kann stets durch zwei Gleichungen beschrieben werden. Diese lauten in

(a) Widerstandsform:
$$\underline{U}_1 = \underline{Z}_{11} \underline{I}_1 + \underline{Z}_{12} \underline{I}_2,$$
$$\underline{U}_2 = \underline{Z}_{21} \underline{I}_1 + \underline{Z}_{22} \underline{I}_2. \qquad (0.96)$$

(b) Leitwertsform:
$$\underline{I}_1 = \underline{Y}_{11} \underline{U}_1 + \underline{Y}_{12} \underline{U}_2,$$
$$\underline{I}_2 = \underline{Y}_{21} \underline{U}_1 + \underline{Y}_{22} \underline{U}_2. \qquad (0.97)$$

(c) Kettenform:
$$\underline{U}_1 = \underline{A}_{11} \underline{U}_2 + \underline{A}_{12}(-\underline{I}_2),$$
$$\underline{I}_1 = \underline{A}_{21} \underline{U}_2 + \underline{A}_{22}(-\underline{I}_2). \qquad (0.98)$$

(d) Hybridform:
$$\underline{U}_1 = \underline{h}_{11} \underline{I}_1 + \underline{h}_{12} \underline{U}_2,$$
$$\underline{I}_2 = \underline{h}_{21} \underline{I}_1 + \underline{h}_{22} \underline{U}_2. \qquad (0.99)$$

Es gibt noch andere Vierpolgleichungsformen, die aber in der Nachrichtentechnik von untergeordneter Bedeutung sind. Die in den Vierpolgleichungen maßgeblichen Größen sind die Koeffizienten vor den Spannungen und Strömen. Diese faßt man in Matrixform zusammen:

(a) Widerstandsmatrix: $\mathbf{Z} = \begin{bmatrix} \underline{Z}_{11} & \underline{Z}_{12} \\ \underline{Z}_{21} & \underline{Z}_{22} \end{bmatrix},$

$$(0.100)$$

(b) Leitwertmatrix: $\boldsymbol{Y} = \begin{bmatrix} \underline{Y}_{11} & \underline{Y}_{12} \\ \underline{Y}_{21} & \underline{Y}_{22} \end{bmatrix}$, (0.101)

(c) Kettenmatrix: $\boldsymbol{A} = \begin{bmatrix} \underline{A}_{11} & \underline{A}_{12} \\ \underline{A}_{21} & \underline{A}_{22} \end{bmatrix}$, (0.102)

(d) Hybridmatrix: $\boldsymbol{h} = \begin{bmatrix} \underline{h}_{11} & \underline{h}_{12} \\ \underline{h}_{21} & \underline{h}_{22} \end{bmatrix}$. (0.103)

Während zur Beschreibung der elektrischen Eigenschaften eines Zweipols bei einer Frequenz eine (im allgemeinen komplexe) Zahl genügt, braucht man zur Beschreibung eines Vierpols im allgemeinen vier komplexe Zahlen. Entsprechend braucht man zur Beschreibung des Frequenzverhaltens vier Frequenzfunktionen gegenüber einer bei Zweipolen. Die Umrechnung einer Vierpolmatrix in eine andere ist elementar. Die Ergebnisse sind in Tab. 0.2 zusammengestellt. Darin wird mit Δ die Determinante der Matrix bezeichnet, z. B.

$$\Delta \underline{h} = \underline{h}_{11}\underline{h}_{22} - \underline{h}_{12}\underline{h}_{21}.$$

0.5.1 Zusammenschaltung mehrerer Vierpole

Bei Serienschaltung der Ein- und Ausgänge (Bild 0.22) ergibt sich die Widerstandsmatrix des resultierenden Vierpols als Summe der einzelnen Widerstandsmatrizen.

$$\boldsymbol{Z} = \boldsymbol{Z}' + \boldsymbol{Z}''. \qquad (0.104)$$

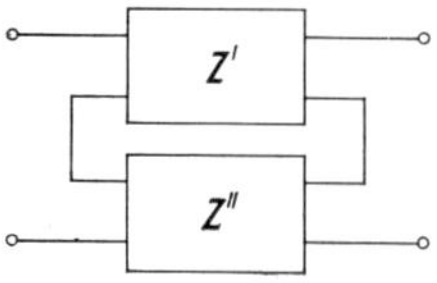

Bild 0.22. Serienschaltung zweier Vierpole

Bei Parallelschaltung der Ein- und Ausgänge (Bild 0.23) ergibt sich die Leitwertmatrix des resultierenden Vierpols als Summe der einzelnen Leitwertmatrizen

$$\boldsymbol{Y} = \boldsymbol{Y}' + \boldsymbol{Y}''. \qquad (0.105)$$

Bei Kettenschaltung zweier Vierpole (Bild 0.24) ergibt sich die Kettenmatrix des resultierenden

Tabelle 0.2 Beziehungen zwischen den Matrixformen für gleichbleibende Bepfeilung

	$\boldsymbol{Z}$	$\boldsymbol{Y}$	$\boldsymbol{A}$	$\boldsymbol{h}$
$\boldsymbol{Z}$	$\begin{matrix} \underline{Z}_{11} & \underline{Z}_{12} \\ \underline{Z}_{21} & \underline{Z}_{22} \end{matrix}$	$\begin{matrix} \dfrac{\underline{Y}_{22}}{\Delta\underline{Y}} & \dfrac{-\underline{Y}_{12}}{\Delta\underline{Y}} \\[6pt] \dfrac{-\underline{Y}_{21}}{\Delta\underline{Y}} & \dfrac{\underline{Y}_{11}}{\Delta\underline{Y}} \end{matrix}$	$\begin{matrix} \dfrac{\underline{A}_{11}}{\underline{A}_{21}} & \dfrac{\Delta\underline{A}}{\underline{A}_{21}} \\[6pt] \dfrac{1}{\underline{A}_{21}} & \dfrac{\underline{A}_{22}}{\underline{A}_{21}} \end{matrix}$	$\begin{matrix} \dfrac{\Delta\underline{h}}{\underline{h}_{22}} & \dfrac{\underline{h}_{12}}{\underline{h}_{22}} \\[6pt] \dfrac{-\underline{h}_{21}}{\underline{h}_{22}} & \dfrac{1}{\underline{h}_{22}} \end{matrix}$
$\boldsymbol{Y}$	$\begin{matrix} \dfrac{\underline{Z}_{22}}{\Delta\underline{Z}} & \dfrac{-\underline{Z}_{12}}{\Delta\underline{Z}} \\[6pt] \dfrac{-\underline{Z}_{21}}{\Delta\underline{Z}} & \dfrac{\underline{Z}_{11}}{\Delta\underline{Z}} \end{matrix}$	$\begin{matrix} \underline{Y}_{11} & \underline{Y}_{12} \\ \underline{Y}_{21} & \underline{Y}_{22} \end{matrix}$	$\begin{matrix} \dfrac{\underline{A}_{22}}{\underline{A}_{12}} & \dfrac{-\Delta\underline{A}}{\underline{A}_{12}} \\[6pt] \dfrac{-1}{\underline{A}_{12}} & \dfrac{\underline{A}_{11}}{\underline{A}_{12}} \end{matrix}$	$\begin{matrix} \dfrac{1}{\underline{h}_{11}} & \dfrac{-\underline{h}_{12}}{\underline{h}_{11}} \\[6pt] \dfrac{\underline{h}_{21}}{\underline{h}_{11}} & \dfrac{\Delta\underline{h}}{\underline{h}_{11}} \end{matrix}$
$\boldsymbol{A}$	$\begin{matrix} \dfrac{\underline{Z}_{11}}{\underline{Z}_{21}} & \dfrac{\Delta\underline{Z}}{\underline{Z}_{21}} \\[6pt] \dfrac{1}{\underline{Z}_{21}} & \dfrac{\underline{Z}_{22}}{\underline{Z}_{21}} \end{matrix}$	$\begin{matrix} \dfrac{-\underline{Y}_{22}}{\underline{Y}_{21}} & \dfrac{-1}{\underline{Y}_{21}} \\[6pt] \dfrac{-\Delta\underline{Y}}{\underline{Y}_{21}} & \dfrac{-\underline{Y}_{11}}{\underline{Y}_{21}} \end{matrix}$	$\begin{matrix} \underline{A}_{11} & \underline{A}_{12} \\ \underline{A}_{21} & \underline{A}_{22} \end{matrix}$	$\begin{matrix} \dfrac{-\Delta\underline{h}}{\underline{h}_{21}} & \dfrac{-\underline{h}_{11}}{\underline{h}_{21}} \\[6pt] \dfrac{-\underline{h}_{22}}{\underline{h}_{21}} & \dfrac{-1}{\underline{h}_{21}} \end{matrix}$
$\boldsymbol{h}$	$\begin{matrix} \dfrac{\Delta\underline{Z}}{\underline{Z}_{22}} & \dfrac{\underline{Z}_{12}}{\underline{Z}_{22}} \\[6pt] \dfrac{-\underline{Z}_{21}}{\underline{Z}_{22}} & \dfrac{1}{\underline{Z}_{22}} \end{matrix}$	$\begin{matrix} \dfrac{1}{\underline{Y}_{11}} & \dfrac{-\underline{Y}_{12}}{\underline{Y}_{11}} \\[6pt] \dfrac{\underline{Y}_{21}}{\underline{Y}_{11}} & \dfrac{\Delta\underline{Y}}{\underline{Y}_{11}} \end{matrix}$	$\begin{matrix} \dfrac{\underline{A}_{12}}{\underline{A}_{22}} & \dfrac{\Delta\underline{A}}{\underline{A}_{22}} \\[6pt] \dfrac{-1}{\underline{A}_{22}} & \dfrac{\underline{A}_{21}}{\underline{A}_{22}} \end{matrix}$	$\begin{matrix} \underline{h}_{11} & \underline{h}_{12} \\ \underline{h}_{21} & \underline{h}_{22} \end{matrix}$

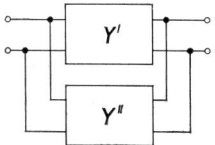

Bild 0.23. Parallelschaltung zweier Vierpole

Vierpols als Produkt der einzelnen Ketten-matrizen.

$$A = A' \cdot A''. \tag{0.106}$$

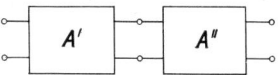

Bild 0.24. Kettenschaltung zweier Vierpole

Bei Serienschaltung der Eingänge und Parallel-schaltung der Ausgänge (Bild 0.25) ergibt sich die Hybridmatrix des resultierenden Vierpols als Summe der einzelnen Hybridmatrizen.

$$h = h' + h''. \tag{0.107}$$

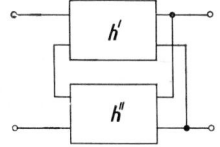

Bild 0.25. Serienparallelschaltung zweier Vierpole

Anmerkung: Die angegebenen Regeln für das Zusammenschalten von Vierpolen gelten nur unter der Voraussetzung, daß durch das Zusam-menschalten keine Schaltelemente kurzgeschlossen werden bzw. unwirksam werden. Ein Beispiel eines nichterlaubten Falles zeigt Bild 0.26a.
Man muß also u. U. noch ideale Übertrager wie in Bild 0.26b mit einbauen, um direkte Kurz-schlüsse zu vermeiden.

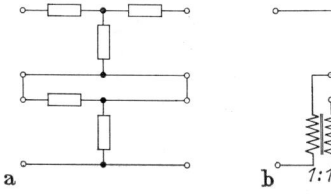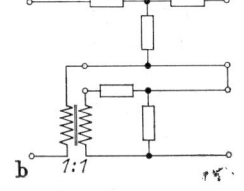

a   b *1:1*

Bild 0.26. Nichterlaubte (a) und erlaubte (b) Serienschaltung zweier Vierpole

Rechenregeln für Matrizen. Zwei Matrizen werden *addiert*, indem jeweils die entsprechenden Matrix-elemente addiert werden.

$$a + b = c = \begin{bmatrix} a_{11} & a_{12} \\ a_{21} & a_{22} \end{bmatrix} + \begin{bmatrix} b_{11} & b_{12} \\ b_{21} & b_{22} \end{bmatrix} =$$

$$= \begin{bmatrix} a_{11} + b_{11} & a_{12} + b_{12} \\ a_{21} + b_{21} & a_{22} + b_{22} \end{bmatrix}. \tag{0.108}$$

Bei der Multiplikation zweier Matrizen entsteht das Element c_{ik} der i-ten Zeile und k-ten Spalte der resultierenden Matrix aus dem Produkt des Zeilenvektors der i-ten Zeile der ersten Matrix mit dem Spaltenvektor der k-ten Spalte der zweiten Matrix.

$$a \cdot b = c = \begin{bmatrix} a_{11} & a_{12} \\ a_{21} & a_{22} \end{bmatrix} \cdot \begin{bmatrix} b_{11} & b_{12} \\ b_{21} & b_{22} \end{bmatrix} = \begin{bmatrix} c_{11} & c_{12} \\ c_{21} & c_{22} \end{bmatrix} \leftarrow \text{Zeile}$$

$$c_{11} = a_{11}b_{11} + a_{12}b_{21}, \qquad c_{12} = a_{11}b_{12} + a_{12}b_{22},$$

$$c_{21} = a_{21}b_{11} + a_{22}b_{21}, \qquad c_{22} = a_{21}b_{12} + a_{22}b_{22}. \tag{0.109}$$

0.5.2 Wellenparameter eines Vierpols

Zu den Wellenparametern eines Vierpols gehören der *Wellenwiderstand* und die *Strom-* bzw. *Span-nungs-Wellenübertragungsfunktion.*
Jeder Vierpol hat im allgemeinen zwei verschie-dene Wellenwiderstände. Der *eingangsseitige Wel-lenwiderstand* errechnet sich zu

$$\underline{Z}_{01} = \sqrt{\frac{\underline{Z}_{11}}{\underline{Y}_{11}}}. \tag{0.110}$$

Der ausgangsseitige Wellenwiderstand errechnet sich zu

$$\underline{Z}_{02} = \sqrt{\frac{\underline{Z}_{22}}{\underline{Y}_{22}}}. \tag{0.111}$$

Die Spannungs-Wellenübertragungsfunktion F_u' eines Vierpols ist das Verhältnis von Eingangs- zu Ausgangsspannung bei ausgangsseitigem Ab-schluß des Vierpols mit dem ausgangsseitigen Wellenwiderstand.

$$F_u' = \frac{\underline{U}_1}{\underline{U}_2} = e^{a' + jb'} = e^{g'}. \tag{0.112}$$

F_u' Spannungs-Wellenübertragungsfunktion,
a' Wellendämpfungsmaß,
b' Wellenphasenmaß,
g' komplexes Wellendämpfungsmaß.

Durch Vierpolparameter ausgedrückt lautet die Spannungs-Wellenübertragungsfunktion F'_u

$$F'_u = \frac{U_1}{U_2} = -\frac{1}{Y_{21}}\left(Y_{22} + \sqrt{\frac{Y_{22}}{Z_{22}}}\right). \qquad (0.113)$$

Die Spannungs-Wellenübertragungsfunktion ist richtungsgebunden. Bei ihr ist vorausgesetzt, daß die Spannung U_1 die Ursache und U_2 die Wirkung ist. Für den Fall, daß U_2 die Ursache und U_1 die Wirkung sein soll, errechnet sich im allgemeinen eine andere Wellenübertragungsfunktion. Die Wellenparameter eines Vierpols sind von großem theoretischem und praktischem Nutzen bei der Kettenschaltung mehrerer Vierpole, bei der gleiche Wellenwiderstände zusammenstoßen, weil in diesem Fall sich die einzelnen Wellenübertragungsmaße und damit auch die einzelnen Wellendämpfungsmaße und Wellenphasenmaße addieren. Entsprechendes gilt für die Strom-Wellenübertragungsfunktion F'_i. Diese errechnet sich zu

$$F'_i = \frac{I_1}{I_2} = -\frac{1}{Z_{21}}\left(Z_{22} + \sqrt{\frac{Z_{22}}{Y_{22}}}\right). \qquad (0.114)$$

0.5.2.1 Anpassung von Vierpolen, Reflexionsfaktor

Von ausgangsseitiger Anpassung eines Vierpols spricht man dann, wenn der Vierpol ausgangsseitig mit seinem ausgangsseitigen Wellenwiderstand Z_{0a} abgeschlossen ist. Als Eingangswiderstand Z_e des Vierpols ergibt sich nun der eingangsseitige Wellenwiderstand Z_{01}:

$$Z_e = Z_{01} \quad \text{bei} \quad Z_2 = Z_{02}. \qquad (0.115)$$

Entsprechend spricht man von eingangsseitiger Anpassung eines Vierpols dann, wenn der Vierpol eingangsseitig mit seinem eingangsseitigen Wellenwiderstand Z_{01} abgeschlossen ist. Als Ausgangswiderstand Z_a ergibt sich nun

$$Z_a = Z_{02} \quad \text{bei} \quad Z_1 = Z_{01}. \qquad (0.116)$$

Z_1 bzw. Z_2 ist der eingangsseitige bzw. ausgangsseitige Abschlußwiderstand.
Bei nichtangepaßtem Vierpol bezeichnet man als eingangsseitigen bzw. ausgangsseitigen Reflexionsfaktor den Ausdruck

$$r_1 = \frac{Z_1 - Z_{01}}{Z_1 + Z_{01}} \quad \text{bzw.} \quad r_2 = \frac{Z_2 - Z_{02}}{Z_2 + Z_{02}}. \qquad (0.117)$$

0.5.3 Betriebsparameter eines Übertragungssystems

Eingangsseitige Beschaltung, Vierpol und ausgangsseitige Beschaltung bilden ein vollständiges Übertragungssystem (vgl. Bild 0.21). Zu den Betriebsparametern eines solchen Systems gehören der Eingangswiderstand, Ausgangswiderstand und die Betriebsübertragungsfunktion. Im Gegensatz zu den Wellenparametern, die nur vom Vierpol selber abhängen, hängen die Betriebsparameter sowohl vom Vierpol als auch von der Art der Beschaltung ab. Für die Bepfeilung nach Bild 0.21 sind für die verschiedenen Vierpolformen Eingangswiderstand Z_e, Ausgangswiderstand Z_a, Spannungsübertragungsfunktion U_1/U_2 und Stromübertragungsfunktion I_1/I_2 in Tab. 0.3 zusammengestellt.
Die Herleitung der Formeln geschieht mit Hilfe der Vierpolgleichungen und ist elementar, wie am

Tabelle 0.3 Formelzusammenstellung der wichtigsten Betriebsparameter für die Bepfeilung gemäß Bild 0.21. Δ bedeutet jeweils Determinante der entsprechenden Vierpolmatrix

	Widerstandsmatrix	Leitwertsmatrix	Kettenmatrix	Hybridmatrix
Z_e	$\dfrac{\Delta Z + Z_{11}Z_2}{Z_{22} + Z_2}$	$\dfrac{1 + Y_{22}Z_2}{Y_{11} + \Delta Y Z_2}$	$\dfrac{A_{12} + A_{11}Z_2}{A_{22} + A_{21}Z_2}$	$\dfrac{h_{11} + \Delta h Z_2}{1 + h_{22}Z_2}$
Z_a	$\dfrac{\Delta Z + Z_{22}Z_1}{Z_{11} + Z_1}$	$\dfrac{1 + Y_{11}Z_1}{Y_{22} + \Delta Y Z_1}$	$\dfrac{A_{12} + A_{22}Z_1}{A_{11} + A_{21}Z_1}$	$\dfrac{h_{11} + Z_1}{\Delta h + h_{22}Z_1}$
$\dfrac{U_1}{U_2}$	$\dfrac{\Delta Z - Z_{11}Z_2}{+Z_{21}Z_2}$	$-\dfrac{1 + Y_{22}Z_2}{+Y_{21}Z_2}$	$\dfrac{A_{12} + A_{11}Z_2}{+Z_2}$	$\dfrac{h_{11} + \Delta h Z_2}{-h_{21}Z_2}$
$\dfrac{I_1}{I_2}$	$\dfrac{Z_{22} + Z_2}{-Z_{21}}$	$\dfrac{Y_{11} + \Delta Y Z_2}{Y_{21}}$	$-\dfrac{A_{22} + A_{21}Z_2}{+1}$	$\dfrac{1 + h_{22}Z_2}{h_{21}}$

Beispiel für die Stromübertragungsfunktion $\underline{I}_1/\underline{I}_2$ für die $\underline{h}$-Parameter zu sehen ist:
Die zweite Vierpolgleichung heißt:

$$\underline{I}_2 = \underline{h}_{21}\underline{I}_1 + \underline{h}_{22}\underline{U}_2 = \underline{h}_{21}\underline{I}_1 + \underline{h}_{22}\underline{Z}_2(-\underline{I}_2).$$

Daraus:

$$\frac{\underline{I}_2}{\underline{I}_1} = \frac{\underline{h}_{21}}{1 + \underline{h}_{22}\underline{Z}_2}. \qquad (0.118)$$

Die Betriebsübertragungsfunktion F setzt Leistungen zueinander ins Verhältnis

$$F = \frac{\underline{U}_0}{2\underline{U}_2}\sqrt{\frac{\underline{Z}_2}{\underline{Z}_1}} = e^{a_B + jb_B} = e^{g_B}. \qquad (0.119)$$

a_B Betriebsdämpfungsmaß,
b_B Betriebswinkelmaß,
g_B komplexes Betriebsdämpfungsmaß.

Für eine reelle Beschaltung $\underline{Z}_1 = R_1$ und $\underline{Z}_2 = R_2$ hat die Betriebsübertragungsfunktion folgende physikalische Bedeutung

$$\frac{|\underline{U}_0|}{2|\underline{U}_2|}\sqrt{\frac{R_2}{R_1}} = \sqrt{\frac{\frac{|\underline{U}_0|^2}{8R_1}}{\frac{|\underline{U}_2|^2}{2R_2}}} =$$

$$= \sqrt{\frac{\text{vom Generator max. abgebbare Wirkleistung}}{\text{Wirkleistung in } R_2}}. \qquad (0.120)$$

Auch bei den Betriebsparametern sind die Übertragungsfunktionen richtungsgebunden wie die Wellenübertragungsfunktion.

0.5.4 Spezielle lineare Vierpole

0.5.4.1 Umkehrbare und passive Vierpole

Bei passiven Vierpolen kann im Gegensatz zu den aktiven Vierpolen die am Ausgang abgebbare Leistung nie größer sein als die in den Eingang hineingeführte. Daher ist bei einem passiven Vierpol mit reeller Beschaltung der Betrag der Betriebsübertragungsfunktion immer $|F| \geq 1$, d. h. $a_B \geq 0$. Alle passiven Vierpole, die keinen *Gyrator* [3] enthalten, sind umkehrbar oder reziprok. Ein Vierpol ist dann umkehrbar, wenn bei eingeprägtem Strom durch den Vierpoleingang am leerlaufenden Vierpolausgang dieselbe Leerlaufspannung auftritt, die am leerlaufenden Vierpoleingang auftritt, wenn durch den Vierpolausgang derselbe Strom eingeprägt wird. Oder: Wenn bei eingeprägter Spannung am Vierpoleingang durch den kurzgeschlossenen Vierpolausgang der-

selbe Strom fließt wie durch den kurzgeschlossenen Vierpoleingang, wenn am Vierpolausgang die gleiche Spannung eingeprägt wird. Formelmäßig heißen diese Aussagen bei der Bepfeilung nach Bild 0.21

$$\frac{\underline{I}_1}{\underline{U}_{2L}} = \frac{\underline{I}_2}{\underline{U}_{1L}}, \qquad (0.121)$$

$$\frac{\underline{U}_1}{\underline{I}_{2K}} = \frac{\underline{U}_2}{\underline{I}_{1K}}, \qquad (0.122)$$

$\underline{U}_{2L} = \underline{U}_2$ für $\underline{I}_2 = 0$,
$\underline{U}_{1L} = \underline{U}_1$ für $\underline{I}_1 = 0$,
$\underline{I}_{2K} = \underline{I}_2$ für $\underline{U}_2 = 0$,
$\underline{I}_{1K} = \underline{I}_1$ für $\underline{U}_1 = 0$.

Für umkehrbare Vierpole gelten mit der Bepfeilung nach Bild 0.21 die in Tabelle 0.4 zusammengestellten Beziehungen. Für den passiven aber nicht umkehrbaren Gyrator-Vierpol gilt $\Delta\underline{A} = -1$ und $\underline{A}_{11} = \underline{A}_{22} = 0$.

Tabelle 0.4 Beziehungen für umkehrbare Vierpole

Ketten-matrix	Widerstands-matrix	Leitwerts-matrix	Hybrid-matrix
$\Delta\underline{A} = 1$	$\underline{Z}_{12} = \underline{Z}_{21}$	$\underline{Y}_{12} = \underline{Y}_{21}$	$\underline{h}_{12} = -\underline{h}_{21}$

0.5.4.2 Symmetrische Vierpole

Bei symmetrischen Vierpolen können Ein- und Ausgang vertauscht werden, ohne daß sich am äußeren Verhalten des ganzen Übertragungssystems etwas ändert. Es gilt also u. a. $\underline{Z}_{01} = \underline{Z}_{02}$. Bei Bepfeilung nach Bild 0.21 gelten für symmetrische Vierpole die Beziehungen von Tab. 0.5.

Tabelle 0.5 Beziehungen für symmetrische Vierpole

Ketten-matrix	Widerstands-matrix	Leitwert-matrix	Hybrid-matrix
$\underline{A}_{11} = \underline{A}_{22}$	$\underline{Z}_{11} = \underline{Z}_{22}$	$\underline{Y}_{11} = \underline{Y}_{22}$	$\Delta\underline{h} = 1$

Vierpole, deren Schaltung symmetrisch aufgebaut ist, sind auch immer in elektrischer Hinsicht symmetrisch. Es gibt aber auch elektrisch symmetrische Vierpole, deren Schaltung nicht symmetrisch aufgebaut ist.

0.6 Magnetische Gesetze: Durchflutungs- und Induktionsgesetz

Grundlage aller elektromagnetischen Erscheinungen sind das Durchflutungsgesetz und das Induktionsgesetz, die man auch als Maxwellschen Gleichungen bezeichnet.

Das Durchflutungsgesetz sagt aus, daß ein fließender Strom i ein magnetisches Feld erzeugt. Dabei ist es gleichgültig, ob der Strom i ein Leitungsstrom durch einen elektrischen Leiter oder ein Verschiebungsstrom durch ein Dielektrikum oder beides ist. Für die magnetische Feldstärke H, die ein Vektor ist, gilt

$$\sum i = \oint_C \boldsymbol{H} \cdot \mathrm{d}\boldsymbol{s}, \qquad (0.123)$$

d$\boldsymbol{s}$ ist ein vektorielles Wegelement der Länge ds. Gl. (0.123) besagt, daß das Linienintegral der Feldstärke H längs eines beliebigen geschlossenen Weges C gleich der Durchflutung $\sum i$ ist, die durch die Fläche strömt, die vom Integrationsweg C umrandet wird. Mit $|\boldsymbol{H}| = H$ gilt

$$\boldsymbol{H} \cdot \mathrm{d}\boldsymbol{s} = H\,\mathrm{d}s\,\cos\alpha, \qquad (0.124)$$

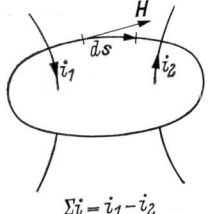

$$\sum i = i_1 - i_2$$

Bild 0.27. Zur Erläuterung des Durchflutungsgesetzes

α ist der Winkel, den die Vektoren H und s miteinander bilden. Bild 0.27 veranschaulicht den Zusammenhang von Gl. (0.123). Die magnetische Feldstärke H erzeugt in dem Medium bzw. Raum, den sie durchsetzt, einen magnetischen Fluß Φ bzw. eine magnetische Flußdichte B, deren Größe von der Feldstärke H sowie von den Eigenschaften des Mediums, der Permeabilität μ, abhängt.

$$\boldsymbol{B} = \mu \boldsymbol{H}. \qquad (0.125)$$

Der durch die Fläche A gehende magnetische Fluß Φ errechnet sich mit der Flußdichte B, die auch *Induktion* genannt wird, zu

$$\Phi = \int_A \boldsymbol{B} \cdot \mathrm{d}\boldsymbol{A} = \int B\,\mathrm{d}A\,\cos\beta. \qquad (0.126)$$

In Gl. (0.126) ist $B = |\boldsymbol{B}|$; $\mathrm{d}A = |\mathrm{d}\boldsymbol{A}|$ und β der Winkel, den die Vektoren B und A miteinander bilden. (Der Flächenvektor A steht immer senkrecht auf der durch ihn gekennzeichneten Fläche. Blickt man in Richtung von A, dann muß der Umlaufsinn der Fläche der Uhrzeigersinn sein.) Die Feldlinien der Kraftflußdichte oder Induktion B sind stets in sich geschlossen. Sie haben keinen Anfang und Ende, was für die Feldlinien von H nicht immer gilt. Die mathematische Beziehung lautet

$$\mathrm{div}\,\boldsymbol{B} = 0. \qquad (0.127)$$

Das Induktionsgesetz sagt aus, daß ein zeitlich veränderlicher magnetischer Fluß Φ ein elektrisches Feld erzeugt. Für die elektrische Feldstärke E gilt, daß das Linienintegral der Feldstärke längs eines geschlossenen Weges C gleich der zeitlichen Abnahme des Flusses Φ in der vom Integrationsweg umrandeten Fläche ist.

$$\oint_C \boldsymbol{E} \cdot \mathrm{d}\boldsymbol{s} = u_i(t) = -\frac{\mathrm{d}\Phi}{\mathrm{d}t} = -\frac{\mathrm{d}}{\mathrm{d}t}\int_A \boldsymbol{B} \cdot \mathrm{d}\boldsymbol{A},$$
$$(0.128)$$

u_i bezeichnet man als *Umlaufspannung*.

0.7 Einiges über Größen und Einheiten

Die SI-Basiseinheiten (Système International) sind das Meter (m) für die Länge, das Kilogramm (kg) für die Masse, die Sekunde (s) für die Zeit, das Ampere (A) für die elektrische Stromstärke, das Kelvin (K) für die Temperatur sowie noch zwei weitere Basiseinheiten für Lichtstärke und Stoffmenge, die aber in diesem Buch nicht interessieren.

Aus den SI-Basiseinheiten folgen die Einheiten Newton (N) für die Kraft, Watt (W) für die Leistung und Joule (J) für die Energie zu

$$1\,\mathrm{N} = 1\,\mathrm{kgm/s^2}, \quad 1\,\mathrm{W} = 1\,\mathrm{Nm/s},$$
$$1\,\mathrm{J} = 1\,\mathrm{Nm} = 1\,\mathrm{Ws}$$

und die in der Elektrotechnik wichtigen Einheiten Volt (V) für die Spannung, Ohm (Ω) für den Widerstand, Farad (F) für die Kapazität und Henry (H) für die Induktivität zu

$$1\,\mathrm{V} = 1\,\mathrm{W/A}, \quad 1\,\Omega = 1\,\mathrm{V/A}, \quad 1\,\mathrm{F} = 1\,\mathrm{As/V},$$
$$1\,\mathrm{H} = 1\,\mathrm{Vs/A}.$$

Die SI-Einheiten für die wichtigsten magnetischen Größen, das Weber (Wb) für den magnetischen

Fluß und das Tesla (T) für die magnetische Flußdichte oder Induktion sind

$$1\ \text{Wb} = 1\ \text{Vs}, \quad 1\ \text{T} = 1\ \text{Wb/m}^2.$$

Zwischen den SI-Basiseinheiten und den in der älteren Literatur häufig verwendeten elektromagnetischen CGS-Einheiten gelten z. B. die folgenden Umrechnungen für die Kraft

$$1\ \text{dyn} = 1\ \text{gcm/s}^2 = 10^{-5}\ \text{N} \qquad (0.129)$$

und für die magnetische Induktion

$$1\ \text{Gauß} = 10^{-8}\ \text{Vs/cm}^2 = 10^{-4}\ \text{T}. \qquad (0.130)$$

Bei der Länge werden neben der Basiseinheit Meter häufig noch die Einheiten Millimeter (mm) und Kilometer (km) gebraucht, und zwar z. B. in Tab. 1.1 und in Tab. 5.3. Ferner werden Bezugstemperaturen bisweilen in Grad Celsius (°C) angegeben.

Wie schon vor Abschnitt 0.1 gesagt wurde, werden in diesem Buch nahezu ausschließlich Größengleichungen benutzt. Jede in solchen Gleichungen auftretende Größe wie U, I, C usw. bedeutet „Zahlenwert mal Einheit". Im hier verwendeten Einheitensystem heißt das z. B. $U = 3$ V, $I = 1$ A, $C = 2$ As/V usw.

Der Begriff *Einheit* darf nicht mit dem Begriff *Dimension* verwechselt werden. Die Dimension einer Größe gibt lediglich die qualitative Beziehung der gegebenen Größe zu den gewählten Basisgrößen an. So hat z. B. die Induktion die Dimension „Spannung mal Zeit dividiert durch Quadrat der Länge". Die SI-Einheit ist dagegen $1\ \text{Vs/m}^2 = 1$ T. Sie gibt die Beziehung der Einheit der Induktion zu den Basiseinheiten an.

In der Nachrichtentechnik erhalten auch viele dimensionslose Größen eine Einheit. An erster Stelle ist hier der Logarithmus aus dem Verhältnis zweier Leistungen P_2 und P_1 zu nennen, den man entweder in Neper (Np) oder Dezibel (dB) angibt:

$$s_p = \frac{1}{2} \ln \frac{P_2}{P_1}\ \text{Np} = 10 \lg \frac{P_2}{P_1}\ \text{dB}. \qquad (0.131)$$

Da die Leistung dem Quadrat der Spannung proportional ist, schreibt man auch

$$s_u = \ln \frac{U_2}{U_1}\ \text{Np} = 20 \lg \frac{U_2}{U_1}\ \text{dB}. \qquad (0.132)$$

Es gilt

$$1\ \text{Np} = 8{,}686\ \text{dB}, \quad 1\ \text{dB} = 0{,}115\ \text{Np}. \qquad (0.133)$$

Schaltungstechnik

Die moderne elektrische Nachrichtentechnik ist ohne elektronische Schaltungen nicht denkbar. Egal ob es sich um Nachrichtenübertragung oder Nachrichtenverarbeitung handelt, ob dabei analoge oder digitale Techniken verwendet werden, stets spielen elektronische Schaltungen eine fundamentale Rolle.

Die nachfolgenden ersten drei Kapitel, die den Band I dieses Werkes bilden, sind deshalb der Theorie und dem Entwurf wichtiger Schaltungen und Funktionseinheiten gewidmet. Der Inhalt wird kurz umrissen durch die Begriffe Bauelemente, Netzwerke, Verstärker. Während im ersten Kapitel nichtlineare Schaltungen im Vordergrund der Betrachtungen stehen, basieren die im zweiten und dritten Kapitel behandelten Filter und Verstärker auf der Theorie linearer bzw. linearisierter Netzwerke.

1 Schaltelemente und einfache Netzwerke

1.1 Allgemeine Klassifizierung elektrischer Schaltelemente

Eine erste Klassifizierung elektrischer Schaltungselemente, auch kurz Schaltelemente genannt, kann ausgehen von der Anzahl der elektrischen Ein- und Auskoppelstellen, die ein Element hat. Diese Stellen bezeichnet man als *Tore* oder *Anschlußpole*.

Weiter unterscheidet man zwischen *konzentrierten* Elementen und *verteilten* Elementen. Sind die geometrischen Abmessungen so klein und ist gleichzeitig die höchste Frequenz einer Wechselspannung, bei welcher das Element betrieben wird, so klein, daß auf Grund einer endlichen Ausbreitungsgeschwindigkeit keine unterschiedlichen Stromstärken längs eines Strompfads auftreten, dann betrachtet man das Element als konzentriert. Bei konzentrierten Schaltelementen spricht man von Anschlußpolen, bei verteilten Elementen von Toren. Es gibt zweipolige, dreipolige, ..., n-polige Schaltelemente.

Bei konzentrierten Elementen gilt das Kontinuitätsprinzip, d. h. daß zu jedem Zeitpunkt t die Summe aller dem Element zufließenden Klemmenströme gleich Null sein muß, Bild 1.1 a:

$$\sum_{\nu=1}^{n} i_\nu(t) = 0 \quad \text{für alle } t. \tag{1.1}$$

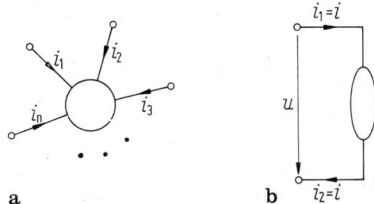

a   b

Bild 1.1. Konzentrierte Schaltelemente (a) n-poliges Element, (b) zweipoliges Element

Ein konzentriertes Element verhält sich also wie ein Netzwerkknoten. Bei einem konzentrierten zweipoligen Element ist der an einer

Klemme hereinfließende Strom gleich dem an der anderen Klemme herausfließenden Strom, Bild 1.1.b. Ein konzentriertes einpoliges Element ist nicht möglich.

In diesem Abschnitt 1 werden nur konzentrierte Elemente betrachtet und, abgesehen vom Übertrager, auch nur zweipolige Elemente.

Eine nächste Unterscheidung kann man treffen zwischen *resistiven* Schaltelementen einerseits und nichtresistiven oder *dynamischen* Schaltelementen andererseits. Bei einem resistiven zweipoligen Element hängt der Momentanwert des Klemmenstroms $i(t_0)$ nur vom Momentanwert der Klemmspannung $u(t_0)$ zum gleichen Zeitpunkt t_0 ab oder umgekehrt. Bei einem dynamischen zweipoligen Element hängt der Momentanwert des Klemmenstroms $i(t_0)$ auch von Werten der Klemmenspannung $u(t)$ zu Zeiten $t \neq t_0$ ab, oder es hängt umgekehrt der Momentanwert der Klemmenspannung $u(t_0)$ auch von Werten des Klemmenstroms $i(t)$ zu Zeiten $t \neq t_0$ ab. Ein Netzwerk aus nur resistiven Elementen ist resistiv. Ein Netzwerk ist bereits dynamisch, wenn es ein einziges dynamisches Element enthält. Dynamische Elemente sind Kapazität und Induktivität.

Ferner unterscheidet man zwischen *linearen* und *nichtlinearen* Schaltelementen. Ein Schaltelement ist linear, wenn der Zusammenhang zwischen den Klemmenspannungen und den Klemmenströmen dem Überlagerungssatz, siehe Abschnitt 0.3.1, genügt. Das bedeutet beim zweipoligen Element, daß Klemmenspannung $u(t)$ und Klemmenstrom $i(t)$ sowie deren Differentialquotienten du/dt, d^2u/dt^2, …, di/dt, d^2i/dt^2, … usw. und Integrale $\int u \, dt$, $\int i \, dt$ usw. durch lineare Beziehungen miteinander verknüpft sind. Trifft dies nicht zu, dann ist das Element nichtlinear. Ein Netzwerk aus nur linearen Elementen ist linear. Ein Netzwerk ist nichtlinear, wenn es bereits ein einziges nichtlineares Element enthält.

Weiterhin unterscheidet man *zeitvariante* und *zeitvariante* Schaltelemente. Zeitvariante Schaltelemente ändern ihre Eigenschaften in Abhängigkeit von der Zeit t, zeitinvariante Schaltelemente dagegen nicht.

Schließlich sei noch der Unterschied zwischen *passiven* und *aktiven* zweipoligen Schaltelementen aufgezeigt. Ist für jedes zulässige (d. h. zusammengehörende) Paar $u(t)$ und $i(t)$

sowie für jedes t_0 und für jedes $t \geq t_0$ der Ausdruck

$$E(t) = \int_{-\infty}^{t} u(\tau) \, i(\tau) \, d\tau =$$
$$= E(t_0) + \int_{t_0}^{t} u(\tau) \, i(\tau) \, d\tau \geq 0$$

mit $0 \leq E(t_0) \leq K < \infty$,   (1.2)

dann ist das Element passiv. Andernfalls ist es aktiv. $E(t_0)$ ist die zum Zeitpunkt t_0 im Element gespeicherte Energie.

Die Eigenschaften konzentriert, resistiv, linear und zeitinvariant sind Abstraktionen bzw. Idealfälle, die sich technisch nicht in vollkommener Weise verwirklichen lassen. Die herstellbaren Schaltelemente sind nur annähernd ideal, wobei die Annäherungen nur in gewissen Bereichen der Frequenz, Spannung, Leistung, Temperatur u. a. dem idealen Verhalten nahekommen. Das Arbeiten mit idealen Modellen realer Schaltelemente hat aber den großen Vorteil einer relativ einfachen Theorie. Eine Erweiterung der hier dargestellten Klassifizierung von Schaltelementen auf eine Klassifizierung allgemeiner Systeme wird in Abschnitt 5.4 behandelt.

1.2 Resistive Schaltelemente und einfache resistive Netzwerke

1.2.1 Spannungs-Strom-Beziehungen zweipoliger resistiver Schaltelemente

Die elektrischen Eigenschaften eines zeitinvarianten resistiven zweipoligen Schaltelements lassen sich vollständig durch eine Kurve oder Kennlinie in der Spannungs-Strom-Ebene mit den Koordinatenachsen u und i beschreiben. In Bild 1.2 sind verschiedene Beispiele dargestellt.

Bei einem zeitvarianten resistiven zweipoligen Schaltelement ändert sich die u,i-Kennlinie in Abhängigkeit von der Zeit t. Sein elektrisches Verhalten wird durch eine im allgemeinen gekrümmte Fläche in einem dreidimensionalen Koordinatensystem beschrieben, wobei die zusätzliche t-Achse zweckmäßigerweise senkrecht auf die u,i-Ebene gestellt wird.

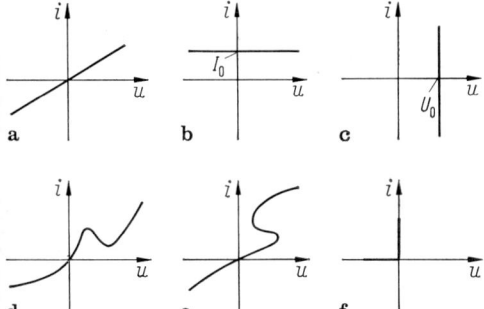

Bild 1.2. Beispiele von Kennlinien resistiver zweipoliger Schaltelemente, vgl. Text

Die Gerade in Bild 1.2a beschreibt den linearen Zusammenhang des Ohmschen Gesetzes von Gl. (0.55). Ist $G = 1/R$ die Steigung der Geraden, dann gilt bei zeitabhängigen Spannungen und Strömen

$$i(t) = Gu(t) \quad \text{bzw.} \quad u(t) = Ri(t). \tag{1.3}$$

Ein solches Element bezeichnet man als linearen zeitinvarianten Widerstand.

Beim linearen zeitvarianten Widerstand würde gelten

$$u(t) = R(t)\, i(t). \tag{1.4}$$

Beim zeitvarianten Widerstand sind $u(t)$ und $i(t)$ verschieden geformte Zeitfunktionen. Ist beispielsweise $i(t) = I = \text{const}$, dann ist $u(t)$ proportional $R(t)$. Hierauf beruht unter anderem das Kohlemikrophon, vgl. Abschnitt 4.3.1.3, bei dem die zeitliche Änderung von R gemäß der aufgenommenen Schallschwingung erfolgt. Zeitvariante lineare Widerstände können auch als Verstärker dienen, wenn die Änderung von R durch ein Signal möglich ist, dessen mittlere Leistung kleiner ist als die mittlere Wechselstromleistung des Produkts $u(t)\, I$.

Beide Gleichungen (1.3) und (1.4) genügen dem Überlagerungssatz, vgl. Abschnitt 0.3.1, denn es gilt

$$u_1(t) + u_2(t) = R(t)\, [i_1(t) + i_2(t)], \tag{1.5}$$

wobei $i_1(t)$ allein $u_1(t)$ zur Folge habe und $i_2(t)$ allein $u_2(t)$ zur Folge habe. Für die Linearität ist es unerheblich, ob $R(t)$ durch $R = \text{const}$ ersetzt wird oder nicht.

Die horizontale Gerade in Bild 1.2b beschreibt eine unabhängige Stromquelle, die den konstanten Strom I_0 liefert. Die unabhängige Stromquelle ist für $I_0 \neq 0$ kein lineares Element, denn sie liefert für $u = U_1$ den Wert $i = I_0$, für $u = U_2$ den Wert $i = I_0$ und für die Summe $U_1 + U_2$ ebenfalls den Wert $i = I_0 \neq 2I_0$.

Die vertikale Gerade in Bild 1.2c beschreibt eine unabhängige Spannungsquelle, welche die konstante Spannung U_0 liefert. Wie die unabhängige Stromquelle ist auch die unabhängige Spannungsquelle ein nichtlineares resistives Element, sofern $U_0 \neq 0$.

Eine Kennlinie der Form in Bild 1.2d findet man bei der sogenannten Tunneldiode, während man die in etwa duale Charakteristik von Bild 1.2e bei der Gasentladungsröhre antrifft (*dual* bedeutet, daß Strom und Spannung ihre Rollen vertauscht haben, siehe auch Abschnitt 2.2). Bei der Kennlinie von Bild 1.2d ist (innerhalb zulässiger Grenzen) jedem Wert von u eindeutig ein Wert von i zugeordnet, nicht aber umgekehrt. Ein solches Element bezeichnet man als *spannungsgesteuert*. Entsprechend bezeichnet man das Element mit der Kennlinie in Bild 1.2e als *stromgesteuert*. Bei Tunneldiode und Gasentladungsröhre gilt der Überlagerungssatz nicht. Beide Elemente sind nichtlinear.

Die Kennlinie in Bild 1.2f gehört zu der bereits in Bild 0.12 gezeigten idealen Diode, die ebenfalls nichtlinear ist. Bei den Spannungs-Strom-Beziehungen der Kennlinien in Bild 1.2a, d, e ist das Produkt für jedes zusammengehörende Paar (u, i) nichtnegativ. Infolgedessen ist die Passivitätsbedingung von Gl. (1.2)

$$\int\limits_{-\infty}^{t} u(\tau)\, i(\tau)\, d\tau \geq 0 \tag{1.6}$$

für die betreffenden Elemente stets erfüllt. Bei der idealen Diode, Bild 1.2f, ist das Produkt aus u und i stets Null. Sie ist deshalb ebenfalls passiv.

Bei der unabhängigen Stromquelle, Bild 1.2b, und bei der unabhängigen Spannungsquelle, Bild 1.2c, gibt es zulässige Wertepaare (u, i) deren Produkt negativ ist. Wählt man Zeitfunktionen, deren Funktionswerte zulässigen Wertepaaren mit negativen und verschwindenden Produkten entsprechen, dann wird die Bedingung von Gl. (1.6) verletzt. Die unabhängigen Quellen sind also aktiv.

Jedes resistive zweipolige Element, dessen u,i-Kennlinie nicht durch den Ursprung geht, das aber die u-Achse an der Stelle $u = U_0$ bzw. die i-Achse an der Stelle $i = I_0$ schneidet, kann man ersetzen durch ein resistives Element gleicher Kennlinie, die um U_0 horizontal bzw. I_0 vertikal verschoben ist, und einer in Serie geschalteten Spannungsquelle der Spannung U_0 bzw. einer parallel geschalteten Stromquelle des Stroms I_0. Die verschobene Kennlinie geht dann durch den Ursprung. Die Gültigkeit dieses Satzes folgt aus der Anwendung des Scherungssatzes in Abschnitt 1.2.4.

Dreipolige und mehrpolige resistive Elemente werden im Kapitel Verstärkertechnik behandelt. Ihre Beschreibung erfolgt mit Hilfe von Kennlinienfeldern, siehe z. B. Bild 3.4.

1.2.2 Ohmsche Widerstände

Ohmsche Widerstände sind reale Schaltelemente oder Bauelemente, welche die geforderten Idealeigenschaften konzentriert, resistiv, linear und zeitinvariant möglichst gut erfüllen. Mit seinen berühmten Messungen hat G. S. Ohm im Jahr 1826 solche Eigenschaften bei elektrischen Leitern festgestellt. Ohmsche Widerstände spielen in der Nachrichtentechnik eine überragende Rolle, weshalb sie nachfolgend ausführlicher besprochen werden. Ideale ohmsche Widerstände erfüllen das Ohmsche Gesetz Gl. (1.3) exakt, gewöhnliche ohmsche Widerstände, auch kurz Widerstände genannt, erfüllen es nur bereichsweise hinreichend gut.

Es gibt darüber hinaus absolute Bereichsgrenzen, die nicht überschritten werden dürfen, wenn der Widerstand nicht zerstört werden soll. Wo diese Bereichsgrenzen liegen, und von welcher Einflußgröße der Widerstandswert mehr und von welcher er weniger abhängt, das hängt vom Aufbau sowie von der Art des verwendeten Widerstandsmaterials ab.

Als Widerstandsmaterial werden heute homogene Stoffe wie Metallegierungen (Leiter), Halbleiter und heterogene Stoffe verwendet. Letztere bestehen aus kleinen Teilchen relativ großer Leitfähigkeit, die mittels eines isolierenden Binders derart zusammengehalten werden, daß die einzelnen Teilchen nur über relativ kleine Berührungsflächen miteinander verbunden sind. Der so gebildete heterogene Stoff hat dann eine relativ geringe Leitfähigkeit. Außer von der Art des Widerstandsmaterials hängt die Größe des Widerstandswertes von der Geometrie des Widerstandsmaterials ab. Der Widerstand R eines homogenen Stabes mit dem konstanten Querschnitt A und der Länge l berechnet sich zu

$$R = \varrho \, \frac{l}{A} = \frac{l}{\gamma A}, \qquad (1.7)$$

ϱ ist der spezifische elektrische Widerstand, γ die elektrische Leitfähigkeit des Materials. Die Einheit von ϱ ist gewöhnlich $\Omega \, mm^2/m$ ($= \mu\Omega m$), die von γ entsprechend $m/\Omega \, mm^2$ ($= MS/m$). Wird also in Gl. (1.7) die Länge l in Meter (m), der Querschnitt A in Quadratmillimeter (mm^2) eingesetzt, dann ergibt sich der Widerstand R in Ohm (Ω).

Gleichung (1.7) gilt auch für ein heterogenes Widerstandsmaterial, wenn die Teilchen sehr klein sind, verglichen mit den Stababmessungen, und die Inhomogenitäten in jedem Querschnitt längs der Stabachse im Mittel gleich sind.

Ist die Geometrie des Widerstandsmaterials nicht durch einen Stab konstanten Querschnittes gegeben, was bei räumlich ausgedehnten Stromleitern wie z. B. bei Erdungsanlagen (Rohrerden) usw. der Fall ist, dann berechnet sich der Widerstandswert in komplizierterer Weise aus Potentialdifferenzen und Stromdichteverteilungen. Die Theorie hierzu ist Gegenstand der theoretischen Elektrotechnik und soll hier nicht interessieren, zumal die in der Nachrichtentechnik als Bauelemente verwendeten Widerstände meist so konstruiert sind, daß sie sich zumindest annähernd mit Gl. (1.7) berechnen lassen.

Auf Einzelheiten des technischen Aufbaus von Widerständen wird hier nicht eingegangen, da diese einem ständigen technologischen Wandel unterworfen sind.

Die realen ohmschen Widerstände haben im allgemeinen einen temperaturabhängigen Widerstandswert. Der für einen Widerstand angegebene Widerstandswert gilt darum gewöhnlich nur für eine bestimmte Bezugstemperatur ϑ_0. Meist bezieht man sich auf $\vartheta_0 = 20 \, °C$. Für geringe Abweichungen von der Bezugstemperatur ϑ_0 folgt die Widerstandsänderung folgendem linearen Gesetz:

$$R(\vartheta) = R(\vartheta_0)\,[1 + \alpha_{20}(\vartheta - \vartheta_0)] \qquad (1.8\,a)$$

bzw.

$$\varrho(\vartheta) = \varrho(\vartheta_0)\,[1 + \alpha_{20}(\vartheta - \vartheta_0)]. \qquad (1.8\,b)$$

ϑ Temperatur,
$\vartheta_0 = 20\,°C$ Bezugstemperatur,
α_{20} Temperaturkoeffizient bei $\vartheta_0 = 20\,°C$.

Der Temperaturkoeffizient α ist oft selbst noch temperaturabhängig, so daß für große Temperaturänderungen Gl. (1.8) nicht mehr anwendbar ist. In solchen Fällen muß die Temperaturabhängigkeit gewöhnlich empirisch als Kurve ermittelt werden. Bei kleinen Temperaturänderungen ist bei reinen Metallen α_{20} in der Regel positiv. Bei manchen Legierungen und bei Halbleitern ist α_{20} jedoch häufig negativ. In Tabelle 1.1 sind einige Zahlenwerte hierüber angegeben.

Tabelle 1.1 Widerstandseigenschaften verschiedener Werkstoffe

Material	elektrische Leitfähigkeit	spez. Widerstand	Temperaturkoeffizient
	γ	ϱ	α_{20}
	MS/m	$\dfrac{\Omega\,mm^2}{m}$	$10^{-3}\,K^{-1}$
Silber	61	0.0165	$+4{,}1$
Kupfer	57	0,0175	$+4{,}3$
Aluminium	35	0,029	$+4{,}7$
Eisen	10	0,10	$+6{,}6$
Blei	4,8	0,208	$+4{,}2$
Quecksilber	1,02	0,98	$+0{,}99$
Konstantan	2,04···1,96	0,49···0,51	$-0{,}05$
Glanzkohle kristallin	0,025	40	$-0{,}1$
			$-0{,}3$

Jeder Widerstand kann nur in einem bestimmten Temperaturbereich betrieben werden. Besonderes Interesse verdient dabei die zulässige Maximaltemperatur ϑ_{max}, weil der Widerstand bei Temperaturen oberhalb von ϑ_{max} seinen Widerstandswert irreversibel ändern, oder er gar zerstört werden kann.

Da der Widerstandswert eines Widerstandes stets nur mit endlicher Genauigkeit gemessen und eingehalten werden kann, geben die Hersteller eine Toleranz für die Widerstandswerte an. Für Widerstände in gewöhnlichen nachrichtentechnischen Geräten genügt meist eine Toleranz von 5% oder 10%. Widerstände mit Toleranzen von 1% und weniger zählen bereits zu den Präzisionswiderständen. Bei Toleranzangaben unterscheidet man noch zwischen der Toleranz bei Lieferung und der Toleranz bei Lebensende des Bauelementes. Letztere Toleranz ist durch mögliche zeitliche Veränderungen des Widerstandswertes durch Alterung bedingt. Um Änderungen des Widerstandswertes durch natürliche Alterung gering zu halten, werden Widerstände im Anschluß an die Herstellung (u. a. durch Wärmebehandlung) künstlich vorgealtert.

Da für die meisten Anwendungsfälle in der Nachrichtentechnik keine sehr engen Toleranzen für Widerstände vorgeschrieben werden, sind die Widerstandswerte für normale Anwendungen in Normreihen festgelegt. Tabelle 1.2 zeigt die Normreihen E 6, E 12 und E 24. Nur diese Widerstandswerte multipliziert mit 10^k mit k ganzzahlig werden — abgesehen von Sonderfällen — hergestellt.

Einstellbare Widerstände für die Nachrichtentechnik werden meist als sogenannte *Potentiometer* hergestellt. Diese haben drei Anschlüsse, je einen am Anfang und Ende des Widerstandsmaterials und einen dritten Anschluß, den Schleifer, der längs der Widerstandsschicht oder -säule verschiebbar ist. Meistens sind die veränderbaren Widerstände als Drehwiderstände ausgeführt. Im einfachsten Fall

Tabelle 1.2 Normreihen

E 6		1		1,5		2,2		3,3		4,7		6,8	
E 12	1		1,2	1,5	1,8	2,2	2,7	3,3	3,9	4,7	5,6	6,8	8,2
E 24	1	1,1	1,2	1,3	1,5	1,6	1,8	2,0	2,2	2,4	2,7	3,0	3,3 3,6 3,9 4,3 4,7 5,1 5,6 6,2 6,8 7,5 8,2 9,1

ist der eingestellte Widerstand proportional der Winkelstellung des Schleifers. Es gibt jedoch auch Ausführungen, bei denen der eingestellte Widerstand exponentiell mit der Winkelstellung des Schleifers anwächst. Derartige Potentiometer mit logarithmischer Teilung werden z. B. zur Lautstärkeregelung bei niederfrequenten Tonverstärkern gebraucht.

1.2.3 Parasitäre nichtresistive Komponenten von Widerständen

Wegen seiner endlichen räumlichen Ausdehnung ist jeder Widerstand, durch den ein Strom fließt, grundsätzlich von einem magnetischen und einem elektrischen Feld umgeben (Bild 1.3). Jeder ohmsche Widerstand enthält deshalb auch parasitäre Induktivitäten und Kapazitäten. Die Größe dieser parasitären Induktivitäten und Kapazitäten hängt vom geometrischen Aufbau des Widerstandes und von seiner Umgebung ab. Ihr nichtresistiver Einfluß tritt besonders bei hohen Frequenzen auf. Bei sehr hohen Frequenzen tritt ferner der sogenannte Skineffekt auf. Dieser besagt, daß bei sehr hohen Frequenzen der Strom fast nur noch in einer dünnen Schicht an der Leiteroberfläche fließt, während tiefer im Leiterinnern fast kein Strom mehr fließt. Die Ursache hierfür liegt darin, daß der im Leiter fließende Strom ein magnetisches Wechselfeld erzeugt, welches seinerseits im Leiter eine elektrische Feldstärke erzeugt, die nach der Lenzschen Regel so gerichtet ist, daß sie dem fließenden Strom entgegenwirkt. Diese entgegengerichtete elektrische Feldstärke ist in der Leitermitte am größten und fällt zur Leiteroberfläche hin ab.

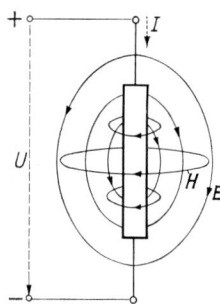

Bild 1.3. Elektrisches (E) und magnetisches (H) Feld um einen Widerstand. Die gestrichelten Strom- und Spannungspfeile sind Richtungspfeile (vgl. Abschnitt 0.2)

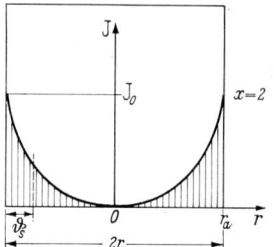

Bild 1.4. Stromdichteverlauf infolge Skineffekt für $x = 2$

Ist in einem Leiter von kreisförmigem Querschnitt mit dem Radius r_a, der Leitfähigkeit γ und der Permeabilität μ die Frequenz f des fließenden Stromes so groß, daß die Bedingung

$$\frac{r_a}{2}\sqrt{\pi f \gamma \mu} = \frac{r_a}{2\vartheta_s} = x > 1 \tag{1.9}$$

gilt, dann nimmt die Stromdichte J im Leiter zur Leitermitte hin mit guter Näherung nach einem Exponentialgesetz ab (Bild 1.4)

$$J \approx J_0\, e^{-\frac{r_a - r}{\vartheta_s}}, \qquad r \leq r_a. \tag{1.10}$$

J_0 ist die Stromdichte an der Leiteroberfläche. ϑ_s bezeichnet man als Eindringmaß, das ist der Abstand von der Leiteroberfläche zu derjenigen Schicht im Leiterinnern, bei der die Stromdichte auf den Bruchteil $1/e$ ($= 36{,}8\%$) der Oberflächenstromdichte abgesunken ist. Für Kupfer gilt ($\mu = \mu_0$; $\gamma = 57$ Sm/mm²)

$$\frac{\vartheta_{sCu}}{mm} \approx \frac{2{,}11}{\sqrt{\dfrac{f}{kHz}}}.$$

Der Skineffekt bewirkt also eine Erhöhung des ohmschen Widerstandes eines Leiters, da das Leiterinnere weitgehend stromlos ist und somit der wirksame Leiterquerschnitt verringert wird. Mit der Verringerung der Stromdichte im Leiterinnern bewirkt der Skineffekt aber auch eine Verringerung des magnetischen Feldes im Leiterinnern, d. h. eine Verkleinerung der inneren Induktivität L_i des Leiters, wenn man die Gesamtinduktivität L eines Leiters sich zusammengesetzt denkt aus der Summe von äußerer Induktivität L_a (die von der Größe des magnetischen Feldes abhängt, welches der Leiterstrom außerhalb des Leiters erzeugt) und innerer Induktivität L_i (die von der Größe des magnetischen Feldes abhängt, welches der Leiterstrom im Leiterinnern erzeugt). Ist R_0 der Widerstand des Leiters bei Gleichstrom, dann errechnen sich der ohmsche Widerstand $R(\omega)$ und die Induktivität $L_i(\omega)$ annähernd aus folgenden Beziehungen

für $x > 1$

$$\frac{R(\omega)}{R_0} \approx x + \frac{1}{4} + \frac{3}{64x}, \qquad (1.11)$$

$$\frac{\omega L_i(\omega)}{R_0} \approx x - \frac{3}{64x} + \frac{3}{128x^2}, \qquad (1.12)$$

für $x < 1$

$$\frac{R(\omega)}{R_0} \approx 1 + \frac{1}{3}\, x^4, \qquad (1.13)$$

$$\frac{\omega L_i(\omega)}{R_0} \approx x^2 - \frac{x^6}{6}. \qquad (1.14)$$

Die Ableitung der Gleichungen Gl. (1.9) bis Gl. (1.14) ist Gegenstand der theoretischen Elektrotechnik und liegt außerhalb der Zielsetzung dieses Buches. Sie kann z. B. bei Küpfmüller [2] nachgelesen werden. Die Beziehungen für $R(\omega)/R_0$ und $\omega L_i(\omega)/R_0$ sind in Bild 1.5 dargestellt. Aus der Abbildung ist zu ersehen, daß der Skineffekt für $x < 0,5$ praktisch keinen Einfluß auf den ohmschen Widerstand hat. Nach Gl. (1.9) sind darum Drahtwiderstände mit dünnerem Draht für hohe Frequenzen besser geeignet als solche mit dickerem.

Neben dem bisher beschriebenen Temperatur- und Hochfrequenzverhalten sind für die Nachrichtentechnik bisweilen noch die Rauscheigenschaften eines Widerstandes von Bedeutung. Auf Grund der thermischen Bewegung der freien Elektronen im Widerstandsmaterial entsteht an den Widerstandsklemmen eine unregelmäßig schwankende Spannung, die thermische Rauschspannung genannt wird. Das mittlere Spannungsquadrat (vgl. Abschnitt 0.1.3.3) der thermischen Rauschspannung hängt nur von der Größe (Ohmzahl) nicht aber vom speziellen Aufbau und Material des Widerstandes ab. Dieser Mittelwert läßt sich in einfacher Weise mit einer in Ab-

schnitt 3.3.4 angegebenen Beziehung berechnen. Zusätzlich zum thermischen Rauschen tritt aber häufig noch ein weiteres Stromrauschen in ohmschen Widerständen auf, sobald durch den Widerstand ein Strom fließt. Dieses zusätzliche Stromrauschen kann durch Wahl geeigneter Widerstandsmaterialien und besonderen Aufbau beeinflußt und reduziert werden.

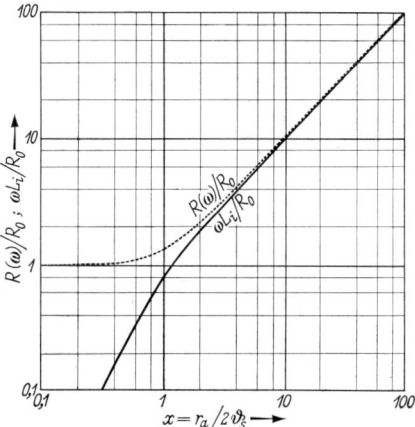

Bild 1.5. Graphische Darstellung von $R(\omega)/R_0$ und $\omega L_i(\omega)/R_0$

1.2.4 Berechnung einfacher zeitinvarianter resistiver Netzwerke, Beispiel Begrenzerschaltung

Während bei linearen zeitinvarianten Widerständen sich der resultierende Widerstand einer Serienschaltung aus R_1 und R_2 als deren Summe berechnet und der resultierende Leitwert einer Parallelschaltung aus G_1 und G_2 sich als Summe der Einzelleitwerte berechnet, sind bei nichtlinearen resistiven Elementen kompliziertere Vorgehensweisen nötig.

Sind die u,i-Kennlinien der einzelnen Elemente gegeben, dann läßt sich die resultierende u,i-Kennlinie einer Serien- oder Parallelschaltung mit Hilfe des sogenannten *Scherungsverfahrens* konstruieren:

Zunächst sei die Serienschaltung zweier Elemente (1) und (2) besprochen. Das Element (1) werde durch die u_1,i_1-Kennlinie beschrieben und das Element (2) durch die u_2,i_2-Kennlinie. Die u,i-Kennlinie der Serienschaltung ergibt sich wie folgt: Weil beide Elemente in Serie liegen, muß durch beide Elemente stets der gleiche Strom fließen, der auch gleich dem Klemmenstrom der Serienschaltung ist: $i = i_1 = i_2$. Für jeden Stromwert i ergibt die Summe der zugehörigen Teilspannungen an den Elementen (1) und (2), nämlich $u_1(i_1 = i)$ und $u_2(i_2 = i)$, den resultierenden Spannungswert der Serienschaltung $u(i)$. Dies ist in Bild 1.6 am Beispiel der Serienschaltung eines linearen Widerstands und einer idealen Diode durchgeführt.

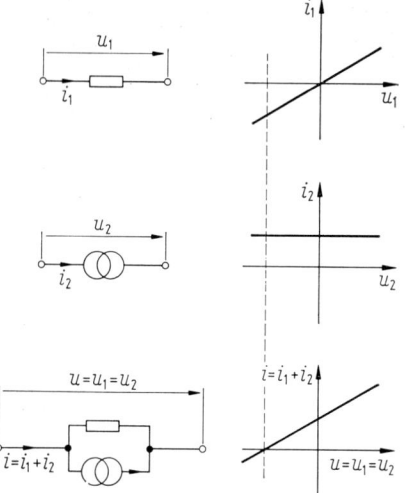

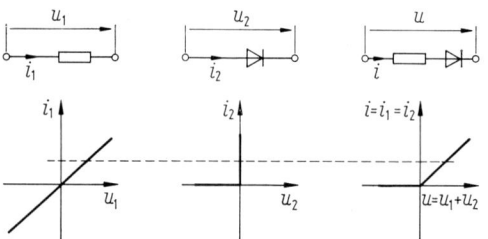

Bild 1.6. Scherung bei Serienschaltung. Für jeden Wert des Stroms $i_1 = i_2$ sind die zugehörigen Teilspannungen u_1 und u_2 zu addieren

Bild 1.7. Scherung bei Parallelschaltung. Für jeden Wert der Spannung $u_1 = u_2$ sind die zugehörigen Teilströme i_1 und i_2 zu addieren

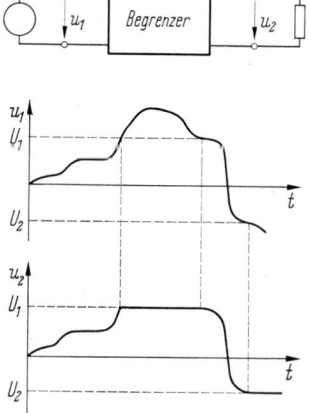

Bild 1.8. Wirkungsweise des Begrenzers

Als nächstes sei die Parallelschaltung zweier Elemente (1) und (2) besprochen, wobei wieder das Element (1) durch die u_1,i_1-Kennlinie und das Element (2) durch die u_2,i_2-Kennlinie beschrieben seien. Die u,i-Kennlinie der Parallelschaltung ergibt sich folgendermaßen: Weil beide Elemente parallel liegen, muß über beiden Elementen stets die gleiche Spannung liegen, die auch gleich der Klemmenspannung der Parallelschaltung ist: $u = u_1 = u_2$. Für jeden Spannungswert u ergibt die Summe der zugehörigen Teilströme durch die Elemente (1) und (2), nämlich $i_1(u_1 = u)$ und $i_2(u_2 = u)$ den resultierenden Stromwert der Parallelschaltung $i(u)$. Dies ist in Bild 1.7 am Beispiel der Parallelschaltung eines linearen Widerstands und einer unabhängigen Stromquelle durchgeführt.

Durch sukzessives Anwenden der Scherung kann man die resultierende Spannungs-Strom-Kennlinie auch für relativ komplizierte Netzwerke konstruieren. Das Scherungsverfahren versagt allerdings bei Netzwerken mit nichtebenen Graphen, die sich überkreuzende Zweige besitzen.

Als Beispiel eines resistiven nichtlinearen Netzwerks sei nun ein *Spannungsbegrenzer* betrachtet. Die Aufgabe eines solchen Begrenzers wird durch Bild 1.8 beschrieben. Die Ausgangsspannung u_2 soll so lange gleich oder proportional zur Eingangsspannung u_1 sein, wie sich die Eingangsspannung zwischen zwei vorgegebenen Schranken U_1 und U_2 bewegt. Überschreitet die Eingangsspannung die obere Schranke U_1, dann wird die Ausgangsspannung auf den Wert der oberen Schranke oder auf einen Wert proportional dazu begrenzt. Entsprechendes passiert, wenn die Eingangsspannung die untere Schranke U_2 unterschreitet.

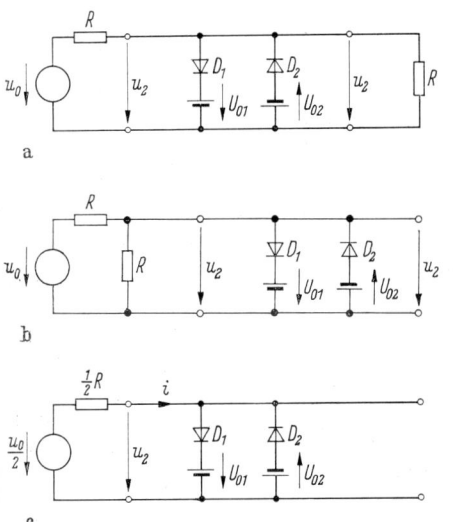

a

b

c

Bild 1.9. (a) Schaltung des Querbegrenzers, (b) Ersatzschaltung, (c) vereinfachte Ersatzschaltung

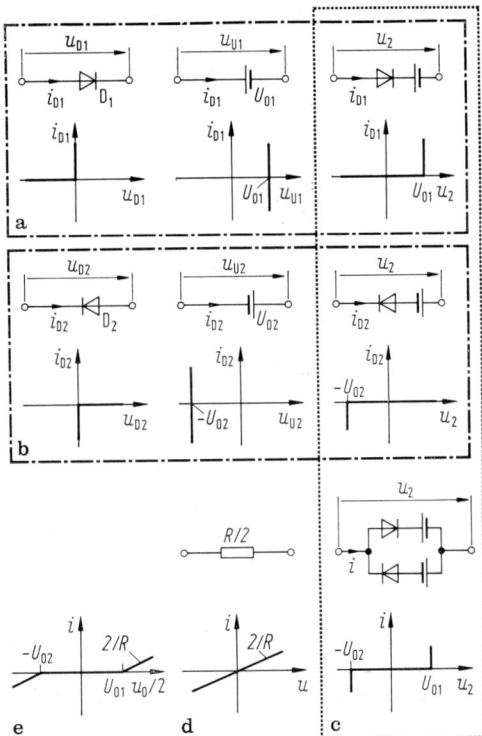

a

b

e   d   c

Bild 1.10. Konstruktion der Kennlinie $i(u_0/2)$, siehe Text

Bild 1.9a zeigt die Schaltung des sogenannten Querbegrenzers. Die Vereinfachung der Schaltung wird deutlich, wenn man den Abschlußwiderstand R an den Eingang zeichnet, siehe Bild 1.9b. Aus dieser geht nämlich durch Anwendung des Satzes von der Ersatzspannungsquelle sofort das Ersatzbild in Bild 1.9c hervor. Der Satz von der Ersatzspannungsquelle nach Helmholtz ist hier noch anwendbar, weil Spannungsquelle U_0, Innenwiderstand R und Abschlußwiderstand R ein lineares Teilnetzwerk bilden.

Die Bestimmung der Kennlinie, welche die Ausgangsspannung u_2 in Abhängigkeit der halben Quellspannung $u_0/2$ beschreibt, erfolgt in mehreren Schritten.

In Bild 1.10a ist die Konstruktion der u_2, i_{D1}-Kennlinie für die Serienschaltung der Diode D_1 und der unabhängigen Spannungsquelle U_{01} durchgeführt (oberer gestrichelter Rahmen). Darunter ist in Bild 1.10b die entsprechende Konstruktion für die Serienschaltung von Diode D_2 und Spannungsquelle

U_{02} dargestellt (wieder gestrichelt eingerahmt). Der punktiert gezeichnete Rahmen von Bild 1.10c enthält die Bestimmung der u_2, i-Kennlinie für die Parallelschaltung der zuvor in den Abbildungen a und b betrachteten Serienschaltungen. Wird zum Teilnetzwerk von Bild 1.10c der Widerstand $R/2$ in Serie geschaltet, der in der u, i-Ebene durch eine Gerade der Steigung $2/R$ beschrieben wird, dann entsteht die in Bild 1.10e dargestellte $\left(\frac{1}{2} u_0, i\right)$-Kennlinie, welche den funktionalen Zusammenhang $i(u_0/2)$ beschreibt.

Nach Bild 1.9b gilt

$$u_2 = \frac{u_0}{2} - \frac{R}{2} i\left(\frac{u_0}{2}\right). \qquad (1.15)$$

Dies bedeutet, daß von einer Funktion $u_{21} = u_0/2$ eine zweite Funktion

$u_{22} = (R/2) i(u_0/2)$

abzuziehen ist, siehe Bild 1.11. Die zweite Funktion u_{22} ergibt sich durch Multiplikation des Ergebnisses in Bild 1.10e mit $R/2$.

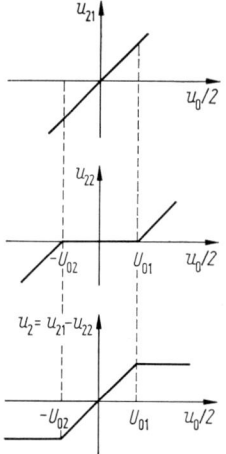

Bild 1.11. Konstruktion der $(u_2, u_0/2)$-Kennlinie des Querbegrenzers

Das graphische Analyseverfahren ist zwar allgemein, weil mit nahezu beliebig krummen Kennlinien gearbeitet werden kann. Es ist aber auch umständlich, und das Ergebnis hängt u. U. von der Zeichengenauigkeit ab.

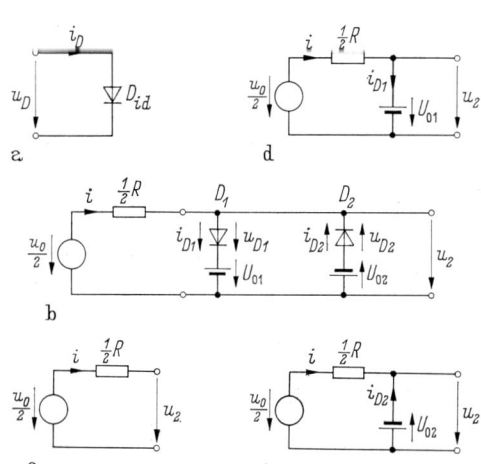

Bild 1.12. Zur analytischen Berechnung des Querbegrenzers
(a) Vereinbarungen über Strom- und Spannungsrichtungen an einer Diode, (b) Querbegrenzerschaltung, (c) Ersatzbild im Fall 1: D_1 und D_2 gesperrt, (d) Ersatzbild im Fall 2: D_1 durchlässig, D_2 gesperrt, (e) Ersatzbild im Fall 3: D_1 gesperrt, D_2 durchlässig

Im Fall idealer Dioden und linearer Widerstände kann aber auch *analytisch* gerechnet werden, wie im folgenden gezeigt wird, siehe Bild 1.12.
Für ideale Dioden gilt bei den Pfeilrichtungen in Bild 1.12a

im Durchlaßbereich (DB): $i_D > 0$,
$$u_D = 0, \qquad (1.16)$$

im Sperrbereich (SB): $u_D < 0$,
$$i_D = 0. \qquad (1.17)$$

Eine gesperrte Diode kann durch einen Leerlauf (Leitungsunterbrechung), eine durchlässige Diode durch einen Kurzschluß ersetzt werden.
Der Punkt $i_D = 0$, $u_D = 0$ sei vorerst aus der Betrachtung herausgenommen. Bei N Dioden sind maximal 2^N Fälle möglich. Bei den $N = 2$ Dioden von Bild 1.12b sind folglich maximal die $2^2 = 4$ in Tabelle 1.3 dargestellten Fälle denkbar.

Tabelle 1.3 Zusammenstellung aller Diodenzustände

Fall	Diode D_1	Diode D_2
1	SB	SB
2	DB	SB
3	SB	DB
4	DB	DB

Fall 4 kann sofort als unmöglich ausgeschieden werden, weil anderenfalls die beiden Spannungen U_{01} und $-U_{02}$ parallel lägen. Die verbleibenden drei Fälle zeigen Bild 1.12c, d und e.
Im Fall 1 ist $i = 0$ und folglich (Bild 1.12c)
$$u_2 = u_0/2. \qquad (1.18)$$

Voraussetzung für den ersten Fall ist nach Gl. (1.17), vgl. Bild 1.12b
$$u_{D1} = u_0/2 - U_{01} < 0,$$
$$-u_{D2} = u_0/2 + U_{02} > 0,$$
also
$$-U_{02} < u_0/2 < U_{01}. \qquad (1.19)$$

Im Fall 2 ist $u_{D1} = 0$ und folglich (Bild 1.12d)

$$u_{D2} < 0, \qquad (1.20)$$

$$i_{D1} = i = (u_0/2 + U_{02}) \frac{2}{R} > 0, \qquad (1.21)$$

also

$$u_0/2 > U_{01}. \qquad (1.22)$$

Der Fall 3 ergibt sich aus Fall 2 durch Vertauschung von U_{01} mit $-U_{02}$ und i_{D1} mit $-i_{D2}$. Zusammengefaßt ergibt sich also

$$u_2 = \begin{cases} -U_{02} & \text{für} \quad u_0/2 < -U_{02} \\ u_0/2 & \text{für} \quad -U_{02} < u_0/2 < U_{01} \\ U_{01} & \text{für} \quad u_0/2 > U_{01}. \end{cases}$$
$$(1.23)$$

Die ausgesparten Punkte $u_D = 0 = i_D$ liegen an den Intervallgrenzen von Gl. (1.23).

1.3 Kapazitive Schaltelemente und einfache Netzwerke mit Kapazitäten

1.3.1 Allgemeine Zustandsmodelle von Kapazitäten

Kapazitive Schaltelemente sind dadurch gekennzeichnet, daß sie in der Lage sind, elektrische Ladungen zu *speichern*. Das bedeutet, daß mittels eines Ladestromes eine Ladung auf ein kapazitives Element aufgebracht werden kann und zu irgendeinem späteren Zeitpunkt durch einen Entladestrom auch wieder *vollständig* entnommen werden kann. Ein kapazitives Element ist nur Ladungsspeicher, keine Ladungsquelle, die Ladungen erzeugt. Zweipolige kapazitive Elemente heißen kurz Kapazitäten.
Die elektrischen Eigenschaften einer zeitinvarianten Kapazität sind vollständig durch eine Kennlinie gegeben, welche den Zusammenhang zwischen der gespeicherten Ladung Q und der Klemmenspannung u beschreibt. Bild 1.13 zeigt zwei Beispiele.
Bei einer zeitvarianten Kapazität ändert sich die u,Q-Kennlinie in Abhängigkeit von der Zeit t. Solche Elemente lassen sich durch

eine im allgemeinen gekrümmte Fläche in einem dreidimensionalen Koordinatensystem mit den Achsen für u, t und Q beschreiben.

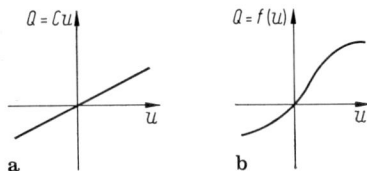

Bild 1.13. Beispiele für u,Q-Kennlinien kapazitiver Schaltelemente
(a) lineares Element, (b) nichtlineares Element

Formal lassen sich die Zusammenhänge wie folgt ausdrücken:
Bei einer zeitinvarianten Kapazität ist

$$Q(t) = f[u(t)] \qquad (1.24)$$

und bei einer zeitvarianten Kapazität ist

$$Q(t) = f[u(t), t]. \qquad (1.25)$$

Der Klemmenstrom der Kapazität ist stets gegeben durch

$$i(t) = \frac{dQ}{dt}. \qquad (1.26)$$

Man bezeichnet die Ladung Q auch als *Zustandsvariable*. Die Kennzeichnung der Spannung-Strom-Beziehung einer Kapazität durch das Gleichungspaar (1.25), (1.26) nennt man auch *Zustandsmodell-Beschreibung*, vgl. auch Abschnitt 5.4.3.
Im Fall von Bild 1.13a handelt es sich um eine lineare zeitinvariante Kapazität

$$Q(t) = Cu(t). \qquad (1.27)$$

C kennzeichnet die Größe oder Höhe der Kapazität. Für den Klemmenstrom folgt aus Gl. (1.26) und Gl. (1.27)

$$i(t) = \frac{dQ}{dt} = C \frac{du}{dt}. \qquad (1.28)$$

Bei einer linearen zeitvarianten Kapazität gilt

$$Q(t) = C(t) \, u(t) \qquad (1.29)$$

und

$$i(t) = \frac{dQ}{dt} = C(t)\,\frac{du}{dt} + u(t)\,\frac{dC}{dt}. \qquad (1.30)$$

Beide, lineare zeitinvariante und lineare zeit-variante Kapazitäten, genügen dem Über-lagerungssatz.

Bei einer nichtlinearen zeitinvarianten Kapa-zität errechnet sich der Klemmenstrom aus Gl. (1.24) und Gl. (1.26) mit der Kettenregel der Differentialrechnung zu

$$i(t) = \frac{dQ}{dt} = \frac{df[u(t)]}{du} \cdot \frac{du}{dt}. \qquad (1.31)$$

Bei einer nichtlinearen zeitvarianten Kapazi-tät errechnet sich der Klemmenstrom hin-gegen aus Gl. (1.25) und Gl. (1.26) zu

$$i(t) = \frac{\partial f[u(t),\,t]}{\partial u} \cdot \frac{du}{dt} + \frac{\partial f[u(t),\,t]}{\partial t}. \qquad (1.31\,\mathrm{a})$$

Für die Richtungen von Klemmenspannung $u(t)$ und Klemmenstrom $i(t)$ gilt dabei die Vereinbarung von Bild 1.1 b.

Nun soll noch die Anwendung des Passivitäts-kriteriums von Gl. (1.2) auf eine nichtlineare zeitinvariante Kapazität erfolgen. Dabei sei einschränkend vorausgesetzt, daß die u,Q-Kurve durch den Ursprung gehe. Bei $u = 0$ sei also die Kapazität ladungsfrei, $Q = 0$, und habe damit keine Energie gespeichert.

Ist zum Zeitpunkt $t = 0$ die Kapazität ladungsfrei, dann ist die im Zeitintervall von $t = 0$ bis $t = t_0 > 0$ aufgenommene Energie zugleich die zum Zeitpunkt t_0 gespeicherte Energie. Sie berechnet sich mit $i(t)\,dt = dQ$ zu

$$E(t_0) = \int_0^{t_0} u(\tau)\,i(\tau)\,d\tau = \int_{Q(t=0)=0}^{Q(t_0)=Q_0} u(Q)\,dQ. \qquad (1.32)$$

Hierin ist

$$u(Q) = f^{-1}(Q) \qquad (1.33)$$

die zu $f(u)$ in Gl. (1.24) inverse Funktion. Sie läßt sich nur für monotone Funktionen $Q = f(u)$ bilden. Die aufgenommene Energie-menge entspricht der schraffierten Fläche in Bild 1.14.

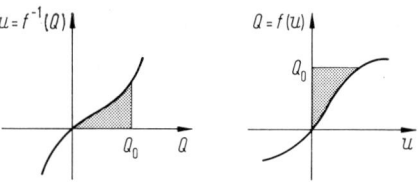

Bild 1.14. Zur Berechnung der gespeicherten Energie

Die gespeicherte Energiemenge ist stets nicht-negativ, wenn die Kurve $Q(u)$ nur im ersten und dritten Quadranten verläuft. Auch bei einer Aufladung ausgehend von $Q = 0$ in negativer Q-Richtung ergibt sich nämlich wegen des negativen u eine positive Energie-menge.

Somit ist auch die aus Gl. (1.2) folgende Passivitätsbedingung

$$E(t) = E(t_0) + \int_{Q(t_0)}^{Q(t)} u(Q)\,dQ \geq 0 \qquad (1.34)$$

stets erfüllt, wenn die u,Q-Kennlinie eine durch den Ursprung gehende monoton steigende Funktion ist.

1.3.2 Kondensatoren

Kondensatoren sind reale Schaltelemente, welche die geforderten Eigenschaften einer konzentrierten linearen zeitinvarianten Kapa-zität möglichst gut erfüllen.

Bei technischen Kondensatoren sind zwei geo-metrische Idealformen von besonderer Wich-tigkeit: der Plattenkondensator und der Zylinderkondensator. Die meisten technischen Kondensatorkonstruktionen lassen sich auf diese Formen angenähert zurückführen.

Beim Plattenkondensator (Bild 1.15a) errech-net sich die Kapazität C zu

$$C = \varepsilon_0\varepsilon_r\,\frac{A}{d}. \qquad (1.35)$$

A Fläche der (gleich großen parallelen) Platten,

d Abstand,

ε_0 elektrische Feldkonstante
    $\varepsilon_0 = 8{,}854 \cdot 10^{-12}$ F/m $=$
    $8{,}854 \cdot 10^{-12}$ As/Vm

ε_r Permittivitätszahl des Dielektrikums zwi-schen den Platten (Elektroden).

Voraussetzung für die Gültigkeit von Gl. (1.35) ist, daß das elektrische Feld zwischen den Platten homogen ist, was für den Plattenrand normalerweise nicht zutrifft. Der Einfluß des inhomogenen Feldes am Plattenrand kann jedoch vernachlässigt werden, wenn $A \gg d^2$.

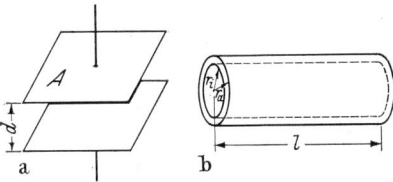

Bild 1.15. (a) Plattenkondensator, (b) Zylinderkondensator

Die Kapazität des (konzentrischen) Zylinderkondensators (Bild 1.15b) errechnet sich bei Vernachlässigung der Randkapazität zu

$$C = 2\pi\varepsilon_0\varepsilon_r \, \frac{l}{\ln \dfrac{r_a}{r_i}} \qquad (1.36)$$

Liegt die Geometrie fest, dann kann die Kapazität nur noch durch die Art des Dielektrikums beeinflußt werden. In Tabelle 1.3 ist die Permittivitätszahl für verschiedene Stoffe angegeben. Als Dielektrika für Kondensatoren kommen natürlich nur Nichtleiter und eventuell Halbleiter in Frage.
Als Elektrodenmaterial werden gewöhnlich Metalle (z. B. Aluminium) verwendet. Häufig besteht jedoch nur eine Elektrode aus Metall, während die andere Elektrode von einem flüssigen Elektrolyten gebildet wird. Solche Kondensatoren bezeichnet man als *Elektrolytkondensatoren*.
In vielen Anwendungen der Nachrichtentechnik genügen für die Kapazitätswerte Toleranzen von 10% oder gar 20%. Für diese Fälle sind die Kapazitätswerte im Bereich von 1 pF bis 1 µF durch die Normreihen E 6, E 12 und E 24 (s. Tab. 1.2) festgelegt. Bei höheren Kapazitäten liegen die Normwerte in relativ größeren Abständen.
Genauere Kapazitätswerte werden bei frequenzbestimmenden Schaltungen wie Schwingkreisen und Filtern benötigt. Hier spielen häufig auch Temperatureinflüsse eine wichtige Rolle. Für geringe Temperaturabweichungen läßt sich Gl. (1.8) auf Kondensatoren übertragen

$$C(\vartheta) = C(\vartheta_0)\,[1 + \alpha_C(\vartheta - \vartheta_0)], \qquad (1.37)$$

$$\alpha_C = \frac{\Delta C}{C(\vartheta_0)\,(\vartheta - \vartheta_0)}. \qquad (1.38)$$

Tabelle 1.3

Dielektrikum	Permittivitätszahl ε_r
Vakuum	1,000 000
Luft (1,013 bar, 18 °C)	1,000 546
Paraffin	1,9 ⋯ 2,2
Polystyrol (Styroflex)	2,4
Hartpapier	3,5 ⋯ 5
Glimmer	7
Aluminiumoxid Al_2O_3	8,5 (Elektrolytkondensator)
Tantalpentoxid Ta_2O_5	26 (Elektrolytkondensator)
Rutil (TiO₂)	110
Rutilabkömmling Condensa C	80
Rutilabkömmling Condensa F	35
Titanate (BaTiO₃, Mischtitanate)	1 000 ⋯ 10 000
Wasser	80

Der Temperaturkoeffizient α_C ist die auf 1 °C bezogene durchschnittliche relative Änderung $\Delta C/C(\vartheta_0)$ der Kapazität innerhalb des (nicht zu großen) Temperaturbereichs $(\vartheta - \vartheta_0)$. Je nach Art des Dielektrikums kann α_C positiv oder negativ sein. Damit besteht die Möglichkeit, eine Kapazität durch Zusammenschalten mehrerer Einzelkondensatoren innerhalb gewisser Grenzen temperaturunabhängig zu machen.
Betrachtet wird z. B. die Parallelschaltung zweier Kondensatoren C_1 mit α_{C1} und C_2 mit α_{C2}. Dann ist die Summenkapazität

$$C_p(\vartheta_0) = C_1(\vartheta_0) + C_2(\vartheta_0). \qquad (1.39)$$

Der Temperaturkoeffizient α_{Cp} der Parallelschaltung errechnet sich mit Gl. (1.37) aus

$$\begin{aligned} C_p(\vartheta) &= C_1(\vartheta) + C_2(\vartheta) = C_1(\vartheta_0)\,[1 + \\ &+ \alpha_{C1}(\vartheta - \vartheta_0)] + C_2(\vartheta_0)\,[1 + \alpha_{C2}(\vartheta - \vartheta_0)] = \\ &= C_p(\vartheta_0)\,[1 + \alpha_{Cp}(\vartheta - \vartheta_0)]. \end{aligned} \qquad (1.40)$$

Mit Gl. (1.39) ergibt sich aus Gl. (1.40)

$$C_p(\vartheta_0)\,\alpha_{Cp} = C_1(\vartheta_0)\,\alpha_{C1} + C_2(\vartheta_0)\,\alpha_{C2}$$

$$\alpha_{Cp} = \frac{C_1(\vartheta_0)\,\alpha_{C1} + C_2(\vartheta_0)\,\alpha_{C2}}{C_1(\vartheta_0) + C_2(\vartheta_0)}. \quad (1.41)$$

Es ist also $\alpha_{Cp} = 0$ für

$$\alpha_{C2} = -\alpha_{C1}\frac{C_1(\vartheta_0)}{C_2(\vartheta_0)}. \quad (1.42)$$

Entsprechenderweise errechnet sich für die Serienschaltung zweier Kondensatoren

$$\alpha_{Cs} = \frac{C_1(\vartheta_0)\,\alpha_{C2} + C_2(\vartheta_0)\,\alpha_{C1}}{C_1(\vartheta_0) + C_2(\vartheta_0)}. \quad (1.43)$$

Veränderbare Kondensatoren, deren Kapazität sehr häufig verändert wird — z. B. zum Abstimmen eines Empfangsschwingkreises in einem Rundfunkgerät —, sind meist als *Drehkondensatoren* ausgeführt. Ihr technischer Aufbau ist in Bild 1.16 skizziert. Ein Plattenstapel, der Rotor, läßt sich in einen anderen Plattenstapel, den Stator, hineinschwenken, wodurch die Kapazität vergrößert wird. Durch die Form der Rotorplatten kann man die Größe der eingestellten Kapazität in Abhängigkeit von der Winkelstellung der Achse fast beliebig beeinflussen. Häufig werden die Plattenschnitte so gewählt, daß die Kapazität linear vom Winkel abhängt oder auch so, daß die Frequenz eines Schwingkreises linear von der Winkelstellung der Kondensatorachse abhängt.

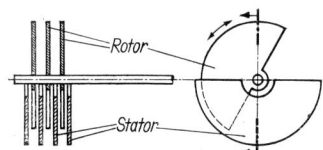

Bild 1.16. Drehkondensator

1.3.3 Parasitäre nichtkapazitive Komponenten von Kondensatoren

Vom Ideal einer linearen zeitinvarianten Kapazität unterscheiden sich reale Kondensatoren hauptsächlich durch parasitäre resistive

Effekte und durch parasitäre Induktivitäten. Das Zustandekommen dieser parasitären Komponenten läßt sich leicht anhand des streifenförmig aufgebauten Plattenkondensators in Bild 1.17 erklären. Über die Anschlußdrähte am linken Streifenende ($x = 0$) wird durch den Strom i die zu speichernde Ladung aufgebracht. Damit die gesamte Ladung sich gleichmäßig auf die streifenförmigen Elektrodenflächen verteilt, müssen Teile des Ladungsstroms größere Wege auf den Elektroden zurücklegen. Diese Teilströme erzeugen einerseits ein magnetisches Feld H, welches die parasitäre Induktivität verursacht, andererseits bewirken sie resistive oder ohmsche Verluste auf Grund der endlichen Leitfähigkeit des Elektrodenmaterials. Zusätzliche ohmsche Verluste können außerdem noch durch ein nicht vollkommen isolierendes Dielektrikum zwischen den Elektroden hervorgerufen werden.

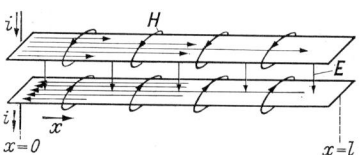

Bild 1.17. Zustandekommen von parasitären resistiven und induktiven Komponenten

Da die parasitären resistiven und induktiven Komponenten in der Regel linear und zeitinvariant sind, lassen sich ihre Einflüsse mit der komplexen Wechselstromrechnung beschreiben:

Legt man an einen Kondensator eine sinusförmige Spannung an, dann müßte im Idealfall der fließende sinusförmige Strom um 90° voreilen, vgl. Gl. (0.61). Praktisch ist jedoch der Phasenwinkel zwischen Strom und Spannung nicht exakt 90°, sondern etwas kleiner. Den Tangens des auftretenden Komplementwinkels δ_p zu 90° bezeichnet man als Verlustfaktor. Der Winkel δ_p selbst heißt Verlustwinkel. Der Verlustfaktor $\tan \delta_p$ ist nämlich auf eine kleine Wirkstromkomponente zurückzuführen, die dem vorherrschenden Blindstrom überlagert ist. Im Ersatzschaltbild kann man diese Verluste durch einen dem Kondensator C parallel geschalteten ohmschen Widerstand R_p darstellen. Der Verlustfaktor errechnet sich dann aus

$$\underline{Y}_p = j\omega C + \frac{1}{R_p} = \frac{1}{\underline{Z}_p}$$

zu

$$\tan \delta_p = \left| \frac{\mathrm{Re}\,\{\underline{Y}_p\}}{\mathrm{Im}\,\{\underline{Y}_p\}} \right| = \frac{1}{\omega C R_p} = \left| \frac{\mathrm{Re}\,\{\underline{Z}_p\}}{\mathrm{Im}\,\{\underline{Z}_p\}} \right|. \tag{1.44}$$

Nach Gl. (1.44) nimmt der Verlustfaktor nach niedrigeren Frequenzen zu, nach höheren nimmt er ab. Geht man von einem Ersatzbild aus, welches aus einer Serienschaltung der Kapazität C und dem ohmschen Widerstand R_s besteht, dann errechnet sich mit $\underline{Z}_s = R_s + \frac{1}{j\omega C} = \frac{1}{\underline{Y}_s}$ der Verlustfaktor $\tan \delta_s$ zu

$$\tan \delta_s = \left| \frac{\mathrm{Re}\,\{\underline{Z}_s\}}{\mathrm{Im}\,\{\underline{Z}_s\}} \right| = \omega C R_s = \left| \frac{\mathrm{Re}\,\{\underline{Y}_s\}}{\mathrm{Im}\,\{\underline{Y}_s\}} \right|. \tag{1.45}$$

Nach Gl. (1.45) nimmt der Verlustfaktor nach höheren Frequenzen zu und nach niederen Frequenzen ab. Die Erfahrung zeigt, daß es der Wirklichkeit besser entspricht, wenn man im Ersatzbild sowohl einen Parallelwiderstand R_p als auch einen Serienwiderstand R_s ansetzt (Bild 1.18). Hieraus wird

$$\tan \delta = \left| \frac{\mathrm{Re}\,\{\underline{Z}\}}{\mathrm{Im}\,\{\underline{Z}\}} \right| = \frac{R_p + R_s + \omega^2 C^2 R_p^2 R_s}{\omega C R_p^2} =$$

$$= \left| \frac{\mathrm{Re}\,\{\underline{Y}\}}{\mathrm{Im}\,\{\underline{Y}\}} \right| = \tan \delta_p + \tan \delta_s +$$

$$+ \tan^2 \delta_p \tan \delta_s. \tag{1.46}$$

Für verlustarme Kondensatoren gilt mit guter Näherung

$$\tan \delta \approx \tan \delta_p + \tan \delta_s. \tag{1.47}$$

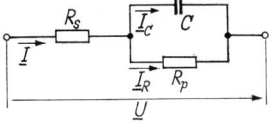

Bild 1.18. Ersatzbild des verlustbehafteten Kondensators

Im Ersatzbild Bild 1.18 ist gewöhnlich $R_s \ll R_p$. Für niedrige Frequenzen, für die $\omega C R_p \ll 1$, ist darum $\tan \delta \approx \tan \delta_p$, während für hohe Frequenzen, bei denen $\omega^2 C^2 R_p^2 R_s \gg R_p$ ist, der Verlustfaktor $\tan \delta \approx \tan \delta_s$ wird.

Die Größe des Verlustfaktors ist nach Gl. (1.46) eine Funktion der Frequenz ω mit einem relativ flachen Minimum bei mittleren Frequenzen. Üblicherweise wird der Minimalwert angegeben. Typische Werte liegen bei $\tan \delta = 10^{-2}$ für Papier-, bei 10^{-3} für Keramik- und 10^{-4} für Polystyroldielektrikum. Da die Verluste im Kondensator häufig auf sehr komplizierte physikalische Vorgänge im Dielektrikum zurückgehen, ist der Widerstand R_p im Ersatzbild Bild 1.18 normalerweise nicht gleich dem Isolationswiderstand, der den Leckstrom eines Kondensators bei Betrieb mit Gleichstrom hervorruft.

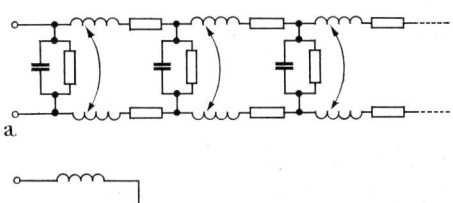

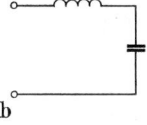

Bild 1.19. (a) Vollständiges Kondensatorersatzbild, (b) vereinfachtes Ersatzbild des verlustlosen Kondensators

Ein aus Bild 1.17 resultierendes vollständiges Ersatzbild, das auch die parasitären induktiven Komponenten eines Kondensators enthält, zeigt Bild 1.19a. Bei verlustarmen Kondensatoren und bei hohen Frequenzen kann der induktive Einfluß den resistiven überwiegen, was dann zu dem vereinfachten Ersatzbild in Bild 1.19b führt.

1.3.4 Einfache Netzwerke mit Kapazitäten

Nachfolgend werden einige einfache Netzwerke behandelt, deren Verhalten wesentlich von Kapazitäten beeinflußt wird.

1.3.4.1 Zusammenschaltung nichtlinearer Kapazitäten

Bei linearen zeitinvarianten Kapazitäten gelten bekanntlich einfache Regeln. Die Parallelschaltung zweier Kapazitäten C_1 und C_2 ergibt eine resultierende Kapazität $C = C_1 + C_2$. Bei einer Serienschaltung zweier Kapazitäten addieren sich deren Kehrwerte $1/C_1$ und $1/C_2$ zum Kehrwert der resultierenden Kapazität $1/C$.

Im Gegensatz zur linearen zeitinvarianten Kapazität wird eine nichtlineare zeitinvariante Kapazität nicht durch eine Größe C, sondern durch eine Funktion $Q(u)$, vgl. Bild 1.13b, charakterisiert. Bei Parallel- oder Serienschaltungen von nichtlinearen Kapazitäten kann die resultierende Funktion $Q(u)$ durch Anwendung des Scherungsverfahrens gewonnen werden. Das Scherungsverfahren ist bereits bei der Zusammenschaltung nichtlinearer resistiver Schaltelemente in Abschnitt 1.2.4 behandelt worden.

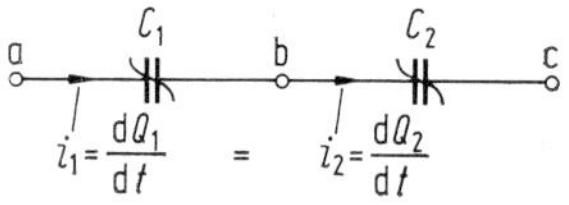

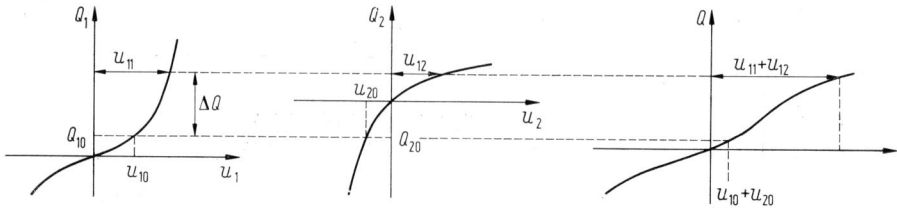

Bild 1.20. Zur Ladungsänderung auf in Serie geschalteten nichtlinearen Kapazitäten

Bei der Parallelschaltung zweier nichtlinearer Kapazitäten liegt über beiden Kapazitäten die gleiche Spannung u. Für jeden Spannungswert u sind die jeweils zugehörigen Ladungen zu addieren. Die resultierende $Q(u)$-Kurve der Parallelschaltung ergibt sich daher entsprechend Bild 1.7, wenn man dort die Ströme durch die betreffenden Ladungen ersetzt.

Bei einer Serienschaltung zweier nichtlinearer Kapazitäten muß durch (oder auf) beide

Kapazitäten zu jedem Zeitpunkt der gleiche Strom $i_1 = i_2$ fließen. Infolgedessen ist auf beiden Kapazitäten die zeitliche Ladungs-*änderung* dieselbe.

Zunächst sei der Sonderfall betrachtet, daß zu Beginn, d. h. vor Einschalten des Ladestroms, beide Kapazitäten ladungsfrei seien. Bei gleicher zeitlicher Ladungsänderung müssen in diesem Sonderfall beide Kapazitäten zu jedem Zeitpunkt auch die gleiche Ladung haben. Damit erhält man die resultierende $Q(u)$-Kurve der Serienschaltung zweier zu Beginn ladungsfreier Kapazitäten dadurch, daß man für jeden Wert von Q die zugehörigen Werte von u addiert. Die graphische Konstruktion entspricht also derjenigen in Bild 1.6, wenn man dort die Ströme durch die betreffenden Ladungen ersetzt.

Im folgenden sei die Serienschaltung zweier nichtlinearer Kapazitäten betrachtet, die zu Beginn *nicht* ladungsfrei sind. Die Kapazität C 1 werde durch die u_1, Q_1-Kennlinie beschrieben und habe die Anfangsladung Q_{10}. Die Kapazität C 2 werde durch die u_2, Q_2-Kennlinie beschrieben und habe die Anfangsladung Q_{20}. Da auf beide Kapazitäten der gleiche Strom fließt, ist die Ladungsänderung auf beiden Kapazitäten dieselbe. Wenn also die Kapazität C 1 durch den Ladestrom auf die Gesamtladung $Q_{10} + \Delta Q$ gebracht worden ist, dann muß die Kapazität C 2 auf die Gesamtladung $Q_{20} + \Delta Q$ gebracht worden sein. Die resultierende $Q(u)$-Kurve ergibt sich also, indem man für alle ΔQ die zu $Q_{10} + \Delta Q$ und zu $Q_{20} + \Delta Q$ gehörigen Teilspannungen addiert. Bild 1.21 zeigt ein Beispiel.

Wie die Konstruktion von Bild 1.21 lehrt, liegt der Nullpunkt der resultierenden Q-Achse nicht eindeutig fest. In Bild 1.21 ist er willkürlich dorthin gelegt worden, wo auch die resultierende Spannung $u = 0$ ist. Es ist

Bild 1.21. Scherung bei Serienschaltung zweier nichtlinearer Kapazitäten mit verschiedenen Anfangsladungen Q_{10} und Q_{20}

in der Tat nicht möglich, die resultierende Kapazität zwischen den Klemmen (a) und (c) in Bild 1.20 so zu entladen, daß beide Kapazitäten C 1 und C 2 *zugleich* ladungsfrei werden, wenn sie zu Beginn unterschiedliche Anfangsladungen $Q_{10} \neq Q_{20}$ hatten. Umgekehrt ist es auch nicht möglich, die zuvor ladungsfreien Kapazitäten C 1 und C 2 unterschiedlich aufzuladen, wenn nur die Klemmen (a) und (c) zugänglich sind. Wenn also eingangs von Abschnitt 1.3.1 gesagt wurde, daß eine mittels eines Ladestroms auf eine Kapazität aufgebrachte Ladung auch wieder vollständig entnehmbar sein muß, dann gilt das nur unter der Voraussetzung, daß für Aufladung und Entladung die *gleichen* Klemmen verfügbar sein müssen.

Jede Kapazität, deren u,Q-Kennlinie nicht durch den Ursprung geht, kann man sich ersetzt denken durch eine Serienschaltung aus einer Kapazität gleicher Kennlinie, die aber horizontal so verschoben ist, daß sie durch den Ursprung geht und einer unabhängigen Spannungsquelle, deren Spannung der horizontalen Verschiebung entspricht.

1.3.4.2 Impulsformung durch lineare zeitinvariante *RC*-Glieder

Die durch lineare Netzwerke hervorgerufene Veränderung impulsförmiger Signale bezeichnet man als lineare Impulsformung, wenn die Veränderung erwünscht ist. Ist die Veränderung unerwünscht, dann nennt man sie lineare Verzerrung.

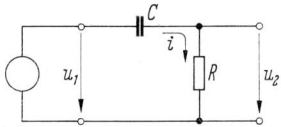

Bild 1.22. *RC*-Differenzierglied

Die einfachsten und wohl auch wichtigsten linearen impulsformenden Netzwerke sind die sogenannten Differenzierglieder und Integrierglieder.

Bild 1.22 zeigt das *RC*-Differenzierglied zur Differentiation von zeitabhängigen Spannungsverläufen $u(t)$ nach der Zeit t.

Für das *RC*-Differenzierglied errechnet sich der Strom i zu

$$i = C \frac{\mathrm{d}(u_1 - u_2)}{\mathrm{d}t} = \frac{u_2}{R} \qquad (1.48)$$

oder

$$RC \frac{\mathrm{d}u_1}{\mathrm{d}t} = u_2 + RC \frac{\mathrm{d}u_2}{\mathrm{d}t}. \qquad (1.49)$$

Das Produkt $RC = \tau$, welches die Dimension einer Zeit hat, bezeichnet man als *Zeitkonstante*. Die rechte Seite in Gl. (1.49) kann man als Taylor-Reihe auffassen, welche nach dem 2. Glied abgebrochen ist, d. h.

$$u_2(t + \tau) \approx u_2(t) + \tau \frac{\mathrm{d}u_2}{\mathrm{d}t}. \qquad (1.50)$$

Die Vernachlässigung von Gliedern höherer Ordnung ist in einer Taylor-Reihe um so mehr zulässig, je geringfügiger sich die Funktion $u_2(t)$ während der Zeitspanne τ ändert. Ändert sich während der Zeitspanne τ die Funktion $u_2(t)$ derart wenig, daß sogar $u_2(t + \tau) \approx u_2(t)$ gilt, dann wird aus Gl. (1.49) angenähert

$$u_2 \approx RC \frac{\mathrm{d}u_1}{\mathrm{d}t}. \qquad (1.51)$$

Unter diesen Voraussetzungen ist also die Ausgangsspannung proportional dem zeitlichen Differentialquotienten der Eingangsspannung. Bei rasch veränderlichen Vorgängen oder bei einer großen Zeitkonstanten $\tau = RC$ kann in Gl. (1.49) der zweite Term der rechten Seite den ersten Term u_2 der rechten Seite wesentlich überwiegen. Dann gilt

$$u_2 \approx u_1. \qquad (1.52)$$

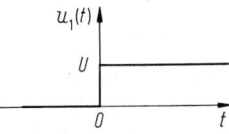

Bild 1.23. Sprungfunktion

Für spezielle Eingangszeitfunktionen $u_1(t)$ läßt sich die Differentialgleichung (1.49) häufig auf einfache Weise exakt lösen. Als Beispiel einer speziellen Zeitfunktion $u_1(t)$ soll die Sprungfunktion nach Bild 1.23 gewählt werden, für die $u_1(t) = 0$ für $t < 0$ und $u_1(t) = U$ für $t \geq 0$. Hiermit ergibt sich in Gl. (1.49) für $t \geq 0$ das Störglied auf der linken Seite zu Null, und es verbleibt als Aufgabe nur die Lösung des homogenen Gleichungsteils

$$0 = u_2 + RC \frac{du_2}{dt}. \tag{1.53}$$

Mit dem Lösungsansatz

$$u_2 = A\,e^{st} \tag{1.54}$$

ergibt sich aus Gl. (1.53) folgende charakteristische Gleichung:

$$0 = A\,e^{st} + RCsA\,e^{st} = (1 + sRC)\,A\,e^{st}. \tag{1.55}$$

Aus Gl. (1.55) errechnet sich $s = -1/RC$ und damit aus Gl. (1.54)

$$u_2 = A\,e^{-\frac{t}{RC}}. \tag{1.56}$$

Der noch unbekannte Faktor A ergibt sich aus der *Anfangsbedingung*. Setzt man voraus, daß zum Zeitpunkt $t = 0$ der Kondensator C ladungsfrei ist, dann ist $u_2(0) = u_1(0) = U$ und

$$u_2(t) = U\,e^{-\frac{t}{RC}}. \tag{1.57}$$

Wird auf das RC-Differenzierglied nicht ein zum Zeitpunkt $t = 0$ einsetzender Spannungssprung, sondern ein zum Zeitpunkt $t = t_1$ einsetzender Spannungssprung gegeben, dann ist die Ausgangszeitfunktion entsprechend

$$\text{für}\ \ t \geq t_1:\quad u_2(t) = U\,e^{-\frac{(t-t_1)}{RC}},$$
$$\text{für}\ \ t < t_1:\quad u_2(t) = 0. \tag{1.58}$$

Gibt man auf das RC-Differenzierglied zur Zeit $t = 0$ einen Rechteckimpuls der Höhe U und der Zeitdauer t_1, dann errechnet sich das Ergebnis für $u_2(t)$ aus der Überlagerung der Fälle, daß zum Zeitpunkt $t = 0$ ein Spannungssprung der Höhe $+U$ und zum Zeitpunkt $t = t_1$ ein gleich großer entgegengerichteter Spannungssprung (also von der Höhe $-U$) gegeben wird (Bild 1.24). Die Über-

lagerung der Ergebnisse von Gl. (1.57) und Gl. (1.58) ergibt

für $0 \leq t < t_1$:

$$u_2(t) = U\,e^{-\frac{t}{RC}},$$

für $t_1 \leq t < \infty$:

$$u_2(t) = U\,e^{-\frac{t}{RC}} - U\,e^{-\frac{(t-t_1)}{RC}} =$$
$$= U\left(e^{-\frac{t_1}{RC}} - 1\right)e^{-\frac{(t-t_1)}{RC}}. \tag{1.59}$$

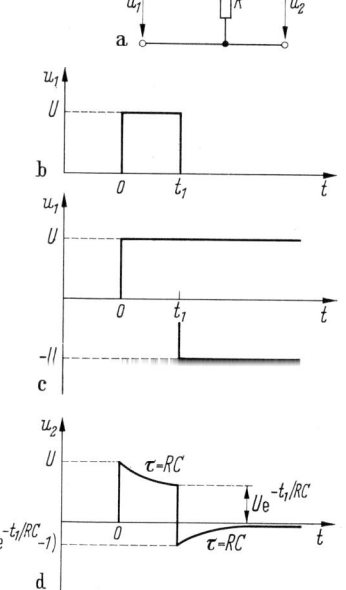

Bild 1.24. Zur Berechnung der Antwort eines RC-Differenziergliedes auf einen Rechteckimpuls.

(a) Schaltung, (b) Eingangsspannung, (c) Zusammensetzung des Rechtecks aus Sprungfunktionen, (d) Ausgangsspannung

Mit Hilfe von Differenziergliedern können in Folgen von Impulsen gleicher Amplitude (Höhe) solche entdeckt werden, deren Zeitdauer einen bestimmten Wert überschreitet (Bild 1.25). Diese Aufgabe besteht z. B. bei der Trennung der Synchronisierimpulse in Fernsehsignalen. Ist die Impulsdauer t_1 klein gegen die Zeitkonstante $\tau = RC$, so ist das am Ende des Impulses auftretende Signal mit entgegengesetzter Polarität von kleiner Amplitude (Bild 1.25a). Ist die Impulsdauer jedoch groß gegen die Zeitkonstante (Bild 1.25c), so tritt zur Zeit t_1 ein wesentlich größeres Signal auf. Gibt man dieses Signal auf eine Amplitudenschwelle mit dem Ansprechwert U_S (z. B. vorgespannte Diode, siehe Bild 1.10c), so wird diese nur überschritten — und ein abgeleitetes Signal erzeugt — wenn die Impulsdauer eine bestimmte Grenze überschreitet.

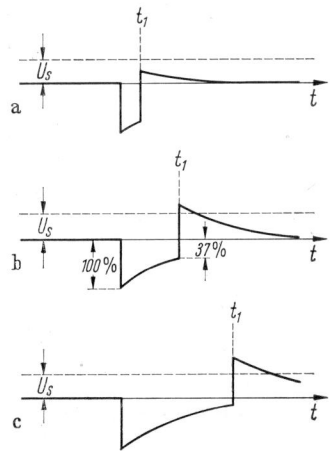

Bild 1.25. Impulslängenprüfung mit Hilfe von Differenziergliedern.

(a) Impulsdauer klein gegen Zeitkonstante $\tau = RC$,
(b) Impulsdauer gleich der Zeitkonstanten,
(c) Impulsdauer groß gegen Zeitkonstante

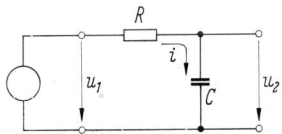

Bild 1.26. RC-Integrierglied

Bild 1.26 zeigt das RC-Integrierglied. Für dieses ergibt sich folgende Differentialgleichung

$$u_1 = u_2 + Ri = u_2 + RC \frac{du_2}{dt},$$
$$\tag{1.60}$$
$$i = C \frac{du_2}{dt}.$$

Hier können gleichartige Überlegungen wie bei Gl. (1.49) angestellt werden. Ändert sich $u_2(t)$ während der Zeitspanne $\tau = RC$ nur wenig, dann gilt

$$u_1 \approx u_2. \tag{1.61}$$

Ändert sich dagegen $u_2(t)$ während der Zeitspanne $\tau = RC$ relativ stark, oder ist die Zeitspanne τ groß gegen ein Zeitintervall Δt, in welchem bereits eine merkliche Änderung der Spannung u_2 auftritt, dann kann in Gl. (1.60) der Term u_2 gegen den Term $RC \dfrac{du_2}{dt}$ vernachlässigt werden, und es ist nach Integration

$$u_2 \approx \frac{1}{RC} \int_0^t u_1(t)\, dt + u_2(t=0). \tag{1.62}$$

Das RC-Integrierglied liefert also unter den vorausgesetzten Bedingungen eine Ausgangsspannung $u_2(t)$, die proportional dem Zeitintegral der Eingangsspannung $u_1(t)$ ist, wenn zu Beginn ($t=0$) der Kondensator ungeladen ist, d. h. $u_2(0) = 0$.

Für spezielle Eingangszeitfunktionen $u_1(t)$ läßt sich die Differentialgleichung (1.60) häufig auf einfache Weise exakt lösen. Als Beispiel einer speziellen Eingangszeitfunktion $u_1(t)$ sei wieder die zum Zeitpunkt $t=0$ einsetzende Sprungfunktion nach Bild 1.23 gewählt [$u(t)=0$ für $t<0$; $u(t)=U$ für $t \geq 0$]. Die vollständige Lösung setzt sich nun aus zwei Anteilen zusammen, nämlich aus der allgemeinen Lösung $u_{2h}(t)$ der zugehörigen homogenen Gleichung (die man durch Nullsetzen der linken Seite erhält) und einer partikulären Lösung $u_{2p}(t)$ der vollständigen Gleichung.

$$u_2(t) = u_{2h}(t) + u_{2p}(t). \tag{1.63}$$

Die homogene Gleichung ist identisch mit Gl. (1.53) und folglich ihre Lösung mit Gl. (1.56). Als partikuläre Lösung der vollständigen Gl. (1.60) findet man unmittelbar $u_{2p}(t) = U$. Somit ist

$$u_2(t) = u_{2h}(t) + u_{2p}(t) = A\,e^{-\frac{t}{RC}} + U. \tag{1.64}$$

Der unbekannte Faktor A läßt sich aus der Anfangsbedingung berechnen. Setzt man wieder willkürlich voraus, daß zum Zeitpunkt $t = 0$ der Kondensator ladungsfrei ist, d. h. $u_2(0) = 0$, dann muß $A = -U$ sein. Die vollständige Lösung lautet also für $t \geq 0$

$$u_2(t) = U \left(1 - e^{-\frac{t}{RC}} \right). \qquad (1.65)$$

Für $t < 0$ ist $u_2(t) \equiv 0$. An der Stelle $t = 0$ ist $u_2(t)$ zwar stetig, aber nicht differenzierbar.
Der rechtsseitige Grenzwert der Steigung von $u_2(t)$ für $t \to 0$ errechnet sich aus Gl. (1.65) zu

$$\frac{du_2}{dt}(t = +0) = \frac{U}{RC} = \frac{U}{\tau}. \qquad (1.66)$$

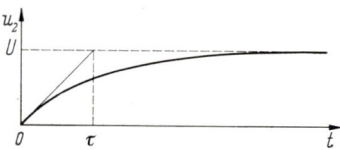

Bild 1.27. Verlauf der Ausgangsspannung eines Integriergliedes nach Bild 1.26 bei Anlegen eines Spannungssprungs am Eingang

In Bild 1.27 ist $u_2(t)$ graphisch dargestellt. Zu einer beliebigen positiven Zeit t weicht die Steigung von der bei $t = +0$ um einen Betrag ab, der proportional u_2 ist:

$$\frac{du_2}{dt}(t = +0) - \frac{du_2}{dt} =$$

$$= \frac{U}{\tau} - \frac{U}{\tau} e^{-\frac{t}{\tau}} = \frac{u_2}{\tau}. \qquad (1.67)$$

Bei einer exakten Integration müßte sich in Bild 1.27 ein linear mit der Zeit ansteigender Spannungsverlauf für $u_2(t)$ ergeben. Die Abweichungen sind darauf zurückzuführen, daß beim zum Zeitpunkt $t = 0$ einsetzenden Spannungssprung für $t > 0$ die vorausgesetzte rasche Änderung nicht mehr gegeben ist, und folglich der Term u_2 in Gl. (1.60) nicht mehr vernachlässigt werden darf. Schaltungstechnisch heißt das, daß die Spannung u_2 die Größe des Stromes i beeinflußt. Diese Verkoppelung von u_2 und i wird beim Miller-

Integrator in Bild 3.81 durch einen Verstärker hoher Verstärkung und hohen Eingangswiderstandes vermieden, siehe Abschnitt 3.4.1.
Zur allgemeinen Berechnung der Ausgangszeitfunktion eines Netzwerkes bei bestimmter Erregung am Eingang ist stets eine Differentialgleichung unter Berücksichtigung gewisser Anfangsbedingungen zu lösen. Hierzu läßt sich oft mit großem Vorteil die Laplace-Transformation (Abschnitt 0.1.3.2) verwenden. Die Methode sei im folgenden am Beispiel der Berechnung der Sprungantwort des RC-Integriergliedes von Bild 1.26 [vgl. hierzu auch Gl. (1.63) ff.] vorgeführt. Die Differentialgleichung des RC-Integriergliedes lautet [vgl. Gl. (1.60)]

$$u_1 = u_2 + RC \frac{du_2}{dt}. \qquad (1.68)$$

Die Anwendung der Laplace-Transformation Gl. (0.30) auf Gl. (1.68) ergibt mit Tab. 0.1

$$\mathfrak{L}\{u_1\} = \mathfrak{L}\{u_2\} + \mathfrak{L}\left\{ RC \frac{du_2}{dt} \right\},$$
$$\underline{U}_1(s) = \underline{U}_2(s) + RC\{s\,\underline{U}_2(s) - u_2(+0)\}. \qquad (1.69)$$

$u_2(+0)$ ist der rechtsseitige Grenzwert von $u(t)$ für $t \to 0$.
Für das Spektrum der zum Zeitpunkt $t = 0$ einsetzenden Sprungfunktion der Höhe U ergibt sich mit Tab. 0.1 $\underline{U}_1(s) = U/s$. Durch Einsetzen von $\underline{U}_1(s) = U/s$ in Gl. (1.69) und Auflösen nach $\underline{U}_2(s)$ folgt

$$\underline{U}_2(s) = \frac{U}{s(1 + sRC)} + \frac{RCu_2(+0)}{1 + sRC} =$$
$$= \frac{U}{RC} \frac{1}{s\left(s + \frac{1}{RC}\right)} + \frac{u_2(+0)}{s + \frac{1}{RC}}. \qquad (1.70)$$

Mit der Anfangsbedingung $u_2(+0) = 0$ ergibt die Rücktransformation von $\underline{U}_2(s)$ in den Zeitbereich mit Tab. 0.1 [vgl. Gl. (1.65)]

$$u_2(t) = U \left(1 - e^{-\frac{t}{RC}} \right). \qquad (1.71)$$

Für den Fall, daß $u_2(+0) \neq 0$ ist, liefert der letzte Ausdruck in Gl. (1.70) nach Tabelle 0.1 noch einen Exponentialteil hinzu, so daß sich nun statt Gl. (1.71) das folgende Ergebnis einstellt:

$$u_2(t) = U\left(1 - e^{-\frac{t}{RC}}\right) + u_2(+0)\, e^{-\frac{t}{RC}}. \quad (1.72)$$

Den ersten Teil dieses Ergebnisses, der mit Gl. (1.71) übereinstimmt, bezeichnet man als *Nullzustands*-Antwort (weil diese sich für den Fall ergibt, daß zu Beginn der Erregung der Kondensator ladungsfrei ist). Den zweiten Teil mit dem Faktor $u_2(+0)$ bezeichnet man als *Nullerregungs*-Antwort (weil nur diese sich einstellt, wenn das Netzwerk durch kein Eingangssignal erregt wird, aber zu Beginn der Kondensator eine Ladung enthält).

Es gilt ganz allgemein für jedes beliebige lineare Netzwerk aus konstanten konzentrierten Elementen, daß die Antwort sich aus zwei Anteilen, der Nullzustands-Antwort und der Nullerregungs-Antwort zusammensetzt. Die Nullzustands-Antwort errechnet sich für den Fall, daß zu Beginn der Erregung alle Kapazitäten ladungsfrei und — falls das Netzwerk auch Induktivitäten enthält — alle Induktivitäten stromlos sind. Die Nullerregungs-Antwort errechnet sich einzig aus den zu Beginn vorhandenen Spannungen über den Kapazitäten und Strömen durch die Induktivitäten, ohne daß eine zusätzliche Erregung vorliegt. Dies ist eine Folge des Überlagerungssatzes.

Wendet man die Laplace-Transformation auf die Differentialgleichung des idealen Differenziergliedes Gl. (1.51) an,

$$\mathfrak{L}\{u_2(t)\} = \mathfrak{L}\left\{RC\,\frac{\mathrm{d}u_1}{\mathrm{d}t}\right\}, \quad (1.73)$$

dann ist nach Tabelle 0.1 und mit $s = \mathrm{j}\omega$ und $u_2(+0) = 0$

$$\underline{U}_2(\mathrm{j}\omega) = \mathrm{j}\omega RC\,\underline{U}_1(\mathrm{j}\omega). \quad (1.74)$$

Einer Differentiation im Zeitbereich entspricht also eine lineare Verzerrung proportional ω im Frequenzbereich.

Wendet man die Laplace-Transformation auf die Integralgleichung des idealen Integriergliedes Gl. (1.62) an

$$\mathfrak{L}\{u_2(t)\} = \mathfrak{L}\left\{\frac{1}{RC}\int\limits_0^t u_1(t)\,\mathrm{d}t\right\} + \mathfrak{L}\{u_2(0)\}, \quad (1.75)$$

dann ergibt sich mit $s = \mathrm{j}\omega$ und $u_2(0) = 0$

$$\underline{U}_2(\mathrm{j}\omega) = \frac{1}{\mathrm{j}\omega RC}\,\underline{U}_1(\mathrm{j}\omega). \quad (1.76)$$

Einer Integration im Zeitbereich entspricht also eine lineare Verzerrung proportional $1/\omega$ im Frequenzbereich.

1.3.4.3 Einweggleichrichter mit Glättungskapazität

Die in Bild 1.28 oben wiedergegebene Einweggleichrichterschaltung enthält eine ideale Diode D mit einer u,i-Knickkennlinie gemäß Bild 1.2f, einen linearen zeitinvarianten Widerstand R und eine lineare zeitinvariante Kapazität C. Die Eingangsspannung $u_1(t)$ möge sinusförmig verlaufen.

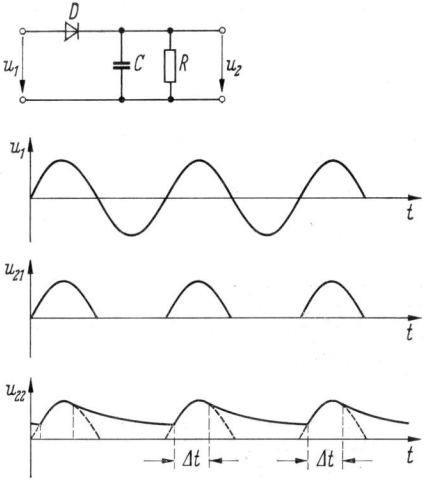

Bild 1.28. Die Abhängigkeit einer nichtlinearen Formung von der Kapazität C

Wäre eine Kapazität C nicht vorhanden, dann wäre die Schaltung resistiv und dann ließe sie sich in einfacher Weise mit den im Abschnitt 1.2.4 beschriebenen Methoden analysieren. Das Ergebnis für die Ausgangsspannung wäre in diesem Fall $u_2 = u_{21}$. Der zeitliche Verlauf von u_{21} entspricht der mittleren Kurve in Bild 1.28. Dieses Ergebnis stellt sich auch dann ein, wenn die Kapazität sehr klein ist. Falls die Kapazität nicht sehr klein ist oder, was gleichbedeutend ist, die Frequenz der Eingangsspannung hoch ist, liegt ein dynamisches

Netzwerk vor, auf welches das Scherungsverfahren nicht mehr anwendbar ist, weil nun die Speicherwirkung der Kapazität eine maßgebende Rolle spielt. In dieser Situation lassen sich zwei Fälle unterscheiden:

1. Die Diode D ist durchlässig. In diesem Fall muß wegen des verschwindenden Durchlaßwiderstandes $u_2 = u_1$ sein. Die Ausgangsspannung muß also der sinusförmigen Eingangsspannung folgen. In Bild 1.28 tritt dies während der in der untersten Kurve eingezeichneten Zeitintervalle Δt auf.

2. Die Diode D ist gesperrt. In diesem Fall muß $u_2 \geq u_1$ sein. Wenn also die Zeitkonstante RC von Widerstand R und Kapazität C so groß ist, daß die zugehörige exponentielle Eigenschwingung langsamer abfällt als die speisende Sinusspannung, dann folgt die Spannung u_2 diesem Exponentialverlauf.

Im dynamischen Betrieb bei nicht zu kleiner Kapazität C ist also $u_2 = u_{22}$. Die Kurve von u_{22} in Bild 1.28 setzt sich aus Sinus- und Exponentialstücken zusammen.

Eine geschlossene Lösung für die Lage der Nahtstellen zwischen den Sinus- und Exponentialfunktionen ist nicht bekannt.

1.4 Zweipolige induktive Schaltelemente und magnetische Kreise

1.4.1 Allgemeine Zustandsmodelle von Induktivitäten

Der einfacheren Übersicht wegen sei mit einer Gegenüberstellung von linearer zeitinvarianter Kapazität und linearer zeitinvarianter Induktivität begonnen.

Bei der linearen zeitinvarianten Kapazität gilt das Gleichungspaar von Gl. (1.26), Gl. (1.27)

$$Q = Cu \quad \text{und} \quad i = \frac{\mathrm{d}Q}{\mathrm{d}t}.$$

u und i sind Klemmenspannung und Klemmenstrom der Kapazität C, und Q ist die mit u verknüpfte Ladung.

Bei der linearen zeitinvarianten Induktivität gilt ein gleichartig strukturiertes Gleichungspaar, nämlich

$$\Psi = Li \quad \text{und} \quad u = \frac{\mathrm{d}\Psi}{\mathrm{d}t}. \tag{1.77}$$

Hier sind u und i Klemmenspannung und Klemmenstrom der Induktivität L, und Ψ ist der mit i verknüpfte („verkettete") magnetische Fluß (Verkettungsfluß), der nach der Zeit differenziert die Klemmenspannung $u(t)$ liefert. Im Unterschied zum Verkettungsfluß Ψ wird später noch vom magnetischen Fluß Φ im Kern die Rede sein. Beide hängen über die Windungszahl N zusammen

$$\Psi = N\Phi. \tag{1.78}$$

Solange sich die Ladung einer zeitinvarianten Kapazität nicht ändert, ändert sich auch nicht deren Klemmenspannung. In Bild 1.24 d der Spannungssprung bei u_2 zum Zeitpunkt t_1 physikalisch darauf zurückzuführen, daß sich die Kondensatorladung Q nicht sofort beliebig ändern kann, weil der Entladestrom durch R begrenzt ist.

Solange sich der Fluß einer zeitinvarianten Induktivität nicht ändert, ändert sich auch nicht deren Klemmenstrom. Eine von einem Gleichstrom durchflossene Induktivität hat einen konstanten Fluß Ψ gespeichert. Wird diese Induktivität plötzlich kurzgeschlossen (wobei gleichzeitig die speisende Stromquelle abgeschaltet wird), dann wird auf Grund des konstanten Flusses der durch die Induktivität fließende Gleichstrom aufrecht erhalten und durch die Kurzschlußverbindung der Klemmen weiterfließen, weil die Klemmenspannung u wegen des Kurzschlusses identisch null bleiben muß und sich infolgedessen der Fluß Ψ nicht ändern kann.

Das Gegenstück zu einer leerlaufenden Kapazität ist also die kurzgeschlossene Induktivität. Während kapazitive Schaltelemente dadurch gekennzeichnet sind, daß sie (bei Leerlauf) elektrische Ladungen speichern können, sind induktive Schaltelemente dadurch gekennzeichnet, daß sie (bei Kurzschluß) magnetische Flüsse speichern können.

Bei der nichtlinearen zeitinvarianten Induktivität ist der Zusammenhang zwischen i und Ψ nichtlinear. Bild 1.29 zeigt zwei Beispiele. Im Fall von Bild 1.29b ist der Zusammenhang nicht eindeutig. Dort hängt Ψ nicht nur vom momentanen Wert von i ab, sondern auch davon, welche Werte i in der Vergangenheit gehabt hat. Eine solche Situation tritt in der Praxis häufig auf, und zwar vorwiegend bei Induktivitäten mit ferromagnetischem Kern. Im Urzustand gehört zu $i = 0$ auch $\Psi = 0$. Wird ausgehend vom Urzustand i in positiver Richtung erhöht, dann folgt Ψ der durch die Ziffer 1 gekennzeichneten Neukurve. Diese geht ab einem bestimmten Stromwert in eine schwach geneigte Gerade über. Wird von dort der Strom i wieder verkleinert, dann folgt Ψ dem durch die Ziffer 2 gekennzeichneten Kurvenast, der schließlich wieder in eine schwach geneigte Gerade übergeht. Bei einer anschließenden Vergrößerung von i folgt Ψ dem Kurvenast 3 usw. Man bezeichnet eine solche Erscheinung von Bild 1.29b als *Hysterese*. Wenn ausgehend vom Punkt A der Kurve 3 der Strom ein wenig verringert und anschließend wieder erhöht wird, dann ergibt sich die kleine lanzettförmige Hystereseschleife.

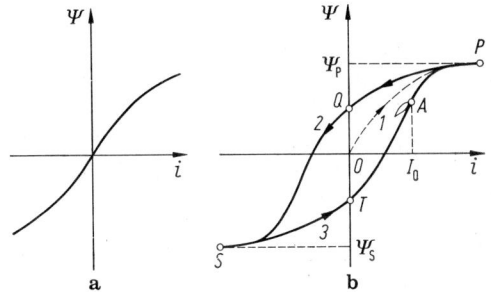

Bild 1.29. Beispiele für i,Ψ-Kennlinien von induktiven Schaltelementen. In Bild (a) handelt es sich um eine „reine'' Induktivität, in Bild (b) um eine Induktivität mit einer parasitären resistiven Komponente

Formal lassen sich die Zusammenhänge bei nichtlinearen Induktivitäten wie folgt beschreiben:

$$\Psi(t_0) = f[i(t_0)]; \qquad u(t_0) = \left.\frac{\mathrm{d}\Psi(t)}{\mathrm{d}t}\right|_{t=t_0}. \quad (1.79)$$

Eine lineare zeitinvariante Induktivität wird durch die bereits erwähnte Gl. (1.77) beschrieben. Für eine lineare zeitvariante In-

duktivität gilt

$$\Psi(t) = L(t)\, i(t),$$

$$u(t) = \frac{\mathrm{d}\Psi}{\mathrm{d}t} = L(t)\frac{\mathrm{d}i}{\mathrm{d}t} + i(t)\frac{\mathrm{d}L}{\mathrm{d}t}. \quad (1.80)$$

Man bezeichnet den Verkettungsfluß auch als *Zustandsvariable* und die Kennzeichnung der Spannungs-Strom-Beziehung einer Induktivität durch ein Gleichungspaar der Form von Gl. (1.77) oder Gl. (1.79) oder Gl. (1.80) als *Zustandsmodell*-Beschreibung.

Hat zum Zeitpunkt $t = 0$ die Induktivität keinen magnetischen Fluß, dann ist die im Zeitintervall von $t = 0$ bis $t = t_0 > 0$ aufgenommene Energie zugleich die zum Zeitpunkt t_0 gespeicherte Energie. Sie berechnet sich mit $u(t)\,\mathrm{d}t = \mathrm{d}\Psi$ zu

$$E(t_0) = \int_0^{t_0} u(\tau)\, i(\tau)\, \mathrm{d}\tau = \int_{\Psi(t=0)=0}^{\Psi(t_0)=\Psi_0} i(\Psi)\, \mathrm{d}\Psi. \quad (1.81)$$

Hierbei ist $i(\Psi)$ die zu $\Psi(i)$ inverse Funktion. Sie läßt sich nur für streng monotone und hysteresefreie Funktionen $\Psi(i)$ bilden. Ähnlich wie bei Gl. (1.32) kann man schließen, daß Induktivitäten passiv sind, wenn die i,Ψ-Kennlinie eine durch den Ursprung gehende monoton steigende Funktion ist.

Träger der gespeicherten Energie ist der gespeicherte magnetische Fluß. Bei (reinen) Induktivitäten wird die gesamte eingespeiste Energie verlustlos in die Feldenergie des magnetischen Flusses umgesetzt. Umgekehrt kann bei einer (reinen) Induktivität die gesamte im magnetischen Fluß gespeicherte Energie wieder als elektrische Energie den Klemmen der Induktivität entnommen werden.

In Bild 1.30 stellt die schraffierte Fläche die aufgenommene Energie dar. Reduziert man den gespeicherten Fluß vom Wert $\Psi = \Psi_0$ wieder auf den Wert $\Psi = 0$, dann gewinnt man an den Klemmen der Induktivität die gesamte Energie zurück:

$$\int_{\Psi_0}^{0} i(\Psi)\, \mathrm{d}\Psi = - \int_0^{\Psi_0} i(\Psi)\, \mathrm{d}\Psi = -E(t_0). \quad (1.82)$$

Bei (reinen) Induktivitäten muß also ein eindeutiger Zusammenhang zwischen Ψ und i

vorhanden sein. Ist das nicht der Fall, dann handelt es sich um eine nicht reine Induktivität, d. h. um eine solche, die zusätzlich eine parasitäre nichtinduktive Komponente besitzt.

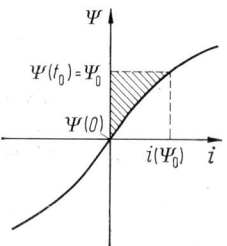

Bild 1.30. Zur Berechnung der in einer Induktivität gespeicherten Energie

Bei der Hysteresekurve von Bild 1.29b handelt es sich offensichtlich um eine nichtreine Induktivität. Ändert man ausgehend vom Urzustand $i = 0$, $\Psi = 0$ längs der Kurve 1 den Fluß von $\Psi = 0$ bis $\Psi = \Psi_p$, dann entspricht die eingespeiste Energie derjenigen Fläche, die von Kurve 1 und den Geraden $i = 0$ und $\Psi = \Psi_p$ eingeschlossen wird. Diese Energie ist positiv. Wird anschließend der Fluß in negativer Richtung geändert, dann folgt der zugehörige Strom der Kurve 2. Dabei wird im Intervall von $\Psi = \Psi_p$ bis $\Psi = Q$ Energie zurückgewonnen. Die zurückgewonnene Energie entspricht derjenigen Fläche, die von Kurve 2 und den Geraden $i = 0$ und $\Psi = \Psi_p$ eingeschlossen wird. Diese Energie hat wegen der negativen Integrationsrichtung negatives Vorzeichen. Ihr Betrag ist kleiner als die zuvor eingespeiste Energie. Bei einer weiteren Änderung des Flusses von $\Psi = Q$ bis $\Psi = \Psi_s$ wird auch der Strom negativ. Zusammen mit der negativen Integrationsrichtung ergibt sich nun eine positive Energie, d. h. es wird wieder Energie eingespeist. Diese wieder eingespeiste Energie entspricht der Fläche, die von Kurve 2 und den Geraden $i = 0$ und $\Psi = \Psi_s$ eingeschlossen wird. Eine anschließende Vergrößerung von Ψ hat eine Änderung des Stromes längs Kurve 3 zur Folge. Dabei wird im Intervall von $\Psi = \Psi_s$ bis $\Psi = T$ Energie zurückgewonnen. Diese entspricht der Fläche zwischen Kurve 3 und den Geraden $i = 0$ und $\Psi = \Psi_s$. Eine Änderung von $\Psi = T$ bis

$\Psi = \Psi_p$ hat wieder Energieaufnahme zur Folge usw.

Bei einem zyklischen Durchfahren der Hystereseschleife vom Punkt P über die Punkte Q, S und T zurück zu P ist die nicht zurückgewonnene Verlustenergie gleich der von der Hystereseschleife eingeschlossenen Fläche. Diese Verlustenergie wird letztlich in Wärme umgesetzt. Sie entspricht der parasitären resistiven Komponente der Induktivität. Der in einem Zyklus zurückgewonnene Energieanteil entspricht der induktiven Komponente (sofern man unterstellen kann, daß die zurückgewonnene Energie vollständig vom magnetischen Feld des Flusses herrührt und nicht teilweise aus parasitären Kapazitäten).

In der Praxis wird eine nicht reine Induktivität mit Hysterese üblicherweise durch ein vereinfachtes Ersatzschaltbild beschrieben, das entweder aus einer Parallelschaltung oder einer Serienschaltung einer reinen Induktivität und eines Widerstandes besteht.

1.4.2 Spulen und technische Induktivitäten

Spulen sind reale Schaltelemente, mit denen man dem Ideal von konzentrierten linearen zeitinvarianten Induktivitäten möglichst nahekommen möchte. Eine Spule ist eine Drahtwicklung, die üblicherweise auf einem Kern aufgebracht ist.

Die Berechnung der Induktivität L einer Spule läuft nach Gl. (1.78) darauf hinaus, den Zusammenhang zwischen dem Spulenstrom i und dem mit diesem Strom i verketteten Fluß Ψ zu bestimmen, der gemäß $u = \mathrm{d}\Psi/\mathrm{d}t$ die Klemmenspannung bestimmt. Dies geschieht mit Hilfe der magnetischen Gesetze in Abschnitt 0.6, nämlich dem Durchflutungsgesetz, dem Induktionsgesetz und dem Gesetz der Quellenfreiheit der Induktion B.

1.4.2.1 Berechnung magnetischer Kreise

Betrachtet man eine Ringkernspule, d. h. einen gleichmäßig und dicht mit dünnem Draht bewickelten Toroidkörper nach Bild 1.31a, dann entsteht eine magnetische Feldstärke H praktisch nur im Innern des Toroidkörpers, wenn ein Strom i durch den Draht fließt. Ist die Anzahl der Windungen N, dann wirkt der Drahtbelag am Innenradius r_i des Toroides wie eine linienförmige Durchflutung Ni. Am Außenradius r_a wirkt entsprechend eine entgegengerichtete Durchflutung $-Ni$. Legt man ein Polarkoordinatensystem entsprechend Bild 1.31 b, so ist zu erkennen, daß die resultierende Durchflutung durch die Kreisflächen mit $r > r_a$ und $r < r_i$ verschwindet. (Die Drahtdicke ist als vernachlässigbar klein angenommen worden.) Im Bereich $r_i < r < r_a$ ist die Durchflutung $\Theta = Ni =$ const. Es entsteht längs eines Kreises mit dem Radius r mit $r_i < r < r_a$ eine konstante Feldstärke, die sich mit Gl. (0.123) aus

$$\Theta = Ni = \oint_C \boldsymbol{H} \cdot \mathrm{d}\boldsymbol{s} = \int_{\varphi=0}^{2\pi} Hr\,\mathrm{d}\varphi = H2\pi r \tag{1.83}$$

errechnet, da H von φ unabhängig ist. Ist der Ringkern schlank, d. h. $(r_a - r_i) \ll r_i$, dann kann man im Bereich $r_i < r < r_a$ mit einer mittleren Feldlinienlänge $l_K = 2\pi r$ rechnen, und es ergibt sich ein annähernd homogenes Feld der Feldstärke

$$H = |\boldsymbol{H}| = \frac{\Theta}{l_K} = \frac{Ni}{2\pi r}. \tag{1.84}$$

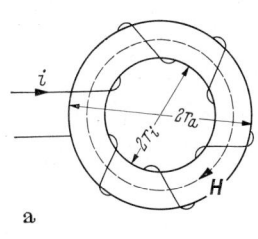

a

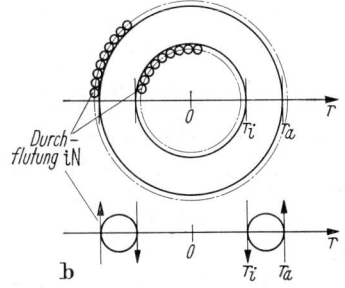

b

Bild 1.31. (a) Bewickelter Ringkern (schematisch), (b) Ringkernspule mit Polarkoordinatensystem

Mit Gl. (0.125) und Gl. (0.126) errechnet sich nun der magnetische Fluß Φ zu

$$\Phi = BA_K = \mu HA_K = \mu\, \frac{iN}{l_K}\, A_K =$$

$$= \frac{iN}{R_m} = iNA_L. \tag{1.85}$$

In Gl. (1.85) ist A_K die Querschnittsfläche des Ringkerns.

$$R_m = \frac{1}{A_L} = \frac{l_K}{\mu A_K} \tag{1.86}$$

bezeichnet man als den magnetischen Widerstand des Ringkerns, da Gl. (1.85) die Form des Ohmschen Gesetzes hat, wenn man die Durchflutung iN als Gegenstück zur elektrischen Spannung und den Fluß Φ als Gegenstück zum elektrischen Strom auffaßt.

Ist der durch den Draht fließende Strom i ein Wechselstrom $i(t)$, dann ist auch der Fluß Φ in gleicher Weise wie der Strom i zeitabhängig. Nach dem Induktionsgesetz Gl. (0.128) induziert dieser Fluß dann in jeder einzelnen Windung des Ringkerns eine Spannung

$$u_i = -\frac{\mathrm{d}\Phi}{\mathrm{d}t},$$

die so gerichtet ist, daß sie den Stromänderungen in der Spule entgegenwirkt und damit auch der äußeren Spannung $u(t)$, die die Stromänderungen $\mathrm{d}i/\mathrm{d}t$ durch die Spule verursacht. Bei N Windungen gilt also

$$u(t) = N\frac{\mathrm{d}\Phi}{\mathrm{d}t} = \frac{\mathrm{d}\Psi}{\mathrm{d}t}. \tag{1.87}$$

$\Psi = N\Phi$ ist derjenige mit dem Klemmenstrom i verknüpfte magnetische Fluß, der differenziert die Klemmenspannung $u(t)$ liefert.

Damit folgt für den gesuchten Zusammenhang zwischen Ψ und i aus Gl. (1.85)

$$\Psi = \frac{N^2}{R_m}\, i = N^2 A_L i, \tag{1.87a}$$

Der A_L-Wert ist im linearen Fall gleich der Induktivität bei einer Windung, wie aus dem Vergleich mit Gl. (1.77) hervorgeht. Bei Linearität gilt also

$$L = \frac{N^2}{R_m} = N^2 A_L = N^2 \frac{\mu A_K}{l_K}. \qquad (1.88)$$

Da in Gl. (1.86) die Länge l_K und der Querschitt A_K im Normalfall stromunabhängige Konstanten sind, kann ein durch Bild 1.29 charakterisierter nichtlinearer Zusammenhang von Ψ und i im Normalfall nur von der Permeabilität μ herrühren. Darauf wird noch eingegangen.

An Stelle des Ringkerns in Bild 1.31 sei nun ein magnetischer Kreis betrachtet, der sich aus vier Teilstücken zusammensetzt, von denen je zwei gleich sind, siehe Bild 1.32.

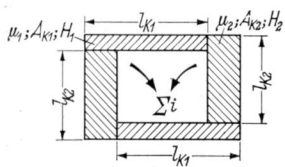

Bild 1.32. Beispiel für die Berechnung des magnetischen Flusses

Wird das Fenster von einer Durchflutung $\sum i$ durchsetzt, dann entstehen in den vier Teilstücken jeweils nahezu konstante magnetische Feldstärken H_1 und H_2. In den Teilstücken verlaufen Feldstärke $\boldsymbol{H}$ und Integrationsweg $\boldsymbol{C}$ in gleicher Richtung, so daß mit $H = |\boldsymbol{H}|$ gerechnet werden kann. Die Auswertung des Integrals Gl. (0.123) unter Verwendung von Gl. (0.125) ergibt jetzt

$$\sum i = 2H_1 l_{K1} + 2H_2 l_{K2} =$$
$$= 2l_{K1}\frac{B_1}{\mu_1} + 2l_{K2}\frac{B_2}{\mu_2}. \qquad (1.89)$$

Die Quellenfreiheit der Induktion B verlangt, daß der magnetische Fluß $\Phi = B_1 A_{K1} = B_2 A_{K2}$ in allen vier Teilstücken gleich ist. Damit folgt

$$\Theta = \sum i = \Phi\left[\frac{2l_{K1}}{\mu_1 A_{K1}} + \frac{2l_{K2}}{\mu_2 A_{K2}}\right] =$$
$$= \Phi[2R_{m1} + 2R_{m2}]. \qquad (1.90)$$

Rührt die Durchflutung von N Windungen her, dann ist $\Theta = Ni$ und $\Psi = N\Phi$ und es er-

gibt sich an Stelle von Gl. (1.87a) jetzt

$$\Psi = \frac{N^2}{2R_{m1} + 2R_{m2}}\, i. \qquad (1.91)$$

Dies zeigt, daß die magnetischen Widerstände R_{mi} der Teilstücke sich addieren, im übrigen aber die Form der Gl. (1.88) erhalten bleibt. Im linearen Fall bezeichnet man den Faktor vor i als Induktivität L:

$$L = \frac{N^2}{R_{mges}} = \frac{N^2}{2R_{m1} + 2R_{m2}} =$$
$$= \frac{N^2}{\dfrac{2l_{K1}}{\mu_1 A_{K1}} + \dfrac{2l_{K2}}{\mu_2 A_{K2}}}. \qquad (1.92)$$

Der magnetische Widerstand R_m hängt einesteils von geometrischen Abmessungen l_K und A_K ab, anderenteils von der Permeabilität μ des Materials. Letztere ist oft von der Durchflutung abhängig. Im folgenden sei deshalb die Permeabilität eingehender betrachtet, wobei aber z. T. von starken Vereinfachungen Gebrauch gemacht wird.

1.4.2.2 Die Permeabilität

Die magnetische Feldkonstante (Permeabilität des Vakuums) ist

$$\mu_0 = 4\pi \cdot 10^{-7}\,\frac{Vs}{Am}. \qquad (1.93)$$

Die Permeabilität von Materialien wird als Vielfaches von μ_0 angegeben, d. h. durch die Permeabilitätszahl μ_r gekennzeichnet. μ_r ist eine dimensionslose Zahl. Die Permeabilität μ von Materialien ist also

$$\mu = \mu_r \mu_0. \qquad (1.94)$$

Inbesondere bei den wichtigen Ferromagnetika ist μ_r keine konstante Größe, sondern von vielen Parametern abhängig. Man definiert daher verschiedene Permeabilitäten für verschiedene Betriebsbedingungen. Die Zahlenwerte dieser Permeabilitäten werden aus zunächst entmagnetisierten Prüfringen (Toroiden) gewonnen.

Bei Magnetisierung mit einer Wechseldurchflutung tritt eine Hysteresekurve (Bild 1.33) als Zusammenhang zwischen H und B auf.

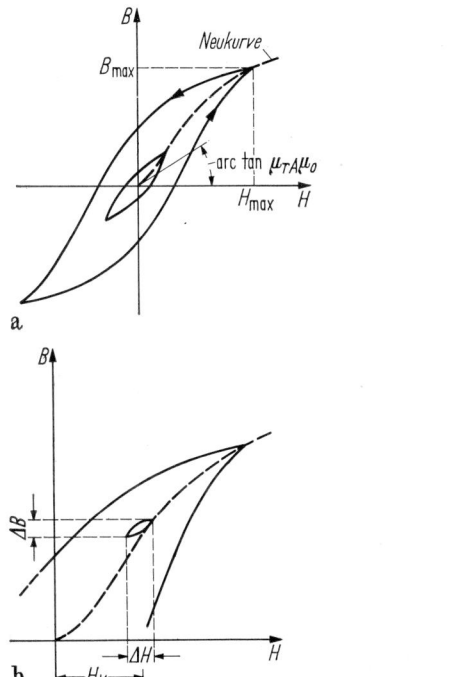

Bild 1.33. Hystereseschleifen eines ferromagnetischen Materials

Mit steigender Aussteuerung wird die Kurve in der Regel höher und breiter. Die Maximalpunkte (Spitzen der Hysteresekurve) bewegen sich dabei längs der Neukurve. Bei sehr kleiner Aussteuerung des zuvor entmagnetisierten Magnetmaterials ist praktisch keine Hysterese vorhanden, d. h., die Neukurve beschreibt in diesem Fall den Zusammenhang zwischen B und H. Die Steigung der Neukurve im Ursprung ergibt die sogenannte *Anfangspermeabilität* μ_{rA}, die in der Nachrichtentechnik hauptsächlich für den Übertrager wichtig ist.

Erfolgt die Aussteuerung mit einer konstanten Amplitude, dann ergibt sich aus dem Verhältnis der dabei auftretenden maximalen Werte $B_{\max}$ und $H_{\max}$ die *Wechselfeldpermeabilität* $\mu_{\mathrm{r}\sim}$, die z. B. bei Netztransformatoren zugrunde gelegt wird.

$$\mu_{\mathrm{r}\sim} = \frac{B_{\max}}{H_{\max}} \frac{1}{\mu_0}. \tag{1.95}$$

Wird das Magnetmaterial mit einer konstanten Feldstärke H_{V} vormagnetisiert, der eine

Wechselfeldstärke ΔH von geringer Amplitude überlagert ist, dann entsteht eine schmale lanzettförmige Schleife. Als *reversible Permeabilität* eines vormagnetisierten Materials bezeichnet man

$$\mu_{\mathrm{rev}} = \frac{\Delta B}{\Delta H} \frac{1}{\mu_0}. \tag{1.96}$$

Die reversible Permeabilität ist in der Nachrichtentechnik z. B. bei vormagnetisierten Endstufenübertragern von Verstärkern usw. zu beachten.

1.4.2.3 Induktivität bei Kernen mit Luftspalt

Will man eine große Induktivität haben, dann sollte nach Gl. (1.92) der magnetische Widerstand R_{m} des magnetischen Kreises möglichst klein sein. Das ist nach Gl. (1.86) bzw. Gl. (1.90) bei großer Permeabilität μ der Fall. Materialien mit großen Permeabilitäten (verglichen mit der Permeabilität μ_0 des Vakuums) sind Ferromagnetika, wie z. B. Eisen und Nickel, aber auch Ferrite. Leider sind deren Permeabilitäten aber auch stark von der Durchflutung abhängig; das bedeutet, daß der magnetische Widerstand nichtlinear ist. Absolut linear ist hingegen der magnetische Widerstand einer Luftstrecke, da Luft annähernd die konstante Permeabilität des Vakuums besitzt. Die Permeabilität von Luft ist jedoch um ca. drei Zehnerpotenzen kleiner als die von Ferromagnetika. Deshalb erzielt man bei einer Luftstrecke einen geringen magnetischen Widerstand nur bei einer sehr kurzen Luftstrecke l_{KL} und einem großen Luftquerschnitt A_{KL}.

Zu einer viel praktizierten technischen Lösung für einen relativ kleinen magnetischen Gesamtwiderstand R_{m}, der dennoch relativ gute Linearität besitzt, kommt man durch Serienschaltung eines Eisenwegs und eines kurzen Luftspalts gemäß Bild 1.34.

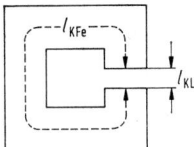

Bild 1.34. Eisenkern mit Luftspalt, l_{KFe} ist die Eisenweglänge, l_{KL} ist die Luftspaltlänge

Der magnetische Widerstand des magnetischen Eisenkreises mit Luftspalt ergibt sich aus der Summe der Widerstände des Eisenwegs R_{mFe} und des Luftwegs R_{mL}

$$R_m = R_{mFe} + R_{mL} = \frac{l_{KFe}}{\mu_0 \mu_{r\sim} A_{KFe}} +$$

$$+ \frac{l_{KL}}{\mu_0 A_{KL}} \, {}^* . \tag{1.97}$$

Der Index Fe kennzeichnet die Größen im Eisen, der Index L die Größen in Luft. Die Permeabilität der Luft ist annähernd gleich der des leeren Raumes μ_0. Näherungsweise können auch die Querschnitte von Eisen- und Luftweg gleichgesetzt werden $A_{KL} \approx A_{KFe} = A_K$, so daß sich bei N Windungen nach Gl. (1.92) die Induktivität einer Spule mit Eisenkern und Luftspalt wie folgt errechnet

$$L = \frac{N^2}{R_m} = \frac{N^2}{\dfrac{l_{KFe}}{\mu_0 \mu_{r\sim} A_K} \left(1 + \mu_{r\sim} \dfrac{l_{KL}}{l_{KFe}}\right)} =$$

$$= \frac{N^2}{\dfrac{l_{KFe}}{\mu_0 \mu_{eff} A_K}} . \tag{1.98}$$

Nach Gl. (1.98) kann man den Einfluß des Luftspaltes im Eisenkern so interpretieren, als ob man einen geschlossenen Eisenkern von der Länge l_{KFe} und dem Querschnitt A_K hätte, das Material jedoch statt $\mu_{r\sim}$ die *effektive* Permeabilität μ_{eff} hätte (μ_{eff} bezeichnet man auch als gescherte oder Äquivalenzpermeabilität)

$$\mu_{eff} = \frac{\mu_{r\sim}}{1 + \dfrac{l_{KL}}{l_{KFe}} \mu_{r\sim}} . \tag{1.99}$$

Ist $\dfrac{l_{KL}}{l_{KFe}} \mu_{r\sim} \gg 1$, dann wird μ_{eff} hauptsächlich durch l_{KL}/l_{KFe} bestimmt, d. h., μ_{eff} ist praktisch unabhängig von der Aussteuerung. Beträgt beispielsweise die Eisenweglänge l_{KFe}

---

* Die rechnerische Luftspaltlänge l_{KL} stimmt nicht exakt mit der geometr. Luftspaltlänge überein, weil magnetische Streufelder im Luftspalt meist eine scheinbare Verkürzung des Spalts bewirken. Näheres hierüber s. [3].

$= 10$ cm und die Luftspaltlänge $l_{KL} = 1$ mm, d. h. $l_{KL}/l_{KFe} = 0{,}01$, dann ist bei $\mu_{r\sim} = 1000$ die effektive Permeabilität $\mu_{eff} = 91$, bei $\mu_{r\sim} = 2000$ ist $\mu_{eff} = 95$. Bei Schwankungen von $\mu_{r\sim}$ um 100% schwankt also μ_{eff} um weniger als 5%. Ist dagegen $l_{KL} = 0$, dann ist $\mu_{eff} = \mu_{r\sim}$.

Ein Luftspalt hat einen günstigen Einfluß auch dann, wenn die Spule von einem relativ großen Gleichstrom I durchflossen wird, dem eine relativ kleine Wechselstromkomponente i_w überlagert ist. Für die Wechselstromkomponente ist nämlich die reversible Permeabilität μ_{rev} von Gl. (1.96) maßgebend. Diese nimmt mit wachsender Vormagnetisierung H_v, die vom Gleichstrom I herrührt, ab. Durch einen Luftspalt kann man erreichen, daß bei gleichbleibendem Gleichstrom I die Vormagnetisierung geringer und die effektive reversible Permeabilität höher ausfällt als ohne Luftspalt.

1.4.2.4 Verluste und unerwünschte Kapazitäten von Spulen

Die in Spulen mit Eisenkern auftretenden Verluste, die den Wirkanteil des komplexen Spulenwiderstandes verursachen, sind auf verschiedene Ursachen zurückzuführen. Bei Gleichstrom werden die Verluste ausschließlich durch den ohmschen Widerstand R_g des Spulendrahtes verursacht. Dieser errechnet sich, wenn l_D die gesamte Drahtlänge, A_D der Drahtquerschnitt und γ die elektrische Leitfähigkeit des Drahtes sind, bekanntlich zu

$$R_g = \frac{l_D}{\gamma A_D} . \tag{1.100}$$

Durch formale Erweiterung mit der Windungszahl N ergibt sich

$$R_g = \frac{1}{\gamma} N^2 \frac{\dfrac{l_D}{N}}{N A_D} = \frac{1}{\gamma} N^2 \frac{l_w}{f_K A_w} , \tag{1.101}$$

$$A_R = \frac{R_g}{N^2} = \frac{1}{\gamma} \frac{l_w}{f_K A_w} . \tag{1.102}$$

l_w ist die mittlere Windungslänge, A_w ist der für die Wicklung zur Verfügung stehende Querschnitt und f_K ist der Kupferfüllfaktor, d. h. eine Zahl < 1, die angibt, welcher Teil der Fläche A_w vom Draht ausgenutzt wird. Er ist abhängig von der Stärke der Drahtisolation und vom Drahtquerschnitt. Ein typischer Wert ist $f_K = 0,5$. Der A_R-Wert ist eine Größe, die nur von den Kern- und Drahtdaten, nicht aber von der Windungszahl abhängig ist. Sie gibt den Widerstand R_g bei einer Windung an. Bei Wechselstrom werden die Spulenverluste im wesentlichen durch drei Effekte zusätzlich erhöht. Der erste Effekt ist der Skineffekt, der den ohmschen Widerstand des Drahtes vergrößert (vgl. Abschnitt 1.2.3). Der zweite Effekt wird durch die sogenannten Hystereseverluste hervorgerufen: wird durch eine Spule mit ferromagnetischem Kern ein Wechselstrom geleitet, dann wird bekanntlich in jeder Stromperiode die Hystereseschleife (Bild 1.29 b) in der i, Ψ-Ebene durchfahren. Die dabei eingeschlossene Fläche entspricht einer Energie, E, die während jeder Periode aufgebracht werden muß, und die letztlich in Wärme umgewandelt wird, vgl. Abschnitt 1.4.1.

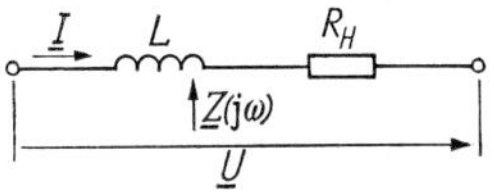

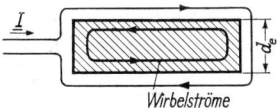

Bild 1.35. Ersatzbild einer Spule mit Hystereseverlusten

Den Einfluß der Hystereseverluste kann man durch einen ohmschen Widerstand R_H in Serie zur Induktivität erfassen. Eine Spule, deren Verluste ausschließlich durch diese Hystereseverluste hervorgerufen werden, kann durch das in Bild 1.35 gezeigte Ersatzbild beschrieben werden. Bei Verwendung der komplexen Wechselstromrechnung ergibt sich nun statt eines rein imaginären ein komplexer Spulenwiderstand, was zunächst dadurch ausgedrückt werden soll, daß die Induktivität $\underline{L}$ eine komplexe Größe sein soll.

$$\frac{\underline{U}}{I} = \underline{Z}(j\omega) = j\omega\underline{L} = j\omega N^2 \frac{A_K}{l_K} \underline{\mu}. \quad (1.103)$$

Wenn $\underline{L}$ komplex sein soll, kann in Gl. (1.103) nur noch $\underline{\mu}$ komplex sein, da der Kernquerschnitt A_K und die Kernlänge l_K sowie die Windungszahl N von Natur aus nur reelle Größen sein können. Durch Vergleich von Gl. (1.103) mit dem Ersatzbild Bild 1.35 er-

gibt sich

$$\underline{\mu} = \frac{R_H + j\omega L}{j\omega N^2 \frac{A_K}{l_K}} = \frac{L}{N^2 \cdot \frac{A_K}{l_K}} - j\frac{R_H}{\omega N^2 \frac{A_K}{l_K}} =$$

$$= \mu' - j\mu''. \quad (1.104)$$

Von den Kernmaterialherstellern werden gewöhnlich Kurven über die Frequenzabhängigkeit von μ' und μ'' angegeben, die für eine bestimmte maximale Induktion (meist 0,1 mT) gemessen worden sind.

Bild 1.36. Wirbelströme im Kern

Ein dritter Effekt, der bei Wechselstrom die Verluste von Spulen mit Kern erhöht, sind die Wirbelstromverluste. Diese treten auf, wenn der Kern aus elektrisch leitendem Material besteht. Dann wirkt der Kern nämlich wie eine kurzgeschlossene Windung aus entsprechend dickem Draht, in welchem auf Grund des Induktionsgesetzes und der Lenzschen Regel Wirbelströme in derjenigen Richtung fließen, daß das magnetische Feld im Kern geschwächt wird. Wirbelströme bedingen also Wärmeverluste und gleichzeitig eine Verkleinerung der Induktivität. Wie man sich anhand von Bild 1.36 anschaulich vorstellen kann, wird das magnetische Feld durch die Wirbelströme am stärksten in der Kernmitte verringert. An der Oberfläche ist die magnetische Feldstärke ungeschwächt. Die Wirbelströme bewirken einen Abfall der magnetischen Feldstärke zur Kernmitte hin. Die Verhältnisse liegen hier ähnlich wie beim Skineffekt. Es ergibt sich auch hier ein Eindringmaß ϑ_s, welches die Entfernung von der Kernoberfläche zu derjenigen Kernzone angibt, bei der die magnetische Feldstärke auf das 1/e-fache abgesunken ist

$$\vartheta_s = \frac{1}{\sqrt{\pi f \gamma_{Fe} \mu_{Fe}}}. \quad (1.105)$$

In Gl (1.105) sind γ_{Fe} und μ_{Fe} elektrische Leitfähigkeit bzw. absolute Permeabilität des Eisenkerns. Für die exakte Theorie der Wirbelströme sei auf die Literatur der theoretischen Elektrotechnik [2] verwiesen.

Wirbelströme werden vermieden bzw. klein gehalten, wenn als Kernmaterial ein elektrisch nichtleitendes oder schlechtleitendes Material verwendet wird (welches aber trotzdem eine hohe Permeabilität haben soll). Solche Materialien sind die Ferrite. In Eisen werden bei niedrigen Frequenzen Wirbelströme weitgehend vermieden, wenn der Kern aus einem Stapel dünner Bleche, die gegeneinander isoliert sind, zusammengesetzt wird. Für höhere Frequenzen wurden früher Kerne verwendet, die aus Eisenpulver und einem die Eisenteilchen isolierenden Binder gepreßt wurden. Die Wirbelströme sind nämlich um so geringer, je niedriger die Frequenz ist, und je kleiner die Fläche ist, die von einer Wirbelstromschleife umschlossen wird.

Bei den gegeneinander isolierten Blechen z. B. ist die für die Wirbelstromschleifen wirksame Fläche um so kleiner, je dünner das Blech ist. Läßt man also einen bestimmten Betrag für die Wirbelströme zu, dann läßt sich das Blech für um so höhere Frequenzen verwenden, je dünner es ist. Man definiert als Grenzfrequenz für die Wirbelströme diejenige Frequenz f_w, bei der das Eindringmaß ϑ_s gleich der halben Blechstärke d_e (Bild 1.36) ist

$$f_\mathrm{w} = \frac{4}{\pi \gamma_\mathrm{Fe} \mu_\mathrm{Fe} d_\mathrm{e}^2}. \qquad (1.106)$$

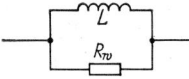

Bild 1.37. Ersatzbild einer Spule mit Wirbelstromverlusten bei niedrigen Frequenzen

Die Wirbelstromverluste lassen sich angenähert durch ein Ersatzbild für die Spule erfassen, welches aus der Parallelschaltung einer Induktivität L und eines ohmschen Widerstandes R_w besteht (Bild 1.37). Nach [3] ergibt sich für $f \ll f_\mathrm{w}$, wo die Induktivität noch nicht wesentlich verändert wird,

$$L \approx N^2 \mu_\mathrm{Fe} \frac{A_\mathrm{K}}{l_\mathrm{Fe}}, \qquad (1.107)$$

$$R_\mathrm{w} \approx N^2 \frac{12}{\gamma_\mathrm{Fe} d_\mathrm{e}^2} \frac{A_\mathrm{K}}{l_\mathrm{K}}. \qquad (1.108)$$

Wie beim Kondensator, so kann man auch bei der Spule die gesamten Verluste pauschal durch den sogenannten Verlustfaktor $\tan \delta_\mathrm{L}$ erfassen. Wird für die Spule der komplexe Widerstand $\underline{Z}$ gemessen, dann errechnet sich der Verlustfaktor zu

$$\tan \delta_\mathrm{L} = \left| \frac{\mathrm{Re}\,\{\underline{Z}\}}{\mathrm{Im}\,\{\underline{Z}\}} \right|. \qquad (1.109)$$

Beim Verlustfaktor unterscheidet man im allgemeinen zwischen dem Wicklungsanteil und dem Kernanteil $\tan \delta_\mathrm{K}$. Bei Vernachlässigung des Skineffektes ist

$$\tan \delta_\mathrm{L} = \tan \delta_\mathrm{K} + \frac{R_\mathrm{g}}{\omega L}. \qquad (1.110)$$

Von den Kernherstellern werden Kurven über die Frequenzabhängigkeit von $\tan \delta_\mathrm{K}$ geliefert.

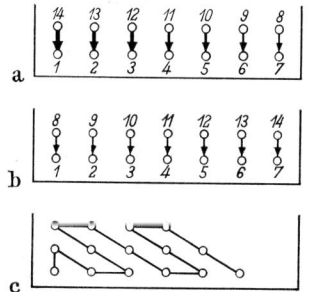

Bild 1.38. Wicklungsarten
(a) Lagenwicklung mit Umkehr, (b) Lagenwicklung gleichsinnig, (c) Träufelwicklung

Neben den in der Regel frequenzabhängigen Verlusten in der Wicklung und im Kernmaterial beeinflussen noch Kapazitäten der Wicklung den Scheinwiderstand einer Spule. Da längs des Wicklungsdrahtes ein induktiver und ein ohmscher Spannungsabfall auftritt, spielt die Kapazität zwischen den einzelnen Windungen eine Rolle, und zwar in um so größerem Maße, je größer die Potentialdifferenz zwischen den benachbarten Windungen ist. Bild 1.38 zeigt drei verschiedene Wicklungsarten. Die Lagenwicklung mit Umkehr (a) ist von den gezeigten Fällen am ungünstigsten. Besser, aber schwieriger herzustellen ist die gleichsinnige Lagenwicklung (b), weil bei ihr die unmittelbar benachbarten Windungen eine geringere Potentialdifferenz haben. Ausgesprochen günstige Kapazitätsverhältnisse hat die Träufelwicklung (c), die jedoch noch schwieriger herzustellen ist.

Wegen ihrer leichten Herstellbarkeit wird in der Praxis die Lagenwicklung mit Umkehr häufig benutzt. Die Kapazität C_w einer solchen Wicklung mit z Windungen pro Lage bei n Lagen, d. h. mit insgesamt $N = zn$ Windungen, berechnet sich nach Feldtkeller [3] angenähert zu

$$C_w \approx \frac{4}{3} \frac{z}{n} \frac{n-1}{n} \bar{C}_d. \qquad (1.111)$$

Darin ist $\bar{C}_d$ die mittlere Kapazität zweier benachbarter und sich eben berührender Drähte von der Länge l_w einer Windung. $\bar{C}_d$ ist nahezu unabhängig vom Drahtdurchmesser und berechnet sich, wenn die Länge l_w einer Windung in Zentimeter (cm) gegeben ist, aus der folgenden Beziehung

$$\bar{C}_d = 1{,}8 l_w \frac{pF}{cm}. \qquad (1.112)$$

1.5 Übertrager

Während man in der Starkstromtechnik sowie in der Technik der Stromversorgung elektronischer Geräte (Netzteile) von Transformatoren spricht, ist bei den nachrichtentechnischen Anwendungen die Bezeichnung *Übertrager* üblich.

In der Starkstromtechnik hat der Transformator fast ausschließlich die Aufgabe, Spannungen zu transformieren. In der Nachrichtentechnik wird der Übertrager vor allem für drei Aufgaben benutzt:

1. Widerstandstransformation (Anpassung),
2. Gleichspannungspotentialtrennung,
3. Realisierung von Zwei- und Vierpolen vorgegebener Eigenschaften.

Diese Aufgaben werden später noch im einzelnen erläutert. Ein Übertrager besteht aus zwei oder mehreren Spulen bzw. Induktivitäten, die magnetisch miteinander gekoppelt sind. Eine magnetische Kopplung zweier Spulen ist dann vorhanden, wenn der vom Strom i_1 in der ersten Spule (Primärspule) erzeugte magnetische Fluß Φ_1 teilweise oder ganz die zweite Spule (Sekundärspule) durchsetzt. Im Fall eines zeitlich veränderlichen Stromes $i_1(t)$ entsteht ein sich zeitlich entsprechend verändernder Fluß $\Phi(t)$, der z. B. in der ν-ten Windung der Sekundärspule gemäß dem Induktionsgesetz Gl. (0.128) eine Spannung $-(d\Phi_\nu/dt)$ erzeugt, wenn der Teilfluß Φ_ν diese ν-te Windung durchsetzt.

1.5.1 Allgemeine Übertragertheorie

Die wesentlichen Eigenschaften eines Übertragers können anhand des verlustlosen Übertragers beschrieben werden. In nahezu allen technischen Anwendungen ist man bestrebt, möglichst verlustfreie Übertrager zu konstruieren. In solchen Fällen, in denen die Verluste nicht vernachlässigt werden können, lassen sie sich näherungsweise durch einfache Korrekturglieder erfassen.

1.5.1.1 Der verlustlose streufreie Übertrager

Der Einfachheit halber sei im folgenden zunächst ein solcher Übertrager betrachtet, bei dem der von der Primärspule bzw. Primärwicklung erzeugte Fluß Φ_1 vollständig die Sekundärspule bzw. Sekundärwicklung durchsetzt. Ferner soll der Wirkwiderstand der Spulen vernachlässigbar klein sein. Wenn umgekehrt durch die Sekundärwicklung ein beliebiger Strom i_2 fließt, dann soll der von der Sekundärwicklung erzeugte Fluß Φ_2 auch vollständig die Primärwicklung durchsetzen. Man kann den festgekoppelten Übertrager annähernd dadurch realisieren, daß man beide Wicklungen auf einen gemeinsamen Kern aufbringt, der aus einem hochpermeablen Stoff besteht (z. B. Dynamoblech, Ferrit, usw.). Kernmaterialien und Kernformen sind bei Übertragern meist dieselben wie bei Spulen. Sie sind in der Nachrichtentechnik weitgehend normiert. Der geringe magnetische Widerstand des Kerns bewirkt, daß nahezu alle magnetischen Kraftlinien im Kern verlaufen und damit auch beide Wicklungen durchsetzen. Bild 1.39 zeigt einen solchen Übertrager, der von zwei Seiten durch eingeprägte Ströme gespeist sein möge. Die Flußrichtungen für Φ_1 und Φ_2 ergeben sich aus der *Korkenzieherregel*. Diese sagt aus, daß die magneti-

schen Feldlinien rechtssinnig den stromdurch-
flossenen Draht umschlingen, wenn man in
die Stromrichtung blickt.

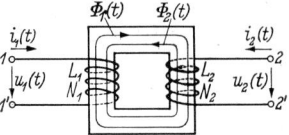

Bild 1.39. Streufreier verlustloser Übertrager

In Bild 1.39 sind noch Übertragerkenngrößen
der folgenden Bedeutung eingezeichnet:

N_1 Primärwindungszahl
N_2 Sekundärwindungszahl
L_1 Primärinduktivität (man mißt die Primärinduktivität an den Klemmen $1-1'$,
wenn der Sekundärstromkreis offen ist,
d. h. wenn $i_2 \equiv 0$)
L_2 Sekundärinduktivität (man mißt die
Sekundärinduktivität an den Klemmen
$2-2'$, wenn $i_1 \equiv 0$).

Betrachtet werde zunächst der Fall des
sekundärseitigen Leerlaufes $i_2 \equiv 0$. Durch die
Primärspule fließt bei Anlegen der Spannung
$u_1(t)$ der Strom $i_1 = i_\mu$, den man den *Magnetisierungsstrom* nennt. Setzt man L_1 als strom-
unabhängig, d. h. als linear voraus, dann gilt

$$u_1(t) = L_1 \frac{\mathrm{d}i_\mu}{\mathrm{d}t} \qquad (1.113)$$

oder im Fall sinusförmiger Wechselspannung
$[\underline{u} = \underline{U}\,\mathrm{e}^{\mathrm{j}\omega t}; \underline{i} = \underline{I}\,\mathrm{e}^{\mathrm{j}\omega t}$ vgl. Gl. (0.6)]

$$\underline{U}_1 = \mathrm{j}\omega L_1 \underline{I}_\mu. \qquad (1.114)$$

Der Magnetisierungsstrom $i_\mu(t)$ erzeugt nach
dem *Ohmschen Gesetz für den Magnetismus*
[vgl. Gl. (1.85)] einen Magnetisierungsfluß
$\Phi_\mu(t)$, der im Fall eines sinusförmigen Stroms
ebenfalls sinusförmig ist und die gleiche
Phasenlage wie der erzeugende Strom i_μ hat,
denn es gilt

$$\Phi_\mu = \frac{i_\mu N_1}{R_\mathrm{m}} = i_\mu N_1 A_\mathrm{L}$$

bzw. $\qquad\qquad\qquad\qquad\qquad (1.115)$

$$\underline{\Phi}_\mu = \frac{\underline{I}_\mu N_1}{R_\mathrm{m}} = \underline{I}_\mu N_1 A_\mathrm{L}.$$

Für die komplexe Amplitude $\underline{\Phi}_\mu$ des Magneti-
sierungsflusses gilt entsprechend $\Phi_\mu(t) = \underline{\Phi}_\mu\,\mathrm{e}^{\mathrm{j}\omega t}$
mit $\underline{\Phi}_\mu = \hat{\Phi}_\mu\,\mathrm{e}^{\mathrm{j}\varphi}$, wobei φ der Nullphasenwinkel des Magnetisierungsstroms i_μ ist.
Gl. (1.115) in Gl. (1.113) bzw. Gl. (1.114) eingeführt, ergibt

$$u_1 = L_1 \frac{\mathrm{d}i_\mu}{\mathrm{d}t} = A_\mathrm{L}N_1^2 \frac{\mathrm{d}i_\mu}{\mathrm{d}t} = N_1 \frac{\mathrm{d}\Phi_\mu}{\mathrm{d}t} \qquad (1.116)$$

bzw.

$$\underline{U}_1 = \mathrm{j}\omega N_1 \underline{\Phi}_\mu. \qquad (1.117)$$

Eine vorgegebene Primärspannung ist mit
einem magnetischen Fluß verknüpft, der nur
von der Windungszahl sowie der Höhe und
Zeitabhängigkeit der Primärspannung abhängt [vgl. hierzu das Selbstinduktionsgesetz
Gl. (1.87)].
Damit bei sinusförmigem Wechselstrom i auch
der Magnetisierungsfluß Φ_μ entsprechend
sinusförmig wird, muß der Zusammenhang
zwischen magnetischer Feldstärke H und Induktion oder magnetischer Flußdichte B linear
sein. Dies wird bei Übertragern der Nachrichtentechnik immer angestrebt, und annähernd
auch erreicht, indem ferromagnetische Kerne
nur im Bereich ihrer Anfangspermeabilität μ_{rA}
ausgesteuert oder im Fall von Gleichstrom-
vormagnetisierung wechselstrommäßig nur im
Bereich der reversiblen Permeabilität μ_{rev} betrieben werden. Die magnetische Aussteuerung
wird also mit anderen Worten derart klein
gehalten, daß im Aussteuerungsbereich die
entsprechende Permeabilität praktisch konstant ist. Für gewöhnliche Dynamobleche bedeutet das eine Wechselfeldamplitude von nur
einigen Hundertstel bis maximal 0,1 Tesla.
Bei Transformatoren der Starkstromtechnik
läßt man wesentlich höhere Aussteuerungen
zu (z. T. bis zu 1,5 Tesla), weil dort nichtlineare Verzerrungen keine so große Rolle
spielen.
Nach der Leerlaufbetrachtung werde nun der
Fall der sekundärseitigen Belastung unter-
sucht, bei dem ein Widerstand R_2 an die
Klemmen $2-2'$ angeschlossen ist (Bild 1.40).
Der Strom i_1 wird nun wiederum einen Fluß
Φ_1 hervorrufen, der nach Voraussetzung auch
die Sekundärwicklung durchsetzt und in dieser
Sekundärwicklung nach dem Induktionsgesetz eine Spannung u_2 induziert. Wegen des

angeschalteten Widerstandes R_2 wird damit auch im Sekundärkreis nun ein Strom i_2 fließen, der einen magnetischen Fluß Φ_2 erzeugt. Über die Richtung von Φ_2 gibt die Lenzsche Regel Auskunft:

„Wird durch den magnetischen Fluß eines Primärstromes ein Sekundärstrom hervorgerufen, so erzeugt dieser Sekundärstrom seinerseits ein magnetisches Feld, das dem des Primärfeldes entgegengerichtet ist."

Mit dieser Lenzschen Regel, der Korkenzieherregel und dem Windungssinn der Sekundärwicklung läßt sich nun die Richtung des Sekundärstromes i_2 feststellen. Bei den Verhältnissen von Bild 1.40a, wo Primär- und Sekundärwicklung linksgängig sind, muß der Strom i_2 in die Klemme 2 hinein- und zur Klemme 2' herausfließen, weil nur dann $\Phi_1(t)$ und $\Phi_2(t)$ entgegengerichtet sind. Wegen des reellen positiven Abschlußwiderstandes R_2 muß in diesem Fall die Sekundärspannung $u_2(t)$ von der Klemme 2' zur Klemme 2 weisen, wenn die Zählpfeilrichtung positiv zählen soll.

Die Primärwicklung wird bei sekundärseitiger Belastung von der Differenz der Flüsse Φ_1 und Φ_2 durchsetzt. Da die Primärspannung eingeprägt ist, gilt mit Gl. (1.116) beim streufreien Übertrager

$$u_1 = N_1 \frac{\mathrm{d}\Phi_\mu}{\mathrm{d}t} = N_1 \frac{\mathrm{d}(\Phi_1 - \Phi_2)}{\mathrm{d}t}, \qquad (1.118)$$

d. h.

$$\Phi_1 - \Phi_2 = \Phi_\mu. \qquad (1.119)$$

Die Differenz der von Primär- und Sekundärstrom erzeugten magnetischen Flüsse Φ_1 und Φ_2 ist beim streufreien (oder festgekoppelten) Übertrager zu jedem Zeitpunkt gleich dem Fluß Φ_μ, der im Leerlauffall vorhanden ist. Beim streufreien Übertrager wird auch die Sekundärwicklung von demselben Fluß $\Phi_\mu = \Phi_1 - \Phi_2$ durchsetzt. Nach dem Induktionsgesetz errechnet sich die Sekundärspannung $u_2(t)$ damit allgemein zu

$$u_2(t) = N_2 \frac{\mathrm{d}\Phi_\mu}{\mathrm{d}t}. \qquad (1.120)$$

Beim verlustlosen streufreien Übertrager ist bei eingeprägter Primärspannung die Sekun-

därspannung unabhängig von irgendwelchen Belastungen. Die Frage der Zählpfeilrichtung von $u_2(t)$ war bereits oben auf physikalischem Weg geklärt worden. [Aus Gl. (1.120) läßt sich die Zählpfeilrichtung nicht ermitteln, weil in dieser Gleichung der Windungssinn nicht festgelegt ist. Sie ließe sich formelmäßig nur durch die vollständige Vektorbeziehung von Gl. (0.128) ermitteln.]

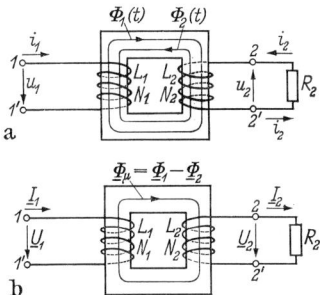

Bild 1.40. Flußverhältnisse und Zählpfeilrichtungen beim streufreien verlustlosen Übertrager.
(a) Momentanwerte bei linksgängiger Primär- und linksgängiger Sekundärwicklung, (b) komplexe Amplituden bei linksgängiger Primär- und rechtsgängiger Sekundärwicklung

Bild 1.40b zeigt einen Übertrager mit linksgängiger Primär- und rechtsgängiger Sekundärwicklung. Er soll mit sinusförmiger Spannung betrieben werden, so daß die Berechnung mit komplexen Amplituden erfolgen kann. Wegen der rechtsgängigen Sekundärwicklung sind die Richtungspfeile von $\underline{U}_2$ und $\underline{I}_2$ nun entgegengesetzt zum Fall von Bild 1.40a. Mit dieser Bepfeilung von Bild 1.40b und mit Gl. (1.120) errechnet sich für die Sekundärspannung $\underline{U}_2$

$$\underline{U}_2 = \mathrm{j}\omega N_2 \underline{\Phi}_\mu. \qquad (1.121)$$

Somit ergibt sich aus Gl. (1.117) und Gl. (1.121) das Spannungsverhältnis $\ddot{u}$ zu

$$\ddot{u} = \frac{\underline{U}_1}{\underline{U}_2} = \frac{N_1}{N_2} = n, \qquad (1.122)$$

wobei $n = N_1/N_2$ das Windungszahlverhältnis ist. Die Flüsse $\Phi_1(t)$ und $\Phi_2(t)$ bzw. im Sinusfall deren komplexe Amplituden $\underline{\Phi}_1$ und

$\underline{\Phi}_2$ berechnen sich nach dem ohmschen Gesetz für den Magnetismus zu [vgl. Gl. (1.115)]

$$\underline{\Phi}_1 = \frac{N_1 \underline{I}_1}{R_m} = N_1 \underline{I}_1 \frac{A_K \mu}{l_K}, \qquad (1.123)$$

$$\underline{\Phi}_2 = \frac{N_2 \underline{I}_2}{R_m} = N_2 \underline{I}_2 \frac{A_K \mu}{l_K}. \qquad (1.124)$$

Im normalen Betriebsfall, d. h. bei nicht zu kleinem Sekundärstrom $\underline{I}_2$, ist $|\underline{\Phi}_\mu| \ll |\underline{\Phi}_2|$. Aus Gl. (1.119) ergibt sich damit $\underline{\Phi}_1 \approx \underline{\Phi}_2$. Für den idealisierten Fall $\underline{\Phi}_1 = \underline{\Phi}_2$ folgt aus Gl. (1.123) und Gl. (1.124)

$$N_1 \underline{I}_1 \frac{A_K \mu}{l_K} = N_2 \underline{I}_2 \frac{A_K \mu}{l_K},$$
$$\frac{\underline{I}_1}{\underline{I}_2} = \frac{N_2}{N_1} = \frac{1}{\ddot{u}} = \frac{1}{n}. \qquad (1.125)$$

Gl. (1.125) gilt nicht für Leerlauf $\underline{I}_2 = 0$. In diesem Fall ist nach Gl. (1.124) auch $\underline{\Phi}_2 = 0$ und nach Gl. (1.119) $\underline{\Phi}_1 = \underline{\Phi}_\mu$. Die Voraussetzungen für Gl. (1.125) gelten also nicht mehr. Die allgemeinen Verhältnisse bei beliebiger Betriebsweise sind folgende: Bei sekundärseitigem Leerlauf fließt primärseitig der Magnetisierungsstrom $\underline{I}_\mu$. Wird nun die Sekundärseite belastet, so beginnt primärseitig noch zusätzlich zu $\underline{I}_\mu$ ein transformierter Laststrom $\underline{I}_L$ zu fließen, der so groß ist, daß der von ihm erzeugte Fluß $\underline{\Phi}_L$ den Fluß $\underline{\Phi}_2$ gerade kompensiert. Der gesamte Primärstrom $\underline{I}_1$ setzt sich also wie folgt zusammen:

$$\underline{I}_1 = \underline{I}_\mu + \underline{I}_L. \qquad (1.126)$$

Entsprechend ist

$$\underline{\Phi}_1 = \underline{\Phi}_\mu + \underline{\Phi}_L, \qquad (1.127)$$

womit sich auch mit Gl. (1.119) $\underline{\Phi}_2 = \underline{\Phi}_L$ ergibt. Jetzt errechnet sich in gleicher Weise wie bei der Herleitung von Gl. (1.125)

$$\frac{\underline{I}_L}{\underline{I}_2} = \frac{N_2}{N_1} = \frac{1}{n}. \qquad (1.128)$$

Während Gl. (1.125) nur solange gilt, wie $\underline{I}_L \gg \underline{I}_\mu$, gilt Gl. (1.128) für jeden Betriebsfall des streufreien verlustlosen Übertragers exakt.

1.5.1.2 Der ideale Übertrager

Wegen seiner theoretischen Bedeutung bekommt der ideale Übertrager ein eigenes Schaltzeichen mit eckig gezeichneten Primär- und Sekundärwicklungen, welches fortan ausschließlich benutzt wird. Seiner Wirkungsweise nach ist er ein verlustloser streufreier Übertrager, bei dem der Magnetisierungsstrom $\underline{I}_\mu = 0$ ist. Nach Gl. (1.114) ist dazu eine unendlich große Primärinduktivität erforderlich, wenn die angelegte Spannung $\underline{U}_1$ und deren Frequenz ω endliche Werte haben sollen. Andererseits muß aber ein endlicher von Null verschiedener Magnetisierungsfluß $\underline{\Phi}_\mu$ im Kern vorhanden sein, denn sonst würde nach Gl. (1.121) in der Sekundärwicklung keine Spannung induziert. Nach dem Ohmschen Gesetz für den Magnetismus [Gl. (1.115)]

$$\underline{\Phi} = \frac{N \underline{I}}{R_m} = \frac{N A_K \mu}{l_K} \underline{I} \qquad (1.129)$$

muß beim idealen Übertrager die Permeabilität μ des Kerns unendlich groß sein. Wird der ideale Übertrager sekundärseitig belastet, dann fließt ein Sekundärstrom $\underline{I}_2$, der nach dem Ohmschen Gesetz für den Magnetismus mit $\mu \to \infty$ einen unendlich hohen Fluß $\underline{\Phi}_2$ im Kern erzeugt. Da aber primärseitig die Spannung $\underline{U}_1$ eingeprägt ist, kann als resultierender Fluß im Kern nur der Magnetisierungsfluß $\underline{\Phi}_\mu$ vorhanden sein. Daraus folgt, daß der Fluß $\underline{\Phi}_2$ durch einen zusätzlichen Primärfluß $\underline{\Phi}_1$ von gleicher Größe wie $\underline{\Phi}_2$ aufgehoben werden muß, d. h., es muß ein Primärstrom $\underline{I}_1$ fließen, der gerade so groß ist, daß seine Durchflutung $\Theta = \underline{I}_1 N_1$ die sekundärseitige Durchflutung $\Theta_2 = \underline{I}_2 N_2$ aufhebt. Dieser physikalische Tatbestand läßt sich *beim idealen Übertrager in* einfacher Weise so ausdrücken, daß *die Summe aller Durchflutungen stets verschwinden muß*, weil sich andernfalls ein unendlich hoher Fluß $\hat{\Phi}$ im Kern bilden würde. Das gilt für beliebig viele Wicklungen.

$$\sum_\nu \Theta_\nu = \sum_\nu \underline{I}_\nu N_\nu = \sum_\nu i_\nu N_\nu = 0. \qquad (1.130)$$

Damit trifft z. B. Gl. (1.125) beim idealen Übertrager mit dem Windungssinn von Bild 1.40 exakt zu, weil $\underline{I}_1$ und $\underline{I}_2$ bzw. i_1 und i_2 das Fenster in entgegengesetzter Richtung durchsetzen.

Wenn der zu I gehörende konjugiert komplexe Wert I^* ist, dann gilt mit Gl. (1.125) auch $I_1^* \ddot{u} = I_2^*$. Mit Gl. (1.122) ist dann beim idealen Übertrager

$$U_1 I_1^* = U_2 I_2^*. \qquad (1.131)$$

Beim idealen Übertrager wird damit [vgl. Gl. (0.45)] sowohl die primärseitig eingespeiste Wirkleistung als auch die primärseitig eingespeiste Blindleistung von der Sekundärseite wieder abgegeben.

Wird ein idealer Übertrager sekundärseitig mit einem Widerstand Z_2 abgeschlossen, so erhält man auf der Primärseite den Eingangswiderstand

$$Z_e = \frac{U_1}{I_1} = \frac{\ddot{u} U_2}{\dfrac{1}{\ddot{u}} I_2} = \ddot{u}^2 Z_2. \qquad (1.132)$$

Beim idealen Übertrager wird ein Abschlußwiderstand Z_2 mit dem Quadrat des Windungszahlverhältnisses auf die Primärseite transformiert.

1.5.1.3 Der verlustlose Übertrager mit Streuung

In der Praxis sind Primär- und Sekundärwicklung nicht vollständig gekoppelt. Der von der Primärwicklung erzeugte Fluß Φ_1 durchsetzt nur zu einem Teil die Sekundärwicklung. Dieser Teil sei der Nutzfluß Φ_{N1}. Der andere Teil des Primärflusses ist der primäre Streufluß Φ_{S1}. Er ist nur mit der Primärwicklung verkoppelt. Entsprechendes gilt für die Sekundärwicklung.

$$\Phi_1 = \Phi_{N1} + \Phi_{S1}, \qquad (1.133)$$

$$\Phi_2 = \Phi_{N2} + \Phi_{S2}. \qquad (1.134)$$

In Bild 1.41 sind diese Verhältnisse anschaulich dargestellt.

Die Kopplungsgrade sind definiert als

$$k_{12} = \frac{\Phi_{N1}}{\Phi_1} = \frac{\text{primärer Nutzfluß}}{\substack{\text{gesamter von Primärseite} \\ \text{erzeugter Fluß}}}, \qquad (1.135)$$

$$k_{21} = \frac{\Phi_{N2}}{\Phi_2} = \frac{\text{sekundärer Nutzfluß}}{\substack{\text{gesamter von Sekundärseite} \\ \text{erzeugter Fluß}}}. \qquad (1.136)$$

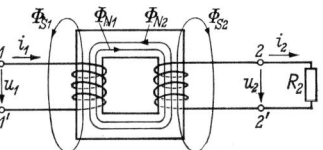

Bild 1.41. Belasteter Übertrager mit Streufeld

Bei symmetrisch aufgebauten Übertragerkernen ist $k_{12} = k_{21} = k$. Die Berechnung der Gesetzmäßigkeiten, die den verlustlosen Übertrager mit Streuung beherrschen, soll nun mit Hilfe des Überlagerungssatzes durchgeführt werden. Danach sei zunächst nur $i_1 \neq 0$ und $i_2 = 0$, d. h. es sind nur die Kraftlinien mit dem Index 1 in Bild 1.41 vorhanden.

Nach Gl. (1.87) und Gl. (1.77) gilt

$$u_1|_{i_2=0} = N_1 \frac{\mathrm{d}\Phi_1}{\mathrm{d}t} = L_1 \frac{\mathrm{d}i_1}{\mathrm{d}t}. \qquad (1.137)$$

Als sekundäre Leerlaufspannung ergibt sich bei dem zugrunde gelegten Wickelsinn [vgl. die Überlegungen vor Gl. (1.121)]

$$u_2|_{i_2=0} = N_2 \frac{\mathrm{d}\Phi_{N1}}{\mathrm{d}t} = N_2 k \frac{\mathrm{d}\Phi_1}{\mathrm{d}t}$$

$$= N_2 k \frac{N_1}{R_m} \frac{\mathrm{d}i_1}{\mathrm{d}t} = M \frac{\mathrm{d}i_1}{\mathrm{d}t}, \qquad (1.138)$$

wobei

$$M = \frac{N_1 N_2}{R_m} k \qquad (1.139)$$

die *Gegeninduktivität* ist.

Nun sei der Fall betrachtet, daß nur $i_2 \neq 0$ und $i_1 = 0$, d. h., es sind nur die Kraftlinien mit dem Index 2 in Bild 1.41 vorhanden. Nach dem Induktionsgesetz gilt jetzt entsprechend

$$-u_2 = L_2 \frac{\mathrm{d}i_2}{\mathrm{d}t}, \qquad (1.140)$$

$$-u_1 = M \frac{\mathrm{d}i_2}{\mathrm{d}t}. \qquad (1.141)$$

Die Vorzeichenänderung bei Gl. (1.140) bzw. Gl. (1.141) gegenüber Gl. (1.137) bzw. Gl. (1.138) ist durch die entgegengerichtete Pfeilrichtung von i_1 und i_2 in Bild 1.41 bedingt.

Wenn gleichzeitig $i_1 \neq 0$ und $i_2 \neq 0$ ist, ergibt sich nach dem Überlagerungssatz aus Gl. (1.137) und Gl. (1.141) bzw. Gl. (1.138) und Gl. (1.140)

$$u_1 = L_1 \frac{\mathrm{d}i_1}{\mathrm{d}t} - M \frac{\mathrm{d}i_2}{\mathrm{d}t}, \tag{1.142}$$

$$u_2 = M \frac{\mathrm{d}i_1}{\mathrm{d}t} - L_2 \frac{\mathrm{d}i_2}{\mathrm{d}t}. \tag{1.143}$$

Im Fall sinusförmiger Strom- und Spannungsänderungen wird aus Gl. (1.142) und Gl. (1.143)

$$\underline{U}_1 = \mathrm{j}\omega L_1 \underline{I}_1 - \mathrm{j}\omega M \underline{I}_2 = \underline{Z}_{11}\underline{I}_1 - \underline{Z}_{12}\underline{I}_2, \tag{1.144}$$

$$\underline{U}_2 = \mathrm{j}\omega M \underline{I}_1 - \mathrm{j}\omega L_2 \underline{I}_2 = \underline{Z}_{21}\underline{I}_1 - \underline{Z}_{22}\underline{I}_2. \tag{1.145}$$

Diese Gleichungen gelten für den in Bild 1.41 dargestellten Fall der linksgängigen Primärwicklung und der rechtsgängigen Sekundärwicklung sowie der angegebenen Bepfeilung. (Man beachte, daß bei der Definition der Z-Parameter eines Vierpols der Strom $\underline{I}_2$ in den Vierpol hineinfließt, vgl. Bild 0.21.) Wäre die Sekundärwicklung ebenfalls linksgängig gewählt worden, dann hätten sich die Vorzeichen von u_2 und i_2 und damit die Zählpfeile der komplexen Amplituden $\underline{U}_2$ und $\underline{I}_2$ umgedreht, und es hieße entsprechend

$$\underline{U}_1 = \mathrm{j}\omega L_1 \underline{I}_1 + \mathrm{j}\omega M \underline{I}_2 = \underline{Z}_{11}\underline{I}_1 + \underline{Z}_{12}\underline{I}_2, \tag{1.144a}$$

$$-\underline{U}_2 = \mathrm{j}\omega M \underline{I}_1 + \mathrm{j}\omega L_2 \underline{I}_2 = \underline{Z}_{21}\underline{I}_1 + \underline{Z}_{22}\underline{I}_2. \tag{1.145a}$$

Die Gln. (1.144) und (1.145) sind die Vierpolgleichungen in Widerstandsform des verlustlosen Übertragers mit Streuung. Man nennt diese Gleichungen auch *Transformatorgleichungen*. Unter Berücksichtigung der unterschiedlichen Richtungen von $\underline{I}_2$ in Bild 1.41 und in Bild 0.21 folgt $\underline{Z}_{12} = \underline{Z}_{21}$, d. h. es liegt nach Tab. 0.4 ein umkehrbarer Vierpol vor.

Für die Gegeninduktivität M gilt nach Gl. (1.139) und Gl. (1.88)

$$M^2 = \left(\frac{N_1 N_2}{R_\mathrm{m}} k\right)^2 = k^2 L_1 L_2,$$

$$M = k\sqrt{L_1 L_2} \quad \text{bzw.} \quad k = \frac{M}{\sqrt{L_1 L_2}}. \tag{1.146}$$

Der sogenannte *Streugrad* ist definiert als

$$\sigma = 1 - k^2 = 1 - \frac{M^2}{L_1 L_2}. \tag{1.147}$$

Für den streufreien Übertrager ist mit Gl. (1.135) und Gl. (1.136) der Kopplungsfaktor $k = 1$ und damit $M = \sqrt{L_1 L_2}$.

1.5.1.4 Vierpoleigenschaften des Übertragers

Zunächst sollen zwei Vierpolersatzschaltbilder des verlustlosen Übertragers mit Streuung angegeben werden. Ersatzschaltbilder sollen gleiches elektrisches Verhalten wie die Originalschaltung haben. Aus ihnen soll jedoch das elektrische Verhalten leichter zu erkennen sein. Häufig sind die Ersatzschaltbilder nicht direkt realisierbar, d. h. ihre Schaltung kann technisch nicht hergestellt werden.

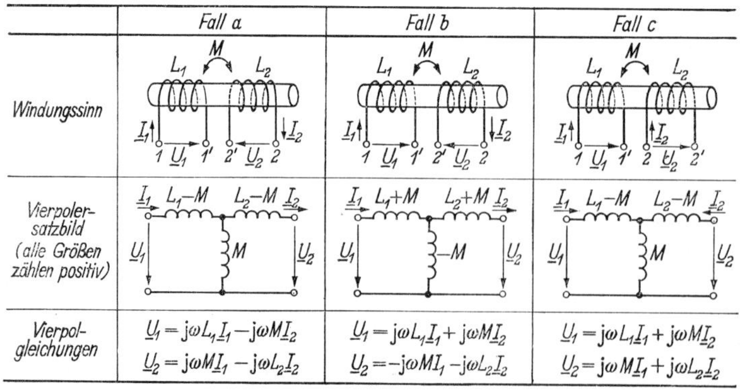

	Fall a	Fall b	Fall c
Windungssinn	L_1 M L_2 $\underline{I}_1\uparrow$ $\downarrow\underline{I}_2$ $1\;\underline{U}_1\;1'\;2'\;\underline{U}_2\;2$	L_1 M L_2 $\underline{I}_1\uparrow$ $\downarrow\underline{I}_2$ $1\;\underline{U}_1\;1'\;2'\;\underline{U}_2\;2$	L_1 M L_2 $\underline{I}_1\uparrow$ $\uparrow\underline{I}_2$ $1\;\underline{U}_1\;1'\;2\;\underline{U}_2\;2'$
Vierpolersatzbild (alle Größen zählen positiv)	$\underline{I}_1$ $L_1{-}M$ $L_2{-}M$ $\underline{I}_2$ $\underline{U}_1$ M $\underline{U}_2$	$\underline{I}_1$ $L_1{+}M$ $L_2{+}M$ $\underline{I}_2$ $\underline{U}_1$ ${-}M$ $\underline{U}_2$	$\underline{I}_1$ $L_1{-}M$ $L_2{-}M$ $\underline{I}_2$ $\underline{U}_1$ M $\underline{U}_2$
Vierpolgleichungen	$\underline{U}_1 = \mathrm{j}\omega L_1\underline{I}_1 - \mathrm{j}\omega M\underline{I}_2$ $\underline{U}_2 = \mathrm{j}\omega M\underline{I}_1 - \mathrm{j}\omega L_2\underline{I}_2$	$\underline{U}_1 = \mathrm{j}\omega L_1\underline{I}_1 + \mathrm{j}\omega M\underline{I}_2$ $\underline{U}_2 = -\mathrm{j}\omega M\underline{I}_1 - \mathrm{j}\omega L_2\underline{I}_2$	$\underline{U}_1 = \mathrm{j}\omega L_1\underline{I}_1 + \mathrm{j}\omega M\underline{I}_2$ $\underline{U}_2 = \mathrm{j}\omega M\underline{I}_1 + \mathrm{j}\omega L_2\underline{I}_2$

Bild 1.42. Ersatzbild des verlustlosen Übertragers mit Streuung bei verschiedenem Windungssinn

Ein einfaches und häufig benutztes Ersatzschaltbild des verlustlosen Übertragers zeigt Bild 1.42. Die Vorzeichen der Schaltelemente im Ersatzbild hängen dabei vom Windungssinn und von den Zählpfeilrichtungen ab. Der Windungssinn von Fall a entspricht dem von Bild 1.41, für welchen die Transformatorgleichungen in Form von Gl. (1.144) und Gl. (1.145) gelten. Man kann nun durch Aufstellen der Vierpolgleichungen des im Fall a gezeigten Ersatzbildes leicht verifizieren, daß diese Transformatorgleichungen auch für das im Falle a gegebene Ersatzbild zutreffen. Die Vierpolgleichungen in Widerstandsform lauten bei herausfließendem Ausgangsstrom I_2 [Gl. (0.96)]

$$U_1 = Z_{11}I_1 - Z_{12}I_2,$$

$$U_2 = Z_{21}I_1 - Z_{22}I_2.$$

Für die Koeffizienten Z_{ik} ergibt sich anhand des Ersatzbildes im Fall a

$$Z_{11} = \frac{U_1}{I_1}\bigg|_{I_2=0} = j\omega L_1,$$

$$-Z_{12} = \frac{U_1}{I_2}\bigg|_{I_1=0} = -j\omega M,$$

$$Z_{21} = \frac{U_2}{I_1}\bigg|_{I_2=0} = j\omega M,$$

$$-Z_{22} = \frac{U_2}{I_2}\bigg|_{I_1=0} = = -j\omega L_2.$$

Durch Einsetzen der Z_{ik} in die Widerstandsgleichungen ergeben sich die Transformatorgleichungen Gl. (1.144) und Gl. (1.145). Im Fall b ist der Windungssinn der Sekundärwicklung wie der der Primärwicklung linksgängig, was schon bei Gl. (1.144a) und Gl. (1.145a) diskutiert worden ist. Fall c folgt unmittelbar aus Fall b durch Umdrehen der Zählpfeilrichtung von U_2. Das Ersatzbild von Bild 1.42 ist in seinen verschiedenen Varianten in der Netzwerktheorie beim Entwurf von Zwei- und Vierpolen von großer Bedeutung. Es ermöglicht nämlich die Verwirklichung von beim Syntheseprozeß eventuell anfallenden negativen Induktivitäten.

Ein zweites Ersatzbild des verlustlosen Übertragers zeigt Bild 1.43. Dieses Ersatzbild enthält einen idealen Übertrager, wie er in Abschnitt 1.5.1.2 behandelt wurde, und dessen Verhalten vollständig durch Gl. (1.122) und Gl. (1.125), also durch das Übersetzungsverhältnis $\ddot{u}$, bestimmt ist. Im Ersatzbild ist

$$\ddot{u} = \frac{N_1}{N_2}\sqrt{1-\sigma}$$

angegeben, wobei N_1 und N_2 die primäre bzw. sekundäre Windungszahl und σ der Streugrad des verlustlosen Übertragers mit Streuung ist. Der im Ersatzbild vorkommende ideale Übertrager hat also ein anderes Übersetzungsverhältnis als der durch das gesamte Ersatzbild dargestellte verlustlose Übertrager, solange der Streugrad σ [Gl. (1.147)] von Null verschieden ist.

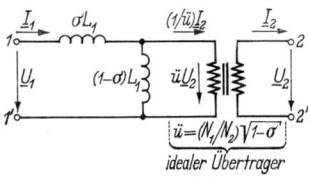

Bild 1.43. Ein weiteres Ersatzbild des verlustlosen Übertragers mit Streuung

Wie bei Bild 1.42 wird durch Bestimmen der Matrixkoeffizienten Z_{ik} anhand Bild 1.43 sichergestellt, daß das darin angegebene Ersatzbild den Transformatorgleichungen genügt. Im Verlauf der Rechnung wird noch von der Beziehung $N_1/N_2 = \sqrt{L_1/L_2}$ sowie $(1-\sigma)L_1L_2 = M^2$ [vgl. Gl. (1.88) und Gl. (1.147)] Gebrauch gemacht. Aus der Schaltung folgt

$$Z_{11} = \frac{U_1}{I_1}\bigg|_{I_2=0} =$$
$$= j\omega(\sigma L_1 + L_1 - \sigma L_1) = j\omega L_1,$$

$$-Z_{12} = \frac{U_1}{I_2}\bigg|_{I_1=0} = \frac{U_1}{\frac{1}{\ddot{u}}I_2}\bigg|_{I_1=0} \cdot \frac{1}{\ddot{u}} =$$

$$= -j\omega(1-\sigma)L_1\frac{1}{\ddot{u}} =$$

$$= -j\omega\frac{1-\sigma}{\sqrt{1-\sigma}}\frac{N_2}{N_1}L_1 =$$

$$= -j\omega\sqrt{1-\sigma}\sqrt{\frac{L_2}{L_1}}L_1 = -j\omega M,$$

$$\underline{Z}_{21} = \frac{\underline{U}_2}{\underline{I}_1}\bigg|_{\underline{I}_2=0} = \frac{\ddot{u}\,\underline{U}_2}{\underline{I}_1}\bigg|_{\underline{I}_2=0} \cdot \frac{1}{\ddot{u}} =$$

$$= j\omega(1 - \sigma)\,L_1\,\frac{1}{\ddot{u}} = j\omega M\,,$$

$$-\underline{Z}_{22} = \frac{\underline{U}_2}{\underline{I}_2}\bigg|_{\underline{I}_1=0} = \frac{\ddot{u}\,\underline{U}_2}{\frac{1}{\ddot{u}}\,\underline{I}_2}\bigg|_{\underline{I}_1=0} \cdot \frac{1}{\ddot{u}^2} =$$

$$= -j\omega(1 - \sigma)\,L_1\,\frac{1}{\ddot{u}^2} =$$

$$= -j\omega\,\frac{N_2^2}{N_1^2}\,L_1 = -j\omega L_2\,.$$

Die Matrixkoeffizienten ergeben sich in der erwarteten Weise. Das Ersatzbild nach Bild 1.43 ist also richtig. Von diesem Ersatzbild wird in einer später beschriebenen technischen Anwendung noch die Rede sein. Die Induktivität σL_1 bezeichnet man als *Streuinduktivität*.

Da die Transformatorgleichungen Vierpolgleichungen sind, beschreiben sie lediglich das Verhalten des Übertragervierpols selbst. Ist der Übertrager mit Abschlußwiderständen beschaltet, dann werden die Übertragungseigenschaften des ganzen Systems, welches aus dem Vierpol und der Beschaltung besteht, bekanntlich durch die Betriebsübertragungsfunktion [Gl. (0.119)] beschrieben.

$$F = \frac{\underline{U}_0}{2\underline{U}_2}\,\sqrt{\frac{\underline{Z}_2}{\underline{Z}_1}} = e^{a_B+jb_B}\,.$$

Speziell für Übertrager ist aber eine abgewandelte Definition der Übertragungsfunktion gebräuchlich. Diese leitet sich aus einem Vergleich des realen Übertragers mit einem idealen Übertrager her. Unter der Bezeichnung „realer Übertrager" ist dabei der jeweils zur Diskussion stehende Übertrager gemeint. Bild 1.44 stellt beide Übertrager gegenüber.

Die Sekundärspannung ist beim idealen Übertrager mit $\underline{U}_{20}$ bezeichnet im Gegensatz zu $\underline{U}_2$ beim realen Übertrager. Man kann nämlich jeden realen Übertrager so konstruieren, daß sein Eingangswiderstand $\underline{Z}_e$ bei Abschluß mit $\underline{Z}_2$ gleich dem Eingangswiderstand $\ddot{u}^2\underline{Z}_2$ des idealen Übertragers ist. In diesem Fall aber ist die Sekundärspannung $\underline{U}_2$ im allgemeinen von der Spannung $\underline{U}_{20}$ verschieden.

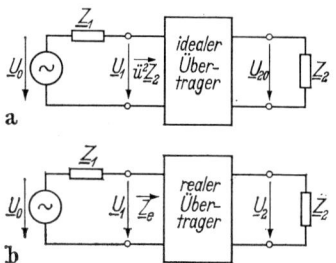

Bild 1.44. Vergleich von idealem und realem Übertrager

Die Betriebsübertragungsfunktion des *idealen* Übertragers berechnet sich zu

$$F_{id} = \frac{\underline{U}_0}{2\underline{U}_2}\,\sqrt{\frac{\underline{Z}_2}{\underline{Z}_1}} = \frac{1}{2}\,\sqrt{\frac{\underline{Z}_2}{\underline{Z}_1}}\,\frac{\underline{U}_0}{\underline{U}_1}\,\frac{\underline{U}_1}{\underline{U}_{20}} =$$

$$= \frac{1}{2}\,\sqrt{\frac{\underline{Z}_2}{\underline{Z}_1}}\,\frac{\underline{Z}_1 + \ddot{u}^2\underline{Z}_2}{\ddot{u}^2\underline{Z}_2}\,\ddot{u} = \frac{1}{2}\,\frac{\underline{Z}_1 + \ddot{u}^2\underline{Z}_2}{\sqrt{\ddot{u}^2\underline{Z}_1\underline{Z}_2}}\,.$$

$$\frac{U_0}{U_1} = \frac{U_0\,(Z_1 + \ddot{u}^2\,Z_2)}{U_0\,\ddot{u}^2\,Z_2}\,;\quad \frac{U_1}{U_{20}} = \frac{U_1}{\ddot{u}\,U_1} \tag{1.148}$$

Die Betriebsübertragungsfunktion hängt von $\ddot{u}$ ab. Es hat sich darum als zweckmäßig erwiesen, in der Übertragertheorie mit einer bezogenen Übertragungsfunktion $F_{\ddot{u}}$ zu rechnen. Für einen idealen Übertrager soll dabei — unabhängig von $\ddot{u}$ — immer $F_{\ddot{u}} = 1$ sein. Dies wird durch folgende Definition erreicht

$$F_{\ddot{u}} = \frac{F}{F_{id}} = \frac{\underline{U}_0}{2\underline{U}_2}\,\sqrt{\frac{\underline{Z}_2}{\underline{Z}_1}}\,\frac{2\ddot{u}\,\sqrt{\underline{Z}_1\underline{Z}_2}}{\underline{Z}_1 + \ddot{u}^2\underline{Z}_2} =$$

$$= \frac{\underline{U}_0}{\underline{U}_2}\,\frac{\ddot{u}\underline{Z}_2}{\underline{Z}_1 + \ddot{u}^2\underline{Z}_2} = e^{a_{\ddot{u}}+jb_{\ddot{u}}}\,. \tag{1.149}$$

1.5.2 Der Übertrager in speziellen technischen Anwendungen

1.5.2.1 Übertrager für relativ breite Frequenzbänder und reelle Beschaltung

Zu den Übertragern dieser Kategorie gehören diejenigen, bei denen die Mittenfrequenz des übertragenen Frequenzbandes nicht bedeutend größer ist als das übertragene Frequenzband, und bei denen der Ausgang reell beschaltet ist.

Legt man für die Beurteilung der Übertragungseigenschaften die Betriebsübertragungsfunktion $F_{ü}$ nach Gl. (1.149) zugrunde, dann ergibt sich ein Anstieg der Dämpfung $a_{ü}$ bei tiefen Frequenzen, der im wesentlichen durch die Spannungsteilung zwischen dem Innenwiderstand $\underline{Z}_1 = R_1$ der Quelle und dem Eingangswiderstand $\underline{Z}_e$ des Übertragers (Bild 1.44) hervorgerufen wird. Für den Eingangswiderstand des Übertragers ist neben dem Abschlußwiderstand R_2 bei tiefen Frequenzen die Primärinduktivität L_1 in erster Linie maßgebend, da die Impedanz der Induktivität ja um so kleiner wird, je kleiner die Frequenz ist. Die Berechnung der unteren Frequenzgrenze geht darum näherungsweise von Bild 1.45 b aus. Dieses Ersatzbild für niedrige Frequenzen leitet sich aus dem Ersatzbild nach Bild 1.43 ab, wobei $\sigma = 0$ gesetzt wurde (Normalerweise liegt der Streugrad etwa bei $\sigma \approx 0{,}01$).

widerstand $\omega\sigma L_1$ im Längszweig der Schaltung von Bild 1.43 bildet. Die Querinduktivität $(1 - \sigma)\,L_1$ bekommt bei höheren Frequenzen einen immer geringeren Einfluß. Die näherungsweise Berechnung der oberen Frequenzgrenze geht darum vom Schaltbild nach Bild 1.45 c aus.

Bei mittleren Frequenzen schließlich wird der Hauptanteil der Dämpfung $a_{ü}$ durch die ohmschen Widerstände R_{g1} und R_{g2} der Primär- und Sekundärwicklung hervorgerufen. Bei mittleren Frequenzen kann man folglich mit der Ersatzschaltung nach Bild 1.45 a rechnen, worin abgesehen von R_{g1} und R_{g2} ein idealer Übertrager benutzt wird.

Es werden nun die Übertragungsfunktionen entsprechend Gl. (1.149) für die einzelnen Ersatzbilder von Bild 1.45 berechnet.

Für den Übertrager mit endlichen Wicklungswiderständen gilt nach Bild 1.45 a

$$\frac{\underline{U}_0}{\underline{U}_2} = \frac{\underline{U}_0}{\underline{U}_{1i}}\frac{\underline{U}_{1i}}{\underline{U}_{2i}}\frac{\underline{U}_{2i}}{\underline{U}_2} =$$

$$= \frac{R_1 + R_{g1} + ü^2(R_{g2} + R_2)}{ü^2(R_{g2} + R_2)}\,ü\,\frac{R_{g2} + R_2}{R_2} =$$

$$= \frac{R_{g1} + R_1 + ü^2(R_2 + R_{g2})}{ü R_2}.$$

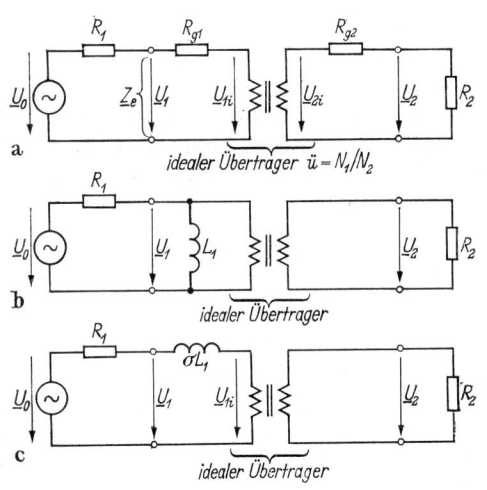

a

idealer Übertrager $ü = N_1/N_2$

b

idealer Übertrager

c

idealer Übertrager

Bild 1.45. Zur Berechnung eines Übertragers für breite Frequenzbänder.

(a) Berücksichtigung der Wicklungswiderstände (mittlere Frequenzen), (b) Berücksichtigung der Primärinduktivität (tiefe Frequenzen), (c) Berücksichtigung der Streuinduktivität (hohe Frequenzen)

Somit lautet die Übertragungsfunktion für die Grunddämpfung

$$F_{ü} = e^{a_{üG}+jb_{üG}} = \frac{\underline{U}_0}{\underline{U}_2}\,\frac{ü R_2}{R_1 + ü^2 R_2} =$$

$$= \frac{R_1 + R_{g1} + ü^2(R_2 + R_{g2})}{R_1 + ü^2 R_2} =$$

$$= 1 + \frac{R_{g1} + ü^2 R_{g2}}{R_1 + ü^2 R_2}. \qquad (1.150)$$

Im Normalfall sind die Wicklungswiderstände R_{g1} und R_{g2} klein gegen die Beschaltungswiderstände. Also wird mit $e^x \approx 1 + x$ für kleine x

$$a_{üG} = \frac{R_{g1} + ü^2 R_{g2}}{R_1 + ü^2 R_2}. \qquad (1.151)$$

Für den Übertrager mit endlicher Primärinduktivität gilt nach Bild 1.45 b ($\|$ bedeutet

Bei sehr hohen Frequenzen ergibt sich ein Anstieg der Dämpfung $a_{ü}$ dadurch, daß die Streuinduktivität σL_1 einen merklichen Blind-

Parallelschaltung)

$$\frac{U_0}{U_2} = \frac{U_0}{U_1}\frac{U_1}{U_2} = \frac{R_1 + j\omega L_1 \parallel \ddot{u}^2 R_2}{j\omega L_1 \parallel \ddot{u}^2 R_2}\ddot{u} =$$

$$= \frac{R_1 + \dfrac{j\omega L_1 \ddot{u}^2 R_2}{j\omega L_1 + \ddot{u}^2 R_2}}{\dfrac{j\omega L_1 \ddot{u}^2 R_2}{j\omega L_1 + \ddot{u}^2 R_2}}\ddot{u} =$$

$$= \frac{R_1(j\omega L_1 + \ddot{u}^2 R_2) + j\omega L_1 \ddot{u}^2 R_2}{j\omega L_1 \ddot{u} R_2}. \quad (1.152)$$

Somit lautet die Übertragungsfunktion bei Berücksichtigung des Einflusses der Primärinduktivität, die für tiefe Frequenzen eine besondere Rolle spielt

$$F_{\ddot{u}} = e^{a_{\ddot{u}T}+jb_{\ddot{u}T}} =$$

$$= \frac{R_1 j\omega L_1 + \ddot{u}^2 R_1 R_2 + j\omega L_1 \ddot{u}^2 R_2}{j\omega L_1(R_1 + \ddot{u}^2 R_2)} =$$

$$= 1 + \frac{\ddot{u}^2 R_1 R_2}{j\omega L_1(R_1 + \ddot{u}^2 R_2)}. \quad (1.153)$$

Die Dämpfung $a_{\ddot{u}T}$ errechnet sich daraus durch Betragsbildung und Logarithmieren

$$e^{a_{\ddot{u}T}} = \sqrt{1 + \left(\frac{\ddot{u}^2 R_1 R_2}{\omega L_1(R_1 + \ddot{u}^2 R_2)}\right)^2}, \quad (1.154)$$

$$a_{\ddot{u}T} = \frac{1}{2}\ln\left\{1 + \left(\frac{\ddot{u}^2 R_1 R_2}{\omega L_1(R_1 + \ddot{u}^2 R_2)}\right)^2\right\}. \quad (1.155)$$

Für den Übertrager mit Streuinduktivität gilt nach Bild 1.45c

$$\frac{U_0}{U_2} = \frac{U_0}{U_{1i}}\frac{U_{1i}}{U_2} = \frac{R_1 + j\omega L_1\sigma + \ddot{u}^2 R_2}{\ddot{u}^2 R_2}\ddot{u}.$$

Hiermit lautet die Übertragungsfunktion bei Berücksichtigung der Streuinduktivität, die für hohe Frequenzen eine besondere Rolle spielt:

$$F_{\ddot{u}} = e^{a_{\ddot{u}H}+jb_{\ddot{u}H}} = \frac{R_1 + j\omega L_1\sigma + \ddot{u}^2 R_2}{R_1 + \ddot{u}^2 R_2} =$$

$$= 1 + \frac{j\omega L_1\sigma}{R_1 + \ddot{u}^2 R_2}. \quad (1.156)$$

Die Dämpfung $a_{\ddot{u}H}$ berechnet sich hieraus durch Betragsbildung und Logarithmieren

$$e^{a_{\ddot{u}H}} = \sqrt{1 + \left(\frac{\omega L_1\sigma}{R_1 + \ddot{u}^2 R_2}\right)^2}, \quad (1.157)$$

$$a_{\ddot{u}H} = \frac{1}{2}\ln\left\{1 + \left(\frac{\omega L_1\sigma}{R_1 + \ddot{u}_2 R_2}\right)^2\right\}. \quad (1.158)$$

Die Gesamtdämpfung $a_{\ddot{u}}$ des Übertragers setzt sich näherungsweise aus der Summe der Grunddämpfung, der Dämpfung durch die endliche Primärinduktivität und der Dämpfung durch die Streuinduktivität zusammen

$$a_{\ddot{u}} \approx a_{\ddot{u}G} + a_{\ddot{u}T} + a_{\ddot{u}H}. \quad (1.159)$$

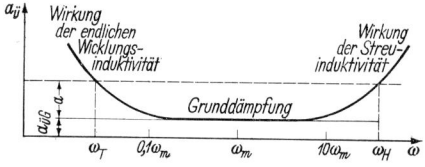

Bild 1.46. Verlauf der Dämpfung $a_{\ddot{u}}$ über der Frequenz

Bild 1.46 zeigt den Dämpfungsverlauf über einer logarithmischen Frequenzachse. Gibt man einen beliebigen festen Wert a vor, um den die Dämpfung bei tiefen wie bei hohen Frequenzen angestiegen sein soll, der also bei ω_T und ω_H erreicht wird, so berechnet sich eine Mittenfrequenz ω_m (= geometrische Mitte von ω_T und ω_H), die unabhängig davon ist, wie groß $a = a_{\ddot{u}T} = a_{\ddot{u}H}$ gewählt worden ist. Mit Gl. (1.154) und Gl. (1.157) wird

$$e^a = e^{a_{\ddot{u}T}} = \sqrt{1 + \left(\frac{R_1\ddot{u}^2 R_2}{\omega_T L_1(R_1 + \ddot{u}^2 R_2)}\right)^2},$$

$$e^a = e^{a_{\ddot{u}H}} = \sqrt{1 + \left(\frac{\omega_H L_1\sigma}{R_1 + \ddot{u}^2 R_2}\right)^2},$$

$$\omega_T = \frac{1}{\sqrt{e^{2a_{\ddot{u}T}} - 1}}\frac{R_1\ddot{u}^2 R_2}{L_1(R_1 + \ddot{u}^2 R_2)}, \quad (1.160)$$

$$\omega_H = \sqrt{e^{2a_{\ddot{u}H}} - 1}\,\frac{R_1 + \ddot{u}^2 R_2}{L_1\sigma}, \quad (1.161)$$

$$\omega_m = \sqrt{\omega_T \omega_H} = \frac{\ddot{u}\sqrt{R_1 R_2}}{L_1\sqrt{\sigma}}. \quad (1.162)$$

Für die relative Bandbreite ω_H/ω_T ergibt sich folgender Ausdruck:

$$\frac{\omega_H}{\omega_T} = \sqrt{(e^{2a_{\ddot uT}} - 1)(e^{2a_{\ddot uH}} - 1)} \frac{(R_1 + \ddot u^2 R_2)^2}{\sigma R_1 \ddot u^2 R_2}.$$

Wegen $a_{\ddot uT} = a_{\ddot uH} = a$ ist

$$\frac{\omega_H}{\omega_T} = (e^{2a} - 1) \frac{1}{\sigma} \left(\frac{R_1}{\ddot u^2 R_2} + 2 + \frac{\ddot u^2 R_2}{R_1} \right). \quad (1.163)$$

Die Bandbreite wird damit im wesentlichen durch den Streugrad σ bestimmt. Ferner ergibt sich, daß die Bandbreite durch Überanpassung $\ddot u^2 R_2 > R_1$ oder durch Unteranpassung $\ddot u^2 R_2 < R_1$ erhöht werden kann.

Konstruktion eines Übertragers für relativ breite Frequenzbänder und reelle Beschaltung
Für die Konstruktion eines solchen Übertragers sind in der Regel vorgegeben:

1. Die Beschaltungswiderstände R_1 und R_2.
2. Der Eingangswiderstand $\underline{Z}_e$ des Übertragers, auf den der Abschlußwiderstand R_2 transformiert werden soll (Widerstandstransformation).
3. Die absolute Bandbreite, d. h. die obere und untere Bandgrenze ω_H und ω_T, sowie der Wert der Dämpfung $a_{\ddot uH}$ bzw. $a_{\ddot uT}$, der an den Bandgrenzen erreicht werden darf.
4. Die Grunddämpfung $a_{\ddot uG}$ (praktische Werte für $a_{\ddot uG}$ liegen in der Größenordnung von wenigen zehntel bis zu einigen dB).

Als erstes lassen sich das Übersetzungsverhältnis $\ddot u$ sowie der primäre Wicklungswiderstand R_{g1} berechnen. Der gegebene Eingangswiderstand $\underline{Z}_e$ ist nämlich nach Bild 1.45a

$$\underline{Z}_e = R_{g1} + \ddot u^2 (R_2 + R_{g2}). \quad (1.164)$$

Stellt man für Primär- und Sekundärwicklung gleichen Wickelraum zur Verfügung, dann gilt mit Gl. (1.102)

$$\frac{R_{g1}}{R_{g2}} = \frac{A_R N_1^2}{A_R N_2^2} = n^2 = \ddot u^2. \quad (1.165)$$

Führt man Gl. (1.165) in Gl. (1.164) und Gl. (1.151) ein, so hat man zwei Bestimmungsgleichungen für R_{g1} und für $\ddot u$.

$$\underline{Z}_e = 2R_{g1} + \ddot u^2 R_2, \quad (1.166)$$

$$a_{\ddot uG} = \frac{2R_{g1}}{R_1 + \underline{Z}_e - 2R_{g1}}$$

oder

$$R_{g1} = \frac{(R_1 + \underline{Z}_e)\, a_{\ddot uG}}{2(1 + a_{\ddot uG})}. \quad (1.167)$$

Als nächstes läßt sich die Primärinduktivität L_1 berechnen. Dazu wird Gl. (1.160) benutzt:

$$L_1 = \frac{1}{\sqrt{e^{2a_{\ddot uT}} - 1}} \frac{1}{\omega_T} \frac{R_1 \ddot u^2 R_2}{R_1 + \ddot u^2 R_2}. \quad (1.168)$$

Für den Fall, daß die zugelassene Dämpfung $a_{\ddot uT} = 3\,\text{dB} = 0,35\,\text{Np}$ ist, wird der Wurzelausdruck zu Eins und die Formel lautet vereinfacht:

$$L_1 = \frac{1}{\omega_T} \frac{R_1 \ddot u^2 R_2}{R_1 + \ddot u^2 R_2}. \quad (1.169)$$

Aus der Primärinduktivität L_1 und dem Primärwicklungswiderstand R_{g1} läßt sich nun die Mindestgröße des zu verwendenden Übertragerkerns berechnen. Es ist eine gewisse Mindestgröße erforderlich, denn wenn der Kern zu klein ist, läßt sich zwar entweder durch Verwendung von sehr dünnem Draht die erforderliche Primärinduktivität L_1 aufbringen, dann ist aber der Wicklungswiderstand R_{g1} zu groß, oder es läßt sich durch Verwendung von dickerem Draht die Forderung nach R_{g1} einhalten, aber dann wird die Windungszahl und damit L_1 zu klein. Es ist also das Verhältnis R_{g1}/L_1 wichtig.
Für die Induktivität eines bewickelten Kerns gilt mit Gl. (1.98), wenn man zunächst vom allgemeinsten Fall ausgeht, daß der Kern auch einen Luftspalt haben kann,

$$L_1 = \frac{N_1^2}{R_m} = \frac{A_K \mu_0 \mu_{eff}}{l_{KFe}} N_1^2. \quad (1.170)$$

Im Fall, daß kein Luftspalt vorhanden ist, ist $\mu_{eff} = \mu_{rA}$ (Anfangspermeabilität) zu setzen. Für den Gleichstromwiderstand dieser Wicklung gilt nach Gl. (1.101) ($\varrho = 1/\gamma$, für die Primärwicklung sei die halbe Wickelfläche verfügbar)

$$R_{g1} = \frac{2\varrho l_w}{f_K A_w} N_1^2. \quad (1.171)$$

Somit ist

$$\frac{R_{g1}}{L_1} = \frac{2\varrho l_w l_{KFe}}{f_K A_w A_K} \frac{l}{\mu_0 \mu_{eff}}. \tag{1.172}$$

Gl. (1.172) gibt an, welches minimale R_{g1}/L_1-Verhältnis die Kernabmessungen zulassen: Das auf Grund der elektrischen Übertragerdaten geforderte R_{g1}/L_1-Verhältnis muß größer sein. Dieses errechnet sich mit den Gl. (1.167) und Gl. (1.168) zu

$$\frac{R_{g1}}{L_1} = \frac{(R_1 + \underline{Z}_e)\, a_{\ddot{u}G}}{2(1 + a_{\ddot{u}G})} \sqrt{e^{2a_{\ddot{u}T}} - 1}\; \omega_T \frac{R_1 + \ddot{u}^2 R_2}{R_1 \ddot{u}^2 R_2}. \tag{1.173}$$

Da es sich speziell hier bei der Berechnung des R_{g1}/L_1-Verhältnisses nur um eine grobe Kontrolle handelt, ob dieses Verhältnis größer ist als das, welches der Kern gewährleistet, kann hier $\ddot{u}^2 R_2 = \underline{Z}_e$ gesetzt werden anstelle der genauen Beziehung von Gl. (1.166). Nun ergibt sich mit Gl. (1.173) und Gl. (1.172)

$$a_{\ddot{u}G} \omega_T \sqrt{e^{2a_{\ddot{u}T}} - 1} \frac{(R_1 + \ddot{u}^2 R_2)^2}{2(1 + a_{\ddot{u}G})\, R_1 \ddot{u}^2 R_2} =$$
$$= \frac{\varrho}{\mu_0 \mu_{eff}} \cdot \frac{2 l_w l_{KFe}}{f_K A_w A_K}. \tag{1.174}$$

Auf der linken Seite von Gl. (1.174) stehen Größen, die beim Entwurf vorgegeben sind, wie die Grunddämpfung $a_{\ddot{u}G}$, die untere Grenzfrequenz ω_T, die dort zugelassene Dämpfungserhöhung $a_{\ddot{u}T}$, die Beschaltungswiderstände R_1 und R_2 und das Übersetzungsverhältnis $\ddot{u}$. Auf der rechten Seite von Gl. (1.174) stehen Größen, die durch die Geometrie des Übertragerkerns gegeben sind, ferner der spezifische Widerstand ϱ des Drahts und die effektive Kernpermeabilität μ_{eff}. Wird ein Übertragerkern ohne Luftspalt verwendet, dann ist statt μ_{eff} in der Regel die Anfangspermeabilität μ_{rA} einzusetzen. Ein gewählter Kern erlaubt die Realisierung der Vorgabe, sofern die Größe auf der rechten Seite von Gl. (1.174) die auf der linken Seite nicht übersteigt. Um Übersteuerungen des Kernmaterials und damit nichtlineares Verhalten zu vermeiden, empfiehlt sich in jedem Fall eine Kontrollrechnung mit Gl. (1.84) und Gl. (1.116) bzw. Gl. (1.117). Bei sehr hohen Anforderungen an die Linearität muß die Maxi-

malaussteuerung anhand der Kennlinien des Kernmaterials festgelegt werden.

In Gl. (1.174) treten die obere Grenzfrequenz ω_H und die dort zugelassene Dämpfungserhöhung $a_{\ddot{u}H}$ nicht auf. Diese Größen hängen im wesentlichen vom Streugrad σ ab. Je geringer der Streugrad ist, desto höher kann bei gleichbleibenden sonstigen Größen die obere Grenzfrequenz ω_H gewählt werden. Für den zulässigen Streugrad σ_{zul} folgt aus Gl. (1.161)

$$\sigma_{zul} \leq \frac{\sqrt{e^{2a_{\ddot{u}H}} - 1}\,(R_1 + \ddot{u}^2 R_2)}{\omega_H L_1}. \tag{1.175}$$

Die Realisierung des geforderten maximal zulässigen Streugrads σ_{zul} ist nicht so sehr eine Frage der Kerngröße, d. h. seines Wickelquerschnitts und dergleichen, sondern viel mehr eine Frage der Bauform, d. h. ob eine offene oder gekapselte Form vorliegt, und wie diese im einzelnen gestaltet ist. Außerdem ist der Streugrad davon abhängig, wie die Wicklungen aufgebracht sind. Rechnerisch ist der Streugrad nicht leicht zu erfassen. Der Ansatz müßte alle möglichen Feldlinienwege und deren magnetische Widerstände berücksichtigen. Deswegen ist es einfacher, meßtechnisch vorzugehen, oder Angaben der Kernhersteller zu Rate zu ziehen.

1.5.2.2 Der Übertrager mit relativ hochohmiger oder vorwiegend kapazitiver Beschaltung

Bei Übertragern dieser Art ergibt sich eine hinreichende Übereinstimmung von Theorie und Praxis, wenn man die endliche Primärinduktivität, die Streuinduktivität und die Wickelkapazität in die Rechnung einbezieht und die ohmschen Verluste vernachlässigt. Das besondere Kennzeichen an diesen Übertragern ist das Auftreten von Resonanzeffekten, weshalb man diese Übertrager auch als *Resonanzübertrager* bezeichnet. Ausgangspunkt unserer Betrachtungen ist der Übertrager mit endlicher Primärinduktivität und Streuung sowie dessen Ersatzbild nach Bild 1.43, weil dieses Ersatzbild für das Einzeichnen von zusätzlichen Wickelkapazitäten geeignet ist. Bevor aber die Wickelkapazitäten eingezeichnet werden, wollen wir noch folgende zwei Vereinfachungen bzw. Einschränkungen machen:

1. Es sollen nur solche Übertrager betrachtet werden, bei denen die Streuung gering ist, d. h. $(1 - \sigma) \approx 1$. Damit ergibt sich in Bild 1.43 für $(1 - \sigma) L_1 \approx L_1$ und

$$\ddot{u} = \frac{N_1}{N_2} \cdot \sqrt{1 - \sigma} \approx \frac{N_2}{N_1}.$$

2. Der Übertrager soll nur sekundärseitig hochohmig beschaltet werden. Primärseitig soll er an einen Generator mit relativ kleinem Innenwiderstand angeschlossen werden. Das hat zur Folge, daß nur die Wickelkapazität C_2 der Sekundärwicklung berücksichtigt werden muß (vgl. Abschnitt 1.5.2.1 des Übertragers mit beidseitig relativ niederohmiger Beschaltung, wo sämtliche Wickelkapazitäten vernachlässigt werden konnten). Es sei hier noch vermerkt, daß es noch einen technisch wichtigen Fall gibt, wo die Beschaltung auf beiden Seiten hochohmig ist, so daß die Wickelkapazitäten von Primär- und Sekundärwicklung berücksichtigt werden müssen. Dies ist bei den sogenannten Bandfiltern der Fall, die primärseitig mit einem eingeprägten Strom betrieben werden, und die überdies lose gekoppelt sind, so daß $(1 - \sigma) \neq 1$. Auf die Theorie der Bandfilter wird später in Abschnitt 2.4 noch eingegangen werden.

Ein wichtiger Anwendungsfall des Resonanzübertragers ist der Mikrophonübertrager, der primärseitig von einem Mikrophon mit kleinem Innenwiderstand betrieben wird, und der sekundärseitig auf das Gate eines Feldeffekttransistors führt und damit ausgangsseitig praktisch leerläuft.

Auf Grund obiger Einschränkungen ergibt sich nun als Ersatzbild mit übersetzter sekundärer Wickelkapazität das Bild 1.47. Die Wickelkapazität $C_2/\ddot{u}^2$ ermöglicht zwei Resonanzen, die Hauptresonanz

$$\omega_0 = \frac{1}{\sqrt{L_1 \dfrac{C_2}{\ddot{u}^2}}} = \frac{1}{\sqrt{L_2 C_2}} \qquad (1.176)$$

und die Streuresonanz

$$\omega_{0\sigma} = \frac{1}{\sqrt{\sigma L_1 \dfrac{C_2}{\ddot{u}^2}}} = \frac{1}{\sqrt{\sigma L_2 C_2}}. \qquad (1.177)$$

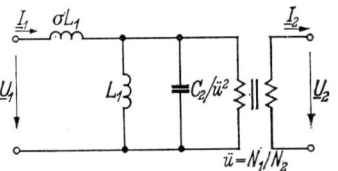

Bild 1.47. Ersatzbild des sekundärseitig hochohmig beschalteten Übertragers

Wie beim Übertrager mit relativ niederohmiger reeller Beschaltung lassen sich auch beim Resonanzübertrager drei Frequenzgebiete unterscheiden. Das mittlere Frequenzgebiet liegt bei der Hauptresonanz ω_0. Hier können sämtliche Induktivitäten und Kapazitäten vernachlässigt werden, und der Übertrager kann als ideal angesehen werden. Bei tiefen Frequenzen kann man die Streuinduktivität und die Kapazität vernachlässigen, bei hohen Frequenzen kann die Induktivität L_1 vernachlässigt werden. Es bleiben also die Ersatzbilder von Bild 1.48. Darin ist die sekundärseitige Beschaltung weggelassen, weil sie nach Voraussetzung entweder hochohmig ist, d. h. vernachlässigt werden kann, oder vorwiegend kapazitiv ist, d. h. die kapazitive Beschaltung kann in die Wickelkapazität C_2 einbezogen werden.

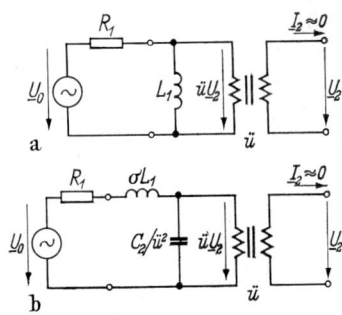

Bild 1.48. Ersatzbild des Resonanzübertragers. (a) für tiefe Frequenzen, (b) für hohe Frequenzen

Nach Gl. (1.149) lautet die Übertragungsfunktion

$$F_{\ddot{u}} = \frac{\underline{U}_0}{\underline{U}_2} \frac{\ddot{u} \underline{Z}_2}{\underline{Z}_1 + \ddot{u}^2 \underline{Z}_2}.$$

Für den hier vorliegenden Leerlauffall $\underline{Z}_2 = \infty$ und mit $\underline{Z}_1 = R_1$ ergibt sich

$$F_{\ddot{u}} = \frac{\underline{U}_0}{\underline{U}_2 \dfrac{R_1}{\underline{Z}_2} + \ddot{u}^2} = \frac{\underline{U}_0}{\underline{U}_2}\frac{1}{\ddot{u}} = e^{a_{\ddot{u}}+jb_{\ddot{u}}}. \qquad (1.178)$$

Für tiefe Frequenzen errechnet sich nach Bild 1.48 a

$$\frac{\underline{U}_0}{\ddot{u}\underline{U}_2} = \frac{R_1 + j\omega L_1}{j\omega L_1} = 1 + \frac{R_1}{j\omega L_1}. \qquad (1.179)$$

Aus Gl. (1.179) ergibt sich durch Betragsbildung für die Betriebsdämpfung

$$e^{a_{\ddot{u}T}} = \sqrt{1 + \left(\frac{R_1}{\omega L_1}\right)^2}. \qquad (1.180)$$

Für hohe Frequenzen folgt aus Bild 1.48 b

$$\frac{\underline{U}_0}{\ddot{u}\underline{U}_2} = \frac{R_1 + j\omega\sigma L_1 + \dfrac{\ddot{u}^2}{j\omega C_2}}{\dfrac{\ddot{u}^2}{j\omega C_2}} =$$

$$= \frac{\ddot{u}^2 + j\omega C_2 R_1 - \omega^2\sigma L_1 C_2}{\ddot{u}^2}. \qquad (1.181)$$

Daraus errechnet sich durch Betragsbildung

$$e^{a_{\ddot{u}H}} =$$

$$= \sqrt{\frac{\ddot{u}^4 - 2\ddot{u}^2\omega^2\sigma L_1 C_2 + \omega^4\sigma^2 L_1^2 C_2^2 + \omega^2 C_2^2 R_1^2}{\ddot{u}^4}}$$

$$= \sqrt{1 + \frac{\omega^2 C_2(C_2 R_1^2 - 2\ddot{u}^2\sigma L_1) + \omega^4\sigma^2 L_1^2 C_2^2}{\ddot{u}^4}}. $$

$$\qquad (1.182)$$

Bild 1.49 zeigt den Verlauf der Dämpfung $a_{\ddot{u}H}$ bei hohen Frequenzen nach Gl. (1.182). Aus diesem Bild ist zu ersehen, daß beim Resonanzübertrager mit größerer Streuung unter gewissen Umständen eine größere Bandbreite erreicht werden kann. Wird die Streuung zu groß, dann tritt eine *Streuspitze* auf, d. h. es ergibt sich dort eine negative Dämpfung. Maßgebend ist der Ausdruck in der Klammer in Gl. (1.182)

$$Kl = C_2 R_1^2 - 2\ddot{u}^2\sigma L_1. \qquad (1.183)$$

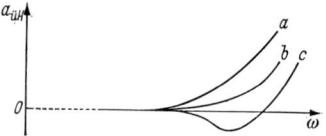

Bild 1.49. Verlauf von $a_{\ddot{u}H}(\omega)$.
(a) Kurve für $(C_2 R_1^2 - 2\ddot{u}^2\sigma L_1) > 0$,
(b) Kurve für $(C_2 R_1^2 - 2\ddot{u}^2\sigma L_1) = 0$,
(c) Kurve für $(C_2 R_1^2 - 2\ddot{u}^2\sigma L_1) < 0$.

Bei der Konstruktion wird in der Regel der Fall $Kl = 0$ angestrebt.

Konstruktion eines Resonanzübertragers

Für die Konstruktion eines Resonanzübertragers sind in der Regel durch die Anwendung vorgegeben:

1. der Beschaltungswiderstand R_1,

2. die absolute Bandbreite, d. h. die untere Bandgrenze ω_T und die obere Bandgrenze ω_H, sowie der an den Bandgrenzen maximal zulässige Dämpfungsanstieg $a_{\ddot{u}T}$ und $a_{\ddot{u}H}$,

3. das Windungszahlverhältnis $n = N_1/N_2$.

Gesucht sind Primär- und Sekundärinduktivität L_1, L_2, die Windungszahlen, die Kerntype, der Streugrad σ sowie die Kapazität C_2 (welche eventuell noch durch eine Zusatzkapazität an den Sekundärklemmen zu ergänzen ist). Als erstes läßt sich die Primärinduktivität L_1 aus Gl. (1.180) errechnen. Es ergibt sich durch Auflösen nach L_1

$$L_1 = \frac{R_1}{\omega_T \sqrt{e^{2a_{\ddot{u}T}} - 1}}. \qquad (1.184)$$

Für den Fall, daß man sich auf einen Dämpfungsanstieg $a_{\ddot{u}T} = 3\,\text{dB}$ festlegt, wird die Wurzel zu Eins, und es bleibt:

$$L_1 = \frac{R_1}{\omega_T}. \qquad (1.185)$$

Die Sekundärinduktivität ergibt sich aus L_1 und n zu

$$L_2 = L_1\left(\frac{N_2}{N_1}\right)^2 = \frac{L_1}{n^2}. \qquad (1.186)$$

Der Streugrad σ errechnet sich aus Gl. (1.182) und Gl. (1.183) mit der Voraussetzung $Kl = 0$

$$e^{2a_{\ddot{u}H}} - 1 = \frac{\omega_H^4 \sigma^2 L_1^2 C_2^2}{n^4},$$

$$\sigma C_2 = \frac{n^2}{\omega_H^2 L_1} \sqrt{e^{2a_{\ddot{u}H}} - 1}. \qquad (1.187)$$

Aus Gl. (1.183) wird noch

$$\frac{\sigma}{C_2} = \frac{R_1^2}{2n^2 L_1}. \qquad (1.188)$$

Mit Gl. (1.187) und Gl. (1.188) hat man zwei Gleichungen für die beiden Unbekannten σ und C_2, alle anderen Größen sind bekannt.
Die Übertragergröße bestimmt sich bei Resonanzübertragern aus der Größe von L_2 (und L_1) und der gewählten Drahtstärke. Die Drahtstärke bestimmt sich in diesem Fall lediglich nach mechanischen bzw. technologischen Gesichtspunkten. Sie darf sehr dünn sein, da hier praktisch keine Wirkleistung übertragen wird. Liegt die Übertragergröße fest, dann liegen auch die Windungszahlen über L und A_L-Wert fest.
Über die Berechnung der Größe der Wickelkapazität s. Abschnitt 1.4.2.3. Ein typischer Wert für C_1 und C_2 bei Übertragern der Niederfrequenztechnik liegt bei 100 pF. Für den Fall $n = 0,1$ ergibt sich daraus $C_2/n^2 = 10\,000$ pF.

1.5.2.3 Abschließende Bemerkungen über weitere Übertragerarten

Die in den letzten beiden Abschnitten behandelten Übertragertypen, der Breitbandübertrager und der Resonanzübertrager, waren beide im Frequenzbereich berechnet worden. Es wurde also lediglich der zu übertragende Frequenzbereich mit den zugelassenen Dämpfungen an den Bandgrenzen und in der Bandmitte und die äußere Beschaltung vorgegeben. Das Betriebswinkelmaß $b_{\ddot{u}}(\omega)$ ergibt sich dann aus der Rechnung.
Sollen über einen Übertrager Signale, die einen impulsförmigen Verlauf im Zeitbereich haben, möglichst unverzerrt oder mit nur geringen Verzerrungen übertragen werden, dann sind die besprochenen Entwurfsverfahren unzweckmäßig. Der Entwurf solcher sogenannter

Impulsübertrager erfolgt zweckmäßigerweise im Zeitbereich. Ausgangspunkt sind in diesem Fall die Transformatorgleichungen in Differentialform Gl. (1.142) und Gl. (1.143). Für den Fall, daß z. B. Wickelkapazitäten nicht vernachlässigbar sind, ist von einem abgewandelten Ersatzbild, in welches diese Kapazitäten zusätzlich eingetragen sind − z. B. Bild 1.47 −, auszugehen. Für dieses Ersatzbild ist dann eventuell die vollständige Differentialgleichung aufzustellen, in der die Parameter dann so bestimmt werden, daß bei gegebener Beschaltung und Eingangszeitfunktion $u_1(t)$ die Ausgangszeitfunktion $u_2(t)$ die gewünschte Form hat. Meist wird die vollständige Differentialgleichung jedoch sehr kompliziert ausfallen, so daß mit ihr praktisch nur sehr schlecht zu rechnen ist. In solchen Fällen trennt man das Problem im Zeitbereich in einfachere Teilprobleme auf, d. h. man überlegt sich (a) welche Elemente z. B. einen Impulsanstieg stark beeinflussen und rechnet dann nur mit diesen Elementen für den zeitlichen Bereich des Impulsanstieges oder (b) welche Elemente z. B. ein Impulsdach stark beeinflussen und rechnet dann nur mit diesen Elementen für den Zeitabschnitt des Impulsdaches usw. Das grundsätzliche Verfahren entspricht dem, welches im Frequenzbereich angewendet worden war. Auch dort wurde der Frequenzbereich in Teilbereiche aufgetrennt, und es wurden z. B. bei tiefen Frequenzen die Elemente in die Rechnung einbezogen, welche einen starken Einfluß bei tiefen Frequenzen haben. Die Verwendung eines entsprechenden Verfahrens im Zeitbereich setzt natürlich voraus, daß man anhand der Schaltung erkennen kann, welche Elemente auf bestimmte zeitliche Verläufe einen starken Einfluß haben und welche einen geringen. Diese Frage kann häufig bereits dadurch geklärt werden, daß man berücksichtigt, daß die Spannung über einem Kondensator sich nicht unstetig ändern kann (wohl aber der Strom durch den Kondensator) und daß der Strom durch eine Spule sich nicht unstetig ändern kann (wohl aber die Spannung über der Spule), wenn nicht eingeprägte Kräfte unmittelbar an diesen Elementen wirken. Man vergleiche hierzu insbesondere auch Abschnitt 1.3.4.2.
Bei den in den letzten beiden Abschnitten erläuterten Entwurfsverfahren wurden ferner

die Wirkverluste im Eisenkern vernachlässigt. Das konnte näherungsweise deshalb getan werden, weil die magnetische Aussteuerung des Kernmaterials stets relativ gering gehalten wurde. Ein Anwendungsfall, bei dem das nicht getan wird, ist der Netztransformator, der die Spannung des öffentlichen Stromversorgungsnetzes auf einen für den Betrieb einer elektronischen Apparatur geeigneten Wert transformieren soll. Die Gesichtspunkte für die Dimensionierung eines Netztransformators liegen darin, möglichst hohe übertragbare Leistung bei kleinen geometrischen Abmessungen des gegebenen Kernmaterials zu erzielen. Die Problematik, die sich dabei ergibt, kann etwa wie folgt umrissen werden: Je größer die übertragene Leistung in einem Netztransformator ist, desto höher ist auch die Verlustleistung in den Wicklungen des Transformators (Kupferverluste). Diese Kupferverluste lassen sich dadurch verkleinern, daß man mit weniger Windungen bei gegebener Spannung auszukommen versucht. Je weniger Windungen man jedoch bei gegebener Spannung verwendet, desto größer ist die magnetische Aussteuerung des

Kernmaterials und desto größer werden damit die Hystereseverluste im Kernmaterial (Eisenverluste). Kupferverluste und Eisenverluste erwärmen den Transformator. Legt man eine obere Grenze für die zulässige Übertemperatur des Transformators gegenüber seiner Umgebung fest, was notwendig ist, wenn z. B. das Isoliermaterial nicht beschädigt werden soll, dann ist damit auch eine obere Grenze für die maximal zulässige Summe von Eisen- und Kupferverlusten gegeben. Da für den Anstieg der Eisenverluste und für den Abfall der Kupferverluste bei höheren Aussteuerungen nichtlineare Gesetze gelten, ergibt sich eine optimale Aussteuerung, bei der die Summe der Verluste minimal wird bei konstanter sekundärseitig abgegebener Leistung und gegebenem Kernmaterial. Diese optimale Aussteuerung liegt bei den üblichen Dynamoblechen etwa zwischen 1,2 T und 1,5 T. Darum legt man der Dimensionierung von Netztransformatoren gewöhnlich eine Induktion von 1,2 T zugrunde. Für nähere Einzelheiten beim Entwurf von Netztransformatoren muß auf die Spezialliteratur verwiesen werden [8].

2 Lineare zeitinvariante passive Netzwerke

2.1 Lineare zeitinvariante passive Zweipole

Ein Zweipol ist ein beliebiges elektrisches Netzwerk mit nur zwei äußeren Anschlußklemmen. Seine elektrischen Eigenschaften werden durch das Verhältnis der an diesen Klemmen liegenden Spannung und des durch diese Klemmen fließenden Stroms gekennzeichnet. Haben alle Schaltelemente des Netzwerkes lineares und passives Verhalten, dann verhält sich auch der Zweipol linear und passiv. Für die folgenden Betrachtungen soll die Anzahl der Schaltelemente stets endlich sein. Überdies werden im gesamten Kapitel 2 alle Schaltelemente als zeitinvariant vorausgesetzt, womit auch der Zweipol bzw. das Netzwerk zeitinvariant ist.
Einfache Zweipole wurden bereits bei der Behandlung der realen Bauelemente betrachtet. Es zeigte sich dort, daß das Verhalten eines realen Bauelementes angenähert durch eine Zusammenschaltung mehrerer idealisierter Bauelemente (reine Kapazitäten, Induktivitäten, Gegeninduktivitäten und Ohmwiderstände) beschrieben werden kann, siehe z. B. Bild 1.19. In diesem Abschnitt sollen das allgemeine Verhalten linearer passiver Zweipole sowie die elementarsten Zweipolsyntheseverfahren besprochen werden. Die hierzu erforderlichen allgemeinen Grundkenntnisse sollen anhand der Analyse spezieller linearer Zweipole gewonnen werden.

2.1.1 Elektrische Schwingkreise

Die elektrischen Schwingkreise gehören zu den einfachsten Zweipolen. Man unterscheidet zwischen Serienschwingkreis und Parallelschwingkreis (Bild 2.1). Häufig spricht man auch vom Serien- bzw. Parallelresonanzkreis. Das elektrische Verhalten der Schwingkreise

wird durch ihren komplexen Widerstand (Impedanz) $\underline{Z}(j\omega)$ charakterisiert, wobei letzterer wegen der Linearität nur von der Frequenz ω abhängig ist (nicht aber von der Amplitude).

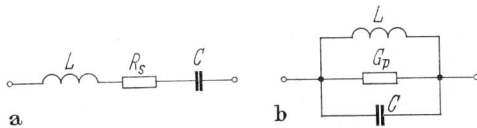

Bild 2.1. (a) Serienschwingkreis, (b) Parallelschwingkreis

2.1.1.1 Frequenzverhalten elektrischer Schwingkreise

Für den komplexen Widerstand des Serienresonanzkreises ergibt sich

$$\underline{Z}_s(j\omega) = R_s + j\left(\omega L - \frac{1}{\omega C}\right) =$$
$$= \text{Re}\{\underline{Z}_s\} + j\,\text{Im}\{\underline{Z}_s\}. \tag{2.1}$$

Für den komplexen Leitwert des Parallelresonanzkreises ergibt sich

$$\underline{Y}_p(j\omega) = G_p + j\left(\omega C - \frac{1}{\omega L}\right) =$$
$$= \text{Re}\{\underline{Y}_p\} + j\,\text{Im}\{\underline{Y}_p\}. \tag{2.2}$$

Re { } Realteil,
Im { } Imaginärteil.

Die Imaginärteile von Gl. (2.1) und Gl. (2.2) verschwinden, wenn

$$\omega = \omega_0 = 2\pi f_0 = \frac{1}{\sqrt{LC}}. \tag{2.3}$$

ω_0 bezeichnet man als *Resonanzfrequenz* oder auch *Kennkreisfrequenz*.
Die Resonanzfrequenz ist also diejenige Frequenz, bei welcher die beiden Anteile ωL und

$1/\omega C$, die den Imaginärteil bilden, gleich groß werden,

$$\omega_0 L = \frac{1}{\omega_0 C} = \sqrt{\frac{L}{C}}$$

bzw.   (2.4)

$$\omega_0 C = \frac{1}{\omega_0 L} = \sqrt{\frac{C}{L}}.$$

Beim verlustarmen Serienresonanzkreis ist R_s sehr klein gegenüber dem *Resonanzblindwiderstand* $\sqrt{L/C}$ einer der Reaktanzen bei Resonanz. Man bezeichnet als *Verlustfaktor* des Serienkreises das Verhältnis

$$d_s = \frac{R_s}{\omega_0 L} = R_s \omega_0 C = \frac{R_s}{\sqrt{\dfrac{L}{C}}} = \frac{1}{Q_s}.$$ (2.5)

Den Reziprokwert Q_s nennt man *Gütefaktor* oder auch *Güte*.

Beim verlustarmen Parallelresonanzkreis ist entsprechend G_p sehr klein gegen $\sqrt{C/L}$ und es gilt für Verlustfaktor und Güte

$$d_p = \frac{G_p}{\omega_0 C} = G_p \omega_0 L = \frac{G_p}{\sqrt{\dfrac{C}{L}}} = \frac{1}{Q_p}.$$ (2.6)

Eine sehr zweckmäßige Darstellung des Impedanzverlaufes des Serienresonanzkreises ergibt sich, wenn man in Gl. (2.1) die Frequenz ω jeweils durch $1 = \omega_0 \sqrt{LC}$ dividiert und anschließend $\sqrt{LC}$ ausklammert.

$$\underline{Z}_s(j\omega) = R_s + j\,\sqrt{\frac{L}{C}}\left(\frac{\omega}{\omega_0} - \frac{\omega_0}{\omega}\right) =$$

$$= R_s + j\,\sqrt{\frac{L}{C}}\,v(\omega) =$$

$$= R_s\left(1 + j\,\frac{v(\omega)}{d_s}\right).$$ (2.7)

Hierin bezeichnet man $v(\omega)$ als Verstimmung, weil bei Resonanz $v(\omega) = 0$ wird. Bei Frequenzen unterhalb der Resonanzfrequenz wird v negativ, oberhalb wird v positiv.

Interessiert man sich für die Größe des komplexen Widerstandes nur bei Frequenzen nahe der Resonanzfrequenz, dann gilt mit $\omega = \omega_0 + \Delta\omega$ für $\Delta\omega \ll \omega_0$ folgende vereinfachte Beziehung

$$v \approx \frac{2\Delta\omega}{\omega_0} = \frac{2\Delta f}{f_0}.$$ (2.8)

Führt man für das Verhältnis von Verstimmung v und Verlustfaktor d_s in Gl. (2.7) den Buchstaben Ω, ein, dann heißt es

$$\underline{Z}_s(j\Omega) = |\underline{Z}_s(j\Omega)|\, e^{j\varphi_s(j\Omega)} = R_s(1 + j\Omega),$$ (2.9)

$$\underline{Y}_s(j\Omega) = \frac{1}{\underline{Z}_s(j\Omega)} = |\underline{Y}(j\Omega)|\, e^{-j\varphi_s(j\Omega)} =$$

$$= \frac{1}{R_s(1 + \Omega^2)} - j\,\frac{\Omega}{R_s(1 + \Omega^2)}.$$ (2.10)

$\varphi_s(j\Omega)$ ist der Phasenwinkel zwischen (sinusförmiger) Wechselspannung und Wechselstrom an den Zweipolklemmen. Für den Phasenwinkel φ_s ergibt sich aus Gl. (2.9)

$$\tan\varphi_s(j\Omega) = \frac{\operatorname{Im}\{\underline{Z}_s(j\Omega)\}}{\operatorname{Re}\{\underline{Z}_s(j\Omega)\}} = \Omega.$$ (2.11)

Eine entsprechende Umformung von Gl. (2.2) liefert für den Parallelresonanzkreis

$$\underline{Y}_p(j\Omega) = |\underline{Y}_p(j\Omega)|\, e^{-j\varphi_p(j\Omega)} = G_p(1 + j\Omega),$$ (2.12)

$$\underline{Z}_p(j\Omega) = \frac{1}{\underline{Y}_p(j\Omega)} = |\underline{Z}_p(j\Omega)|\, e^{+j\varphi_p(j\Omega)} =$$

$$= \frac{1}{G_p(1 + \Omega^2)} - j\,\frac{\Omega}{G_p(1 + \Omega^2)},$$ (2.13)

$$\tan\varphi_p(j\Omega) = \frac{\operatorname{Im}\{\underline{Z}_p(j\Omega)\}}{\operatorname{Re}\{\underline{Z}_p(j\Omega)\}} = -\Omega.$$ (2.14)

Die Einführung von Ω ergibt also einfache Funktionen. Für den Phasenwinkel φ ergeben sich einfache Tangensfunktionen und für die Betragsfunktionen gerade Funktionen, die zu $\Omega = 0$ symmetrisch verlaufen. Die graphischen Darstellungen zeigen Bild 2.2 und Bild 2.3.

Die Bandgrenze und damit die Bandbreite B sei dadurch bestimmt, daß bei ihr $|\underline{Z}_s|$ um den Faktor $\sqrt{2}$ angestiegen bzw. $|\underline{Z}_p|$ um den Faktor $1/\sqrt{2}$ abgefallen ist. Die zugehörige normierte Frequenz ist mit Bild 2.2 und Bild 2.3 mit $\Omega = 1$ gegeben. Mit Gl. (2.7) und Gl. (2.8) ergibt sich

$$\Omega = v Q_s \approx \frac{2\Delta f}{f_0}\, Q_s.$$

Hieraus folgt die Bandbreite B, indem $\Omega = 1$ und $\Delta f = B/2$ gesetzt wird. Somit wird für den Serienresonanzkreis

$$B \approx \frac{f_0}{Q_s}. \tag{2.15}$$

Eine entsprechende Rechnung liefert für den Parallelresonanzkreis

$$B \approx \frac{f_0}{Q_p}. \tag{2.16}$$

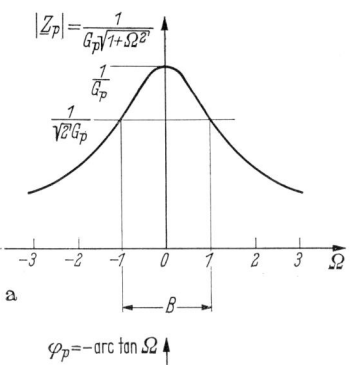

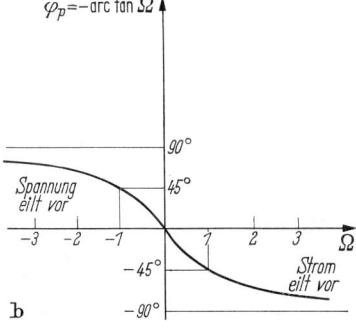

a

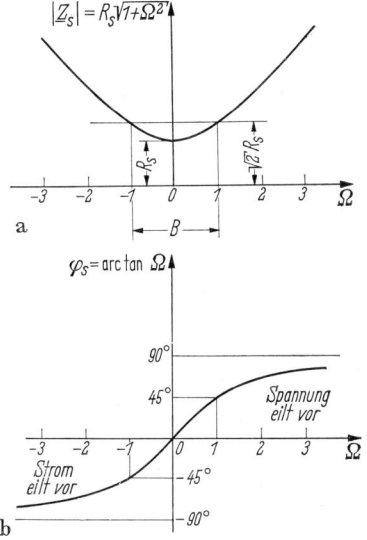

b

Bild 2.2. Verlauf von (a) Betrag und (b) Phasenwinkel des komplexen Widerstandes des Serienresonanzkreises

Bild 2.3. Verlauf von (a) Betrag und (b) Phasenwinkel des komplexen Widerstandes des Parallelresonanzkreises

Gl. (2.15) und Gl. (2.16) sind für die Meßtechnik von Bedeutung. Besonders bei Schwingkreisen für höhere Frequenzen lassen sich nämlich die im Schwingkreis wirksame Kapazität C und Induktivität L nicht direkt messen. Gut meßbar sind dagegen die Resonanzfrequenz f_0, der Widerstand R_s bzw. Leitwert G_p bei Resonanz und die Bandbreite B. Aus diesen Kennwerten läßt sich mit obigen Beziehungen zunächst die Güte Q_s bzw. Q_p bestimmen. Aus Q_s und R_s bzw. Q_p und G_p erhält man über Gl. (2.5) bzw. 2.6) das L/C-Verhältnis, woraus dann mit) Gl. (2.4) die Kapazität C bzw. Induktivität L bestimmt werden kann.

Hätte man Betrag- und Phasenwinkelverlauf statt für den komplexen Widerstand für den komplexen Leitwert aufgetragen, so hätten sich die Kurven von Bild 2.2 und Bild 2.3 vertauscht, wie aus den Gln. (2.9) bis (2.14) zu ersehen ist. Serienresonanzkreis und Parallelresonanzkreis stellen ein Beispiel zweier sogenannter *dualer* Netzwerke dar, die in Abschnitt 2.2 noch näher besprochen werden.

Für die Konstruktion der *Ortskurve* von $\underline{Z}_s$, d. h. der Änderung von Im $\{\underline{Z}_s\}$ in Abhängigkeit von Re $\{\underline{Z}_s\}$ mit Ω als Parameter kann unmittelbar Gl. (2.9) verwendet werden, da Re $\{\underline{Z}_s\} = R_s = $ konstant ist. Es ergibt sich damit als Ortskurve die in Bild 2.4 a dargestellte Gerade.

Für $\underline{Y}_s = \underline{Z}_s^{-1}$ ergibt sich dagegen der in Bild 2.4 b dargestellte Kreis. Um das einzusehen, bestimmt man aus Gl. (2.10) den Realteil Re $\{\underline{Y}_s(j\Omega)\}$ und den Imaginärteil Im $\{\underline{Y}_s(j\Omega)\}$. Dann löst man die Gleichung für Re $\{\underline{Y}_s(j\Omega)\}$ nach Ω auf und setzt $\Omega = f(\text{Re} \cdot \{\underline{Y}_s\})$ in Im $\{\underline{Y}_s(j\Omega)\}$ ein:

Aus Gl. (2.10) folgt:

$$\mathrm{Re}\,\{\underline{Y}_s\} = \frac{1}{R_s(1 + \Omega^2)} \quad \text{bzw.}$$

$$\Omega^2 = \frac{1}{R_s\,\mathrm{Re}\,\{\underline{Y}_s\}} - 1 \,, \tag{2.17}$$

$$\mathrm{Im}^2\,\{\underline{Y}_s\} = \frac{\Omega^2}{R_s^2(1 + \Omega^2)^2} =$$

$$= \frac{\dfrac{1}{R_s\,\mathrm{Re}\,\{\underline{Y}_s\}} - 1}{R_s^2\left(1 + \dfrac{1}{R_s\,\mathrm{Re}\,\{\underline{Y}_s\}} - 1\right)^2} =$$

$$= -\mathrm{Re}^2\,\{\underline{Y}_s\} + \frac{1}{R_s}\,\mathrm{Re}\,\{\underline{Y}_s\}$$

oder

$$\mathrm{Im}^2\,\{\underline{Y}_s\} + \left(\mathrm{Re}\,\{\underline{Y}_s\} - \frac{1}{2R_s}\right)^2 = \left(\frac{1}{2R_s}\right)^2. \tag{2.18}$$

Gl. (2.18) stellt einen Kreis mit dem Radius $1/2R_s$ dar. Sein Mittelpunkt liegt auf der $\mathrm{Re}\,\{\underline{Y}_s\}$-Achse um den Betrag des Radius nach rechts verschoben, so daß der Kreis die $\mathrm{Im}\,\{\underline{Y}_s\}$-Achse im Ursprung gerade berührt. Die Ortskurve wird in Bild 2.4b gezeigt.

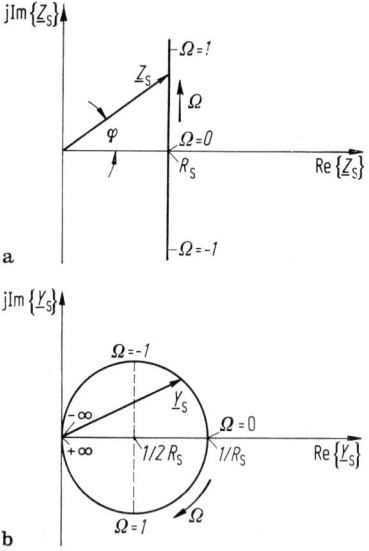

Bild 2.4. Ortskurven des Serienresonanzkreises (a) Ortskurve des komplexen Widerstandes, (b) Ortskurve des komplexen Leitwertes

Die Gestalt der Ortskurve (in diesem Fall die Gerade oder der Kreis) ist unabhängig davon ob Ω oder ω als Parameter verwendet wird.

2.1.1.2 Spannungs- und Stromüberhöhungen in Schwingkreisen

An den Klemmen eines Serienresonanzkreises möge eine sinusförmige Wechselspannung liegen, deren komplexe Amplitude $\underline{U}_0$ ist und deren Frequenz mit der Resonanzfrequenz ω_0 des Schwingkreises übereinstimmt (Bild 2.5).

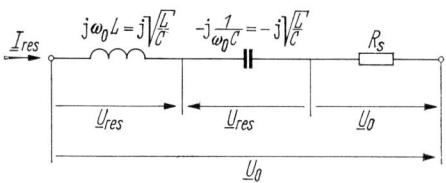

Bild 2.5. Zur Berechnung der Spannungen im Serienresonanzkreis bei Resonanz

Nach Gl. (2.4) haben im Resonanzfall Induktivität und Kapazität gleichen Scheinwiderstand. Ihre Vorzeichen sind nach Gl. (2.1) jedoch entgegengesetzt. An den Blindwiderständen (Reaktanzen) treten also gleich hohe Spannungsabfälle $\underline{U}_{\mathrm{res}}$ mit entgegengesetzten Vorzeichen auf, so daß die Gesamtspannung $\underline{U}_0$ über R_s abfällt. Der sich damit ergebende Strom $\underline{I}_{\mathrm{res}}$ ist

$$\underline{I}_{\mathrm{res}} = \frac{\underline{U}_0}{R_s}. \tag{2.19}$$

Dieser Strom $\underline{I}_{\mathrm{res}}$ erzeugt an jedem der beiden Blindwiderstände die Spannung $\underline{U}_{\mathrm{res}}$ vom Betrag

$$|\underline{U}_{\mathrm{res}}| = |\underline{I}_{\mathrm{res}}|\,\sqrt{\frac{L}{C}}. \tag{2.20}$$

Aus Gl. (2.19) und Gl. (2.20) folgt mit Gl. (2.5)

$$\left|\frac{\underline{U}_0}{\underline{U}_{\mathrm{res}}}\right| = \frac{R_s}{\sqrt{\dfrac{L}{C}}} = d_s = \frac{1}{Q_s}. \tag{2.21}$$

Wenn z. B. die Güte eines Serienschwingkreises $Q_s = 100$ ist, dann liegt auch über dem Kondensator das 100fache der Klemmenspannung. Hier ist also besonders auf die Spannungsfestigkeit der Blindwiderstände zu achten.

Wird durch die Anschlußklemmen eines Parallelresonanzkreises ein sinusförmiger Wechselstrom der komplexen Amplitude I_0 eingeprägt dann treten in den Reaktanzen des Kreises erhöhte Ströme I_{res} auf, wenn die Schwingkreisgüte $Q_p > 1$.

Aus einer gleichartigen Rechnung wie beim Serienresonanzkreis folgt:

$$\left| \frac{I_0}{I_{res}} \right| = \frac{G_p}{\sqrt{\dfrac{C}{L}}} = d_p = \frac{1}{Q_p}. \qquad (2.22)$$

Erwähnt sei hier, daß Gl. (2.22) auch aus einer Dualitätsbetrachtung hätte gewonnen werden können, wie später noch näher erläutert wird.

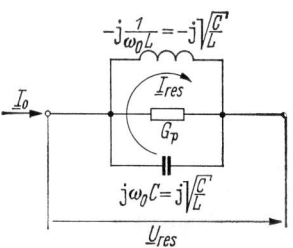

Bild 2.6. Zur Berechnung der Ströme im Parallelresonanzkreis bei Resonanz

2.1.1.3 Zeitverhalten elektrischer Schwingkreise

Die Betrachtungen der Abschnitte 2.1.1.1 und 2.1.1.2 galten für den stationären eingeschwungenen Fall, in dem Klemmenspannung und -strom reine Sinusfunktionen sind. Wenn man z. B. zum Zeitpunkt $t = 0$ eine sinusförmige Wechselspannung auf einen linearen passiven Zweipol schaltet, dann muß erst eine gewisse Zeit verstreichen, bis der Klemmenstrom die Sinusform mit derjenigen Amplitude und Phasenlage annimmt, welche mit der komplexen Wechselstromrechnung errechnet wurden. Das liegt daran, daß im Einschaltaugenblick ein zusätzlicher, zeitlich abklingender Strom erzeugt wird, der sich dem stationären Wechselstrom überlagert.

Um die Zusammenhänge zu verdeutlichen, werde noch einmal der Serienschwingkreis

betrachtet, auf den zur Zeit $t = 0$ eine sinusförmige Wechselspannung $u(t) = \hat{U} \sin \omega_1 t$ geschaltet wird, die von einer innenwiderstandsfreien Quelle geliefert wird (Bild 2.7).

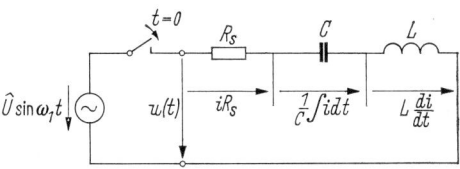

Bild 2.7. Zur Aufstellung der Differentialgleichung für den Strom beim Serienschwingkreis

Aus Bild 2.7 ergibt sich folgender Zusammenhang der Augenblickswerte von Strom i und Spannung u für $t \geq 0$:

$$u(t) = \hat{U} \sin \omega_1 t = i(t)\, R_s +$$
$$+ \frac{1}{C} \int i(t)\, dt + L\, \frac{di}{dt}. \qquad (2.23)$$

Gl. (2.23) stellt eine inhomogene lineare Integrodifferentialgleichung mit konstanten Koeffizienten dar. Die Inhomogenität drückt sich durch das Vorhandensein des Störgliedes $u(t) = \hat{U} \sin \omega_1 t$ aus. Wäre die linke Seite Null, dann wäre die Integrodifferentialgleichung homogen.

Die allgemeine Lösung einer solchen Integrodifferentialgleichung setzt sich aus zwei Anteilen zusammen, nämlich aus einer partikulären (oder speziellen) Lösung der inhomogenen Gleichung $i_p(t)$ und der allgemeinen Lösung der zugehörigen homogenen Integrodifferentialgleichung $i_h(t)$, also

$$i(t) = i_p(t) + i_h(t). \qquad (2.24)$$

Bei kurzgeschlossenem Serienkreis ist $u(t) \equiv 0$ und $i(t) = i_h(t)$. Die homogene Lösung $i_h(t)$ bezeichnet man auch als *Eigenschwingung* des Stromes, da diese Schwingung allein vom Serienkreis und nicht von der äußeren Erregung bestimmt wird.

Bestimmung einer partikulären Lösung

Ist das Störglied einer linearen Integrodifferentialgleichung mit konstanten Koeffizienten sinusförmig (wie im obigen Fall), kosinusförmig oder konstant, dann findet man eine partikuläre Lösung stets mit Hilfe der bekannten komplexen Wechselstromrechnung, wie im folgenden näher gezeigt wird.

Gehört nämlich zu einer Stör- oder Erregungsfunktion $u_1(t)$ die partikuläre Lösung $i_1(t)$ und zu einer anderen Stör- oder Erregungsfunktion $u_2(t)$ die partikuläre Lösung $i_2(t)$, dann muß bei einen linearen System bzw. bei einer linearen Gleichung zur Summenerregung $u_1(t) + u_2(t)$ die partikuläre Lösung $i_1(t) + i_2(t)$ gehören.

Anstelle einer sinusförmigen Erregung

$$u(t) = \hat{U} \sin \omega_1 t \qquad (2.25)$$

oder einer kosinusförmigen Erregung

$$u(t) = \hat{U} \cos \omega_1 t \qquad (2.26)$$

wird man nun zweckmäßigerweise eine komplexwertige Erregung

$$\underline{u}(t) = \hat{U} \cos \omega_1 t + j \hat{U} \sin \omega_1 t = \hat{U} e^{j\omega_1 t} \quad (2.27)$$

benutzen. In Gl. (2.27) ist mit $\omega_1 = 0$ auch der Fall des konstanten Störgliedes enthalten. Für die komplexe Summenerregung von Gl. (2.27) ist eine komplexe Lösung oder Antwort zu erwarten, deren Realteil die Lösung für den reellen Erregungsanteil $\hat{U} \cos \omega_1 t$ darstellt. Entsprechend stellt der Imaginärteil der komplexen Lösung die Antwort auf den Imaginärteil der Erregung dar. Das muß deshalb so sein, weil Gl. (2.23) nur reelle Koeffizienten hat. Es kann also nie ein imaginärer (bzw. reeller) Lösungsanteil Folge einer reellen (bzw. imaginären) Erregung sein.

Für die komplexwertige Stör- oder Erregungsfunktion von Gl. (2.27) findet man eine partikuläre Lösung stets durch den Ansatz

$$\underline{i}_p(t) = \underline{I} e^{j\omega_1 t} \qquad (2.28)$$

worin

$$\underline{I} = |\underline{I}| e^{j\varphi_i} \qquad (2.29)$$

eine noch unbekannte komplexe Amplitude vom Betrag $|\underline{I}|$ und der Phase φ_i ist.

Ersetzt man also in Gl. (2.23) $u(t)$ durch $\underline{u}(t)$ und $i(t)$ durch $\underline{i}_p(t)$ entsprechend Gl. (2.27) und Gl. (2.28), dann ergibt sich nach Aus-

führung der Integration und Differentiation

$$\hat{U} e^{j\omega_1 t} = R_s \underline{I} e^{j\omega_1 t} + \frac{1}{j\omega_1 C} \underline{I} e^{j\omega_1 t} + j\omega_1 L \underline{I} e^{j\omega_1 t} =$$

$$= \left(R_s + \frac{1}{j\omega_1 C} + j\omega_1 L \right) \underline{I} e^{j\omega_1 t} \quad (2.30)$$

oder

$$\underline{I} = \frac{\hat{U}}{R_s + \dfrac{1}{j\omega_1 C} + j\omega_1 L} =$$

$$= \hat{U} \frac{R_s - j(\omega_1 L - 1/\omega_1 C)}{R_s^2 + (\omega_1 L - 1/\omega_1 C)^2} = |\underline{I}| e^{j\varphi_i}.$$

$$(2.31)$$

Da Gl. (2.30) für alle $t \geq 0$ gilt, ist die Integrationskonstante gleich Null.

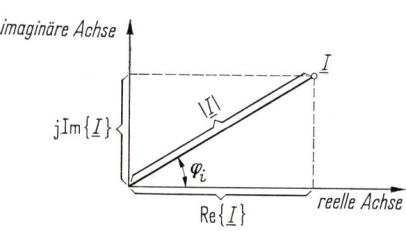

Bild 2.8. Zur Berechnung von Betrag $|\underline{I}|$ und Phase φ_i aus Realteil Re $\{\underline{I}\}$ und Imaginärteil Im $\{\underline{I}\}$

Die Darstellung von $\underline{I}$ in der komplexen Zahlenebene zeigt Bild 2.8. Der Betrag $|\underline{I}|$ berechnet sich zu

$$|\underline{I}| = \sqrt{\text{Re}^2 \{\underline{I}\} + \text{Im}^2 \{\underline{I}\}} =$$

$$= \frac{\hat{U}}{\sqrt{R_s^2 + (\omega_1 L - 1/\omega_1 C)^2}} \quad (2.32)$$

und der Phasenwinkel φ_i zu

$$\varphi_i = \arctan \frac{\text{Im} \{\underline{I}\}}{\text{Re} \{\underline{I}\}} = \arctan \frac{1/\omega_1 C - \omega_1 L}{R_s}.$$

$$(2.33)$$

Damit ergibt sich für das sinusförmige Störglied in Gl. (2.23) als partikuläre Lösung die reelle Zeitfunktion

$$i_p(t) = \text{Im} \{\underline{i}_p(t)\} = \text{Im} \{\underline{I} e^{j\omega_1 t}\} =$$

$$= \text{Im} \{|\underline{I}| e^{j(\omega_1 t + \varphi_i)}\} = |\underline{I}| \sin (\omega_1 t + \varphi_i).$$

$$(2.34)$$

Wenn das Störglied in Gl. (2.23) nicht sinusförmig, sondern kosinusförmig ist, dann ergibt sich

$$i_p(t) = \text{Re}\,\{\underline{i}_p(t)\} = |\underline{I}|\cos(\omega_1 t + \varphi_i). \qquad (2.35)$$

Bestimmung der allgemeinen homogenen Lösung

Durch Nullsetzen der linken Seite und Differentiation der rechten Seite von Gl. (2.23) erhält man die folgende homogene Differentialgleichung 2. Ordnung mit konstanten Koeffizienten

$$0 = L\frac{d^2 i}{dt^2} + R_s\frac{di}{dt} + \frac{1}{C}\,i \quad \text{mit} \quad i(t) = i_h(t). \qquad (2.36)$$

Als Lösungsansatz wählt man jetzt

$$i_h(t) = I\,e^{st} \qquad (2.37)$$

wobei nun sowohl I als auch s zunächst unbekannt sind. Durch Einsetzen von Gl. (2.37) in Gl. (2.36) und Multiplikation mit C erhält man

$$0 = s^2 LCI\,e^{st} + sLR_s I\,e^{st} + I\,e^{st} =$$
$$= (s^2 LC + sCR_s + 1)\,I\,e^{st}. \qquad (2.38)$$

Da $i_h(t)$ nicht identisch Null sein soll, folgt aus Gl. (2.38) die charakteristische Gleichung

$$s^2 LC + sCR_s + 1 = 0. \qquad (2.39)$$

Die Nullstellen dieser Gleichung bestimmen sich zu

$$s_{1;2} = -\frac{R_s}{2L} \pm \sqrt{\left(\frac{R_s}{2L}\right)^2 - \frac{1}{LC}} =$$
$$= -\sigma_s \pm \sqrt{\sigma_s^2 - \omega_0^2} = -\sigma_s \pm j\sqrt{\omega_0^2 - \sigma_s^2}$$
$$= -\sigma_s \pm j\omega_r, \qquad (2.40)$$

wobei zur Abkürzung gesetzt wurde:

$$\sigma_s = \frac{R_s}{2L}, \qquad (2.41)$$

$$\omega_r = \sqrt{\omega_0^2 - \sigma_s^2} = -\sqrt{\frac{1}{LC} - \left(\frac{R_s}{2L}\right)^2}. \qquad (2.42)$$

Mit den Lösungen s_1 und s_2 der charakteristischen Gleichung errechnet sich die vollständige Lösung der homogenen Differential-

gleichung Gl. (2.36) zu

$$i_h(t) = I_1 e^{s_1 t} + I_2 e^{s_2 t} \quad \text{für} \quad s_1 \neq s_2 \qquad (2.43)$$

oder zu

$$i_h(t) = (I_1 + I_2 t)\,e^{s_1 t} \quad \text{für} \quad s_1 = s_2. \qquad (2.43\text{a})$$

I_1 und I_2 sind Konstanten, die durch die Anfangsbedingungen bestimmt werden müssen (z. B. durch die Vorgabe von Spulenstrom und Kondensatorspannung zum Zeitpunkt $t = 0$). Um nebensächliche Rechnungen zu vermeiden, sei als Beispiel $I_1 = I_2 = I_0/2$ angenommen. Dann ist im Fall von Gl. (2.43)

$$i_h(t) = \frac{1}{2} I_0 \{e^{(-\sigma_s + j\omega_r)t} + e^{(-\sigma_s - j\omega_r)t}\} =$$
$$= I_0\,e^{-\sigma_s t}\cos\omega_r t. \qquad (2.44)$$

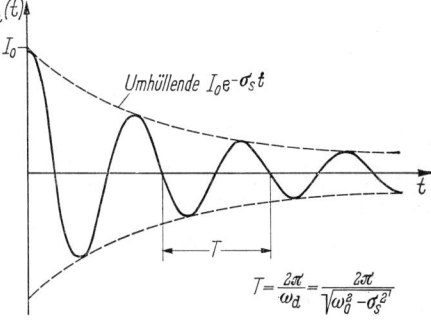

Bild 2.9. Einschwingvorgang beim Serienschwingkreis für $\omega_0^2 > \sigma_s$

Bild 2.9 zeigt die Zeitfunktion der Eigenschwingung $i_h(t)$ für den Fall $\omega_0^2 > \sigma_s^2$. Die Größe σ_s nennt man Wuchskoeffizient. Die Lösungen s_1 und s_2 der charakteristischen Gleichung bezeichnet man als (komplexe) Eigenfrequenzen. Sie ergeben sich auch unmittelbar aus den Nullstellen des komplexen Widerstandes des Serienschwingkreises $\underline{Z}(j\omega)$, wenn man $j\omega = s$ setzt, vgl. Gln. (0.58) bis (0.61). Aus Bild 2.7 liest man ab

$$\underline{Z}_s(s) = \frac{U(s)}{I(s)} = R_s + sL + \frac{1}{sC} =$$
$$= \frac{s^2 LC + sCR_s + 1}{sC}. \qquad (2.45)$$

Der Zähler von Gl. (2.45) stimmt mit der charakteristischen Funktion Gl. (2.39) überein.

Gebräuchlich für $\underline{Z}_s(s)$ ist auch eine Darstellung, welche die Güte und die Resonanzfrequenz enthält. Diese Darstellung gewinnt man aus Gl. (2.45) durch Einsetzen von Gl. (2.3) und Gl. (2.5) zu

$$\underline{Z}_s(s) = \frac{s^2 + s\,\dfrac{\omega_0}{Q_s} + \omega_0^2}{s\,\dfrac{1}{L}}. \qquad (2.45\,\mathrm{a})$$

Als nächstes sei der Parallelschwingkreis betrachtet, an den zur Zeit $t = 0$ eine Stromquelle $i(t)$ geschaltet wird, d. h. zur Zeit $t = 0$ öffnet der Schalter in Bild 2.10. Der Innenwiderstand der Stromquelle sei unendlich groß.

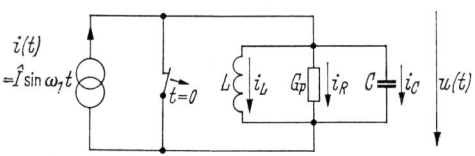

Bild 2.10. Zur Aufstellung der Differentialgleichung für die Spannung beim Parallelschwingkreis

Es soll jetzt der zeitliche Verlauf der Spannung $u(t)$ berechnet werden. Aus der Schaltung in Bild 2.10 ergibt sich für $t \geq 0$:

$$i(t) = \hat{I} \sin \omega_1 t = i_\mathrm{L} + i_\mathrm{R} + i_\mathrm{C}$$

$$= \frac{1}{L} \int u(t)\,\mathrm{d}t + u(t)\,G_\mathrm{p} + C\,\frac{\mathrm{d}u}{\mathrm{d}t}. \quad (2.46)$$

Ein Vergleich mit Gl. (2.23) zeigt, daß es sich um denselben Gleichungstyp handelt wie beim Serienschwingkreis. Die einzelnen Größen in Gl. (2.38) gehen durch Ersetzen von Strom i durch Spannung u, von Widerstand R_s durch Leitwert G_p, sowie von Induktivität L durch Kapazität C und umgekehrt, aus Gl. (2.23) hervor. Folglich gelten dieselben Überlegungen wie bei Gl. (2.23).

Die Eigenfrequenzen für die Eigenschwingungen der Spannung des leerlaufenden Zweipols errechnen sich nun aus den Nullstellen des

komplexen Leitwertes des Parallelschwingkreises $\underline{Y}_\mathrm{p}(\mathrm{j}\omega)$, wenn man $\mathrm{j}\omega = s$ setzt. Aus Bild 2.10 folgt

$$\underline{Y}_\mathrm{p}(s) = \frac{I(s)}{U(s)} = \frac{s^2 LC + sLG_\mathrm{p} + 1}{sL}. \quad (2.47)$$

Daraus ergeben sich die Zählernullstellen zu

$$\begin{aligned} s_1' &= -\sigma_\mathrm{p} + \mathrm{j}\,\sqrt{\omega_0^2 - \sigma_\mathrm{p}^2} = -\sigma_\mathrm{p} + \mathrm{j}\omega_\mathrm{r}, \\ s_2' &= -\sigma_\mathrm{p} - \mathrm{j}\,\sqrt{\omega_0^2 - \sigma_\mathrm{p}^2} = -\sigma_\mathrm{p} - \mathrm{j}\omega_\mathrm{r}, \end{aligned} \quad (2.48)$$

mit

$$\sigma_\mathrm{p} = \frac{G_\mathrm{p}}{2C}; \quad \omega_0 = \frac{1}{\sqrt{LC}}.$$

Während die Eigenfrequenzen für die Eigenschwingungen des Stromes des kurzgeschlossenen Zweipols die Nullstellen von $\underline{Z}(s)$ sind, sind die Eigenfrequenzen für die Eigenschwingungen der Spannung des leerlaufenden Zweipols die Nullstellen von $\underline{Y}(s)$, d. h. die Pole von $\underline{Z}(s)$. Das gilt allgemein für jeden linearen Zweipol.

Zur Übersicht sind die Kenngrößen der Resonanzkreise in Tab. 2.1 zusammengestellt.

2.1.2 Eigenschaften des allgemeinen linearen Zweipols

Einige wichtige, anhand der speziellen Beispiele der elektrischen Schwingkreise gewonnenen Erkenntnisse lassen sich leicht auf allgemeine Zweipole mit endlich vielen linearen Schaltelementen übertragen.

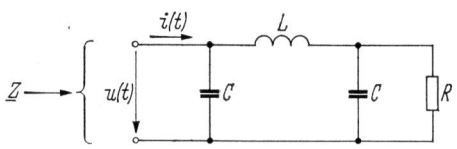

Bild 2.11. Beispiel einer willkürlichen Zweipolschaltung

Als willkürliches Beispiel möge die Zweipolschaltung von Bild 2.11 dienen.

Setzt man $\mathrm{j}\omega = s$, dann ergibt sich für den komplexen Widerstand $\underline{Z}(s)$ der Schaltung in

Tabelle 2.1 Kenngrößen der Resonanzkreise

	Serienresonanz	Parallelresonanz
Schaltung		
komplexer Widerstand bzw. Leitwert	$\underline{Z}_s = R_s + j\left(\omega L - \dfrac{1}{\omega C}\right)$	$\underline{Y}_p = G_p + j\left(\omega C - \dfrac{1}{\omega L}\right)$
Resonanzfrequenz (Blindanteil = 0)	$\omega_0 = 2\pi f_0 = \dfrac{1}{\sqrt{LC}}$	$\omega_0 = 2\pi f_0 = \dfrac{1}{\sqrt{LC}}$
Normierte Frequenz	$\eta = \dfrac{\omega}{\omega_0}$	$\eta = \dfrac{\omega}{\omega_0}$
Verstimmung	$v = \dfrac{\omega}{\omega_0} - \dfrac{\omega_0}{\omega}$	$v = \dfrac{\omega}{\omega_0} - \dfrac{\omega_0}{\omega}$
Mit $\omega = \omega_0 + \Delta\omega$	$v \approx \dfrac{2\Delta\omega}{\omega_0} = \dfrac{2\Delta f}{f_0}$	$v \approx \dfrac{2\Delta\omega}{\omega_0} = \dfrac{2\Delta f}{f_0}$
Normierte Verstimmung, Phasenwinkel φ	$\Omega = \dfrac{v}{d_s} = \tan\varphi_s$	$\Omega = \dfrac{v}{d_p} = -\tan\varphi_p$
Wuchskoeffizient	$\sigma_s = \dfrac{R_s}{2L} = \dfrac{\omega_0}{2}\,d_s$	$\sigma_p = \dfrac{G_p}{2C} = \dfrac{\omega_0}{2}\,d_p$
Gütefaktor	$Q_s = \dfrac{1}{d_s}$	$Q_p = \dfrac{1}{d_p}$
Verlustfaktor	$d_s = \dfrac{R_s}{\omega_0 L} = R_s\omega_0 C = R_s\sqrt{\dfrac{C}{L}}$	$d_p = \dfrac{G_p}{\omega_0 C} = G_p\omega_0 L = G_p\sqrt{\dfrac{L}{C}}$
Bandbreite (3 dB Abfall)	$B = \dfrac{f_0}{Q_s}$	$B = \dfrac{f_0}{Q_p}$
Normierter Widerstand bzw. Leitwert	$\underline{Z}_s = R_s(1 + j\Omega)$	$\underline{Y}_p = G_p(1 + j\Omega)$
Scheinwiderstand	$|\underline{Z}_s| = R_s\sqrt{1 + \Omega^2}$	$|\underline{Y}_p| = G_p\sqrt{1 + \Omega^2}$

Anmerkung: Manchmal verwendet man für den Verlustfaktor auch $d_s = \tan\delta$

Bild 2.11

$$\underline{Z}(s) = \frac{U(s)}{I(s)} = \frac{s^2CRL + sL + R}{s^3RLC^2 + s^2LC + 2sRC + 1}.$$

(2.49)

Der Zähler der Gl. (2.49) ist die charakteristische Gleichung der Differentialgleichung für die Eigenschwingung des Stromes $i(t)$, wenn die Klemmen kurzgeschlossen sind, der Nenner ist die charakteristische Gleichung für die Eigenschwingung der Spannung $u(t)$ bei offenen Klemmen. Ausgeschrieben heißen diese homogenen Differentialgleichungen

$$0 = RLC \frac{d^2i}{dt^2} + L \frac{di}{dt} + Ri,$$

(2.50)

$$0 = RLC^2 \frac{d^3u}{dt^3} + LC \frac{d^2u}{dt^2} + 2RC \frac{du}{dt} + u.$$

(2.51)

Welchen passiven linearen Zweipol man auch wählt, es ergeben sich für die Eigenschwingungen immer lineare Differentialgleichungen mit konstanten reellen Koeffizienten. Wegen des exponentiellen Lösungsansatzes für derartige Gleichungen ergibt sich, daß in $\underline{Z}(s)$ sowohl Zähler- als auch Nennerpolynom niemals Nullstellen mit positivem Realteil haben dürfen, weil anderenfalls zeitlich anklingende Eigenschwingungen entstehen würden, was aus Stabilitäts- und Energiegründen unmöglich ist. Der Fall, daß der Realteil einer Nullstelle zu Null wird, ist der mit idealen Schaltelementen gerade noch erlaubte Grenzfall. Die Eigenschwingung ist in diesem Fall (für ein Nullstellenpaar $s = +j\omega_i$ und $s = -j\omega_i$ auf der imaginären Achse der s-Ebene) rein sinusförmig. Voraussetzung dabei ist, daß die Nullstellen auf der imaginären Achse einfach sind. Mehrfache Nullstellen sind auf der imaginären Achse nicht erlaubt, weil z. B. schon im Fall der zweifachen Nullstelle die Lösung der Differentialgleichung bekanntlich von der Form $t\,e^{st}$ wird, was für $\text{Re}\,\{s\} = 0$ bereits schon anschwingend ist. In der negativen s-Halbebene, d. h. für $\text{Re}\,\{s\} < 0$ dürfen jedoch mehrfache Nullstellen auftreten, denn Zeitfunktionen der Form $t^n\,e^{st}$ mit $\text{Re}\,\{s\} < 0$ gehen gegen Null für $t \to \infty$.

Die Vorschrift über die notwendige Einschränkung der möglichen Nullstellenlagen eines passiven linearen Zweipols ist die erste wichtige Verallgemeinerung der bei den Schwingkreisen gewonnenen Erkenntnisse. Eine zweite wichtige Folgerung ergibt sich aus der Betrachtung der Ortskurve. Bei den in Bild 2.4 dargestellten Ortskurven fällt auf, daß sie nur in der rechten $\underline{Z}$- bzw. $\underline{Y}$-Halbebene verlaufen (d. h. $\text{Re}\,\{\underline{Z}_s\} \geq 0$ bzw. $\text{Re}\,\{\underline{Y}_s\} \geq 0$). Das ist kein Zufall, sondern eine allgemeine notwendige Eigenschaft eines passiven Zweipols. Verliefe nämlich eine Ortskurve auch nur bereichsweise, z. B. für $\omega_u < \omega < \omega_o$ in der linken $\underline{Z}$-Halbebene, so hätte $\underline{Z}(j\omega)$ eben für diese Frequenzen einen negativen Realteil. Das hieße, daß bei Anlegen einer sinusförmigen Wechselspannung der Frequenz ω_i mit $\omega_u < \omega_i < \omega_o$ der Zweipol im Zeitmittel mehr elektrische Leistung abgibt als er aufnimmt, was bei einem passiven Zweipol aber unmöglich ist. Bild 2.12 zeigt ein Beispiel einer bei passiven Zweipolen unmöglichen Ortskurve.

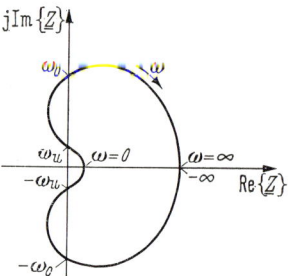

Bild 2.12. Beispiel einer für passive Zweipole nichterlaubten Ortskurve, da für $\omega_u < \omega < \omega_o$ der Realteil von $\underline{Z}(j\omega)$ negativ ist

Die zuerst genannte Vorschrift über die Einschränkung der Nullstellenlagen von Zähler- und Nennerpolynom enthält die Vorschrift über den Ortskurvenverlauf nicht. Die Funktion von Gl. (2.52) erfüllt z. B. die Pol-Nullstellenforderung. Ihre Ortskurve ist jedoch ähnlich der in Bild 2.12 gezeigten. Insbesondere ergibt sich bei $p = \pm j5$ ein negativer Realteil (in diesem Beispiel sind der komplexe Widerstand $\underline{Z}$ und die komplexe Frequenz $p = s \cdot 1\,\text{s}$ durch eine Normierung dimensionslos gemacht).

$$\underline{Z}(p) = \frac{p^2 + 2p + 2}{p^2 + 20p + 100} =$$

$$= \frac{(p + 1 + j1)\,(p + 1 - j1)}{(p + 10)^2}. \qquad (2.52)$$

Brune [2] hat als erster gezeigt, daß es immer mindestens eine realisierende Schaltung zu einer gegebenen rationalen Funktion $\underline{Z}(s)$ mit reellen Koeffizienten gibt, wenn folgende Bedingungen erfüllt werden: (a) Die Ortskurve $\underline{Z}(s)$ darf nur in der rechten s-Halbebene einschließlich der imaginären Achse verlaufen, (b) Pole und Nullstellen von $\underline{Z}(s)$ dürfen nicht in der rechten s-Halbebene liegen. Sofern sie auf der imaginären Achse der s-Ebene liegen, müssen sie einfach sein und einer weiteren Bedingung genügen, die im Abschnitt 2.1.3 erläutert wird. Funktionen, die den Bedingungen (a) und (b) genügen, bezeichnet man auch kurz als *positiv reell*.

2.1.3 Reaktanzzweipole

Ein Reaktanzzweipol ist ein solcher Zweipol, der nur aus Blindwiderständen aufgebaut ist, der also keine ohmschen Widerstände enthält. In einem solchen Zweipol kann daher keine Energie in Wärme oder Strahlung umgesetzt werden. Die Eigenschwingungen einer offenen oder kurzgeschlossenen Reaktanz können daher nur stationär sein, sie dürfen also nicht ab- oder anklingen. Die Nullstellen und Pole einer Reaktanzfunktion dürfen darum nur auf der imaginären Achse liegen und einfach sein (einschließlich bei $s = 0$ und $s = \infty$). Jede (gebrochene) rationale Funktion $\underline{Z}(s)$ läßt sich auf genau eine Weise in einen Partialbruch entwickeln. Hat diese rationale Funktion nur reelle Koeffizienten und nur einfache Pole auf der imaginären Achse, d. h. bei $s = \pm j\omega_1;\ \pm j\omega_2;\ \dots \pm j\omega_n$, dann lautet die Partialbruchentwicklung (wobei auch ein Pol bei $s = 0$ und $s = \infty$ vorkommen möge):

$$\underline{Z}(s) = \frac{a_0}{s} + \sum_i \left(\frac{a_i}{s - j\omega_i} + \frac{a_i}{s + j\omega_i} \right) + a_\infty s =$$

$$= \frac{a_0}{s} + \sum_i \frac{2a_i s}{s^2 + \omega_i^2} + a_\infty s. \qquad (2.53)$$

a_0/s stellt den Pol bei $s = 0$ dar, $a_\infty s$ den Pol bei $s = \infty$ und ein Bruchausdruck unter dem Summenzeichen stellt ein Polpaar bei $\pm j\omega_i$ dar. Setzt man in Gl. (2.53) $s = j\omega$, dann kann für den ganzen Ausdruck unmittelbar eine Schaltung angegeben werden, wenn $a_0 \geq 0$; $a_i \geq 0$ und $a_\infty \geq 0$. a_0/s steht nämlich für eine Kapazität der Größe $C = 1/a_0$, $a_\infty s$ steht für eine Induktivität der Größe $L = a_\infty$ und ein Bruchausdruck unter dem Summenzeichen bildet jeweils einen Parallelkreis. In Bild 2.13 sind die Verhältnisse zusammengestellt.

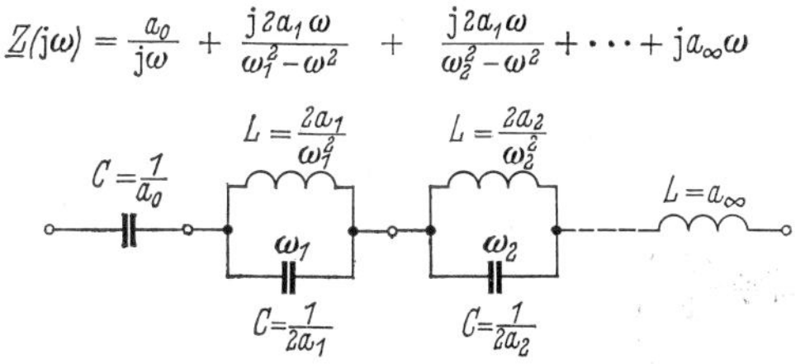

$$\underline{Z}(j\omega) = \frac{a_0}{j\omega} + \frac{j\,2a_1\omega}{\omega_1^2 - \omega^2} + \frac{j\,2a_2\omega}{\omega_2^2 - \omega^2} + \dots + j a_\infty\omega$$

Bild 2.13. Partialbruchdarstellung der Impedanz einer Reaktanzfunktion und die zugehörige Schaltung (1. Foster-Form)

Die am Ende von Abschnitt 2.1.2 erwähnte, aber nicht genannte Bedingung für die Nullstellen auf der imaginären Achse ist nun folgende: Wenn das Nennerpolynom der Funktion $\underline{Z}(s)$ eine Nullstelle auf der imaginären Achse hat, z. B. bei $s = \pm j\omega_\nu$, dann muß bei einer Partialbruchzerlegung im Glied $2a_\nu s/(s^2 + \omega_\nu^2)$ das a_ν positiv und reell sein. Wenn Pole bei Null und im Unendlichen vorkommen, müssen auch a_0 und a_∞ positiv und reell sein. Mit dieser Bedingung gibt es für jede Reaktanzfunktion auch eine Schaltung von der Form von Bild 2.13. Daß es tatsächlich notwendig ist, daß a_0; a_∞; $a_\nu \geq 0$ sind, läßt sich aus der Energiebedingung beweisen, wenn man einen Zweipol mit einer Spannung $\hat{U}\,e^{+\sigma t}$ speist, wobei σ reell und positiv ist [4].

Aus Gl. (2.54) ergibt sich

$$X(\omega) = \frac{\underline{Z}(j\omega)}{j} = -\frac{a_0}{\omega} + \sum_\nu \frac{2a_\nu\omega}{\omega_\nu^2 - \omega^2} +$$

$$+ a_\infty\omega. \qquad (2.55)$$

Durch Differentiation folgt

$$\frac{\mathrm{d}X(\omega)}{\mathrm{d}\omega} = \frac{\mathrm{d}}{\mathrm{d}\omega}\left(\frac{\underline{Z}(\mathrm{j}\omega)}{\mathrm{j}}\right) =$$

$$= \frac{a_0}{\omega^2} + \sum_\nu \frac{2a_\nu(\omega_\nu^2 + \omega^2)}{(\omega_\nu^2 - \omega^2)^2} + a_\infty.$$

(2.56)

Aus Gl. (2.56) folgt, daß der Differentialquotient $\mathrm{d}X(\omega)/\mathrm{d}\omega$ niemals negativ werden kann (Fostersches Reaktanztheorem). Der prinzipielle Verlauf einer Reaktanzfunktion wird damit durch Bild 2.14a wiedergegeben. Zum Vergleich dazu zeigt Bild 2.14b einen unmöglichen Verlauf einer Reaktanzfunktion, weil darin Bereiche mit negativer Steigung vorkommen.

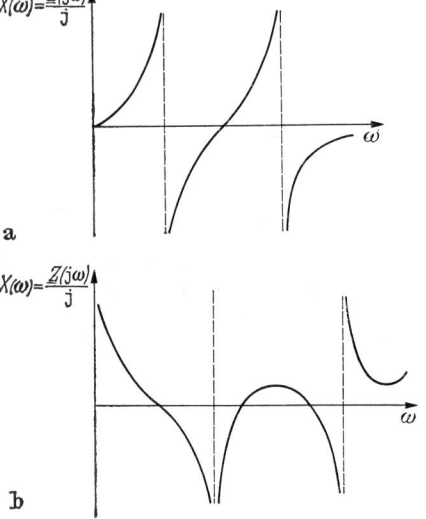

Bild 2.14. Zur Veranschaulichung des Fosterschen Reaktanztheorems.
(a) möglicher Verlauf ($a_0 = 0$, $a_\infty = 0$), (b) unmöglicher Verlauf

Statt der in Gl. (2.53) durchgeführten Partialbruchentwicklung der Widerstandsfunktion $\underline{Z}(s)$ kann man auch die dazu reziproke Leitwertsfunktion $\underline{Y}(s)$ in einen Partialbruch entwickeln. Da auch diese Funktion Pole nur auf der $\mathrm{j}\omega$-Achse hat, die überdies einfach sind,

ergibt sich entsprechend

$$\underline{Y}(s) = \frac{a_0'}{s} + \sum_i \frac{2a_i's}{s^2 + \omega_i'^2} + a_\infty's.$$

(2.57)

Ein und dieselbe Funktion $\underline{Y}(s)$ kann z. B. bei $s = 0$ nicht zugleich einen Pol und eine Nullstelle haben. Daher ist bei $a_0' \neq 0$ in der zugehörigen Funktion $\underline{Z}(s)$ der Wert $a_0 = 0$. Entsprechendes gilt für die übrigen Pole. Es ist also $\omega_i \neq \omega_i'$.

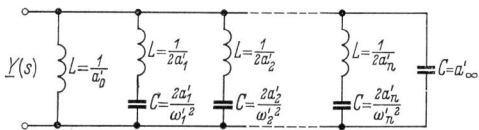

Bild 2.15. Leitwertspartialbruchschaltung einer Reaktanzfunktion (2. Foster-Form)

Bild 2.15 zeigt die zu Gl. (2.57) gehörende Schaltung. Man nennt sie die Leitwertspartialbruchschaltung. Eine weitere Realisierungsmöglichkeit für den LC-Zweipol ergibt sich aus einer Kombination der Widerstandspartialbruchentwicklung und der Leitwertspartialbruchentwicklung, indem man jedesmal entweder nur das Polglied bei $s = \infty$ abwechselnd von der Widerstands- und Leitwertsfunktion abspaltet oder nur das Polglied bei $s = 0$ abwechselnd von der Widerstands- und Leitwertsfunktion abspaltet. Dieser Prozeß führt im ersten Fall auf einen Kettenbruch der Form

$$\underline{Z}(s) = a_\infty s + \cfrac{1}{a_{\infty 1}s + \cfrac{1}{a_{\infty 2}s + \cfrac{1}{a_{\infty 3}s + \cfrac{1}{\ddots}}}},$$

(2.58)

und im zweiten Fall auf einen Kettenbruch der Form

$$\underline{Z}(s) = \frac{a_0}{s} + \cfrac{1}{\cfrac{a_{01}}{s} + \cfrac{1}{\cfrac{a_{02}}{s} + \cfrac{1}{\cfrac{a_{03}}{s} + \cfrac{1}{\ddots}}}}.$$

(2.59)

Die zugehörigen Schaltungen zeigt Bild 2.16. Man nennt sie Kettenbruchschaltungen.

Die Bilder 2.13, 2.15 und 2.16 geben allgemeine Schaltungsstrukturen an, durch die sich jede Reaktanzzweipolfunktion realisieren lassen muß. Derartige einfache Synthesemethoden, die stets zu einer Schaltung führen, gibt es lediglich noch für RC- und RL-Zweipole. Bei der allgemeinen Synthese von RLC-Zweipolen müssen kompliziertere Methoden angewendet werden.

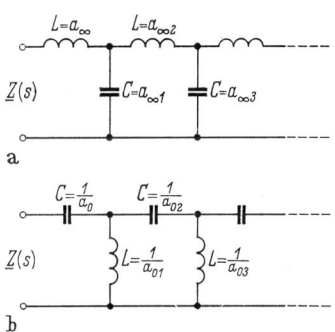

Bild 2.16. Kettenbruchschaltung.
(a) für Polabspaltungen bei $s = \infty$ (1. Cauer-Form), (b) für Polabspaltungen bei $s = 0$ (2. Cauer-Form)

2.2 Duale Netzwerke

Bei der Behandlung des Serien- und Parallelschwingkreises in den Unterabschnitten von Abschnitt 2.1.1 wurde an verschiedenen Stellen die formale Gleichartigkeit der das Verhalten der Schwingkreise beschreibenden Formeln festgestellt. Es zeigte sich, daß der Serienschwingkreis die gleichen Eigenschaften für den Strom hat wie der Parallelschwingkreis für die Spannung und umgekehrt. Dieses Verhalten wurde als *dual* bezeichnet. Duales Verhalten gibt es nicht nur bei Schwingkreisen oder Zweipolen, sondern bei beliebigen linearen passiven Netzwerken. Man sagt ganz allgemein, daß ein Netzwerk zu einem zweiten gegebenen Netzwerk widerstandsreziprok oder dual ist, wenn das erste Netzwerk hinsichtlich des Stromes bis auf einen konstanten Faktor die gleichen Eigenschaften hat wie das zweite für die Spannung bzw. wenn das erste bis auf einen konstanten Faktor die gleichen Eigen-

schaften für die Spannung hat wie das zweite für den Strom. Es sind insbesondere zwei Zweipole zueinander dual, wenn der Widerstand des einen Zweipols proportional dem Leitwert des anderen Zweipols ist.

$$\underline{Z}_1 = \frac{Z^2}{\underline{Z}_2} \quad \text{oder} \quad \underline{Z}_1\underline{Z}_2 = Z^2. \quad (2.60)$$

Der Proportionalitätsfaktor Z^2 ist eine beliebig vorgebbare reelle positive Größe mit der Dimension eines Widerstandes zum Quadrat. Es entspricht 1 V bei der einen Schaltung 1 A bei der anderen Schaltung, wenn $Z^2 = 1\,\Omega^2$. Soll 1 V bei der einen Schaltung 10 mA bei der anderen Schaltung entsprechen, so muß $Z^2 = (10\,\Omega)^2$ sein.

Um von einer gegebenen Schaltung die zugehörige duale Schaltung zu finden, muß man davon ausgehen, daß auch jedes Element sowie jede beliebige Teilschaltung der gegebenen Schaltung ein duales Gegenstück in der dualen Schaltung haben muß. Darum ist für jedes Zweipolelement das entsprechende duale Gegenstück bereitzustellen, was mit Gl. (2.60) heißt, daß z. B. für jede Induktivität eine Kapazität benötigt wird usw. Für zwei Elemente, die in der gegebenen Schaltung in Serie liegen, gilt immer, daß durch beide Elemente stets der gleiche Strom fließt. In der dualen Schaltung soll nun über den beiden entsprechenden dualen Gegenstücke laut Forderung stets die gleiche Spannung liegen, d. h. sie müssen parallelgeschaltet sein. Durch Fortsetzen dieses Gedankenganges findet man, daß man zu einer gegebenen Schaltung die zugehörige duale Schaltung durch Anwendung der folgenden Regeln erhält:

(a) Ersetze Parallelschaltung durch Reihenschaltung und umgekehrt.
(b) Ersetze Widerstand R durch Widerstand Z^2/R.
(c) Ersetze Induktivität L durch Kapazität L/Z^2.
(d) Ersetze Kapazität C durch Induktivität Z^2C.

Bei der dualen Umwandlung von Netzwerken entsprechen sich:

| Widerstand | ↔ | Leitwert |
| Spannung | ↔ | Strom |

Reihenschaltung   ↔ Parallelschaltung
Induktivität   ↔ Kapazität
Masche   ↔ Knoten
Leerlauf $(R = \infty)$ ↔ Kurzschluß
                             $(R = 0)$
Ersatzspannungsquelle   ↔ Ersatzstrom-
                             quelle.

Tabelle 2.2 Duale Zweipole

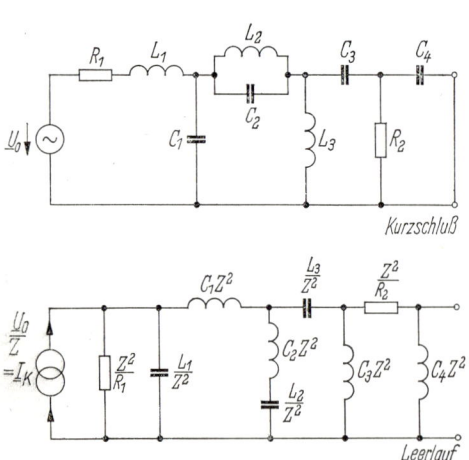

$\underline{Z}_1$	$\underline{Z}_2$	Dualitätsbedingung
R_1	R_2	$R_1 R_2 = Z^2$
L	C	$\dfrac{L}{C} = Z^2$
L_1 C_1	L_2 C_2	$\dfrac{L_1}{C_2} = \dfrac{L_2}{C_1} = Z^2$
L_1 R_1	C_2 R_2	$\dfrac{L_1}{C_2} = R_1 R_2 = Z^2$
C L_1 C_1	L L_2 C_2	$\dfrac{L_1}{C_2} = \dfrac{L_2}{C_1} = \dfrac{L}{C} = Z^2$

Kurzschluß

Leerlauf

Bild 2.17. Duale Umwandlung eines komplizierten Netzwerkes

Tabelle 2.2 zeigt das Prinzip der dualen Umwandlung an einfachen Zweipolen. Bild 2.17 zeigt den Fall der dualen Umwandlung eines komplizierteren Netzwerks. Durch Beachtung von Dualitätsbeziehungen können Rechnungen häufig vereinfacht werden. Es existiert allerdings nicht zu jedem Netzwerk ein duales Netzwerk.

2.3 Synthese einfacher Vierpole

Dieser Abschnitt befaßt sich mit der Realisierung von Vierpolen mit vorgeschriebenen Übertragungseigenschaften. Hierunter fällt insbesondere der Entwurf von Siebschaltungen, Laufzeitgliedern und Entzerrern.

2.3.1 Siebschaltungen

Siebschaltungen oder Filter haben die Aufgabe, vom gesamten Frequenzbereich $0 \leq \omega \leq \infty$ bestimmte Frequenzgebiete möglichst vollkommen zu sperren und die übrigen Teile möglichst ungeschwächt durchzulassen. Man unterscheidet demnach *Sperrbereich* (SB) und *Durchlaßbereich* (DB). Wenn Signalanteile bei tiefen Frequenzen durchgelassen und Signalanteile bei hohen Frequenzen gesperrt werden sollen, spricht man von einem *Tiefpaß*. Im umgekehrten Fall spricht man von einem *Hochpaß*. Wenn Signalanteile im Frequenzband $\omega_T \leq \omega \leq \omega_H$ durchgelassen und Signalanteile mit Frequenzen außerhalb dieses Bandes gesperrt werden sollen, spricht man von einem *Bandpaß*, im umgekehrten Fall von einer *Bandsperre*.
Durch eine Frequenzachsentransformation lassen sich alle genannten Filter auf den normierten Tiefpaß zurückführen, dessen Durchlaßbereich sich von der normierten Frequenz $\Omega = 0$ bis zur normierten Frequenz $\Omega = 1$ erstreckt. Für die normierte Frequenz gilt

$$\Omega = \frac{\omega}{\omega_g}. \tag{2.61}$$

Dabei ist ω_g eine noch näher festzulegende Bezugsfrequenz.
In Bild 2.18 sind verschiedene Dämpfungscharakteristiken des normierten Tiefpasses dargestellt. Bild 2.18a zeigt die angestrebte

ideale Charakteristik. Im Durchlaßbereich (DB) ist die Dämpfung Null, im Sperrbereich (SB) oberhalb der Frequenz $\Omega = 1$ ist sie unendlich hoch. Mit endlich vielen konzentrierten passiven Elementen läßt sich ein solcher Dämpfungsverlauf nicht realisieren. Deshalb muß man sich in der Praxis mit realisierbaren Approximationen begnügen. Die bekanntesten Tiefpaß-Standardapproximationen sind in den Bildern 2.18 b, c und d zusammengestellt.

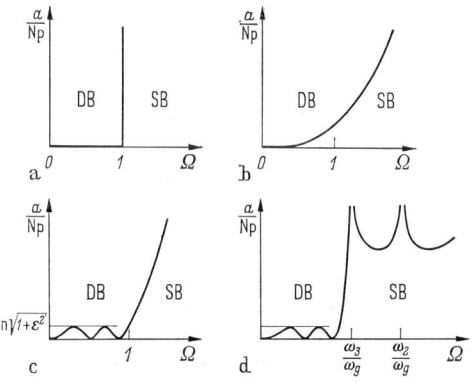

Bild 2.18. Dämpfungscharakteristiken des normierten Tiefpasses.
(a) ideale Charakteristik, (b) Potenz- oder Butterworth-Tiefpaß, (c) Tschebyscheff-Tiefpaß, (d) Cauer-Tiefpaß

Tiefpässe mit einem monoton ansteigenden Dämpfungsverlauf nach Bild 2.18 b bezeichnet man als Potenz- oder Butterworth-Filter. Sie lassen sich relativ leicht realisieren und zeichnen sich durch ein gutes Einschwingverhalten aus. Sie erfordern jedoch einen hohen Aufwand (d. h. eine große Anzahl von Bauelementen), wenn die Filterflanke sehr steil sein soll. Bei gleichem Aufwand erzielt man steilere Filterflanken, wenn man im Durchlaßbereich eine gewisse Welligkeit zuläßt, wie das in Bild 2.18 c gezeigt ist. Sind alle Höcker im Durchlaßbereich gleich hoch, dann bezeichnet man das Filter als Tschebyscheff-Filter, weil derartige Dämpfungskurven sich von den sogenannten Tschebyscheff-Polynomen herleiten. Potenz- und Tschebyscheff-Tiefpässe haben bei endlichen Frequenzen eine endliche Dämpfung. Erst für $\Omega \to \infty$ wird auch die Dämpfung (theoretisch) unendlich hoch. Bei dem in

Bild 2.18 d gezeigten Cauer-Tiefpaß sind Dämpfungspole auch bei endlichen Frequenzen vorhanden. Mit ihnen lassen sich sehr steile Filterflanken bei geringen Durchlaßdämpfungen und hohen Sperrdämpfungen erreichen. Die Theorie der Cauer-Filter ist jedoch außerordentlich kompliziert und soll hier nicht behandelt werden.

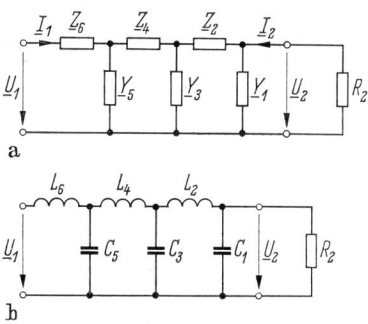

Bild 2.19. (a) allgemeine Abzweigschaltung, (b) Schaltungsstruktur eines Tiefpaß-Polynomfilters

Eine einfache und zuverlässige Methode der Filterrealisierung geht von der in Bild 2.19a dargestellten Abzweigschaltung aus, die ausgangsseitig mit einem ohmschen Widerstand R_2 abgeschlossen ist. Dabei muß das zu R_2 benachbarte Element nicht unbedingt ein Element im Querzweig sein, es kann auch ein Element im Längszweig sein, s. Bild 2.21 b. Bei der allgemeinen Abzweigschaltung von Bild 2.19a, die man sich im Prinzip auf beliebig viele Glieder erweitert denken kann, lassen sich nämlich die Wirkungsnullstellen, das sind die Nullstellen der Wirkungsfunktion

$$H(s) = \frac{U_2(s)}{U_1(s)} \tag{2.62}$$

recht leicht bestimmen. Bei den Wirkungsnullstellen oder Dämpfungspolen ist bei nichtverschwindender Eingangsgröße die Ausgangsgröße gleich Null. Bei der Schaltung in Bild 2.19a ist das nur dann der Fall, wenn entweder eine Längsimpedanz Z_i oder eine Queradmittanz Y_j unendlich groß wird.
Bei der Schaltung in Bild 2.19b sind sämtliche Längszweige Induktivitäten und sämtliche Querzweige Kapazitäten. Alle Wirkungsnullstellen liegen somit bei $s = \infty$. Da gerade

sechs Blindelemente vorhanden sind, ergibt sich in diesem speziellen Fall

$$H(s) = \frac{\underline{U}_2(s)}{\underline{U}_1(s)} = \frac{P(s)}{Q(s)} =$$

$$= \frac{1}{a_0 + a_1 s + a_2 s^2 + \cdots + a_5 s^5 + a_6 s^6}. \tag{2.63}$$

Die Koeffizienten a_i sind Funktionen der Schaltelemente L_i, C_j und R_2. Das Zählerpolynom $P(s)$ reduziert sich hier auf Eins, denn anderenfalls ergäben sich noch andere Wirkungsnullstellen als bei $s = \infty$, was aber in Bild 2.19b nicht sein kann. Das Nennerpolynom $Q(s)$ entspricht nach Abschnitt 2.1.2 der charakteristischen Funktion für die Eigenschwingungen der Ausgangsspannung $u_2(t)$ bei identisch verschwindender Eingangsspannung $u_1(t) \equiv 0$. Wegen der Passivität der Elemente L_i und C_j und der ausgangsseitigen Belastung durch R_2 können sich nur zeitlich abklingende Schwingungen ergeben. Das bedeutet, daß das Nennerpolynom ein Hurwitz-Polynom sein muß, welches seine Nullstellen ausschließlich im Inneren der linken s-Halbebene hat.

Durch geeignete Wahl der Werte der einzelnen Induktivitäten L_i und Kapazitäten C_j lassen sich mit der Schaltung von Bild 2.19b Potenzfilter und Tschebyscheff-Filter nach Bild 2.18b und c verwirklichen. Cauer-Filter nach Bild 2.18d haben Dämpfungspole oder Wirkungsnullstellen bei endlichen Frequenzen auf der $j\omega$-Achse. Sie lassen sich mit der Schaltung von Bild 2.19b nicht realisieren. Zu ihrer Verwirklichung benötigt man entweder Parallelschwingkreise in Längszweigen oder Serienschwingkreise in Querzweigen, siehe Bild 2.20. Die endlichen Wirkungsnullstellen bestimmen sich dann aus den Resonanzfrequenzen der Schwingkreise zu

$$s_2 = \pm j\omega_2 \quad \text{mit} \quad \omega_2 = \frac{1}{\sqrt{L_2 C_2}}, \tag{2.64}$$

$$s_3 = \pm j\omega_3 \quad \text{mit} \quad \omega_3 = \frac{1}{\sqrt{L_3 C_3}}. \tag{2.65}$$

Die spezielle Schaltung in Bild 2.20 hat also Wirkungsnullstellen bei $s_1 = \infty$, $s_2 = j\omega_2$ und $s_3 = j\omega_3$, wenn man nur positive Frequenzen

betrachtet. Sie verwirklicht bei geeigneter Dimensionierung gerade die Dämpfungsfunktion in Bild 2.18d.

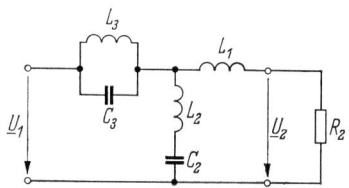

Bild 2.20. Abzweigschaltung mit zwei Wirkungsnullstellen bei endlichen Frequenzen und einer Wirkungsnullstelle bei Unendlich

2.3.2 Verwirklichung ausgangsseitig beschalteter Polynomfilter

Potenzfilter und Tschebyscheff-Filter sind Beispiele für Polynomfilter. Diese sind dadurch gekennzeichnet, daß die reziproke Wirkungsfunktion $1/H(s)$ ein Polynom ist, s. Gl. (2.63). Es wird nun die Frage behandelt, wie man bei einer vorgegebenen Wirkungsfunktion $H(s)$ eines ausgangsseitig mit R_2 beschalteten Polynomfilters die zugehörige Schaltung findet.

Die zweite Vierpolgleichung in Leitwertsform lautet, vgl. Gl. (0.97)

$$\underline{I}_2 = \underline{Y}_{21}\underline{U}_1 + \underline{Y}_{22}\underline{U}_2. \tag{2.66}$$

Mit der in Bild 0.21 zugrunde gelegten Richtung für $\underline{I}_2$ ist

$$\underline{U}_2 = -R_2 \underline{I}_2. \tag{2.67}$$

Durch Elimination von $\underline{I}_2$ aus Gl. (2.66) und Gl. (2.67) folgt für die Wirkungsfunktion

$$H(s) = \frac{\underline{U}_2(s)}{\underline{U}_1(s)} = \frac{-\underline{Y}_{21}(s) R_2}{\underline{Y}_{22}(s) R_2 + 1}. \tag{2.68}$$

In dieser Beziehung sind sowohl $\underline{Y}_{21}(s)$ als auch $\underline{Y}_{22}(s)$ im allgemeinen gebrochen rationale Funktionen. Die Wirkungsnullstellen sind also gegeben durch die Nullstellen von $\underline{Y}_{21}(s)$ und durch solche Pole von $\underline{Y}_{22}(s)$, die sich nicht mit Polen von $\underline{Y}_{21}(s)$ kürzen.

Ist nun umgekehrt eine Wirkungsfunktion vorgegeben in der Form

$$H(s) = \frac{\underline{U}_2(s)}{\underline{U}_1(s)} = \frac{P(s)}{Q(s)} = \frac{1}{g(s) + u(s)}, \tag{2.69}$$

wobei $g(s) = a_0 + a_2s^2 + a_4s^4 + \cdots$ alle geradzahligen Potenzen des Nennerpolynoms $Q(s)$ umfaßt und $u(s) = a_1s + a_3s^3 + a_5s^5 + \cdots$ alle ungeradzahligen, dann ergibt sich aus dem Vergleich beider Formeln für $H(s)$

$$\frac{-\underline{Y}_{21}(s)\,R_2}{\underline{Y}_{22}(s)\,R_2 + 1} = \frac{\dfrac{1}{u(s)}}{\dfrac{g(s)}{u(s)} + 1} \qquad (2.70)$$

der naheliegende Schluß, daß

$$\underline{Y}_{22}(s) = \frac{1}{R_2}\frac{g(s)}{u(s)} \qquad (2.71)$$

und

$$-\underline{Y}_{21}(s) = \frac{1}{R_2}\frac{1}{u(s)} \qquad (2.72)$$

ist. Diese Zuordnung gewährleistet in der Tat, daß alle Wirkungsnullstellen bei $s = \infty$ liegen, denn der Zähler von $\underline{Y}_{21}(s)$ ist Eins, und alle endlichen Pole von $\underline{Y}_{22}(s)$ kürzen sich wegen des gleichen Nenners $u(s)$ mit denen von $\underline{Y}_{21}(s)$. Außerdem zeigt es sich, daß sich stets eine realisierbare Reaktanzzweipolfunktion $\underline{Y}_{22}(s)$ ergibt, wenn $g(s)$ und $u(s)$ die geraden und ungeraden Teile eines Hurwitz-Polynoms darstellen. Der Beweis für die zuletzt genannte Aussage würde über den Rahmen dieses Buches hinausführen. Man kann ihn aber z. B. in [1] nachlesen.

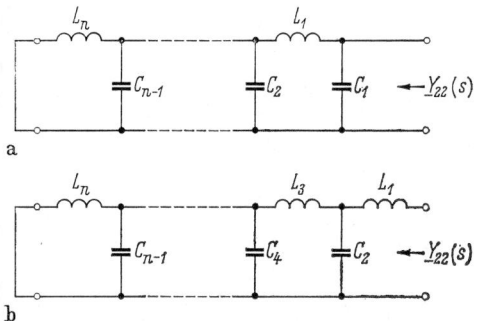

a

b

Bild 2.21. Zur Realisierung eines Polynomfilters. (a) für n gerade, (b) für n ungerade

Damit ist die Realisierung des Vierpols vorgeschriebener Wirkungsfunktion $H(s)$ auf die Realisierung der Ausgangsadmittanz bei Kurzschluß am Eingang $\underline{Y}_{22}(s)$ zurückgeführt, wo-

bei letztere durch einen Zweipol in der 1. Cauer-Form zu realisieren ist, vgl. Gl. (2.58) und Bild 2.16a. Dabei ergeben sich zwei Fälle, nämlich der von Bild 2.21a, wenn die höchste Potenz n des Nennerpolynoms $Q(s)$ gerade ist, und der von Bild 2.21b, wenn die höchste Potenz n des Nennerpolynoms $Q(s)$ ungerade ist.

Als Beispiel sei die *normierte* Wirkungsfunktion

$$H(p) = \frac{P(p)}{Q(p)} = \frac{1}{g(p) + u(p)} =$$

$$= \frac{1}{1 + 2p + 2p^2 + p^3} \quad \text{mit} \quad p = \frac{s}{\omega_g} \qquad (2.73)$$

betrachtet, in welcher alle komplexen Frequenzen s auf einen Bezugswert ω_g normiert sind, also dimensionslos sind.

Mit Gl. (2.71) folgt

$$\underline{Y}_{22}(p)\,R_2 = \frac{2p^2 + 1}{p^3 + 2p} = \cfrac{1}{\cfrac{1}{2}\,p + \cfrac{1}{\cfrac{4}{3}\,p + \cfrac{1}{\cfrac{3}{2}\,p}}}\cdot \qquad (2.74)$$

Hieraus ergibt sich die Schaltung in Bild 2.22. In ihr stellen alle Schaltelemente normierte dimensionslose Größen dar.

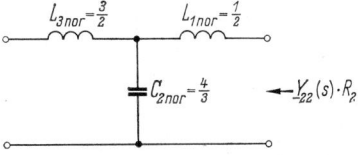

Bild 2.22. Realisierende Schaltung für Gl. (2.73)

2.3.3 Normierte Potenz- und Tschebyscheff-Tiefpässe

Für die Dämpfung eines Vierpols in Abhängigkeit von der normierten Frequenz Ω, vgl. Bild 2.18, gilt allgemein

$$\frac{a(\Omega)}{\text{Np}} = -\ln |H(j\Omega)| = -\frac{1}{2}\ln |H(j\Omega)|^2. \qquad (2.75)$$

Eine Tiefpaßapproximation durch ein Potenzfilter erhält man durch die Wahl

$$|H(\mathrm{j}\Omega)|^2 = H(\mathrm{j}\Omega)\,H(-\mathrm{j}\Omega) = \frac{1}{1 + \Omega^{2n}}. \quad (2.76)$$

Wie in Bild 2.23 verdeutlicht ist, erhält man
eine um so steilere Filterflanke, je größer man
den Exponenten n wählt.

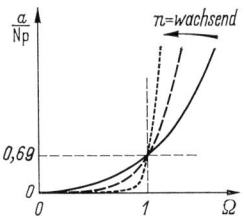

Bild 2.23. Dämpfungscharakteristiken des Potenz-
Tiefpaßfilters

Aus Gl. (2.76) muß nun $H(s)$ bestimmt werden,
und zwar so, daß das Nennerpolynom $Q(s)$ ein
Hurwitz-Polynom ist, vgl. Gl. (2.63). Dazu
setzen wir

$$\mathrm{j}\Omega = \mathrm{j}\,\frac{\omega}{\omega_{\mathrm{g}}} = p. \quad (2.77)$$

Das ergibt mit $H(p) = 1/Q(p)$

$$Q(p)\,Q(-p) = \frac{1}{H(p)\,H(-p)} =$$

$$= \begin{cases} 1 + p^{2n} & \text{für} \quad n = 2, 4, 6, \ldots \\ 1 - p^{2n} & \text{für} \quad n = 1, 3, 5, \ldots \end{cases} \quad (2.78)$$

Bild 2.24 zeigt die Lage der Nullstellen von
$Q(p)\,Q(-p)$ für die Fälle $n = 3$ und $n = 4$.
Es ergeben sich allgemein $2n$ Nullstellen, die
alle im Winkelabstand π/n auf dem Einheits-
kreis liegen. Ist n ungerade, dann ergeben
sich wegen $1 = p^{2n}$ stets Nullstellen bei
$p = \pm 1$. Ist n gerade, dann ergeben sich
keine Nullstellen bei $p = \pm 1$. Die ersten Nullstellen liegen in diesem Fall im Winkelabstand
$\pi/2n$ von der reellen Achse [1].

Zur Bestimmung von $H(p) = 1/Q(p)$ werden
die Nullstellen der linken p-Halbebene $Q(p)$
bzw. $1/H(p)$ zugeordnet. Damit verbleiben
die Nullstellen der rechten p-Halbebene für
$Q(-p)$. Auf diese Weise ist sichergestellt, daß
das Nennerpolynom von $H(p)$ ein Hurwitz-
Polynom wird.

Führt man die Berechnung durch, dann ergibt
sich für das Nennerpolynom $Q(p)$

$n = 1$: $Q(p) = 1 + p$,

$n = 2$: $Q(p) = 1 + \sqrt{2}\,p + p^2$,

$n = 3$: $Q(p) = 1 + 2p + 2p^2 + p^3$, $\quad (2.79)$

$n = 4$: $Q(p) = 1 + 2{,}613p + 3{,}414p^2 +$
$$+ 2{,}613p^3 + p^4.$$

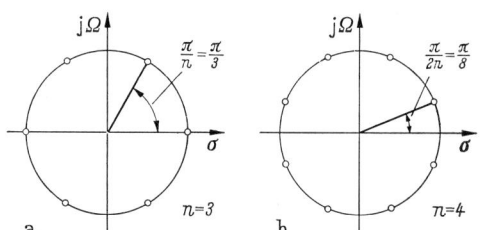

Bild 2.24. Nullstellen von $Q(p)\,Q(-p)$ beim Potenzfilter für die Ordnungen $n = 3$ und $n = 4$

Für den Fall $n = 3$ ist mit Gl. (2.73) und
Bild 2.22 bereits die fertige Schaltung berechnet worden. Die dort angegebenen Zahlenwerte für die normierten dimensionslosen
Größen L_{nor} und C_{nor} gelten nach Gl. (2.76)
für die normierte Durchlaßfrequenz $\Omega = 1$
und die normierte Ausgangsadmittanz $\underline{Y}_{22}R_2$.
Man erhält aus den normierten Schaltelemen-
ten die wirklichen Elemente, indem man nach
Gl. (2.74) alle normierten Induktivitäten mit
R_2 multipliziert sowie alle normierten Kapazitäten durch R_2 dividiert, und ferner nach
Gl. (2.61), Gl. (2.76), Gl. (2.77) und Gl. (2.74)
alle normierten Induktivitäten und Kapazi-
täten durch ω_{g} dividiert. Zusammengefaßt
heißt das

$$L = \frac{L_{\mathrm{nor}}R_2}{\omega_{\mathrm{g}}}, \quad (2.80)$$

$$C = \frac{C_{\mathrm{nor}}}{R_2\omega_{\mathrm{g}}}. \quad (2.81)$$

Eine Tiefpaßapproximation durch ein Tschebyscheff-Filter erhält man durch die Wahl

$$|H(\mathrm{j}\Omega)|^2 = H(\mathrm{j}\Omega)\,H(-\mathrm{j}\Omega) = \frac{1}{1 + \varepsilon^2 T_{\mathrm{n}}^2(\Omega)}.$$
$$(2.82)$$

In diesem Ansatz ist T_n das sogenannte Tschebyscheff-Polynom 1. Art von der Ordnung n, und ε ist eine reelle Zahl, welche die Höhe der Höcker im Durchlaßbereich bestimmt, vgl. Bild 2.18c.

Für die Tschebyscheff-Polynome gilt

$n = 1:\quad T_1(\Omega) = \Omega\,,$

$n = 2:\quad T_2(\Omega) = 2\Omega^2 - 1\,,$

$n = 3:\quad T_3(\Omega) = 4\Omega^3 - 3\Omega\,,$ $\qquad(2.83)$

$n = 4:\quad T_4(\Omega) = 8\Omega^4 - 8\Omega^2 + 1\,.$

Setzt man wieder $j\Omega = p$ und berechnet anschließend die Nullstellen von $Q(p)\,Q(-p)$ und ordnet die in der linken p-Halbebene liegenden Nullstellen $Q(p)$ zu, dann ergibt sich z. B. für $\varepsilon = 1$

$n = 1:\quad Q(p) = 1 + p\,,$

$n = 2:\quad Q(p) = 1{,}414 + 1{,}286p + 2p^2\,,$

$n = 3:\quad Q(p) = 1 + 3{,}704p +$
$\qquad\qquad + 2{,}384p^2 + 4p^3\,,$

$n = 4:\quad Q(p) = 1{,}414 + 3{,}363p + 9{,}336p^2 +$
$\qquad\qquad + 4{,}632p^3 + 8p^4\,.$

$\qquad\qquad\qquad\qquad\qquad(2.84)$

Eine allgemeinere Theorie, die zu geschlossenen Formeln für die Berechnung von $Q(p)$ führt, ist z. B. in [1] dargestellt.

Die Entwicklung der Schaltung mit obigen Polynomen $Q(p)$ gemäß Abschnitt 2.3.2 führt wieder auf normierte Schaltelemente, aus denen man die wahren Größen mit ω_g und R_2 aus Gl. (2.80) und Gl. (2.81) berechnen kann.

2.3.4 Berechnung von Hochpässen und Bandpässen mittels Frequenzachsentransformation

Wie eingangs von Abschnitt 2.3.1 bereits erwähnt wurde, lassen sich Hochpaß, Bandpaß und Bandsperre, deren ideale Charakteristiken in Bild 2.25 dargestellt sind, auf den normierten Tiefpaß zurückführen. Durch Frequenzachsentransformation erhält man aus dem Potenztiefpaß den Potenzhochpaß bzw.

Potenzbandpaß oder die Potenzbandsperre. Entsprechendes gilt für den Tschebyscheff-Tiefpaß. Dazu denken wir uns für die folgenden Betrachtungen in den Abschnitten 2.3.1 und 2.3.3 die Variable p durch die Bezeichnung p^* ersetzt, weil wir die Variable p nun für den Hochpaß, den Bandpaß und die Bandsperre verwenden wollen. Wenden wir uns zunächst dem Hochpaß zu. Setzt man

$$p^* = \frac{1}{p}\,,\qquad(2.85)$$

dann geht die Tiefpaßfunktion in die Hochpaßfunktion über. So wird z. B. aus Gl. (2.73)

$$H(p^*) = \frac{P(p^*)}{Q(p^*)} = \frac{1}{1 + 2p^* + 2p^{*2} + p^{*3}}$$

die Potenzhochpaßfunktion

$$H(p) = \frac{P(p)}{Q(p)} = \frac{p^3}{p^3 + 2p^2 + 2p + 1}\,.\qquad(2.86)$$

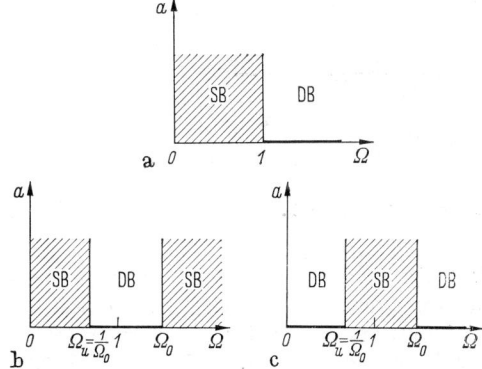

Bild 2.25. Ideale Dämpfungscharakteristik für (a) den Hochpaß, (b) den Bandpaß, (c) die Bandsperre

In Bild 2.26 ist veranschaulicht, wie durch die Transformation von Gl. (2.85) die $j\Omega^*$-Achse in Zeile a sich auf die Zeile b abbildet. Die positive Hälfte des Durchlaßbereiches $0 \leq \Omega^* \leq +1$ geht in den Bereich $-\infty \leq \Omega \leq \leq -1$, und die negative Hälfte des Durchlaßbereiches $-1 \leq \Omega^* \leq 0$ geht in den Bereich $+1 \leq \Omega \leq +\infty$ über.

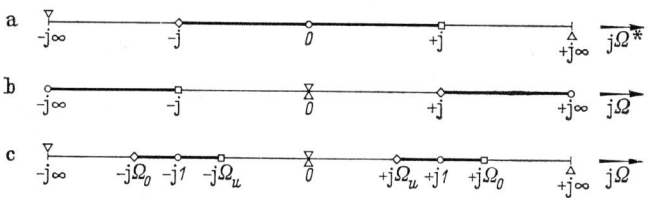

Bild 2.26. Zur Veranschaulichung der Frequenzachsentransformation

Mit dieser Frequenzachsentransformation wird die Schaltung eines berechneten Tiefpasses mit den Schaltelementen L^* und C^* direkt in die Schaltung eines Hochpasses übergeführt. Die Schaltelemente des Hochpasses L und C bestimmen sich gemäß Gl. (2.85) aus

$$p^*C^* = \frac{1}{pL} \quad \text{zu} \quad L = \frac{1}{C^*}, \qquad (2.87)$$

und

$$^*L^* = \frac{1}{pC} \quad \text{zu} \quad C = \frac{1}{L^*}. \qquad (2.88)$$

Die Entnormierung mit Gl. (2.80) und Gl. (2.81) kann man entweder vor oder nach der Tiefpaß-Hochpaßtransformation vornehmen. Man erhält aus einer Tiefpaßfunktion $H(p^*)$ eine Bandpaßfunktion $H(p)$, indem man

$$p^* = \frac{1}{\Omega_0 - \Omega_u}\left(p + \frac{1}{p}\right) \qquad (2.89)$$

setzt mit

$$\Omega_0 = \frac{1}{\Omega_u}; \quad \Omega_0 > 1. \qquad (2.90)$$

Ω_u bzw. Ω_0 ist die untere bzw. obere normierte Grenzfrequenz des Bandpasses in Bild 2.25. Das Wesen der Transformation von Gl. (2.89) und Gl. (2.90) ist in Bild 2.26 Zeile c veranschaulicht. Diese zeigt, wie sich spezielle Punkte der $j\Omega^*$-Achse in Punkte der $j\Omega$-Achse abbilden und umgekehrt. So entsprechen z. B. dem Punkt $p^* = +j$ die Punkte $p = -j\Omega_u$ und $p = +j\Omega_0$ usw. Die positive Hälfte des Durchlaßbereiches des Tiefpasses $0 \leq \Omega^* \leq 1$ geht also in den Bereich $\Omega_u \leq \Omega \leq \Omega_0$ über und die negative Hälfte $-1 \leq \Omega^* \leq 0$ in den Bereich $-\Omega_0 \leq \Omega \leq \Omega_u$. Mit der Frequenzachsentransformation von Gl. (2.89) und Gl. (2.90) wird die Schaltung eines Tiefpasses mit den Elementen L^* und C^* direkt in die Schaltung eines Bandpasses

übergeführt. Die Bandpaßschaltelemente L und C bestimmen sich nun gemäß Gl. (2.89) und Gl. (2.90) aus

$$p^*L^* = pL_1 + \frac{1}{pC_1} \quad \text{zu} \quad L_1 = \frac{1}{C_1} = \frac{L^*}{\Omega_0 - \Omega_u} \qquad (2.91)$$

und

$$p^*C^* = pC_2 + \frac{1}{pL_2} \quad \text{zu} \quad C_2 = \frac{1}{L_2} = \frac{C^*}{\Omega_0 - \Omega_u}. \qquad (2.92)$$

Mit $\Omega_0 > \Omega_u$ ergeben sich stets positive Schaltelemente.

Eine Bandsperre erhält man durch Anwendung der Tiefpaß-Bandpaßtransformation von Gl. (2.89) und Gl. (2.90) auf einen zuvor berechneten Hochpaß.

2.3.5 Berechnung von Laufzeitgliedern

Eine exakte Verzögerung eines Signals um die Laufzeit t_0 erhält man auf Grund des Verschiebungssatzes der Laplace-Transformation, vgl. Tab. 0.1, durch die Wirkungsfunktion

$$H(s) = \frac{U_2(s)}{U_1(s)} = \mathrm{e}^{-st_0} = \frac{1}{\mathrm{e}^{st_0}} = \frac{P(s)}{Q(s)}. \qquad (2.93)$$

Das entspricht einem linear mit der Frequenz ansteigendem Phasenverlauf

$$b(\omega) = \omega t_0 = \Omega. \qquad (2.94)$$

Hierbei stellt $\Omega = \omega/\omega_0$ eine normierte Frequenz dar mit $\omega_0 = 1/t_0$. Führt man statt der komplexen Frequenz s die entsprechend normierte Frequenz

$$p = \frac{s}{\omega_0} = st_0 \qquad (2.95)$$

ein, dann ist die normierte Wirkungsfunktion

$$H(p) = \frac{P(p)}{Q(p)} = \frac{1}{\mathrm{e}^p} \qquad (2.96)$$

durch ein Polynomfilter gemäß Bild 2.21 realisierbar, wenn es gelingt, die transzendente Funktion e^p durch ein Polynom $Q(p)$ zu approximieren, welches ein Hurwitz-Polynom ist. Ein Weg, der stets zum Ziel führt, besteht darin, daß man

$$e^p \approx g_n(p) + u_n(p) = Q(p) \qquad (2.97)$$

setzt, wobei man $g_n(p)$ und $u_n(p)$ aus der nach dem n-ten Glied abgebrochenen Kettenbruchentwicklung des Quotienten

$$\frac{g_n(p)}{u_n(p)} = \left(\frac{\cosh p}{\sinh p}\right)_n = \frac{1 + \dfrac{p^2}{2!} + \dfrac{p^4}{4!} + \cdots}{\dfrac{p}{1!} + \dfrac{p^3}{3!} + \dfrac{p^5}{5!} + \cdots} =$$

$$= \frac{1}{p} + \cfrac{1}{\dfrac{3}{p} + \cfrac{1}{\dfrac{5}{p} + \cfrac{\cdot}{\ddots \cfrac{1}{\dfrac{(2n-1)}{p}}}}} \qquad (2.98)$$

gewinnt. Man beachte dabei, daß es nicht dasselbe ist, ob man den Kettenbruch nach dem n-ten Glied abbricht, oder ob man die MacLaurin-Reihen im Zähler und Nenner von g_n/u_n nach dem n-ten Glied abbricht. Während man im letzteren Fall nicht immer ein Hurwitz-Polynom erhält, ergibt sich beim Abbruch des Kettenbruchs stets ein solches [1]. Für $n = 5$ erhält man z. B. das Hurwitz-Polynom

$$Q(p) = g_5(p) + u_5(p) = (\cosh p + \sinh p)_5 =$$

$$= 1 + p + \frac{4}{9} p^2 + \frac{1}{9} p^3 + \frac{1}{63} p^4 +$$

$$+ \frac{1}{945} p^5 \approx e^p. \qquad (2.99)$$

Die so entstandenen Polynome $Q(p)$ bezeichnet man als Bessel-Polynome. Die Realisierung der normierten Schaltung ist nun gemäß Abschnitt 2.3.2 möglich. Die Entnormierung der Schaltelemente erfolgt mit Gl. (2.80) und Gl. (2.81), wobei man ω_g durch ω_0 ersetzt.

2.3.6 Entzerrer

Entzerrer haben die Aufgabe, lineare Verzerrungen eines Übertragungsweges aufzuheben. Bei den linearen Verzerrungen unter-

scheidet man zwischen Dämpfungsverzerrungen und Phasen- bzw. Laufzeitverzerrungen. Normalerweise ist bei Übertragungswegen eine konstante Betriebsdämpfung im interessierenden Frequenzbereich $\omega_u \leq \omega \leq \omega_0$ erwünscht. Hat ein Übertragungsweg in diesem Bereich keine konstante Betriebsdämpfung, dann treten Dämpfungsverzerrungen auf. Bild 2.27 veranschaulicht, wie man mit einem Entzerrer von komplementärem Dämpfungsverlauf im Bereich $\omega_u \leq \omega \leq \omega_0$ die Dämpfungsverzerrungen aufheben kann.

Laufzeitverzerrungen treten bei einem Übertragungsweg dann auf, wenn der Übertragungsweg im interessierenden Frequenzbereich $\omega_u \leq \omega \leq \omega_0$ keine konstante Gruppenlaufzeit hat. Die Realisierung der Laufzeitentzerrung erfolgt in gleicher Weise wie das in Bild 2.27 gezeigte Prinzip der Dämpfungsentzerrung.

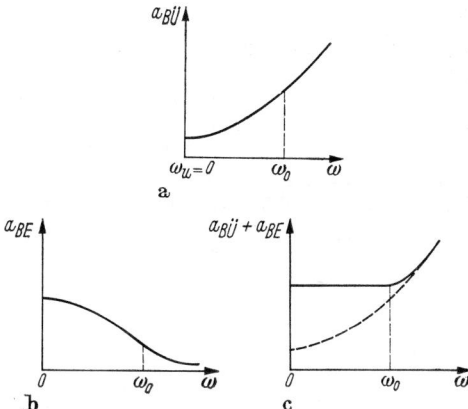

Bild 2.27. Veranschaulichung der Dämpfungsentzerrung.
(a) Betriebsdämpfung $a_{\mathrm{B\ddot{U}}}$ eines Übertragungsweges, (b) Betriebsdämpfung a_{BE} des Entzerrers, (c) Betriebsdämpfung des entzerrten Übertragungsweges

Für die Dämpfungs- und Laufzeitentzerrung verwendet man in der Praxis häufig *Netzwerke konstanten Eingangswiderstandes*, weil Übertragungswege in der Regel mit reellen ohmschen Widerständen abgeschlossen sind. Netzwerke konstanten Eingangswiderstandes haben ebenfalls einen reellen Eingangswiderstand. Mit ihrer Hilfe kann also ein Übertragungsweg entzerrt werden, ohne daß irgend etwas

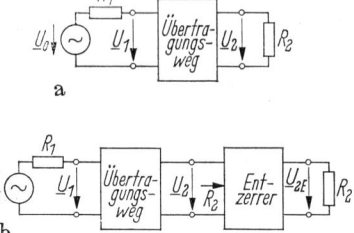

a

b

Bild 2.28. Entzerrung durch einen Vierpol konstanten Eingangswiderstandes

an seinem Beschaltungszustand geändert wird (Bild 2.28).

Neben Netzwerken konstanten Eingangswiderstandes, die nachfolgend beschrieben werden, haben neuerdings auch aktive Verzweigungsfilter eine große Bedeutung als Entzerrer erlangt. Solche Filter werden in Abschnitt 6.1.2 behandelt.

2.3.6.1 Dämpfungsentzerrung

Bild 2.29 zeigt die Schaltung eines Vierpols mit konstantem Eingangswiderstand, welcher häufig zur Dämpfungsentzerrung verwendet wird. Der Widerstand $\underline{Z}$ darf beliebig komplex sein. Der Widerstand im Querzweig muß jedoch dual zu $\underline{Z}$ sein. Für Bild 2.29b errechnet sich

$$\frac{\underline{U}_2}{\underline{U}_1} = \frac{R}{R + \underline{Z}}, \tag{2.100}$$

$$\frac{\underline{U}_3}{\underline{U}_1} = \frac{R^2/\underline{Z}}{R^2/\underline{Z} + R} = \frac{R}{R + \underline{Z}}. \tag{2.101}$$

Da beidemal dasselbe Ergebnis herauskommt, ist in Bild 2.29a der mittlere Widerstand R stromlos. Er kann entfallen, wenn man nur eine Übertragung in der Richtung vom Eingang zum Ausgang betrachtet. Um aber den Vierpol auch für eine Übertragung in der umgekehrten Richtung benutzen zu können, versieht man ihn mit dem eingezeichneten mittleren Widerstand R. Der Eingangswiderstand des überbrückten T-Gliedes von Bild 2.29a errechnet sich daher zu

$$R_\mathrm{e} = \frac{(R + R^2/\underline{Z})\,(R + \underline{Z})}{R + R^2/\underline{Z} + R + \underline{Z}} = R. \tag{2.102}$$

Wäre die Eingangsseite mit R abgeschlossen, dann ergäbe sich wegen der Symmetrie derselbe

konstante und frequenzunabhängige Widerstand auch als Innenwiderstand von der Ausgangsseite.

Für die Wirkungsfunktion des überbrückten T-Gliedes ergibt sich wegen Gl. (2.100) und Gl. (2.101)

$$H = \frac{\underline{U}_2}{\underline{U}_1} = \frac{R}{R + \underline{Z}}. \tag{2.103}$$

Wird für $\underline{Z}$ beispielsweise ein gedämpfter Parallelschwingkreis gewählt, dann lassen sich mit dem Entzerrer glockenförmige Dämpfungsverläufe realisieren, wie sie in Bild 2.30 gezeigt sind. Durch Überlagerung mehrerer solcher Kurven läßt sich ein beliebiger Dämpfungsverlauf erzeugen, wenn man von steilen Dämpfungsanstiegen absieht. Letztere treten aber nur bei Siebschaltungen auf, wo sie außerdem erwünscht sind und also nicht entzerrt werden müssen.

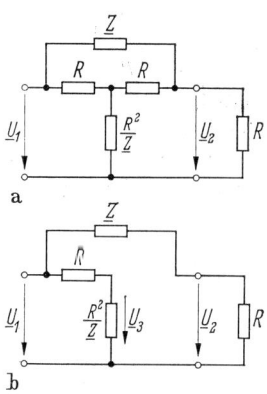

a

b

Bild 2.29. (a) Überbrücktes T-Glied zur Dämpfungsentzerrung, (b) zur Berechnung der Wirkungsfunktion des ausgangsseitig beschalteten überbrückten T-Gliedes

Bild 2.30. Typische Entzerrerdämpfungsverläufe

2.3.6.2 Phasen- bzw. Laufzeitentzerrung

Zur Phasenentzerrung werden meist die sogenannten Allpässe benutzt. Allpässe sind Vierpole, die alle Frequenzkomponenten eines beliebigen Signals ungedämpft passieren lassen. Lediglich die Phasenlage der einzelnen Frequenzkomponenten ist am Ausgang des Allpasses eine andere als am Eingang. Bei den Allpässen gibt es außerdem noch eine Klasse, die einen konstanten reellen Eingangswiderstand hat.

Die symmetrische Brückenschaltung von Bild 2.31 erweist sich als ein solcher Allpaß mit konstantem Eingangswiderstand R, wenn die Brückenimpedanzen $\underline{Z}_1$ und $\underline{Z}_2$ imaginär (d. h. Reaktanzzweipole) und dual zueinander sind, also

$$\underline{Z}_2 = \frac{R^2}{\underline{Z}_1}, \qquad (2.104)$$

und wenn der Vierpol überdies ausgangsseitig mit dem Widerstand R abgeschlossen ist.

Zur Berechnung der Vierpoleigenschaften wird zweckmäßigerweise zunächst die Widerstandsmatrix $\mathbf{Z}$ aufgestellt, vgl. Gl. (0.96). Wegen der vollständigen Symmetrie können I_1 und I_2 sowie U_1 und U_2 miteinander vertauscht werden. Daher folgt aus Bild 2.31

$$\underline{Z}_{11} = \frac{U_1}{I_1}\bigg|_{I_2=0} = \frac{1}{2}\,(\underline{Z}_2 + \underline{Z}_1) = \underline{Z}_{22}, \qquad (2.105)$$

$$\underline{Z}_{12} = \frac{U_1}{I_2}\bigg|_{I_1=0} = \frac{1}{2}\,(\underline{Z}_2 - \underline{Z}_1) = \underline{Z}_{21}. \qquad (2.106)$$

Da die Determinante

$$\Delta\underline{Z} = \underline{Z}_{11}\underline{Z}_{22} - \underline{Z}_{12}\underline{Z}_{21} =$$
$$= (\underline{Z}_2 + \underline{Z}_1)^2/4 - (\underline{Z}_2 - \underline{Z}_1)^2/4 =$$
$$= \underline{Z}_1\underline{Z}_2 \qquad (2.107)$$

ist, folgt nach Tab. 0.3 für den Eingangswiderstand $\underline{Z}_e$ bei $\underline{Z}_2 = R$

$$\underline{Z}_e = \frac{\Delta\underline{Z} + \underline{Z}_{11}R}{\underline{Z}_{22} + R} = \frac{2\underline{Z}_1\underline{Z}_2 + \underline{Z}_2 R + \underline{Z}_1 R}{\underline{Z}_2 + \underline{Z}_1 + 2R}$$

und speziell mit Gl. (2.104)

$$\underline{Z}_e = \frac{2R^2 + R^3/\underline{Z}_1 + \underline{Z}_1 R}{2R + R^2/\underline{Z}_1 + \underline{Z}_1} = R, \qquad (2.108)$$

womit die Eigenschaft des konstanten Eingangswiderstandes nachgewiesen ist.

Für die Wirkungsfunktion ergibt sich mit Tab. 0.3 entsprechend

$$H = \frac{U_2}{U_1} = \frac{\underline{Z}_1 R}{\Delta\underline{Z} + \underline{Z}_{11}R} = \frac{R^3/\underline{Z}_1 - \underline{Z}_1 R}{2R^2 + R^3/\underline{Z}_1 + \underline{Z}_1 R}.$$

Durch Erweiterung mit $\underline{Z}_1/R$ folgt hieraus,

$$H = \frac{U_2}{U_1} = \frac{R^2 - \underline{Z}_1^2}{2\underline{Z}_1 R + R^2 + \underline{Z}_1^2} =$$
$$= \frac{(R + \underline{Z}_1)\,(R - \underline{Z}_1)}{(R + \underline{Z}_1)^2} = \frac{R - \underline{Z}_1}{R + \underline{Z}_1}. \qquad (2.109)$$

Ist $\underline{Z}_1$ und damit auch $\underline{Z}_2$ für $s = j\omega$ rein imaginär, d. h. eine Reaktanz, dann folgt für die Dämpfung

$$a = -\ln\left|\frac{U_2}{U_1}\right| = \ln\frac{\sqrt{R^2 + |\underline{Z}_1|^2}}{\sqrt{R^2 + |\underline{Z}_1|^2}} = \ln 1 = 0.$$

$$(2.109a)$$

Damit ist die eingangs aufgestellte Behauptung, daß die Schaltung in Bild 2.31 ein Allpaß sei, bewiesen. Trotz der Dämpfung Null bei allen Frequenzen ergibt sich jedoch hier eine frequenzabhängige Phasendrehung. Diese

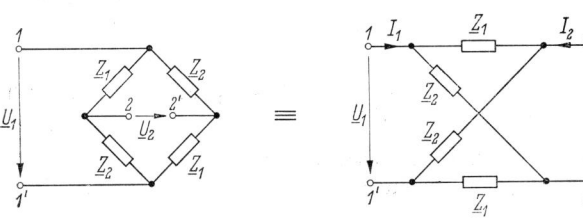

Bild 2.31.

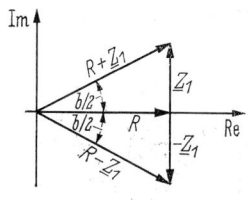

Bild 2.32.

Bild 2.31. Symmetrische Brückenschaltung

Bild 2.32. Darstellung von Gl. (2.109) in der komplexen Widerstandsebene für den Fall, daß $\underline{Z}_1$ ein Blindwiderstand ist

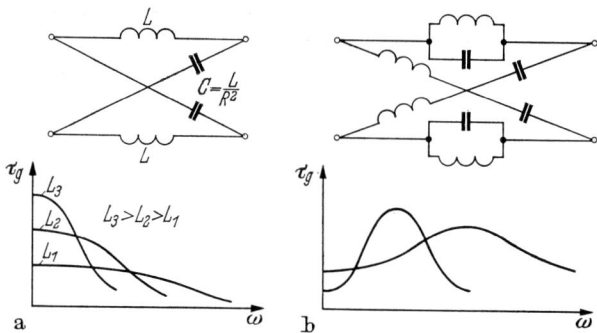

Bild 2.33. Allpaß 1. Ordnung (a) und 2. Ordnung (b) und damit realisierbare typische Gruppenlaufzeitverläufe

errechnet sich aus einer einfachen geometrischen Betrachtung in Bild 2.32 zu

$$\tan \frac{b}{2} = \frac{|\underline{Z}_1|}{R}. \tag{2.110}$$

Man spricht von einem Allpaß 1. Ordnung, wenn $\underline{Z}_1$ nur aus *einer* Reaktanz besteht, z. B. einer Induktivität. Dann ist $\underline{Z}_2$ wegen der Dualitätsbedingung eine Kapazität. Man spricht von einem Allpaß 2. Ordnung, wenn $\underline{Z}_1$ aus *zwei* Blindwiderständen besteht, z. B. einem Parallelschwingkreis. $\underline{Z}_2$ ist im letzteren Fall dann ein Serienkreis. Bild 2.33 zeigt einen Allpaß 1. und 2. Ordnung sowie den qualitativen Gang der damit realisierbaren Gruppenlaufzeitverläufe. Bemerkenswert ist, daß mit Allpässen nur positive Gruppenlaufzeit zu realisieren ist.

Soll ein Übertragungsweg sowohl dämpfungs- als auch laufzeitentzerrt werden, so führt man zunächst die Dämpfungsentzerrung mit einem Vierpol nach Bild 2.29 durch. Dadurch wird zwar im allgemeinen der Laufzeitverlauf noch beeinträchtigt, in der anschließenden Laufzeitentzerrung mit Allpässen der obigen Art wird aber dann der Dämpfungsverlauf nicht mehr beeinflußt.

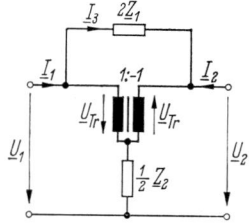

Bild 2.34. Äquivalente erdunsymmetrische Schaltung zu Bild 2.31

Für die praktische Anwendung ist die oben behandelte Brückenschaltung wegen ihrer Erdsymmetrie nicht immer brauchbar. Erwünscht sind häufig *erdunsymmetrische* Schaltungen. Die in Bild 2.34 gezeigte Schaltung mit dem idealen Übertrager ist der Brückenschaltung von Bild 2.31 äquivalent.

Da die Vierpole symmetrisch und reziprok sind, genügt zum Nachweis der Äquivalenz die Berechnung von $\underline{Z}_{11}$ und $\underline{Z}_{12}$. Für die Ströme gilt nach Gl. (0.68)

$$I_1 - I_3 = -\frac{1}{\ddot{u}}(I_2 + I_3) = I_2 + I_3. \tag{2.111}$$

Wir betrachten nun zwei Fälle:

1. Fall: Es sei $I_2 = 0$.
Hierfür folgt aus Gl. (2.111)

$$I_1 = 2I_3 \tag{2.112}$$

und damit

$$2\underline{U}_{\mathrm{Tr}} = 2\underline{Z}_1 I_3 = \underline{Z}_1 I_1. \tag{2.113}$$

Ferner ergibt sich aus Bild 2.34 und Gl. (2.113)

$$\underline{U}_1 = \underline{U}_{\mathrm{Tr}} + I_1 \underline{Z}_2/2 = I_1(\underline{Z}_1 + \underline{Z}_2)/2, \tag{2.114}$$

also

$$\underline{Z}_{11} = \frac{\underline{U}_1}{I_1}\bigg|_{I_2=0} = (\underline{Z}_2 + \underline{Z}_1)/2. \tag{2.115}$$

2. Fall: Es sei $I_1 = 0$.
In diesem Fall gilt

$$I_2 = -2I_3 \tag{2.116}$$

und damit

$$2\underline{U}_{\mathrm{Tr}} = 2\underline{Z}_1 I_3 = -\underline{Z}_1 I_2. \tag{2.117}$$

Aus Bild 2.34 folgt jetzt

$$\underline{U}_1 = \underline{U}_{\text{Tr}} + \underline{I}_2\underline{Z}_2/2 = \underline{I}_2(\underline{Z}_2 - \underline{Z}_1)/2, \quad (2.118)$$

$$\underline{Z}_{12} = \frac{\underline{U}_1}{\underline{I}_2}\bigg|_{I_1 = 0} = (\underline{Z}_2 - \underline{Z}_1)/2. \quad (2.119)$$

Die Ergebnisse stimmen offenbar mit denen von Gl. (2.105) und Gl. (2.106) überein, womit die Äquivalenz bewiesen ist.

2.4 Theorie einfacher Bandfilter

Ein Bandfilter besteht aus zwei oder mehreren Parallelschwingkreisen, die miteinander lose gekoppelt sind. Bild 2.35 zeigt ein Zweikreisbandfilter mit kapazitiver Kopplung und eines mit induktiver Kopplung. Die Resonanzfrequenzen der beiden Schwingkreise eines Zweikreisbandfilters sollen gleich sein, d. h.

$$\omega_{\text{r}} = \frac{1}{\sqrt{L_1C_1}} = \frac{1}{\sqrt{L_2C_2}}. \quad (2.120)$$

Im allgemeinen werden Bandfilter aus einer Stromquelle, d. h. mit eingeprägtem Strom I_1, betrieben, während sie an der Ausgangsseite leer laufen ($I_2 = 0$). Für das Verhältnis $\left|\dfrac{U_2}{I_1}\right|$ ergeben sich je nach Stärke der Kopplung zwischen beiden Schwingkreisen eines Zweikreisbandfilters, auf welches wir uns hier beschränken wollen, die in Bild 2.36 gezeigten qualitativen Durchlaßkurven. Bei sehr schwacher Kopplung erhält man Kurve a. Wenn die Kopplung etwas größer gemacht wird, geht Kurve a in Kurve b über, wobei die Flanken-

steilheit größer und das Dach maximal flach wird. Bei weiterer Erhöhung der Kopplung ergibt sich eine noch größere Flankensteilheit jedoch bei gleichzeitiger Einsattelung des Kurvendaches (Kurve c).

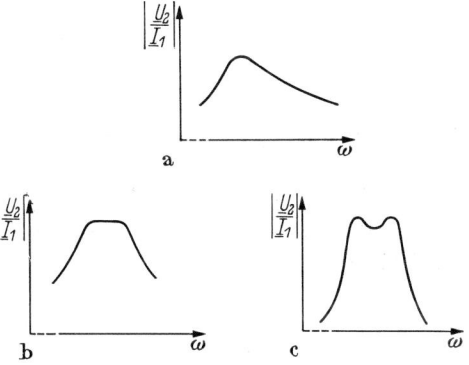

Bild 2.36. Typische (qualitative) Durchlaßkurven eines Zweikreisbandfilters.
(a) schwache Kopplung, (b) transitionale Kopplung, (c) stärkere Kopplung

Bandfilter werden ähnlich wie Bandpässe zum Ausfiltern eines gewissen Frequenzbereiches verwendet. Man findet sie meist als Koppelnetzwerke zwischen einzelnen Verstärkerstufen eines selektiven Verstärkers. In manchen Schaltungen wie z. B. im Riegger-Kreis oder im Ratiodetektor (s. Bilder, Abschnitt 7.5.3) werden Bandfilter aber auch dazu benutzt, um in einem gewissen Frequenzbereich (dem Durchlaßbereich des Bandfilters) eine frequenzproportionale Phasendrehung zwischen Eingangs- und Ausgangsspannung zu erzeugen. In allen diesen Anwendungen hat das Zweikreisbandfilter mit induktiver Kopplung die größere technische Bedeutung, weshalb die folgenden Betrachtungen auf dieses beschränkt sein sollen.

2.4.1 Eigenschaften des induktiv gekoppelten Zweikreisbandfilters

Die interessierenden elektrischen Größen eines Bandfilters sind die Spannungsübertragungsfunktion $\underline{U}_1/\underline{U}_2$, der Leerlaufeingangswiderstand $\underline{Z}_{11}$ und der Übertragungswiderstand $\underline{Z}_{21}$. Der Betrag der zuletzt genannten Größe kennzeichnet das Durchlaßverhalten bei

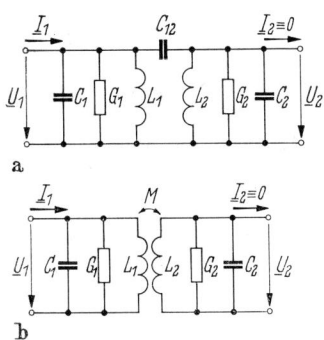

Bild 2.35. Zweikreisbandfilter mit (a) kapazitiver Kopplung, (b) induktiver Kopplung

Stromspeisung am Eingang. Die möglichen Kurven hierfür zeigt Bild 2.36. Der Übertragungswiderstand kann wegen $I_2 \equiv 0$ aus dem Quotient von Eingangswiderstand und Spannungsübertragungsfunktion bestimmt werden.

$$\underline{Z}_{21} = \frac{\underline{U}_2}{\underline{I}_1} = \frac{\underline{U}_1}{\underline{I}_1} \frac{\underline{U}_2}{\underline{U}_1}. \qquad (2.121)$$

Es brauchen also nur die Spannungsübertragungsfunktion $\underline{U}_1/\underline{U}_2$ und der Eingangswiderstand $\underline{Z}_e$ berechnet zu werden.

Berechnung der Spannungsübertragungsfunktion $\underline{U}_1/\underline{U}_2$. Die Berechnung erfolgt anhand Bild 2.37. Für die magnetisch gekoppelten Spulen mit den Induktivitäten L_1 und L_2 gelten die Transformatorgleichungen. Nimmt man einen Windungssinn entsprechend Bild 1.42 Fall *a* an, dann gilt mit $M = k\sqrt{L_1 L_2}$ [vgl. Gl. (1.146)]

$$\underline{U}_1 = j\omega L_1 \underline{I}_{1T} - j\omega k\sqrt{L_1 L_2}\,\underline{I}_{2T}, \qquad (2.122)$$

$$\underline{U}_2 = j\omega k\sqrt{L_1 L_2}\,\underline{I}_{1T} - j\omega L_2 \underline{I}_{2T}. \qquad (2.123)$$

Durch Multiplikation von Gl. (2.122) mit $k\sqrt{L_2/L_1}$ und anschließender Subtraktion von Gl. (2.123) erhält man

$$\underline{U}_1 k \sqrt{\frac{L_2}{L_1}} - \underline{U}_2 - (-j\omega k^2 L_2 + j\omega L_2)\,\underline{I}_{2T}. \qquad (2.124)$$

Aus Bild 2.37 ergibt sich $\underline{I}_{2T} = \underline{U}_2(G_2 + j\omega C_2)$. Durch Einsetzen von $\underline{I}_{2T}$ in Gl. (2.124) folgt

$$\underline{U}_1 k \sqrt{\frac{L_2}{L_1}} - \underline{U}_2 =$$

$$= j\omega L_2 (1 - k^2)(G_2 + j\omega C_2)\,\underline{U}_2, \qquad (2.125)$$

$$\frac{\underline{U}_1}{\underline{U}_2} = \frac{1 + j\omega L_2 (1 - k^2)\,G_2 - \omega^2 L_2 C_2 (1 - k^2)}{k \sqrt{\dfrac{L_2}{L_1}}}.$$

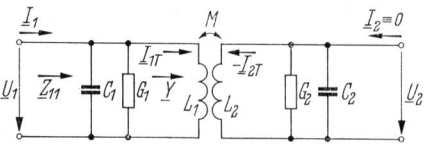

Bild 2.37. Zur Berechnung des induktiv gekoppelten Bandfilters

Wie eingangs gesagt wurde, sollen die einzelnen Schwingkreise nur lose gekoppelt sein (Richtwert $k < 0{,}1$), so daß näherungsweise $(1 - k^2) \approx 1$ gesetzt werden kann. (Bei derartig losen Kopplungen dürfen die einzelnen Spulen natürlich nicht auf einen gemeinsamen ferromagnetischen Kern gewickelt werden, weil das viel zu starke Kopplungen ergäbe. Die Kopplung erfolgt zweckmäßigerweise über einen Luftweg.) Wie beim einfachen Schwingkreis in Abschnitt 2.1.1, so erhält man auch beim Bandfilter mathematisch einfachere Beziehungen, wenn man die Verstimmung v nach Gl. (2.7) und die Güte Q nach Gl. (2.6) einführt.

$$Q_1 = \frac{\omega_0 C_1}{G_1} = \frac{1}{\omega_0 G_1 L_1} \quad \text{bzw.}$$

$$Q_2 = \frac{\omega_0 C_2}{G_2} = \frac{1}{\omega_0 G_2 L_2}, \qquad (2.126)$$

$$v = \frac{\omega}{\omega_0} - \frac{\omega_0}{\omega}. \qquad (2.127)$$

Unter Berücksichtigung dieser Beziehungen und mit $(1 - k^2) \approx 1$ wird aus Gl. (2.125)

$$\frac{\underline{U}_1}{\underline{U}_2} = \frac{1 + j\,\dfrac{\omega}{\omega_0}\,\dfrac{1}{Q_2} - \dfrac{\omega^2}{\omega_0^2}}{k\sqrt{\dfrac{L_2}{L_1}}} =$$

$$= + \frac{\dfrac{\omega}{\omega_0}\left(-v + j\,\dfrac{1}{Q_2}\right)}{k\sqrt{\dfrac{Q_1 G_1}{Q_2 G_2}}} =$$

$$= \frac{1 + j v Q_2}{-j G_1 k \sqrt{\dfrac{Q_1 Q_2}{G_1 G_2}}\,\dfrac{\omega_0}{\omega}}. \qquad (2.128)$$

Verwendet man ferner die folgenden Bezeichnungen für die normierte Verstimmung (vgl. Tab. 2.1)

$$\Omega = v\sqrt{Q_1 Q_2} = \left(\frac{\omega}{\omega_0} - \frac{\omega_0}{\omega}\right)\sqrt{Q_1 Q_2} \qquad (2.129)$$

und für die normierte Kopplung

$$n = k\sqrt{Q_1 Q_2}, \qquad (2.130)$$

dann erhält man aus Gl. (2.128) für Frequenzen $\omega \approx \omega_0$ die folgende Beziehung:

$$\frac{U_1}{U_2} = j \frac{1}{n} \sqrt{\frac{G_2}{G_1}} \left(1 + j\Omega \sqrt{\frac{Q_2}{Q_1}}\right). \qquad (2.131)$$

Berechnung des Leerlaufeingangswiderstandes.
Wie bei der Spannungsübertragungsfunktion, so erfolgt auch hier die Berechnung anhand Bild 2.37. Zunächst wird der Leitwert $\underline{Y}$ berechnet. Durch Elimination von $\underline{U}_2$ in Gl. (2.123) mit der Beziehung $\underline{I}_{2T} = \underline{U}_2(G_2 + j\omega C_2)$ erhält man

$$\underline{I}_{2T} = \frac{j\omega k \sqrt{L_1 L_2}\,(G_2 + j\omega C_2)}{1 + j\omega L_2(G_2 + j\omega C_2)}\,\underline{I}_{1T}. \qquad (2.132)$$

Durch Einsetzen von Gl. (2.132) in Gl. (2.122) ergibt sich für $\underline{Y}$

$$\frac{1}{\underline{Y}} = \frac{\underline{U}_1}{\underline{I}_{1T}} =$$
$$= j\omega L_1 + \frac{\omega^2 k^2 L_1 L_2(G_2 + j\omega C_2)}{1 + j\omega L_2(G_2 + j\omega C_2)} =$$
$$= \frac{j\omega L_1\{1 + j\omega L_2(G_2 + j\omega C_2)(1 - k^2)\}}{1 + j\omega L_2(G_2 + j\omega C_2)}. \qquad (2.133)$$

Anhand der Schaltung von Bild 2.37 und mit Gl. (2.133) folgt nun für den Eingangsleitwert $\underline{Y}_1$

$$\underline{Y}_1 = \frac{1}{\underline{Z}_{11}} = G_1 + j\omega C_1 + \underline{Y} =$$
$$= G_1 + j\omega C_1 +$$
$$+ \frac{1 + j\omega L_2(G_2 + j\omega C_2)}{j\omega L_1\{1 + j\omega L_2 G_2(1 - k^2) - \omega^2 L_2 C_2(1 - k^2)\}}. \qquad (2.134)$$

Wird die rechte Seite von Gl. (2.134) auf einen Nenner gebracht, dann lautet der Zähler $Z\ddot{a}$ von $\underline{Y}_1$

$$Z\ddot{a} = j\omega L_1 G_1 - \omega^2 L_1 L_2 G_1 G_2(1 - k^2) -$$
$$- j\omega^3 L_1 L_2 C_2 G_1(1 - k^2) -$$
$$- \omega^2 L_1 C_1 - j\omega^3 L_1 L_2 C_1 G_2(1 - k^2) +$$
$$+ \omega^4 L_1 L_2 C_1 C_2(1 - k^2) +$$
$$+ 1 + j\omega L_2 G_2 - \omega^2 L_2 C_2. \qquad (2.135)$$

Der Nenner von $\underline{Y}_{11}$ ist gleich dem des Bruches in Gl. (2.134). Darin ist der Anteil in der geschweiften Klammer wieder gleich dem von Gl. (2.125) und läßt sich damit wie in Gl. (2.128) durch den Ausdruck

$$\frac{\omega}{\omega_0}\left(-v + j\frac{1}{Q_2}\right) \qquad (2.136)$$

ersetzen. Zur weiteren Umformung des Zählers von $\underline{Y}_1$ wird nun dieser Zähler $Z\ddot{a}$ zweckmäßigerweise durch den Ausdruck

$$j\omega L_1 \frac{\omega}{\omega_0} j \frac{1}{Q_2} G_1 = -\omega^2 L_1 L_2 G_1 G_2 \qquad (2.137)$$

dividiert, damit später im Nenner von $\underline{Y}_1$ bzw. im Zähler von $\underline{Z}_{11}$ derselbe Ausdruck erscheint wie im Zähler der Spannungsübertragungsfunktion von Gl. (2.128). [Die Gleichheit in Gl. (2.137) ergibt sich durch Ersetzen von Q_2 mittels Gl. (2.126).]

$$\frac{Z\ddot{a}}{-\omega^2 L_1 L_2 G_1 G_2} = 1 - k^2 + \frac{C_1}{L_2 G_1 G_2} +$$
$$+ \frac{C_2}{L_1 G_1 G_2} - \frac{1}{\omega^2 L_1 L_2 G_1 G_2} -$$
$$- \frac{\omega^2 C_1 C_2}{G_1 G_2}(1 - k^2) - j\frac{1}{\omega L_1 G_1} +$$
$$+ j\frac{\omega C_1}{G_1}(1 - k^2) - j\frac{1}{\omega L_2 G_2} + j\frac{\omega C_2}{G_2}(1 - k^2). \qquad (2.138)$$

Für den Imaginärteil von Gl. (2.138) ergibt sich mit Gl. (2.126) und Gl. (2.127)

$$+ j\left\{\frac{\omega}{\omega_0} Q_1(1 - k^2) - \frac{\omega_0}{\omega} Q_1\right\} +$$
$$+ j\left\{\frac{\omega}{\omega_0} Q_2(1 - k^2) - \frac{\omega_0}{\omega} Q_2\right\} \approx jv(Q_1 + Q_2). \qquad (2.139)$$

Beim Realteil von Gl. (2.138) kann k^2 im Glied mit ω^2 nicht immer vernachlässigbar werden. Hier erhält man unter Berücksichtigung von Gl. (2.126) und Gl. (2.127) für Frequenzen $\omega \approx \omega_0$

$$1 + Q_1 Q_2 + Q_1 Q_2 - \left\{\frac{\omega^2}{\omega_0^2} Q_1 Q_2 + \frac{\omega_0^2}{\omega^2} Q_1 Q_2\right\} +$$
$$+ k^2 \omega^2 \frac{C_1 C_2}{G_1 G_2} \approx 1 - Q_1 Q_2\left\{\frac{\omega^2}{\omega_0^2} - 2 + \frac{\omega_0^2}{\omega^2}\right\} +$$
$$+ k^2 \omega_0^2 \frac{C_1 C_2}{G_1 G_2} = 1 - v^2 Q_1 Q_2 + k^2 Q_1 Q_2. \qquad (2.140)$$

Mit den Gln. (2.134) bis (2.140) folgt jetzt für den Eingangsleitwert $\underline{Y}_1$ bzw. den Eingangswiderstand $\underline{Z}_{11}$

$$\underline{Y}_1 = \frac{1}{\underline{Z}_{11}} =$$

$$= \frac{1 - v^2 Q_1 Q_2 + k^2 Q_1 Q_2 + jv(Q_1 + Q_2)}{\dfrac{1}{G_1}\,(1 + jvQ_2)}. \tag{2.141}$$

Nach Einführen der normierten Verstimmung Ω nach Gl. (2.129) und der normierten Kopplung n nach Gl. (2.130) heißt es schließlich

$$\underline{Z}_{11} = \frac{\dfrac{1}{G_1}\left(1 + j\Omega\,\sqrt{\dfrac{Q_2}{Q_1}}\right)}{1 + n^2 - \Omega^2 + j\Omega\left(\sqrt{\dfrac{Q_1}{Q_2}} + \sqrt{\dfrac{Q_2}{Q_1}}\right)}. \tag{2.142}$$

Der Übertragungswiderstand $\underline{Z}_{21} = \underline{Z}_{12}$ berechnet sich nun aus Gl. (2.142), Gl. (2.131) und Gl. (2.121) zu

$$\underline{Z}_{12} = \underline{Z}_{21} = \frac{\underline{U}_2}{\underline{I}_1} =$$

$$= \frac{-\dfrac{jn}{\sqrt{G_1 G_2}}}{1 + n^2 - \Omega^2 + j\Omega\left(\sqrt{\dfrac{Q_1}{Q_2}} + \sqrt{\dfrac{Q_2}{Q_1}}\right)}. \tag{2.143}$$

Es ist nun zweckmäßig, den Betrag der Ausgangsspannung bei einer beliebigen Verstimmung $|\underline{U}_2(j\Omega)|$ auf den Betrag der Ausgangsspannung bei der Verstimmung $\Omega = 0$, d. h. bei $\omega = \omega_0$ zu beziehen. Der Betrag dieses Verhältnisses, welches bei $\Omega = 0$ gerade den Wert 1 hat, wird als Selektion $|\sigma|$ bezeichnet.

$$\sigma = \frac{\underline{U}_2(j\Omega)}{\underline{I}_1(j\Omega)}\,\frac{\underline{I}_1(0)}{\underline{U}_2(0)} = \frac{\underline{Z}_{12}}{-j\dfrac{n}{\sqrt{G_1 G_2}}}\,(1 + n^2) =$$

$$= \frac{1 + n^2}{1 + n^2 - \Omega^2 + j\Omega\left(\sqrt{\dfrac{Q_1}{Q_2}} + \sqrt{\dfrac{Q_2}{Q_1}}\right)}, \tag{2.144}$$

$$|\sigma| = \frac{1 + n^2}{\sqrt{(1 + n^2 - \Omega^2)^2 + \Omega^2\left(\sqrt{\dfrac{Q_1}{Q_2}} + \sqrt{\dfrac{Q_2}{Q_1}}\right)^2}}. \tag{2.145}$$

2.4.2 Diskussion der Bandfilterselektion in einfachen Fällen

Häufig wird $Q_1 = Q_2 = Q$ gewählt. Für diesen Spezialfall ist die normierte Verstimmung Ω beim Bandfilter und beim einfachen Schwingkreis durch den gleichen Ausdruck gegeben.

$$\Omega = vQ \approx \frac{2\Delta f}{f_0}\,Q. \tag{2.146}$$

Die normierte Kopplung ist jetzt

$$n = kQ \tag{2.147}$$

und die Selektion $|\sigma|$ vereinfacht sich zu

$$|\sigma| = \frac{1 + n^2}{\sqrt{(1 + n^2 - \Omega^2)^2 + 4\Omega^2}} =$$

$$= \frac{1 + n^2}{\sqrt{(1 + n^2)^2 + 2(1 - n^2)\,\Omega^2 + \Omega^4}}. \tag{2.148}$$

Die Selektion hat ihre Extremwerte bei

$$\frac{d\,|\sigma|}{d\Omega} =$$

$$= -\frac{1}{2}\,\frac{(1 + n^2)\,\{4(1 - n^2)\,\Omega + 4\Omega^3\}}{\{(1 + n^2)^2 + 2(1 - n^2)\,\Omega^2 + \Omega^4\}^{3/2}} \overset{!}{=} 0, \tag{2.149}$$

d. h. bei $\Omega = 0$ und bei

$$\Omega^2 = n^2 - 1. \tag{2.150}$$

Für $n^2 > 1$ tritt die eingangs erwähnte und schon in Bild 2.36c dargestellte Einsattelung auf, denn nach Gl. (2.150) gibt es in diesem Fall drei Extremwerte im Bereich kleiner Werte für Ω [und nur für kleine Ω ist Gl. (2.145) nach Herleitung gültig; vgl. Bemerkung vor Gl. (2.140)]. Für $n^2 = 1$ sind alle Extremwerte gerade nach $\Omega = 0$ zusammengerückt. Diesen Fall bezeichnet man als *transitionale Kopplung*. Er ergibt das in Bild 2.36b dargestellte maximal flache Kurvendach. Für $n^2 < 1$ ergibt sich ebenfalls nur ein Extremwert bei $\Omega = 0$, wobei aber der Absolutwert des Maximums von $\left|\dfrac{U_2}{I_1}\right|$ nach Gl. (2.143) mit kleinerem Wert $|n|$ immer geringer wird (Bild 2.36 a). Bei $n = 0$ ist schließlich auch $\underline{U}_2 = 0$. Der Fall $n^2 < 1$ hat kein praktisches Interesse.

Im Fall der transitionalen Kopplung $n = 1$ ist die Selektion

$$|\sigma| = \frac{2}{\sqrt{4 + \Omega^4}} = \frac{1}{\sqrt{1 + \dfrac{\Omega^4}{4}}}. \qquad (2.151)$$

Als Bandbreite B ist wieder der Bereich zwischen den Bandgrenzen definiert, bei denen die Selektion um den Faktor $1/\sqrt{2}$ abgefallen ist, d. h.

$$\sqrt{1 + \frac{\Omega_{\mathrm g}^4}{4}} = \sqrt{2},$$

$$\Omega_{\mathrm g} = \sqrt{2} = vQ \approx \frac{2\Delta f}{f_0}\, Q, \qquad (2.152)$$

$$B = 2\Delta f = \frac{\sqrt{2}\, f_0}{Q}. \qquad (2.153)$$

Der Entwurf eines induktiv gekoppelten Zweikreisbandfilters mit maximal flachem Dach und gleichen Güten der Einzelkreise geht damit wie folgt: Gegeben sind normalerweise die Mittenfrequenz f_0 für $\Omega = 0$ und die Bandbreite B. Aus diesen Angaben errechnet sich mit Gl. (2.153) die Güte Q und damit und mit Gl. (2.147) und $n = 1$ der Kopplungsfaktor k. In den einzelnen Kreisen kann nun noch eine der Größen L_1; C_1; G_1 bzw. L_2; C_2; G_2 frei gewählt werden.

Beim Fall einer Durchlaßkurve mit Einsattelung, d. h. $n > 1$, soll einmal der Fall interessieren, daß die Höhe der Maxima, kurz die Höchsthöhe, bei der Selektionskurve $|\sigma|$ gerade den Wert $\sqrt{2}$ hat (Bild 2.38). Für das Maximum hat nach Gl. (2.150) die Verstimmung Ω den Wert $\sqrt{n^2 - 1}$. Die Se-

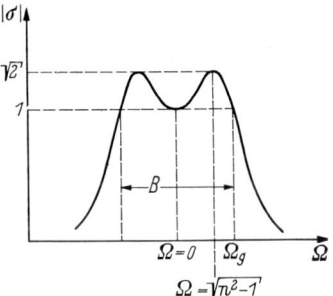

Bild 2.38. Zur Bestimmung einer speziellen Bandfilterdurchlaßkurve mit $n > 1$

lektion am Maximum errechnet sich also mit Gl. (2.148) zu

$$|\sigma|_{\max} = \frac{1 + n^2}{\sqrt{4 - 4n^2 - 4}} \overset{!}{=} \sqrt{2}, \qquad (2.154)$$

$$1 + n^2 = \sqrt{2} \cdot 2n. \qquad (2.155)$$

Damit bestimmt sich die normierte Kopplung n zu

$$n = \sqrt{2} + \sqrt{2 - 1} = \sqrt{2} + 1 \approx 2{,}414. \quad (2.156)$$
$$(-)$$

Die Bandgrenze $\Omega_{\mathrm g}$ errechnet man aus der Bedingung, daß dort entsprechend Bild 2.38 die Selektion $|\sigma| = 1$ sein soll.

$$|\sigma| = \frac{4 + 2\sqrt{2}}{\sqrt{\left(4 + 2\sqrt{2} - \Omega_{\mathrm g}^2\right)^2 + 4\Omega_{\mathrm g}^2}} \overset{!}{=} 1, \quad (2.157)$$

$$\left(4 + 2\sqrt{2}\right)^2 = \left(4 + 2\sqrt{2}\right)^2 - 2\left(4 + 2\sqrt{2}\right)\Omega_{\mathrm g}^2 + \Omega_{\mathrm g}^4 + 4\Omega_{\mathrm g}^2,$$

$$\Omega_{\mathrm g}^2 = 2\left(4 + 2\sqrt{2}\right) - 4 = 4\left(1 + \sqrt{2}\right),$$

$$\Omega_{\mathrm g} = 2\sqrt{1 + \sqrt{2}}. \qquad (2.158)$$

Die Bandbreite B für diesen Fall errechnet sich in gleicher Weise wie in Gl. (2.153) zu

$$B = 2\sqrt{1 + \sqrt{2}}\, \frac{f_0}{Q}. \qquad (2.159)$$

3 Verstärker

Die Möglichkeit, elektrische Signale verstärken zu können, ist eine der wichtigsten Voraussetzungen der elektrischen Nachrichtentechnik.

Die einfachste und zugleich älteste Methode beruht auf der Verwendung von Relais, Bild. 3.1. Ein Relais besteht aus einem Empfangsteil und einem Schaltteil. Der Empfangsteil enthält eine Wicklung für einen Elektromagneten. Fließt durch die Wicklung ein Strom, dann entsteht ein magnetischer Fluß, dessen Weg sich über den Kern, den Anker und den Luftspalt schließt. Kern und Anker bestehen aus ferromagnetischem Material. Durch den Fluß wird der bewegliche Anker zum Kern gezogen, wodurch der Schaltteil betätigt wird, d. h. die Kontaktfedern zur Berührung gebracht werden.

Das Relais selbst ist ein passives Element. Zusammen mit einer Hilfsspannungsquelle U_0 bildet es jedoch einen aktiven Vierpol zur Verstärkung von Gleichstromsignalen, z. B. Telegraphiersignalen. Ist der Wicklungswiderstand sehr hoch, dann ist der Strom $i_1 \approx 0$, und die Schaltung in Bild. 3.1 c stellt eine spannungsgesteuerte Gleichspannungsquelle dar. Ist hingegen der Wicklungswiderstand sehr klein, dann ist $u_1 \approx 0$, und die Schaltung bildet eine stromgesteuerte Gleichspannungsquelle.

Mit Hilfe solcher Relais ist es möglich, über große Entfernungen zu telegraphieren. Um aber auch über große Entfernungen telephonieren zu können, benötigt man Einrichtungen, die sich von kontinuierlich veränderlichen Sprechströmen steuern lassen. Versuche mit der Kombination Telephon + Kohlemikrophon (s. Abschnitt 4.3) lieferten zwar eine merkliche Verstärkung, jedoch eine schlechte Qualität. Einen wirklichen Fortschritt brachte erst die Erfindung der Elektronenröhre durch Lee de Forest und Lieben

im Jahre 1906. Die Elektronenröhre wurde etwa ab 1915 als Verstärker technisch verwendet. Heute ist sie in vielen Anwendungsbereichen vom Transistor abgelöst worden.

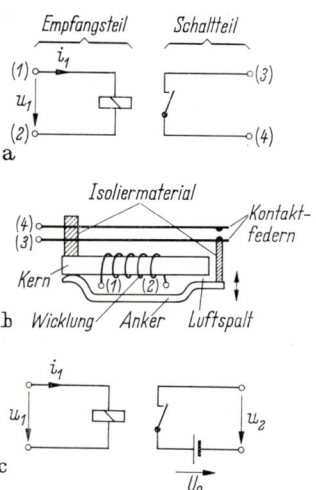

Bild 3.1. (a) Schaltzeichen des Relais, (b) eine technische Realisierung des Relais, (c) Relais-Verstärkerschaltung

Röhre und Transistor selbst sind wie das Relais passive Elemente. Zusammen mit anderen passiven Elementen und Gleichspannungsquellen bilden sie aber aktive Vierpole zur Verstärkung kontinuierlich veränderbarer Signale. Der eigentliche Verstärkungsmechanismus beruht darauf, daß in der Röhre oder im Transistor die Höhe eines Stroms durch eine Signalspannung oder einen Signalstrom geringer Leistung kontinuierlich verändert werden kann. Der so gesteuerte Strom bildet das verstärkte Signal. Das verstärkte kontinuierliche Signal entnimmt seine Leistung der Gleichspannungsquelle. Hat das steuernde Signal die Amplitude Null, dann handelt es sich beim Verstärker um ein mit Gleichspannung betriebenes Netzwerk. Dieses Netzwerk ist nichtlinear, weil Röhre und Transistor mehrpolige nichtlineare Bauelemente sind. Die bei einem verschwindenden Signal der Amplitude Null an den Netzwerkelementen vorhandenen Gleichspannungen und Gleichströme bilden den sogenannten *Arbeitspunkt* (abgekürzt (AP)). Bekommt das an geeigneter Stelle des Netzwerks eingespeiste kontinuierlich veränderliche Wechselsignal eine von Null verschiedene Amplitude, dann hat das entsprechende Änderungen von Spannungen und Strömen auch an anderen Stellen des Netzwerks zu Folge. Bei kleiner Aussteuerung ergeben sich lineare Zusammenhänge zwischen den Wechselgrößen an den verschiedenen Stellen des Netzwerks.

Für die Berechnung von Verstärkerschaltungen ist also zweierlei erforderlich. Erstens wird für die Bestimmung des durch Gleichgrößen festgelegten Arbeitspunktes die Theorie resistiver nichtlinearer Netzwerke mit mehrpoligen Elementen gebraucht. Zweitens wird für die Beschreibung der Spannungs- und Stromänderungen, die durch das steuernde Signal hervorgerufen werden, die Theorie dynamischer Netzwerke benötigt. Wegen der meist kleinen Auslenkungen vom Arbeitspunkt genügt dabei in der Regel die lineare Theorie.

3.1 Resistive nichtlineare Netzwerke mit mehrpoligen Elementen

In diesem Abschnitt wird die in Abschnitt 1.2 dargestellte Theorie auf die Einbeziehung *mehrpoliger* zeitinvarianter Elemente erweitert. Da diese Theorie hier ausschließlich für das Gleichstromverhalten von Netzwerken benötigt wird, werden nun abweichend von Abschnitt 1.2 die Achsenbezeichnungen von Koordinatensystemen zur Beschreibung von Kennlinien durch Großbuchstaben gekennzeichnet. Diese Maßnahme ist zweckmäßig, weil damit Kleinbuchstaben für die Kennzeichnung von überlagerten Wechselgrößen reserviert bleiben.

3.1.1 Beschreibung resistiver Schaltelemente

Ein zweipoliges zeitinvariantes Element wird bekanntlich durch seine Spannungs-Strom-Kennlinie, kurz U,I-Kennlinie, beschrieben. Bild 3.2 zeigt verschiedene Beispiele. Die Kennlinien b und c sind streng monoton, d. h. zu jedem Wert von U gehört genau ein Wert I und umgekehrt. Die Kennlinien d und e sind nicht streng monoton. Da in den Elementen nur eine beschränkte Leistung umgesetzt werden darf, genügt die Angabe der Kennlinie in beschränkten Intervallen.

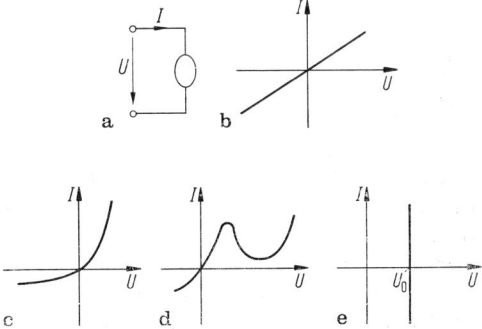

Bild 3.2. Beschreibung zweipoliger Elemente. (a) allgemeines Symbol, (b) linearer ohmscher Widerstand, (c) Diode, (d) Tunneldiode, (e) unabhängige Spannungsquelle

Bisweilen ist der Zusammenhang zwischen Spannung und Strom auch durch einen analytischen Formelausdruck gegeben. Beim linearen ohmschen Widerstand mit dem Leitwert G lautet dieser bekanntlich

$$I = GU. \tag{3.1}$$

Bei einer Halbleiterdiode, die durch einen idealen sogenannten pn-Übergang (siehe Abschnitt 3.1.2) gebildet wird, lautet der analytische Formelausdruck

$$I = I_\mathrm{s}(e^{U/U_T} - 1). \tag{3.2}$$

Hierbei sind I_s und U_T reelle positive Konstanten.

Bei einem dreipoligen Element lassen sich zunächst drei Spannungen und drei Ströme unterscheiden, siehe Bild 3.3a. Diese drei

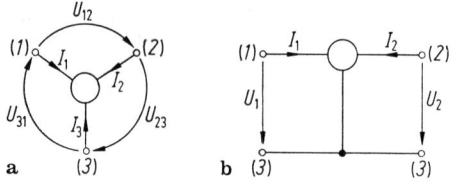

Bild 3.3. Darstellung eines dreipoligen Elements

Spannungen und drei Ströme müssen aber den Kirchhoffschen Sätzen Gl. (0.71) und Gl. (0.72) genügen. Es gilt also

$$U_{12} + U_{23} + U_{31} = 0, \qquad (3.3\,\text{a})$$

$$I_1 + I_2 + I_3 = 0. \qquad (3.3\,\text{b})$$

Da aus den Strömen I_1 und I_2 der Strom I_3 folgt und ebenso aus den Spannungen U_{23} und U_{31} die Spannung U_{12}, kann ohne Einschränkung der Allgemeinheit Bild 3.3b zur Beschreibung eines dreipoligen Elements benutzt werden. In diesem Bild ist zur Vereinfachung die Spannungsindizierung abgeändert worden.

Zur Beschreibung der elektrischen Eigenschaften eines dreipoligen Elements genügen jetzt aber nicht eine oder zwei einzelne U,I-Kennlinien. Da das Verhalten zwischen den Klemmen (1) und (3) im allgemeinen auch z. B. vom Strom I_2 abhängt, sind nun zwei *Kennlinienfelder* zur vollständigen Beschreibung notwendig. Ein Beispiel für ein hypothetisches Paar von Kennlinienfeldern zeigt Bild 3.4. Die dargestellten Kurven sind der Einfachheit halber streng monoton gewählt. Dieser Fall trifft bei den meisten Bauelementen, die in der Praxis verwendet werden, zu. Aus Gründen einer beschränkten zulässigen Leistungsaufnahme genügt auch hier eine Darstellung der Kennlinien in beschränkten Bereichen der Spannung und des Stroms.

Bild 3.4a zeigt ein U_1, I_1-Kennlinienfeld mit dem Parameter U_2. Für vorgegebene Wertepaare der Spannungen U_1 und U_2 kann aus Bild 3.4a der zugehörige Wert des Stroms I_1 abgelesen werden. Ist statt der Spannung U_2 der Strom I_2 vorgegeben, dann kann aus Bild 3.4b mit dem vorgegebenen Wertepaar (I_2, U_1) die zugehörige Spannung U_2 abgelesen werden. Mit dem nun bekannten Wertepaar (U_1, U_2) kann aus Bild 3.4a wieder der zugehörige Wert von I_1 bestimmt werden.

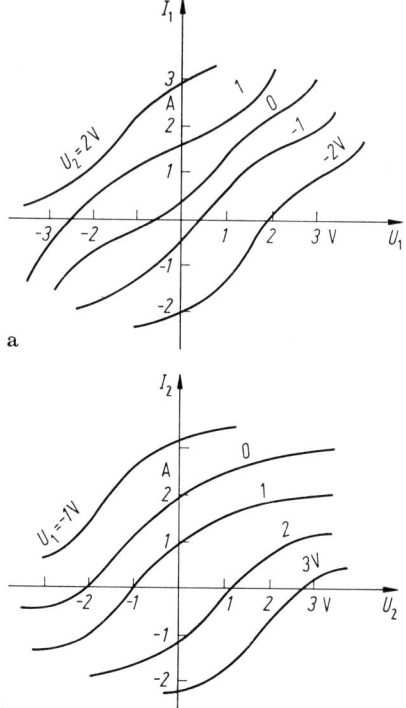

Bild 3.4. Hypothetisches Kennlinienfeldpaar eines resistiven dreipoligen Elements

Mit Hilfe der beiden Kennlinienfelder von Bild 3.4 können für jedes vorgegebene Wertepaar (U_1, U_2) oder (U_1, I_2) oder (U_2, I_1) die zugehörigen fehlenden Werte von Strom oder Spannung problemlos bestimmt werden. Lediglich im Fall, wenn das Paar (I_1, I_2) vorgegeben ist, gibt es gewisse Schwierigkeiten. Aber auch dieser Fall ist lösbar, indem man anhand beider Kennlinienfelder für jedes Paar (U_1, U_2) die zugehörigen Werte I_1 und I_2 bestimmt und z. B. tabellarisch festhält. Die Angabe von zwei voneinander unabhängigen Kennlinienfeldern ist also auch hinreichend zur vollständigen Beschreibung des elektrischen Verhaltens von resistiven dreipoligen Elementen.

Die Kennlinienfelder in Bild 3.4 repräsentieren den funktionalen Zusammenhang

$$I_1 = f_1(U_1; U_2); \quad I_2 = g_1(U_2; U_1). \qquad (3.4\,\text{a})$$

Das gleiche Bauelement könnte auch durch andere Paare von Kennlinienfeldern beschrieben werden. Mögliche, aber nicht alle Paare sind:

$$U_1 = f_2(I_1; I_2); \qquad U_2 = g_2(I_1; I_2) \qquad (3.4\,\mathrm{b})$$

$$I_1 = f_3(U_1; I_2); \qquad U_2 = g_3(I_2; U_1) \qquad (3.4\,\mathrm{c})$$

$$U_1 = f_4(I_1; U_2); \qquad I_2 = g_4(U_2; I_1) \qquad (3.4\,\mathrm{d})$$

$$U_1 = f_5(U_2; I_2); \qquad I_1 = g_5(I_2; U_2) \qquad (3.4\,\mathrm{e})$$

$$U_2 = f_6(U_1; I_1); \qquad I_2 = g_6(I_1; U_1) \qquad (3.4\,\mathrm{f})$$

Jedes Kennlinienfeldpaar kann in ein äquivalentes anderes Kennlinienfeld umgezeichnet werden.

Wenn zur Beschreibung eines dreipoligen Elements, z. B. eines bipolaren Transistors, bisweilen mehr als zwei Kennlinienfelder angegeben werden, dann steht keine Notwendigkeit dahinter. Die Angabe von mehr als zwei Kennlinienfeldern dient lediglich der bequemeren Übersicht.

Die Aussage der Kennlinienfelder eines dreipoligen Elements kann in manchen Fällen auch durch zwei analytische Formelausdrücke beschrieben werden, so z. B. beim bipolaren Transistor, durch die sogenannten Ebers-Moll-Gleichungen, siehe Abschnitt 3.1.2.

Im folgenden werden einige typische Paare von Kennlinienfeldern von verschiedenen resistiven dreipoligen Elementen als Beispiele angegeben.

Die *Triode* ist eine spezielle Elektronenröhre. Sie ist ein dreipoliges Element mit den Anschlußpolen *Kathode*, *Gitter* und *Anode*. Ihr Schaltzeichen zeigt Bild 3.5a. Die Kathode ist (willkürlich) als gemeinsamer Bezugspunkt für die Spannungen gewählt. Spannung und Strom des Gitters werden durch den Index g, Spannung und Strom der Anode durch den Index a gekennzeichnet.

Das U_g, I_g-Kennlinienfeld ist für $U_g < 0$ degeneriert. Für alle Werte des Parameters U_a ist $I_g \approx 0$. Betreibt man die Triode im Bereich $U_g < 0$, was in der Regel der Fall ist, dann genügt allein das U_a, I_a-Kennlinienfeld. Dieses hat die Besonderheit, daß nur für $U_a > 0$ ein Anodenstrom fließt, der zudem nur positiv ist. Theoretisch ergibt sich der Anodenstrom zu [1]

$$I_a = k(U_g + DU_a)^{3/2}. \qquad (3.5)$$

Hierin sind k und D konstante positive Größen.

Ein anderes Beispiel eines dreipoligen resistiven Bauelements ist der *Feldeffekttransistor*, abgekürzt FET. Die Wirkungsweise aller Feldeffekt-Transistoren beruht auf der Steuerbarkeit des ohmschen Widerstands eines leit-

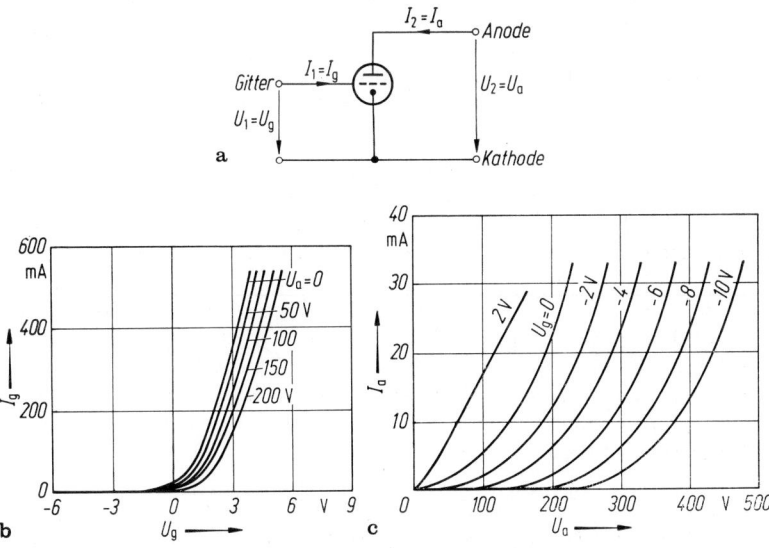

Bild 3.5. Elektronenröhre (Triode) mit Kennlinienfeldern

fähigen Kanals. Hinsichtlich des technischen Aufbaus unterscheidet man zwischen verschiedenen Typen, auf deren Einzelheiten später noch eingegangen wird.

Bild 3.6a zeigt das Schaltzeichen des sogenannten n-Kanal-Sperrschicht-FET. Die Anschlußpole heißen *Source, Gate* und *Drain*. Der Anschluß Source ist willkürlich als gemeinsamer Bezugspunkt für die Spannungen gewählt. Die Indizes der Spannungen und Ströme entsprechen den Anfangsbuchstaben der betreffenden Anschlußpole.

Ähnlich wie das U_g, I_g-Kennlinienfeld der Triode ist auch das U_{GS}, I_G-Kennlinienfeld des n-Kanal-Sperrschicht-FET im Bereich $0 < U_{GS} < -U_d$ degeneriert. In diesem Bereich wird der Gatestrom I_G verschwindend klein. Typische Werte für den Eingangswiderstand zwischen Gate und Source liegen oberhalb einiger Gigaohm. Dabei kann U_d bis zu 100 V betragen. Normalerweise wird der n-Kanal-FET im Bereich $0 < U_{GS} < U_d$ betrieben, so daß man auch hier mit dem U_{DS}, I_D-Kennlinienfeld allein auskommt.

Wie Bild 3.6c zeigt, haben die Kennlinien des U_{DS}, I_D-Kennlinienfeldes rechts der gestrichelt eingezeichneten Linie einen praktisch horizontalen Verlauf. In diesem Bereich, der „Pinch-off-Bereich" heißt, ist der Drain-

strom I_D theoretisch gegeben durch

$$I_D = I_{D0} \left(1 - \frac{U_{GS}}{U_p} \right)^2 . \qquad (3.6)$$

I_{D0} und U_p sind konstante Größen, siehe Gl. (3.41).

Der *bipolare pnp-Transistor* ist ein dreipoliges Bauelement, das in der Praxis meist in einem solchen Bereich betrieben wird, daß die Kenntnis zweier unabhängiger Kennlinienfelder nötig wird. Das Schaltzeichen des pnp-Transistors zeigt Bild 3.7a. Die Anschlußpole heißen *Emitter, Basis* und *Kollektor*. Bei der Indizierung der Klemmenspannungen und -ströme wird der Kollektor durch den Buchstaben C gekennzeichnet.

Für die Kennlinienfelder in Bild 3.7b und 3.7c werden später noch analytische Formelausdrücke hergeleitet. Die realen Transistoren weichen aber stets mehr oder weniger stark vom theoretischen Verhalten ab.

Die Beispiele Triode, FET, bipolarer Transistor sind die für die Verstärkertechnik wohl wichtigsten resistiven dreipoligen Bauelemente.

Bei einem vierpoligen Element lassen sich zunächst vier Spannungen und vier Ströme unterscheiden, siehe Bild 3.8a. Von diesen

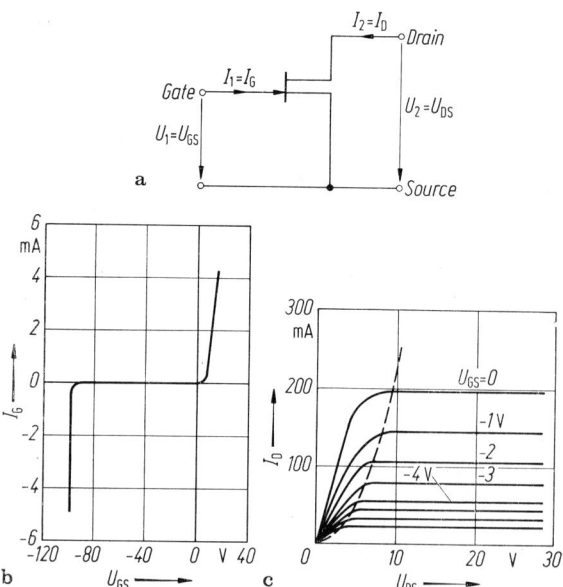

Bild 3.6. n-Kanal-Sperrschicht-Feldeffekttransistor (FET)

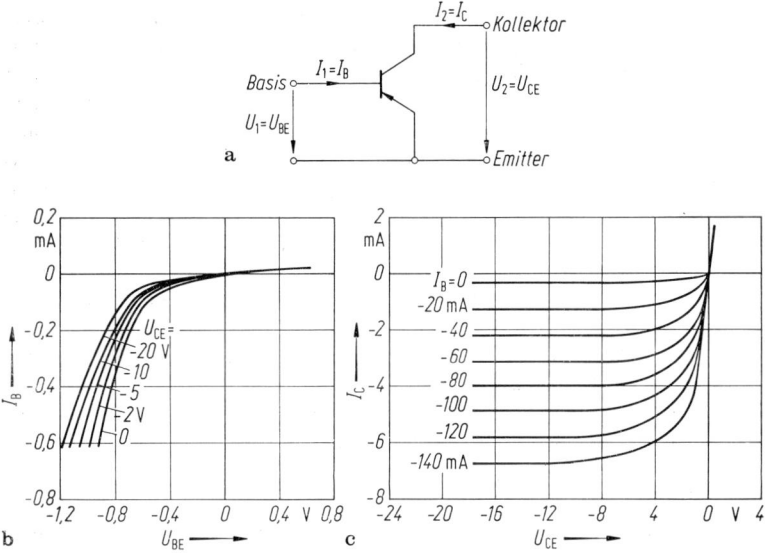

Bild 3.7. Bipolarer pnp-Transistor

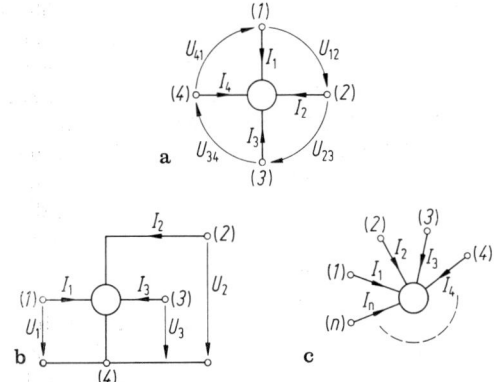

Bild 3.8. Darstellung eines vierpoligen und eines n-poligen Elements

vier Spannungen und Strömen sind aber die vierte Spannung und der vierte Strom durch die Kirchhoffschen Regeln gegeben.

Die allgemeine Beschreibung eines vierpoligen Elements ist bereits recht kompliziert und kann wie folgt [2] geschehen: Ein Pol, z. B. die Klemme (4), wird als gemeinsamer Bezugspunkt gewählt, siehe Bild 3.8 b. Im ersten Meßaufbau wird das U_1, I_1-Kennlinienfeld bestimmt mit U_2 als Parameter und U_3 als fest gewählte Größe. Dieses Kennlinienfeld wird

dann wiederholt mit anderen festen Werten von U_3 bestimmt. Nachdem so das Verhalten zwischen den Klemmen (1) und (4) in einem ersten Satz von Kennlinienfeldern festgehalten ist, wird anschließend in einem zweiten Meßaufbau das Verhalten zwischen den Klemmen (2) und (4) bestimmt und in einem zweiten Satz von Kennlinienfeldern festgehalten. Entsprechendes geschieht dann in einem dritten Meßaufbau bei den Klemmen (3) und (4).

Die allgemeine Beschreibung eines n-poligen Elements erfordert $n-1$ Meßaufbauten. Dabei ist jedes Kennlinienfeld für $n-2$ Parameter zu bestimmen, was zu einer Vielzahl von Kennlinienfeldern führt, wenn das Verhalten in aller Allgemeinheit beschrieben werden soll.

n-polige Elemente mit $n > 3$ werden in der verstärkertechnischen Praxis meistens so wie dreipolige Elemente verwendet. Das soll heißen, daß an nur zwei Anschlußklemmen veränderliche Signalspannungen oder -ströme vorhanden sind, während die anderen Anschlußklemmen in der Regel auf ein festes Spannungspotential gelegt werden, welches so gewählt ist, daß die Verstärkungseigenschaften möglichst ideal sind. In diesem Fall ist die Kenntnis weniger Kennlinienfelder ausreichend.

Beispiele für vierpolige Elemente sind bei den Röhren die Tetrode, das ist eine Zweigitterröhre, bei den Feldeffekttransistoren der FET, mit separat herausgeführtem Substratanschluß. Beispiele für fünfpolige Elemente sind bei den Röhren die Pentode, das ist eine Dreigitterröhre, bei den Feldeffekttransistoren die FET-Tetrode mit separat herausgeführtem Substratanschluß.

3.1.2 Ergänzende Ausführungen zu wichtigen Halbleiterbauelementen

Halbleiterbauelemente haben für die Elektronik und deren vielseitige Anwendungen eine überragende Bedeutung. Deshalb wird in diesem Abschnitt auf nähere Einzelheiten von Dioden, bipolaren Transistoren und Feldeffekt-Transistoren eingegangen. Es werden *analytische Formelausdrücke* für die statischen Kennlinien bzw. Kennlinienfelder angegeben. Solche Formelausdrücke werden vor allem beim rechnergestützten Schaltungsentwurf (englisch *computer aided design*, abgekürzt CAD) benötigt. Es darf aber nicht unerwähnt bleiben, daß die nachfolgend angegebenen Modellierungen von Halbleiterbauelementen nicht für alle CAD-Anwendungen genau genug sind. Wegen genauerer Modelle, die eine umfangreichere Beschreibung erfordern, muß auf die Spezialliteratur [5, 10, 11] verwiesen werden.

3.1.2.1 Einige Grundlagen aus der Halbleiterphysik

Bekanntlich ist die gute Leitfähigkeit von Metallen darauf zurückzuführen, daß die äußeren Elektronen der Metallatome nur sehr lose am Atomkern gebunden sind. Diese Elektronen im Metall können mit einem Gas in einem Gefäß verglichen werden. Anders sind dagegen die Verhältnisse in Halbleiterkristallen. Zu den Halbleitern gehören Germanium und Silizium. Beide sind vierwertig. Ihre Atome haben in der äußeren Hülle vier Valenzelektronen. Germanium und Silizium können jeweils Kristalle bilden, bei denen jedes Atom vier Nachbaratome hat, mit denen es je ein Valenzelektron gemeinsam hat. In einem solchen Kristall gibt es somit keine frei beweglichen Elektronen, und der Kristall ist

damit ein absoluter Isolator. Eine gewisse Leitfähigkeit tritt erst dann auf, wenn z. B. durch Wärmebewegung einige Bindungen aufbrechen und Elektronen losgelöst werden. Es entstehen an den Stellen, wo die Elektronen losgelöst wurden, *Löcher*, die wie positive Ladungen wirken. Ein solches Loch kann dann von einem Elektron eines Nachbaratoms aufgefüllt werden, wo dann seinerseits ein neues Loch entsteht usw. Die Löcher, auch Defektelektronen genannt, können alle genauso wie die losgelösten freien Elektronen im Kristall umherwandern. Man spricht von Rekombination, wenn ein losgelöstes freies Elektron mit einem umherwandernden Loch zusammentrifft.

Eine andere Art der Leitfähigkeit tritt in einem Halbleiterkristall durch Verunreinigungen auf. Kommen in einem Germaniumkristall vereinzelt z. B. fünfwertige Arsenatome vor, dann wird jeweils eines der fünf Valenzelektronen des Arsens durch kein Nachbaratom gebunden. Diese fünften äußeren Elektronen der Arsenatome verursachen eine erhöhte Leitfähigkeit, weil sie äußerst lose am Atomkern gebunden sind. Da die Arsenatome leicht Elektronen abgeben, nennt man sie *Donatoren*. Den Kristall selbst nennt man in diesem Fall *n-dotiert*. Der umgekehrte Fall, daß im Germaniumkristall vereinzelt dreiwertige Atome wie z. B. Indium vorkommen, hat zur Folge, daß zusätzliche Löcher entstehen, in die Elektronen von Nachbaratomen springen können, wodurch die Löcher, wie bereits beschrieben, im Kristall frei beweglich werden. Die dreiwertigen Fremdatome nennt man *Akzeptoren* und den damit dotierten Kristall *p-dotiert*. In einem n-dotierten Kristall bezeichnet man die freien Elektronen auch als *Majoritätsträger* und die Löcher als *Minoritätsträger*. In einem p-dotierten Kristall sind umgekehrt die Löcher die Majoritäts- und die Elektronen die Minoritätsträger.

Die Bewegung der Löcher in einem p-Kristall bzw. der Elektronen in einem n-Kristall läßt sich auf zwei Weisen beeinflussen: Erstens durch ein elektrisches Feld; den so entstehenden Ladungsträgerstrom nennt man auch Feldstrom oder Drift. Zweitens durch unterschiedliche Konzentration der Ladungsträger in benachbarten Kristallgebieten; der dadurch hervorgerufene Ladungsträgerstrom heißt Diffusionsstrom. Seine Richtung weist vom Gebiet höherer Konzentration zum Gebiet geringerer Konzentration.

3.1.2.2 Dioden

Als erste technische Anwendung von Halbleitermaterialien sei die Arbeitsweise einer Diode besprochen. Eine Halbleiterdiode besteht aus zwei aneinandergrenzenden gleichartigen Kristallzonen, von denen die eine *p-dotiert* und die andere *n-dotiert* ist, Bild 3.9. Der Anschlußpol am n-Material wird als Kathode, der am p-Material als Anode bezeichnet. Wenn durch Anlegen einer äußeren Spannung im Material ein elektrisches Feld dergestalt erzeugt wird, daß an der Kathode positives und an der Anode negatives Potential liegt, dann werden die Löcher der p-Zone zur Anode und die Elektronen der n-Zone zur Kathode gezogen. An der Grenzschicht des pn-Übergangs sind damit keinerlei Ladungsträger mehr vorhanden. Das Gebiet wirkt wie ein Isolator, d. h., die Diode sperrt. Lediglich ein geringer Sperrstrom I_s wird wegen der sich thermisch bildenden Elektron-Loch-Paare fließen.

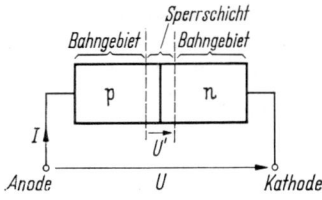

Sperrschicht
Bahngebiet / *Bahngebiet*

p   n

I

U'

Anode U Kathode

Bild 3.9. Schematische Darstellung einer Halbleiterdiode

Wenn dagegen eine äußere Spannung so angelegt wird, daß die Kathode negativ und die Anode positiv wird, dann werden die Löcher der p-Zone zur Grenzschicht getrieben und diffundieren dort in das n-Gebiet hinein. Hier bzw. spätestens am Kathodenanschluß rekombinieren sie mit Elektronen. Umgekehrt werden Elektronen von der n-Zone in die p-Zone getrieben, wo sie mit Löchern rekombinieren bzw. über den Anodenanschluß abfließen. Der Anodenanschluß zieht also laufend Elektronen ab bzw. emittiert weitere Löcher, die in Richtung n-Gebiet wandern, und die Kathode liefert laufend Elektronen nach. Es

fließt also ein starker Strom, d. h. die Diode ist in Durchlaßrichtung gepolt.

Legt man an die äußeren Diodenanschlüsse eine Spannung U an, dann fällt diese längs des Gesamtweges von p- und n-Zone nicht gleichmäßig ab, sondern hauptsächlich (insbesondere bei der sperrenden Diode) nur in einem relativ engen Bereich um den pn-Übergang. Diesen Bereich bezeichnet man als *Sperrschicht* (Bild 3.9). Die Spannungsabfälle längs der Bahngebiete sind demgegenüber (zumindest bei der gesperrten Diode oder bei nicht zu großen Durchlaßströmen) nur unwesentlich. Wenn man die Verhältnisse im einzelnen exakt behandelt, wobei im wesentlichen eine Differentialgleichung, welche die Diffusionsvorgänge beschreibt, gelöst werden muß, dann erhält man für den Diodenstrom eine Exponentialgleichung [6].

$$ I = -I_s(e^{U'/U_T} - 1); \quad I_s < 0. \tag{3.7}$$

I_s ist dabei der theoretische Sperrstrom für $U' \to -\infty$. Der Betrag des Sperrstroms hängt von der Größe der Grenzfläche zwischen p- und n-Material ab, ferner vom Halbleitermaterial. Typische Werte des Sperrstrombetrags liegen bei Germaniumdioden im Bereich 10 µA bis 100 µA, bei Siliziumdioden im Bereich 10 nA bis 100 nA.

U' ist die Spannung über der Sperrschicht, und U_T ist die sogenannte Temperaturspannung. Sie berechnet sich nach der Beziehung

$$ U_T = \frac{kT}{e} = 86 \cdot 10^{-6} \frac{\text{V}}{\text{K}} T. \tag{3.8}$$

k Boltzmann-Konstante $= 1{,}38 \cdot 10^{-23}$ Ws/K
e Elementarladung $= 1{,}602 \cdot 10^{-19}$ As
T Temperatur in Kelvin (K).

Für die Temperatur $T = 300$ K ist $U_T \approx 26$ mV. Damit wird bereits für $U' = -0{,}2$ V der Strom $I \approx I_S$, d. h. die Diode ist dann praktisch gesperrt.

Bild 3.10a zeigt das Schaltzeichen der Diode. In Bild 3.10b ist ihre Kennlinie dargestellt. Die stark ausgezogene Kurve entspricht dem theoretischen Verlauf von Gl. (3.7). Die gestrichelt gezeichneten Abweichungen vom theoretischen Verlauf treten einerseits bei hohen Durchlaßströmen auf, bei denen der ohmsche Leitungswiderstand des Kristalls

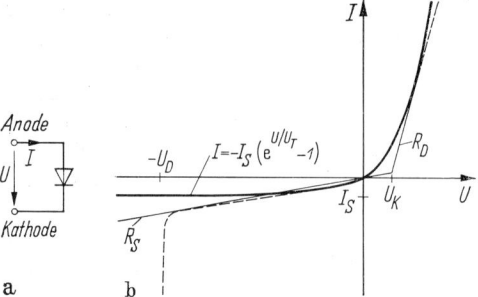

a　　　b

Bild 3.10. (a) Schaltzeichen der Diode, (b) Kennlinien der Diode (stark ausgezogen: theoretischer Verlauf; gestrichelt gezeichnet: typische Meßkurve; dünn ausgezogen: Approximation durch Knickkennlinie)

(Bahnwiderstand) sich auswirkt. Andererseits ergibt sich bei höheren Sperrspannungen ein erhöhter Sperrstrom auf Grund besonderer Effekte an der Kristalloberfläche. Bei genügend hoher Sperrspannung U_S erfolgt schließlich ein elektrischer Durchbruch. Dieser rührt einesteils daher, daß auf Grund der hohen Feldstärke Elektronen aus den Gitterbindungen herausgerissen werden (Zener-Effekt) und anderenteils daher, daß stark beschleunigte Elektronen neue Ladungsträger aus dem Kristallgitter herausstoßen (Lawineneffekt). Die Durchbruchspannung wird häufig als Referenzspannung oder zur Begrenzung praktisch ausgenutzt (sog. Zener-Diode bzw. Avalanche-Diode). Sie kann zwischen einigen Volt und bis zu 1 000 V liegen. Wird die Diode bei höheren Spannungen betrieben (die aber betragsmäßig noch unterhalb der Durchbruchspannung liegen), dann kann man die Diodenkennlinie auch durch die dünn gezeichnete und aus zwei Geradenstücken gebildete Knickkennlinie ersetzen. Die reziproke Steigung des flachen Astes kennzeichnet den Sperrwiderstand R_S, die reziproke Steigung des steilen Astes den Durchlaßwiderstand R_D der Diode. Die Spannung U_k, bei welcher der flache Ast vom steilen abgelöst wird, bezeichnet man als *Knickspannung*. Typische Werte sind (bei 25 °C)

bei Germanium-
dioden:
$$U_k = (0,2 \cdots 0,4) \text{ V},$$
$$R_D = (1 \quad \cdots 500) \ \Omega,$$
$$R_S = (0,1 \cdots 10) \text{ M}\Omega,$$

bei Silizium-
dioden:
$$U_k = (0,5 \cdots 0,8) \text{ V},$$
$$R_D = (10 \ \cdots 300) \ \Omega,$$
$$R_S = (400 \cdots 5\,000) \text{ M}\Omega.$$

Auf die technische Herstellung von pn-Übergängen und auf die Bauformen von Dioden kann hier nicht eingegangen werden. Bezüglich dieser Dinge muß auf die Spezialliteratur verwiesen werden.

3.1.2.3 Bipolare Transistoren

Man unterscheidet heute zwischen *bipolaren* Transistoren und *unipolaren* Transistoren. In bipolaren Transistoren spielen beide Ladungsträgerarten, die Majoritätsträger und die Minoritätsträger, eine Rolle, während in unipolaren Transistoren nur eine Ladungsträgerart, nämlich die Majoritätsträger (Elektronen oder Löcher) eine Rolle spielen.

Der bipolare Transistor, der auch als Injektionstransistor bezeichnet wird, wurde 1948 von Bardeen, Brattain und Shockley erfunden, die 1956 dafür den Nobelpreis erhielten. Die Bezeichnung *Transistor* entstand aus der Zusammenziehung von *transfer resistor*, was Übertragungswiderstand heißt. Man erzielt nämlich einen Verstärkungseffekt, wenn man einen Strom aus einem Stromkreis mit geringem Widerstand in einen Stromkreis mit hohem Widerstand überführt. Die Wirkungsweise eines Transistors beruht etwa hierauf.

Ein bipolarer Transistor besteht im wesentlichen aus zwei pn-Übergängen, die räumlich so dicht benachbart sind, daß sie sich gegenseitig beeinflussen. Diese beiden pn-Übergänge können entweder eine pnp-Folge oder eine npn-Folge bilden. Man unterscheidet demgemäß zwischen pnp-Transistoren und npn-Transistoren.

Die Arbeitsweise des bipolaren Transistors sei im folgenden anhand des pnp-Transistors erläutert. Ein Beispiel einer technischen pnp-Folge zeigt Bild 3.11a. Typisch ist, daß die Grenzflächen zwischen den beiden pn-Übergängen unterschiedlich groß sind. Die mittlere Zone (hier die n-Zone) wird als *Basis* (B), die kleinere Zone (hier die p-Zone) als *Emitter* (E) und die größere Zone (hier p-Zone) als *Kollektor* (C) bezeichnet. Die Bezeichnungen Emitter und Kollektor hängen mit der Funktion dieser Zonen im normalen Verstärkerbetrieb zu-

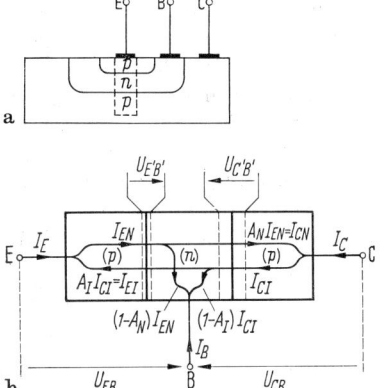

Bild 3.11. Aufbau eines pnp-Transistors:
(a) typische technische pnp-Folge, (b) Ausschnitt aus Bild a (Intrinsic Transistor) mit eingezeichneten Transistorströmen

sammen, der unten noch erläutert wird, während die Bezeichnung Basis mit der ursprünglichen Art der Herstellung zusammenhängt, bei welcher das Ausgangsmaterial (Basismaterial) die Basis bildete.

Der Transistor hat zwei pn-Übergänge, besteht also, wenn man so sagen will, aus zwei gegeneinandergeschalteten Dioden. Im normalen Arbeitsbetrieb wird die Emitter-Basis-Diode in Durchlaßrichtung betrieben, dagegen die Kollektor-Basis-Diode in Sperrichtung. Die Basis hat im Normalbetrieb also gegenüber dem Emitter negatives Potential, wogegen der Kollektor noch negativeres Potential hat, d. h. auch gegenüber der Basis negativ ist. Wenn man sich die Basiszone zunächst als sehr dick vorstellt, dann wird durch die Kollektor-Basis-Diode nur ein geringer Sperrstrom fließen, dessen Größe von der Spannung $U_{\mathrm{C'B'}}$ abhängt, die über der Kollektor-Basis-Sperrschicht liegt. Über die Emitter-Basis-Diode fließt dagegen ein relativ großer Diodendurchlaßstrom, dessen Größe durch die Spannung $U_{\mathrm{E'B'}}$ bestimmt wird, die über der Emitter-Basis-Sperrschicht liegt. Entsprechend diesen Verhältnissen ist der Strom durch den Emitteranschluß (E) groß, der durch den Kollektoranschluß (C) klein. Diese Verhältnisse ändern sich aber entscheidend, wenn man die Basiszone zwischen Emitter und Kollektor sehr dünn werden läßt (Größenordnung $< 10^{-2}$ mm). In diesem Fall

fließt der vom Emitter kommende Diodendurchlaßstrom I_{EN}, der durch $U_{\mathrm{E'B'}}$ beeinflußt oder gesteuert werden kann, nur zu einem geringen Teil über den Basisanschluß ab. Der weitaus größere Anteil $A_{\mathrm{N}} I_{\mathrm{EN}}$ (häufig etwa 98%, d. h. $A_{\mathrm{N}} = 0{,}98$) des Diodendurchlaßstromes I_{EN} fließt hingegen durch die dünne Basiszone hindurch und in den Kollektor hinein. (Der Index N wird unten noch erläutert.) Ähnliches passiert mit dem geringen Diodensperrstrom I_{CI}, der vom Kollektor zur Basis fließt und der durch die Spannung $U_{\mathrm{C'B'}}$ gesteuert werden kann. Von diesem geringen Strom fließt der Anteil $A_{\mathrm{I}} I_{\mathrm{CI}}$ ($A_{\mathrm{I}} = 0{,}3 \cdots 0{,}98$ je nach Transistor) durch die Basiszone hindurch in den Emitter, während der Rest wieder über den Basisanschluß abfließt (Bild 3.11 b). Der Gesamtemitterstrom I_{E} setzt sich damit aus zwei Anteilen zusammen, dem Anteil I_{EN}, der durch $U_{\mathrm{E'B'}}$ gesteuert werden kann, und dem Anteil $A_{\mathrm{I}} I_{\mathrm{CI}}$. Der erstere Anteil ist im Normalbetrieb relativ groß, der zweite Anteil relativ klein. Entsprechend setzt sich der Gesamtkollektorstrom I_{C} ebenfalls aus zwei Anteilen zusammen, dem Anteil I_{CI}, der durch $U_{\mathrm{C'B'}}$ gesteuert werden kann und der im Normalfall relativ klein ist, und dem Anteil $A_{\mathrm{N}} I_{\mathrm{EN}}$, der relativ groß ist. Der Basisstrom ist durch die Reste $(1 - A_{\mathrm{N}}) I_{\mathrm{EN}}$ und $(1 - A_{\mathrm{I}}) I_{\mathrm{CI}}$ gegeben. Er ist im Normalbetrieb also relativ klein. Er wird groß, wenn die Kollektor-Basis-Diode ebenfalls in Durchlaßrichtung ($U_{\mathrm{C'B'}} > 0$) gepolt ist. Dieser Fall interessiert aber nicht, solange der Transistor als quasilineares Verstärkerelement verwendet werden soll. Bild 3.11 b, worin die verschiedenen Ströme zusammengestellt sind, ist ein Ausschnitt von Bild 3.11 a.

Bei normaler Betriebsweise sind die Anteile von Emitter- und Kollektorstrom, die den Index N haben, relativ groß. Betreibt man den Transistor in inverser Richtung, wobei also die Kollektor-Basis-Diode in Durchlaß- und die Emitter-Basis-Diode in Sperrichtung vorgespannt sind, dann sind die Anteile, die den Index I haben, relativ groß. Der Index N bedeutet also *normal*, der Index I *invers*. Bei Normalbetrieb ist der Basisstrom klein gegen den Emitter- und Kollektorstrom. Auch die Basisstromänderungen sind bei Normalbetrieb gering gegen die damit verbundenen Emitter-

und Kollektorstromänderungen. Der Verstärkungseffekt des Transistors, der im Normalbetrieb in der Regel größer ist als im Inversbetrieb ($A_N > A_I$), besteht darin, daß durch einen relativ kleinen eingeprägten Basisstrom die Größe eines relativ großen Emitterstromanteils I_{EN} bzw. Kollektorstromanteils $A_N I_{EN}$ gesteuert werden kann.

Die bisher beschriebenen Zusammenhänge im Transistor bezogen sich stets auf die Spannungen $U_{C'B'}$ und $U_{E'B'}$, die unmittelbar über den Sperrschichten liegen. Den Zusammenhang für die äußeren Spannungen U_{CB} und U_{EB} erhält man, wenn man die Spannungsabfälle an den Widerständen der Bahngebiete von Emitter-, Basis- und Kollektorzone berücksichtigt. Hierbei zeigt sich nun, daß die Bahnwiderstände der Emitter- und Kollektorzone sowie der inneren Basiszone zwischen den Sperrschichten bei fast allen praktisch hergestellten Transistoren vernachlässigbar klein sind. Dagegen kann der Widerstand zwischen Basisanschluß und der wirksamen inneren Basiszone in der Regel nicht vernachlässigt werden, weil er durchweg eine Größenordnung oder mehr über den erstgenannten Bahnwiderständen liegt. Es gilt also $U_{C'B'} \approx U_{CB'}$ und $U_{E'B'} \approx U_{EB'}$. Damit kommt man zu einem (statischen) Ersatzbild, welches aus den pn-Übergängen (Kollektor-Basis-Diode und Emitter-Basis-Diode) und einem sogenannten *inneren Basispunkt B'* besteht, der über den Basisbahnwiderstand $R_{BB'}$ (ein Querwiderstand) mit dem äußeren Basisanschluß B verbunden ist (Bild 3.12). Den eingerahmten Teil in Bild 3.12, der den Widerstand $R_{BB'}$ nicht enthält, bezeichnet man als *inneren Transistor* oder Intrinsic Transistor.

Anstatt durch eine pnp-Folge kann man einen Transistor auch durch eine npn-Folge realisieren. Die Polaritäten sind dann umgekehrt, d. h. im Normalbetrieb muß die Basis gegenüber dem Emitter positiveres Potential haben, und der Kollektor muß gegenüber der Basis noch positiver sein. Bild 3.13 zeigt die Schaltsymbole für den pnp- und npn-Transistor, wie sie in Transistorschaltungen verwendet werden.

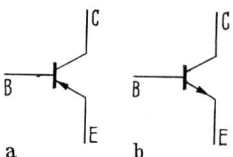

Bild 3.13. Schaltzeichen des Transistors. (a) pnp-Transistor, (b) npn-Transistor

Im folgenden werden nun die statischen Transistorgleichungen hergeleitet, aus denen sich die Kennlinienfelder berechnen lassen. Nach den Kirchhoffschen Sätzen gilt mit den Zählpfeilen für die äußeren Transistorspannungen und -ströme in Bild 3.14

$$U_{CE} = U_{CB} + U_{BE}, \tag{3.9}$$

$$I_B + I_C + I_E = 0. \tag{3.10}$$

Zur Bezeichnungsweise der Spannungen sei noch bemerkt, daß die Reihenfolge der Indizes zugleich eine Aussage über die vereinbarte Spannungsrichtung angibt. Es ist damit z. B. $U_{CE} = -U_{EC}$ usw. Für den Emitterstrom I_E und den Kollektorstrom I_C gilt, wenn man das oben Gesagte formelmäßig zusammenfaßt (vgl. Bild 3.11 b)

$$I_E = I_{EN} - A_I I_{CI}, \tag{3.11}$$

$$I_C = I_{CI} - A_N I_{EN}. \tag{3.12}$$

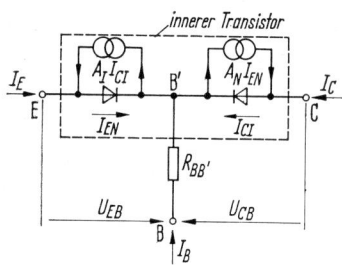

Bild 3.12. Statisches Ersatzbild des pnp-Transistors (beim npn-Transistor sind beide Dioden umgekehrt gepolt)

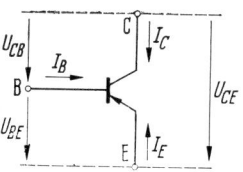

Bild 3.14. Zur Bezeichnung der äußeren Transistorspannungen und -ströme

Die negativen Vorzeichen vor dem zweiten Summanden drücken die Gegenläufigkeit der Teilströme aus. Die Ströme I_{EN} und I_{CI} sind reine Diodenströme. Sie können entsprechend Gl. (3.7) wie folgt geschrieben werden

$$I_{EN} = -I_{EBS}\left(e^{\frac{U_{EB'}}{U_T}} - 1\right), \qquad (3.13)$$

$$I_{CI} = -I_{CBS}\left(e^{\frac{U_{CB'}}{U_T}} - 1\right). \qquad (3.14)$$

Die Ströme I_{EBS} und I_{CBS} sind die Gegenstücke zum Sperrstrom I_s in Gl. (3.7). Sie sind diejenigen Ströme, die (theoretisch) über den pn-Übergang Emitter-Basis bzw. über den pn-Übergang Kollektor-Basis fließen, wenn $U_{EB'} \to -\infty$ und $U_{CB'} = 0$ bzw. wenn $U_{CB'} \to -\infty$ und $U_{EB'} = 0$.

Die Faktoren A_N und A_I, welche die Stromaufteilung zwischen Basis- und Kollektorstrom (bei A_N) bzw. zwischen Basis- und Emitterstrom (bei A_I) kennzeichnen, werden meist mit *Stromverstärkung in Basisschaltung normal* und *Stromverstärkung in Basisschaltung invers* bezeichnet.

Durch Einsetzen der Exponentialfunktionen für I_{EN} und I_{CI} in Gl. (3.11) und Gl. (3.12) erhält man

$$I_E = -I_{EBS}\left(e^{\frac{U_{EB'}}{U_T}} - 1\right) + A_I I_{CBS}\left(e^{\frac{U_{CB'}}{U_T}} - 1\right),$$
$$\qquad (3.15)$$

$$I_C = -I_{CBS}\left(e^{\frac{U_{CB'}}{U_T}} - 1\right) + A_N I_{EBS}\left(e^{\frac{U_{EB'}}{U_T}} - 1\right).$$
$$\qquad (3.16)$$

Hieraus erhält man durch Elimination von $U_{CB'}$ bzw. $U_{EB'}$

$$I_E = -A_I I_C - (1 - A_N A_I)\, I_{EBS}\left(e^{\frac{U_{EB'}}{U_T}} - 1\right),$$
$$\qquad (3.17)$$

$$I_C = -A_N I_E - (1 - A_N A_I)\, I_{CBS}\left(e^{\frac{U_{CB'}}{U_T}} - 1\right).$$
$$\qquad (3.18)$$

Zur Abkürzung setzt man

$$(1 - A_N A_I)\, I_{EBS} = I_{EBO}, \qquad (3.19)$$

$$(1 - A_N A_I)\, I_{CBS} = I_{CBO}. \qquad (3.20)$$

Der Strom I_{EBO} heißt *Emitterreststrom*. Er ist der für $U_{EB'} \to -\infty$ bei $I_C = 0$ (vgl. den dritten Index in I_{EBO}) in Sperrichtung fließende Strom zwischen Basis und Emitter. Der Strom I_{CBO} heißt *Kollektorreststrom*. Er ist der für $U_{CB'} \to -\infty$ bei $I_E = 0$ (vgl. den dritten Index in I_{CBO}) in Sperrichtung fließende Strom zwischen Basis und Kollektor. Mit diesen Abkürzungen ergibt sich die einfachere Schreibweise

$$I_E = -A_I I_C - I_{EBO}\left(e^{\frac{U_{EB'}}{U_T}} - 1\right), \qquad (3.21)$$

$$I_C = -A_N I_E - I_{CBO}\left(e^{\frac{U_{CB'}}{U_T}} - 1\right). \qquad (3.22)$$

Die statischen Transistorgleichungen (3.21) und (3.22) enthalten zusammen vier Transistorkenngrößen, nämlich A_N; A_I; I_{EBO} und I_{CBO}. Diese vier Kenngrößen sind aber nicht unabhängig voneinander. Es gilt vielmehr

$$\frac{A_N}{A_I} = \frac{I_{CBO}}{I_{EBO}}. \qquad (3.23)$$

Gl. (3.23) kann man sich anschaulich vom Transistoraufbau her klarmachen. Die Stromverstärkung A_N in Normalrichtung wird dann größer als die in inverser Richtung A_I sein, wenn die Kollektorgrenzfläche in Bild 3.11a größer als die Emittergrenzfläche ist, weil dann der Prozentsatz des Stromes I_{EN}, der in den Kollektor gelangt, größer ist als der Prozentsatz des Stromes I_{CI}, der in den Emitter gelangt. Andererseits wird auch der Kollektorreststrom I_{CBO} größer als der Emitterreststrom I_{EBO}, wenn die Kollektorgrenzfläche größer als die Emittergrenzfläche ist.

Führt man anstelle des Emitterstroms I_E mittels Gl. (3.10) den Basisstrom in Gl. (3.22) ein, dann ergibt sich

$$I_C = -A_N(-I_C - I_B) - I_{CBO}\left(e^{\frac{U_{CB'}}{U_T}} - 1\right),$$
$$\qquad (3.24)$$

$$I_C = \frac{A_N}{1 - A_N}\, I_B - \frac{1}{1 - A_N}\, I_{CBO}\left(e^{\frac{U_{CB'}}{U_T}} - 1\right).$$
$$\qquad (3.25)$$

Die statischen Transistorgleichungen nach Gln. (3.21) bis (3.25) gelten allgemein, d. h. für beliebige Polung der pn-Übergänge. Sie gelten gleichermaßen für den pnp-Transistor wie für den npn-Transistor. Während beim pnp-Transistor die Restströme mit negativem Vorzeichen einzusetzen sind (z. B. $I_{CB0} = -5\,\mu A$ beim Germaniumtransistor, $-0,01\,\mu A$ beim Siliziumtransistor) sind beim npn-Transistor die entsprechenden Werte mit positivem Vorzeichen in die Transistorgleichungen einzusetzen, wenn man die gewählten Zählpfeilrichtungen für die Ströme und Spannungen unverändert läßt. Man beachte, daß beim npn-Transitor in Bild 3.12 die Dioden umgepolt einzuzeichnen sind. Setzt man also (mit Ausnahme von U_T) alle Spannungen und Ströme beim npn-Transistor mit entgegengesetztem Vorzeichen wie beim pnp-Transistor in die Transistorgleichungen ein, dann ergeben sich gleiche Beträge.

Die statischen Transistorgleichungen (3.21), (3.22) und (3.23) gehen auf Ebers und Moll zurück. Diese Autoren haben diese Gleichungen durch Integration der Diffusionsgleichung gewonnen [14]. In ihrer Rechnung wurde vorausgesetzt, daß in der Basiszone keine Driftfelder vorhanden sind, und daß die Dicken der Sperrschichten spannungsunabhängig sind, was in Wirklichkeit wegen des sogenannten Early-Effektes [15] nicht zutrifft. Trotz dieser Vernachlässigungen geben die statischen Transistorgleichungen die wirklichen Verhältnisse relativ gut wieder, wie aus einem Vergleich mit gemessenen Kennlinienfeldern hervorgeht.

Die graphische Darstellung des Zusammenhangs zwischen den äußeren Transistorspannungen U_{CE}, U_{BE} und U_{CB} und den Transistorströmen I_C, I_B und I_E in Kennlinienfeldern kann auf verschiedene Weise erfolgen, wie im Zusammenhang mit Gl. (3.4) ausführlich diskutiert worden ist. Wenngleich die verschiedenen Darstellungen zwar im Prinzip äquivalent sind, so ist doch die eine oder andere Darstellung besonders zweckmäßig für die eine oder andere spezielle Beschaltung des Transistors.

Im folgenden werden als Beispiel das Kennlinienfeldpaar

$$I_C = f(U_{CE}; I_B); \quad U_{BE} = g(U_{CE}; I_B),$$

worin U_{CE} als unabhängige Variable und I_B als Parameter dienen, und das Kennlinienfeldpaar

$$I_C = f(I_B; U_{CE}); \quad U_{BE} = g(I_B; U_{CE}),$$

worin unabhängige Variable und Parameter ihre Rollen vertauscht haben, ausgerechnet.

Die Auflösung der statischen Transistorgleichungen (3.21) bis (3.25) nach den gewünschten Größen unter Berücksichtigung des Spannungsabfalls am Basisbahnwiderstand $R_{BB'}$ gemäß Bild 3.12 ergibt nach einiger Rechnung

$$I_C = \frac{A_N}{1 - A_N} \frac{e^{-\frac{U_{CE}}{U_T}} - \frac{1}{A_I}}{e^{-\frac{U_{CE}}{U_T}} + \frac{A_N(1-A_I)}{A_I(1-A_N)}} \cdot$$

$$\cdot \left[I_B + I_{CB0} \frac{\frac{1}{A_I} + \frac{1}{A_N} - 2}{\frac{1}{A_I} - A_N} \right] +$$

$$+ I_{CB0} \frac{\frac{1}{A_I} - 1}{\frac{1}{A_I} - A_N},$$

$$U_{BE} = -U_T \cdot \tag{3.26}$$

$$\cdot \ln \left\{ \frac{\frac{I_B}{I_{CB0}}\left(\frac{1}{A_I} - A_N\right) + \frac{1}{A_I} + \frac{1}{A_N} - 2}{\left(\frac{1}{A_I} - 1\right)e^{\frac{U_{CE}}{U_T}} + \frac{1}{A_N} - 1} \right\} -$$

$$- R_{BB'} I_B.$$

Die Auswertung dieser Gleichungen für Werte $A_N = 0,98$; $A_I = 0,49$; $I_{CB0} = 0,02\,mA$; $R_{BB'} = 100\,\Omega$ und $U_T = 26,12\,mV$ liefert das Vierfachkennlinienfeld in Bild 3.15. Das Gebiet um den Koordinatenursprung ist rechts unten im Bild vergrößert herausgezeichnet. Die Größe B_N ist eine Abkürzung. Sie bedeutet

$$B_N = \frac{A_N}{1 - A_N}. \tag{3.27}$$

Ein Vergleich von gerechneten mit gemessenen Transistorkennlinien ergibt für nicht zu

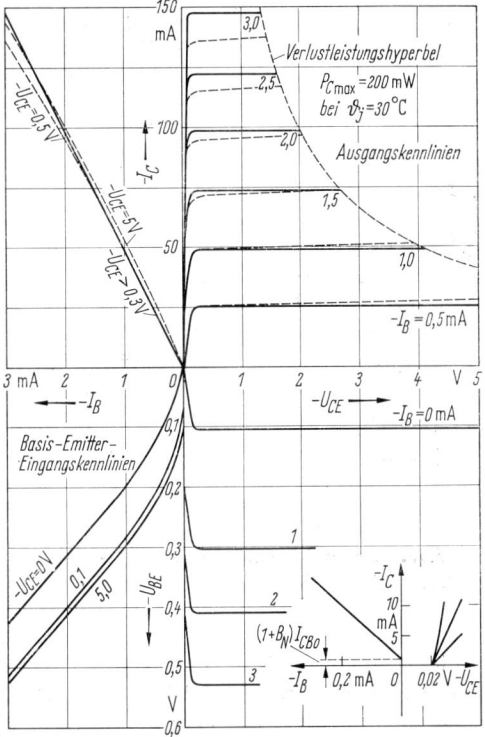

Bild 3.15. Kennlinienfeld eines pnp-Transistors mit $A_N = 0,98$, $A_I = 0,49$, $I_{CBO} = -0,02$ mA, $R_{BB'} = 100\,\Omega$ (ausgezogene Kurven sind gerechnet, gestrichelte Kurven stellen typische Abweichungen beim realen Transistor dar)

große Spannungen und Ströme eine gute Übereinstimmung. Die stärksten Abweichungen treten in den oberen beiden Quadranten des Vierfachkennlinienfeldes auf. In Bild 3.15 ist der typische Verlauf der Kennlinien des realen Transistors gestrichelt eingetragen. Die Abweichungen sind im wesentlichen durch zwei Effekte bedingt. Der erste Effekt, der schon genannte Early-Effekt, hat zur Folge, daß mit größer werdendem Betrag der Kollektoremitterspannung $|U_{CE}|$ die Stromverstärkung A_N etwas wächst, was sich im I_C, U_{CE}-Kennlinienfeld in einem leichten Anstieg der normalerweise fast waagerecht verlaufenden Kennlinien äußert und im I_C, I_B-Kennlinienfeld eine leichte Auffächerung der Kennlinien bewirkt. Der zweite Effekt zeigt sich darin, daß bei großer Stromdichte im Transistor die Stromverstärkung A_N kleiner wird. Im I_C, U_{CE}-

Kennlinienfeld äußert sich das am kleiner werdenden vertikalen Abstand der Kennlinien $I_B = $ konst. bei größerem Betrag des Kollektorstroms $|I_C|$. Im I_C, I_B-Kennlinienfeld ruft dieser Effekt eine leichte Krümmung der normalerweise geraden Linien hervor. Die prozentuale Abweichung der absoluten Spannungen und Ströme ist bei Rechnung und Messung gering. Folglich kann in allen Fällen, bei denen nur die statischen Absolutwerte interessieren, wie z. B. bei der Arbeitspunkteinstellung, (siehe Abschnitt 3.1.3) oder beim statischen Großsignalbetrieb mit guter Näherung mit den statischen Transistorgleichungen von Gl. (3.21) bis (3.23) gerechnet werden. Im I_B, U_{BE}-Kennlinienfeld von Bild 3.15 zeigt sich überdies sehr deutlich die linearisierende Wirkung des Basisbahnwiderstandes $R_{BB'} = 100\,\Omega$ jenseits der Knickspannung bei $U_{BE} = -0,2$ V. Bei einem entsprechenden npn-Transistor hätten alle Spannungen und Ströme von Bild 3.15 ein positives Vorzeichen.

Grenzwerte. Damit ein Transistor nicht durch Überlastung zerstört wird, müssen die von den Herstellern angegebenen Grenzwerte eingehalten werden. Durch die Angabe einer maximal zulässigen Verlustleistung P_{Vmax} soll die thermische Überlastung des Transistors vermieden werden. Im I_C, U_{CE}-Kennlinienfeld wird die Forderung auf Einhaltung einer oberen Grenze für die Verlustleistung durch die Verlustleistungshyperbel $I_C U_{CE} = P_{Cmax}$ ausgedrückt (Bild 3.15). Die maximal zulässige Kollektorverlustleistung eines Transistors hängt von seiner maximal zulässigen Kristalltemperatur ϑ_{jmax} ab. Die maximal zulässige Kristalltemperatur ϑ_{jmax} liegt bei Germaniumtransistoren zwischen 75 °C und 90 °C. Bei Siliziumtransistoren liegt sie höher, etwa bei 190 °C. Der jeweilige Höchstwert wird von den Transistorherstellern in den Datenblättern angegeben.

3.1.2.4 Feldeffekttransistoren

Die Wirkungsweise aller Feldeffekttransistoren (abgekürzt FET) beruht auf der Steuerbarkeit des ohmschen Widerstands eines leitfähigen Kanals durch ein elektrisches Feld. Der Kanal besteht aus n- oder p-leitendem Halbleitermaterial, in welchem nur Majoritätsträger zur Stromleitung beitragen. Der Anschlußpol am Kanalanfang wird mit Source (S), der Anschlußpol am Kanalende mit Drain (D) bezeichnet. Die Steuerung des Stroms durch den Kanal erfolgt mit einer Elektrode, dem sogenannten Gate (G), welches im normalen Betriebszustand gegen den Kanal elektrisch isoliert ist.

Man unterscheidet zwei FET-Grundtypen, nämlich

— den *Isolierschicht*-FET oder IGFET (isoliertes Gate) bei dem Gate und Kanal durch eine besondere, elektrisch nichtleitende Schicht voneinander isoliert sind, und

— den *Sperrschicht*-FET oder NIGFET (nicht isoliertes Gate), bei dem Gate und Kanal durch einen in Sperrichtung vorgespannten pn-Übergang voneinander isoliert sind. Dieser Typ wird im amerikanischen Schrifttum auch JFET (von junction = Sperrschicht) genannt.

Zunächst sei der Sperrschicht-FET näher erläutert, dessen Aufbau in Bild 3.16a schematisch dargestellt ist. Das zugehörige Schaltzeichen zeigt Bild 3.16b. Es handelt sich hier um einen n-Kanal-FET. Der Gateschluß liegt an p-leitendem Material.

Wenn der Source-Anschluß auf Nullpotential liegt, dann liegt im normalen Betriebsfall der Drainanschluß auf positivem Potential, während das Gate auf negativem Potential liegt, so daß der pn-Übergang zwischen Gate und Kanal gesperrt ist. Auf Grund des Spannungsabfalls längs des leitenden n-Kanals zwischen Source und Drain ergibt sich eine längs des n-Kanals zur Drain hin ansteigende Sperrspannung zwischen Gate und Kanal, die wegen des Early-Effekts eine entsprechend ansteigende

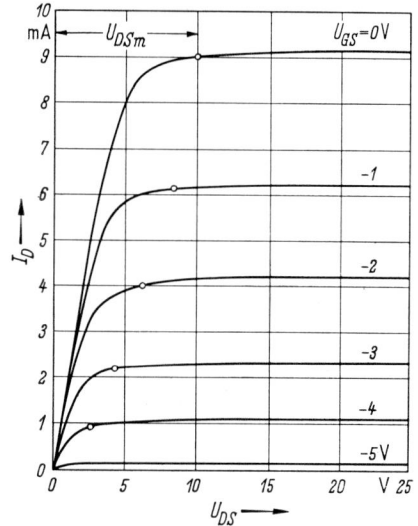

Bild 3.17. Kennlinienfeld eines n-Kanal-Sperrschicht-FET

gende Sperrschichtdicke zur Folge hat. Diese isolierende Sperrschicht ist in Bild 3.16a durch die gestrichelten Linien angedeutet. Wird das Gate negativer gemacht, dann wächst die Dicke der Sperrschicht, wodurch der Querschnitt des leitenden Kanals entsprechend abnimmt und der Kanalwiderstand ansteigt. Die Höhe des Drainstroms I_D ist damit eine Funktion der Gatespannung U_{GS} und natürlich der Drainspannung U_{DS}.

Wäre nur der Kanal allein vorhanden, dann würde der Drainstrom I_D gemäß dem ohmschen Gesetz linear mit der Drainspannung U_{DS} anwachsen. Beim FET tritt aber ab einer gewissen Spannung $U_{DS} \geq U_{DSm}$ eine Begrenzung des Drainstroms ein. Die Höhe der Strombegrenzung und die Höhe der Spannung U_{DSm} hängen von U_{GS} ab, und zwar gemäß dem U_{DS}, I_D-Kennlinienfeld in Bild 3.17. Bei $U_{GS} \leq 0$ ist der Gatestrom $I_G \approx 0$.

Die Begrenzung des Drainstroms läßt sich folgendermaßen erklären: Bei fester Gatespannung U_{GS0} wächst mit steigender Drainspannung U_{DS} auch die Sperrschichtdicke und damit der Kanalwiderstand insgesamt, wodurch der Anstieg des Drainstroms immer mehr verlangsamt wird, bis der Drainstrom schließlich konstant bleibt. Wird diese Betrachtung für eine negativere Gatespannung $U_{GS1} <$

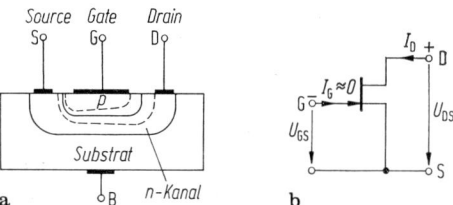

a   **b**

Bild 3.16. n-Kanal-Sperrschicht FET. (a) Querschnitt (schematisch), (b) Schaltzeichen mit eingezeichneten Klemmenspannungen und -strömen. Der Substratanschluß B ist oft nicht herausgeführt, sondern intern mit S verbunden

$< U_{GS0}$ wiederholt, dann ist bereits zu Beginn die Sperrschichtdicke und damit der Kanalwiderstand größer. Mit steigender Drainspannung verlangsamt sich nun der Anstieg des Drainstroms bereits früher, so daß die Stromsättigung bereits früher und bei einem kleineren Wert des Drainstroms einsetzt. Der monotone, d. h. nicht irgendwann wieder abfallende Verlauf der Kennlinien läßt darauf schließen, daß der Kanalwiderstand höchstens proportional, nicht aber überproportional, mit der Spannung U_{DS} ansteigen kann.

In Bild 3.16a ist noch ein Substratanschluß B (bulk) dargestellt, der im Schaltzeichen von Bild 3.16b nicht vorhanden ist. Häufig ist das Substrat intern mit der Source verbunden, manchmal, wenn das Substrat p-leitend ist, auch mit dem Gate. Gelegentlich ist der Anschluß aber auch herausgeführt und kann als zusätzliche Steuerungselektrode verwendet werden.

Eine vereinfachte Herleitung der statischen Kennlinien sei nun anhand der idealisierten Darstellung in Bild 3.18 durchgeführt. Für die Geschwindigkeit v, mit der sich ein Elektron durch den Kanal bewegt, gilt

$$|v| = \mu \, |E|. \qquad (3.28)$$

μ ist die Beweglichkeit, E die elektrische Feldstärke. Letztere ergibt sich aus der Spannung U_{DS} und der Kanallänge l gemäß

$$E = \frac{U_{DS}}{l}, \qquad (3.29)$$

wenn vereinfachend angenommen wird, daß die Spannung längs des Kanals gleichmäßig abfällt.

Die Laufzeit τ durch den Kanal berechnet sich damit zu

$$\tau = \frac{l}{|v|} = \frac{l^2}{\mu \, |U_{DS}|}. \qquad (3.30)$$

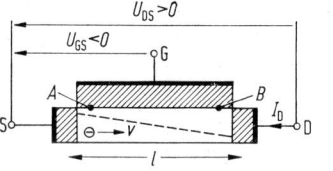

Bild 3.18. Zur vereinfachten Herleitung statischer Kennlinien beim n-Kanal-Sperrschicht-FET

Haben alle Elektronen die gleiche Laufzeit τ, dann wird in der Zeit τ die Gesamtladung im Kanalvolumen gerade einmal umgesetzt. Aus dem Drainstrom I_D folgt für die im Kanalvolumen bewegte Gesamtladung Q_K aller Elektronen

$$|Q_K| = |I_D| \, \tau = |I_D| \frac{l^2}{\mu \, |U_{DS}|}. \qquad (3.31)$$

Die gesamte bewegte Ladungsmenge im Kanal Q_K kann man sich zusammengesetzt denken aus zwei Anteilen. Es sei

$$Q_K = Q_{K0} + Q_{KG}, \qquad (3.32)$$

wobei Q_{K0} die Ladung im Kanal ist, wenn kein Gate vorhanden ist, und Q_{KG} die zusätzlich hinzukommende Ladung ist, wenn das Gate eingebracht wird. Q_{K0} und Q_{KG} können unterschiedliche Vorzeichen haben.

Aus Gl. (3.31) folgt damit für den Drainstrom

$$|I_D| = |Q_{K0} + Q_{KG}| \frac{\mu \, |U_{DS}|}{l^2} =$$

$$= \frac{\mu \, |Q_{K0}|}{l^2} \left| 1 + \frac{Q_{KG}}{Q_{K0}} \right| |U_{DS}| =$$

$$= G_K \left| 1 + \frac{Q_{KG}}{Q_{K0}} \right| |U_{DS}|. \qquad (3.33)$$

Der Faktor G_K ist der Leitwert des Kanals ohne Gate, was sich wie folgt verifizieren läßt:

$$\frac{\mu \, |Q_{K0}|}{l^2} = \frac{|v|}{|E|} \frac{|Q_{K0}|}{l^2} = \frac{l}{\tau} \frac{l}{|U_{DS}|} |I_D| \, \tau \frac{1}{l^2} =$$

$$= \left| \frac{I_D}{U_{DS}} \right| = G_K. \qquad (3.34)$$

Überlegungen über die Richtungen von v und E bei negativem Vorzeichen von Q_{K0} ergeben ein positives Vorzeichen von G_K. Bei positiver Spannung U_{DS} ist folglich auch I_D positiv.

Die durch das Gate zusätzlich hinzukommende Ladung Q_{KG} läßt sich gemäß $Q = CU$ durch die Kapazität C_{GK} zwischen Gate und Kanal und durch die mittlere Spannung $\bar{U}$ zwischen Gate und Kanal ausdrücken. In Bild 3.14 ist am Punkt A die Spannung zwischen Kanal und Gate gegeben durch $-U_{GS}$. Am Punkt B hingegen ist sie gegeben durch $U_{DS} - U_{GS}$. Die mittlere Spannung ist infolgedessen $\bar{U} = = U_{DS}/2 - U_{GS}$. Damit ist

$$Q_{KG} = C_{GK}\left(\frac{1}{2}\,U_{DS} - U_{GS}\right). \qquad (3.35)$$

Durch Einsetzen von Q_{KG} in Gl. (3.33) und Verwendung der Tatsache des gleichen Vorzeichens von I_D und U_{DS} folgt

$$I_D = G_K\left(1 - \frac{U_{GS} - U_{DS}/2}{Q_{K0}/C_{GK}}\right)U_{DS} = I_D(U_{DS}).$$
$$(3.36)$$

Der mit Gl. (3.36) gegebene Funktionsverlauf $I_D(U_{DS})$ beschreibt eine nach unten geöffnete Parabel, wenn man berücksichtigt, daß beim n-Kanal-FET die Ladung $Q_{K0} < 0$ ist. Der linke Ast der Parabel geht durch den Koordinatenursprung. Mit dem Parameter U_{GS} wird auch dessen Steigung im Ursprung beeinflußt.
Das Maximum der Parabel berechnet sich aus

$$\frac{\partial I_D}{\partial U_{DS}} = G_K\left(1 - \frac{U_{GS} - U_{DS}}{Q_{K0}/C_{GK}}\right) \stackrel{!}{=} 0 \qquad (3.37)$$

bei

$$U_{DS} = U_{GS} - \frac{Q_{K0}}{C_{GK}} = U_{DSm}. \qquad (3.38)$$

Durch Einsetzen dieses Wertes U_{DSm} in Gl. (3.36) erhält man

$$I_{Dmax} = G_K\left(\frac{1}{2} - \frac{1}{2}\frac{U_{GS}}{Q_{K0}/C_{GK}}\right)\left(U_{GS} - \frac{Q_{K0}}{C_{GK}}\right)$$
$$= -\frac{G_K}{2}\frac{Q_{K0}}{C_{GK}}\left(1 - \frac{U_{GS}}{Q_{K0}/C_{GK}}\right)^2. \qquad (3.39)$$

Dieser Maximalstrom wird zu Null bei

$$U_{GS} = \frac{Q_{K0}}{C_{GK}} = U_p, \qquad (3.40)$$

wo auch $U_{DSm} = 0$ wird. U_p ist die *Pinch-off-Spannung*. Sie ist beim n-Kanal-Sperrschicht-FET negativ. Durch Einsetzen der Beziehung (3.40) in Gl. (3.39) und in Gl. (3.36) erhält man mit den Gültigkeitsbereichen

für $U_{DS} \geq U_{GS} - U_p$:

$$I_D = -\frac{1}{2}\,G_K U_p\left(1 - \frac{U_{GS}}{U_p}\right)^2 =$$
$$= I_{D0}\left(1 - \frac{U_{GS}}{U_p}\right)^2, \qquad (3.41\,\text{a})$$

für $0 \leq U_{DS} \leq U_{GS} - U_p$:

$$I_D = G_K\left(1 - \frac{U_{GS}}{U_p} + \frac{U_{DS}}{2U_p}\right)U_{DS}. \qquad (3.41\,\text{b})$$

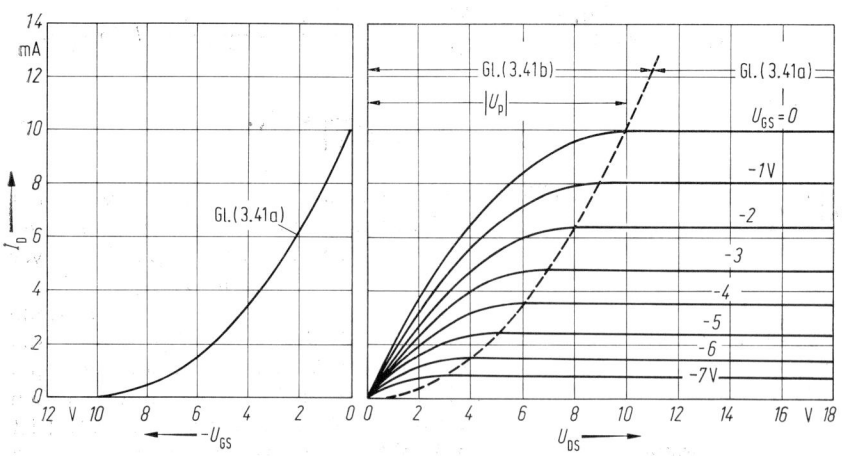

Bild 3.19. Auswertung der statischen FET-Gleichungen (3.41) für $U_p = -10$ V und $G_K = 1/500\ \Omega$

Die Auswertung der Gln. (3.41 a, b) liefert das Ergebnis in Bild 3.19, welches mit der Erfahrung gut übereinstimmt.

Die obige Herleitung der statischen FET-Gleichungen geht auf R. D. Middlebrook [3] zurück. Es gibt andere Herleitungen, die von detaillierteren Betrachtungen über die Sperrschichtdicke ausgehen [4]. Dabei ergeben sich andere analytische Formelausdrücke, deren numerische Auswertung aber ähnliche Ergebnisse zeigen.

Anstelle eines n-Kanals kann auch ein p-Kanal verwendet werden. Beim Sperrschicht-FET liegt dann der Gateanschluß an n-Material. Bild 3.20 zeigt das Schaltzeichen eines solchen p-Kanal-FET. Im normalen Betriebsfall ist $U_{GS} \geq 0$; $U_{DS} < 0$; $I_D < 0$. Außerdem gilt für die Pinch-off-Spannung $U_p > 0$.

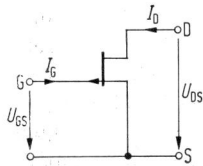

Bild 3.20. Schaltzeichen des p-Kanal-Sperrschicht-FET

Die für den n-Kanal-FET abgeleiteten statischen Kennliniengleichungen gelten auch für den p-Kanal-FET, wenn gewisse Vorzeichenänderungen berücksichtigt werden. Es ergibt sich die gleiche Form des U_{DS},I_D-Kennlinienfeldes. Es sind lediglich alle Vorzeichen an den Koordinatenachsen und am Parameter U_{GS} umzukehren.

Im folgenden wird nun die zweite Gruppe der Isolierschicht-FETs betrachtet, bei denen Gate und Kanal durch eine elektrisch nicht leitende Schicht voneinander getrennt sind. Eine besondere Bedeutung hat hierbei die sogenannte MOS-Technologie erhalten. Dabei steht M für Metall (z. B. Aluminium), aus dem die Gateelektrode besteht, O für Oxid, das in Form von Siliziumdioxid als isolierende Schicht dient, und S für Silizium als Substratmaterial (oder für Semiconductor = Halbleiter).

Ein grundsätzlicher Aufbau eines MOSFET ist in Bild 3.21 a dargestellt. Im p-Substrat sind zwei n-leitende Inseln eingebracht, die als Drain und Source dienen. Zwischen Drain und

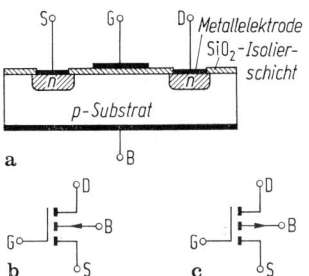

Bild 3.21. Grundsätzlicher Aufbau des selbstsperrenden MOSFET (n-Kanal-Anreicherungstyp), (b) Schaltzeichen des selbstsperrenden n-Kanal-MOSFET, (c) Schaltzeichen des selbstsperrenden p-Kanal-MOSFET

Source kann zunächst kein Strom fließen, da stets ein pn-Übergang gesperrt ist, gleichgültig wie auch U_{DS} gepolt ist. Die Anordnung ist daher *selbstsperrend*.

Wenn das Gate aber positives Potential gegenüber dem Substrat (B) erhält dann entsteht durch *Influenz* an der Substratoberfläche, d. h. auf der dem Gate gegenüberliegenden Seite der Isolierschicht, eine Ansammlung von Elektronen. Dadurch wird dort das ursprüngliche p-Material des Substrats n-leitend, und es bildet sich so ein schmaler n-Kanal zwischen Source und Drain, so daß nun ein Drainstrom zwischen Drain und Source fließen kann. Die Höhe des Gatepotentials bestimmt die Zahl der influenzierten Elektronen und damit die Breite des n-Kanals und die Größe des Drainstroms.

Das zugehörige Schaltzeichen in Bild 3.21 b enthält die wesentlichen Merkmale, nämlich das isolierte Gate, die unterbrochene Verbindung zwischen Source und Drain, was auf selbstsperrend hinweist, und die Pfeilrichtung am Substratanschluß, die p-Substrat bedeutet.

Das Kennlinienfeld des selbstsperrenden n-Kanal-MOSFET zeigt Bild 3.22a. Auch hier ergibt sich wieder die typische Sättigung des positiven Drainstroms I_D bei hoher Gate-Source-Spannung U_{GS}. Für den Bereich der Stromsättigung hängen I_D und U_{GS} gemäß Bild 3.22b zusammen. Der Substratanschluß wird in der Regel auf Sourcepotential gelegt.

Beim komplementären selbstsperrenden p-Kanal-MOSFET besteht das Substrat aus n-leitendem Material, während die Inseln für

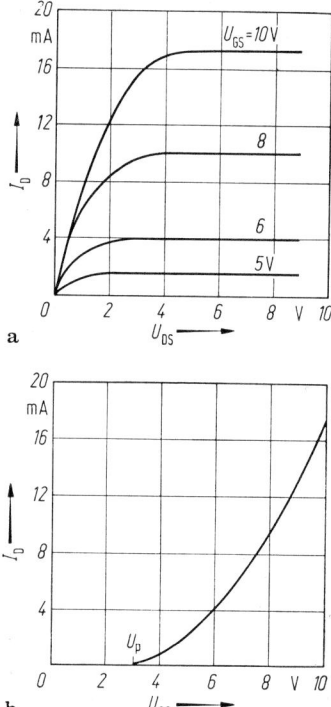

a

b

Bild 3.22. (a) Typisches Kennlinienfeld eines selbstsperrenden n-Kanal-MOSFET, (b) Abhängigkeit des Drainstroms von der Gate-Source-Spannung im Bereich der Stromsättigung

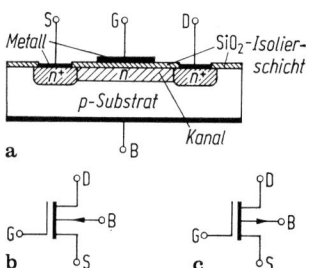

a

b   c

Bild 3.23. (a) Grundsätzlicher Aufbau des selbstleitenden MOSFET (n-Kanal-Verarmungstyp), (b) Schaltzeichen des selbstleitenden n-Kanal-MOSFET, (c) Schaltzeichen des selbstleitenden p-Kanal-MOSFET

Drain und Source p-leitend sind. Zur Erzeugung eines p-Kanals muß nun das Gate negativ werden. Das Schaltzeichen des selbstsperrenden p-Kanal-MOSFET zeigt Bild 3.21 c. Es ergeben sich die gleichen Kennlinien mit vertauschten Vorzeichen aller Spannungen und Ströme. Die selbstsperrenden Typen werden in der Literatur auch als *Anreicherungstypen* (englisch: *enhancement*) bezeichnet, weil erst durch Anlegen einer äußeren Gatespannung Ladungsträger erzeugt werden, die eine Stromleitung im Kanal möglich machen. Im Gegensatz dazu sind die *Verarmungstypen* (englisch: *depletion*) zu sehen. Diese sind selbstleitend. Durch die äußere Gatespannung wird eine Ladungsträgerverarmung im Kanal hervorgerufen und dadurch eine Steuerung des Drainstroms bewirkt. Die früher beschriebenen Sperrschicht FETs gehören zum Verarmungstyp. Verarmungstypen lassen sich aber auch als Isolierschicht FETs realisieren.

Einen anderen grundsätzlichen Aufbau eines MOSFET zeigt Bild 3.23 a. Im Gegensatz zum Fall in Bild 3.21 a ist nun bereits ein n-Kanal vorhanden, der über hoch dotierte n^+-Inseln mit den Drain- und Sourceanschlüssen verbunden ist. Diese Anordnung ist also selbstleitend. Je nach Vorzeichen eines angelegten Gatepotentials werden positive oder negative Ladungen auf der Oberfläche des n-Kanals influenziert. Werden negative Ladungen influenziert, dann nimmt die Elektronenkonzentration im Kanal und damit dessen Leitfähigkeit zu. Diesen Betriebsfall bezeichnet man als Anreicherungsbetrieb. Werden aber durch Umpolung des Gatepotentials positive Ladungen influenziert, was einer Verdrängung von Elektronen entspricht, dann nimmt die Elektronenkonzentration im Kanal und damit dessen Leitfähigkeit ab. Diesen Betriebsfall bezeichnet man als Verarmungsbetrieb.

Der selbstleitende Isolierschicht-FET kann also sowohl im Anreicherungsbetrieb als auch im Verarmungsbetrieb gefahren werden, was beim selbstsperrenden Isolierschicht-FET nicht möglich ist. Zur Unterscheidung vom selbstsperrenden Typ wird der selbstleitende Isolierschicht-FET meistens unter der Kategorie des Verarmungstyps aufgeführt.

Das Schaltzeichen des selbstleitenden n-Kanal-MOSFET in Bild 3.23 b unterscheidet sich von dem des selbstsperrenden n-Kanal-MOSFET in Bild 3.21 b durch die nun nichtunterbrochene Verbindung zwischen Drain und Source, was auf die selbstleitende Eigenschaft hinweisen soll.

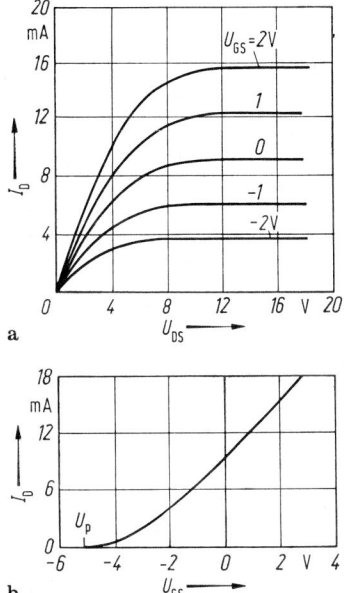

Bild 3.24. (a) Typisches Kennlinienfeld eines selbstleitenden n-Kanal-MOSFET, (b) Abhängigkeit des Drainstroms von der Gate-Source-Spannung im Bereich der Stromsättigung

Bild 3.24 a zeigt ein Kennlinienfeld des selbstleitenden n-Kanal-MOSFET. Es entspricht den bisherigen FET-Kennlinienfeldern bis auf die Tatsache, daß als Parameter nun sowohl positive als auch negative Werte von U_{GS} zulässig und üblich sind. Für den Bereich der Stromsättigung gilt die Kurve in Bild 3.24 b.
Der selbstleitende Isolierschicht-FET läßt sich auch in p-Kanal-Version herstellen. Dieser zeigt das komplementäre Verhalten zum selbstleitenden n-Kanal-FET, d. h. es ergeben sich die gleichen Kennlinien, jedoch mit entgegengesetzten Vorzeichen für alle Ströme und Spannungen. Das Schaltzeichen des selbstleitenden Isolierschicht-FET in p-Kanal-Version zeigt Bild 3.23 c.
Da bei allen Isolierschicht-FETs der Isolationswiderstand zwischen Gate und Substrat bzw. Kanal extrem hoch ist (Größenordnung bis zu $10^{15}\,\Omega$), besteht die Gefahr einer ungewollten Aufladung der Kapazität zwischen Gate und Substrat bzw. Kanal. Da diese Kapazität sehr klein ist, genügen bereits geringe Ladungen, um so hohe Spannungen zu erzeugen, daß die Isolation durchschlägt, was

im allgemeinen eine Zerstörung des FET zur Folge hat. Bisweilen werden solche Elemente bereits vom Hersteller mit einer Schutzdiode am Gate versehen.
Allen FETs ist die gleichartige Form des U_{DS},I_D-Kennlinienfeldes gemeinsam und damit die Form der Funktion $I_D(U_{GS})$ im Sättigungsbereich. Die wesentlichen Unterschiede liegen lediglich bei n-Kanal- und p-Kanal-Typen und im zulässigen Wertebereich des Parameters U_{GS}, der beim Isolierschicht-Verarmungstyp Werte unterschiedlichen Vorzeichens überstreichen darf, was bei den sonstigen Typen nicht gilt.
Wegen dieser Gleichartigkeit kann man — zumindest näherungsweise — die analytischen Formeln Gln. (3.41 a, b) für die statischen Kennlinien sinngemäß auf *alle* FET-Arten anwenden, wenn man die entsprechenden Werte für die Pinch-off-Spannung U_p und den Kanalleitwert G_K einsetzt.
Die analytischen Formeln können z. B. für die Gleichstromanalyse eingesetzt werden.

3.1.3 Gleichstromanalyse resistiver nichtlinearer Netzwerke

Ein nichtlineares resistives Netzwerk enthält mindestens ein resistives nichtlineares Element. Außerdem kann es lineare resistive Elemente und unabhängige Spannungs- und Stromquellen enthalten, vgl. Einleitung zu Abschnitt 3.1.
Die vollständige Analyse eines Netzwerks besteht in der Bestimmung der Spannungen und Ströme an allen Elementen des Netzwerks. Diese Spannungen und Ströme hängen von zweierlei ab, nämlich

(a) von den Eigenschaften der Netzwerkelemente und

(b) von der Art und Weise, wie diese Elemente miteinander zusammengeschaltet sind.

Im resistiven Fall wird der Einfluß (a) durch die U,I-Kennlinien der zweipoligen Elemente und die Kennlinienfelder der mehrpoligen Bauelemente berücksichtigt.
Der Einfluß (b) wird durch die Kirchhoffschen Gesetze, nämlich durch die Knotenregel und durch die Schleifenregel, berücksichtigt. Beide gelten unabhängig von den Elementen für jedes Netzwerk aus konzentrierten Elementen.

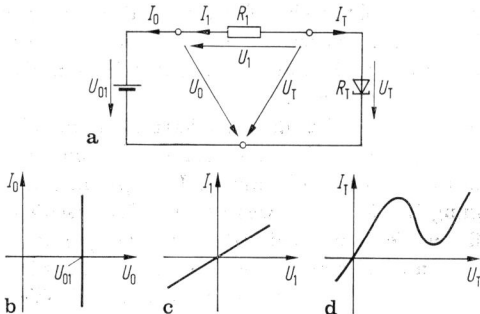

a

b   c   d

Bild 3.25. Zur Analyse eines nichtlinearen resistiven Netzwerks; (a) Schaltung, (b), (c), (d) Spannungs-Strom-Kennlinien der unabhängigen Spannungsquelle, des linearen ohmschen Widerstands und der Tunneldiode

Als *erstes Beispiel* sei die Zusammenschaltung einer (unabhängigen) Gleichspannungsquelle der Spannung U_0, eines linearen ohmschen Widerstands R_1 und einer Tunneldiode R_T gemäß Bild 3.25a betrachtet.
Die Kirchhoffschen Gesetze liefern die linearen Gleichungen

$$U_T - U_0 - U_1 = 0, \qquad (3.42)$$

$$I_1 = I_0, \qquad (3.43)$$

$$I_1 = -I_T. \qquad (3.44)$$

Die durch die Kennlinien ausgedrückten Spannungs-Strom-Beziehungen lauten

$$U_0 = U_{01} \quad \text{für alle } I_0, \qquad (3.45)$$

$$U_1 = R_1 I_1, \qquad (3.46)$$

$$f(U_T, I_T) = 0. \qquad (3.47)$$

Hier ist der durch die Tunneldiode beschriebene nichtlineare Zusammenhang durch die implizite Beziehung f ausgedrückt. Durch Einsetzen der Beziehungen (3.45) und (3.46) in Gl. (3.42) erhält man mit Gl. (3.44)

$$U_T - U_{01} - R_1 I_1 = U_T - U_{01} + R_1 I_T =$$
$$= g(U_T, I_T) = 0. \qquad (3.48)$$

Mit Gl. (3.48) und Gl. (3.47) stehen zwei Beziehungen f und g zur Verfügung, die beide zugleich erfüllt sein müssen. Dies ist in

Bild 3.26 dargestellt. g ist eine Gerade. Ihr Schnittpunkt mit der U_T-Achse liegt bei $U_T = U_{01}$. Ihre Steigung ist durch R_1 gegeben. Im Fall von Bild 3.26a gibt es genau einen Schnittpunkt AP von f und g. Dieser Schnittpunkt liefert die Lösung der Analyseaufgabe. Mit den durch AP gegebenen Werten für die Lösung U_{TA} und I_{TA} folgen aus den Gln. (3.42) bis (3.46) die Ströme und Spannungen an allen Elementen des gesamten Netzwerks.
Wie aus Bild 3.26b hervorgeht, kann es bei der Gleichstromanalyse nichtlinearer Netzwerke *auch mehrere* Lösungen geben, während die Gleichstromanalyse eines Netzwerkes aus linearen ohmschen Widerständen stets nur eine einzige Lösung liefert. Im Fall von Bild 3.26b gibt es sogar drei Lösungen, die durch die Punkte Q_1, Q_2 und Q_3 gegeben sind. Die konkrete Spannungs- und Stromverteilung in einem gegebenen Netzwerk kann zu einem gegebenen Zeitpunkt aber nur einer einzigen Lösung entsprechen. Welche Lösung angenommen wird, hängt von der *Vorgeschichte*

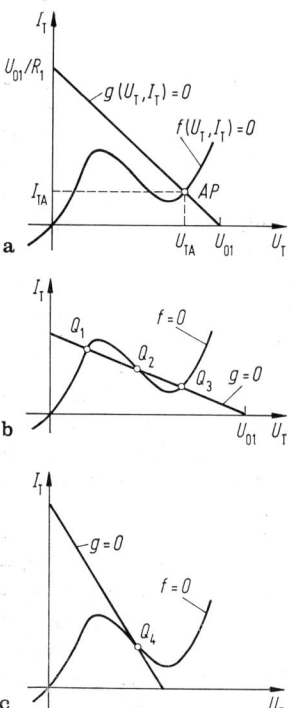

a

b

c

Bild 3.26. Graphische Lösung der Gln. (3.47) und (3.48)

ab und kann durch die Gleichstromanalyse
allein nicht bestimmt werden. Bemerkt sei
noch, daß die Lösungen Q_2 in Bild 3.26 b und
Q_4 in Bild 3.26 c sogenannte *instabile* Lösungen sind. Die Gefahr der Instabilität ist dann
gegeben, wenn beide Beziehungen g und f im
Schnittpunkt eine negative Steigung haben.
Die Begründung für die Instabilität vermag
aber die Gleichstromanalyse allein nicht zu
liefern. Hierfür sind ergänzende Betrachtungen erforderlich, welche die Dynamik mit ein-
beziehen. Näheres hierzu folgt im Abschnitt
3.2.1.
Dieses erste Beispiel mit der Tunneldiode als
nichtlineares Element hat gezeigt, welch komplizierte Situationen eintreten können, wenn
Elemente mit nicht streng monotonen oder
fallenden U,I-Kennlinien verwendet werden.
Für mehrpolige Elemente mit nicht streng
monotonen Kennlinienfeldern gilt das in noch
erhöhtem Maße. Die Entwickler mehrpoliger
Bauelemente wenden deshalb bisweilen sogar
besondere Anstrengungen auf, um Bauelemente mit nicht monotonen Kennlinienfeldern so
zu verbessern, daß die Kennlinienfelder monoton werden. Ein historisches Beispiel hierzu
ist bei den Röhrenentwicklern die Weiter-
entwicklung der Tetrode zur Pentode ge-
wesen. Alle in den Abschnitten 3.1.1 und 3.1.2
beschriebenen dreipoligen Bauelemente haben
jedenfalls monotone Kennlinienfelder. Deshalb
bleiben die nachfolgenden Analysebeispiele
auf den Fall streng monotoner Kennlinienfelder beschränkt.
Als *zweites Beispiel* wird die Beschaltung einer
Triode mit zwei Spannungsquellen und einem
ohmschen Widerstand behandelt, siehe Bild
3.27 a. Die Spannung U_g ist so gepolt, daß
der Gitterstrom verschwindet, man also mit
dem U_a,I_a-Kennlinienfeld allein auskommt,
vgl. Bild 3.5.
Rechts der gestrichelten Linie in Bild 3.27 a
befindet sich die Serienschaltung einer Gleichspannungsquelle U_{01} mit einem linearen ohmschen Widerstand R_a. Mit einer solchen Serienschaltung ist auch die Tunneldiode im ersten
Beispiel beschaltet. — Entsprechend der dort
durchgeführten Rechnung ergibt sich hier die
folgende Geradengleichung, die auch als *Last-
kennlinie* bezeichnet wird (Masche M):

$$U_a - U_{01} + I_a R_a = g(U_a, I_a) = 0. \qquad (3.49)$$

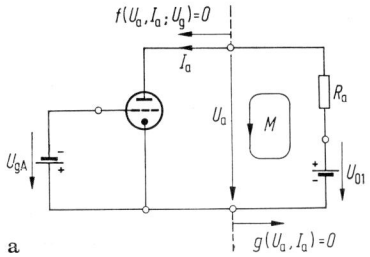

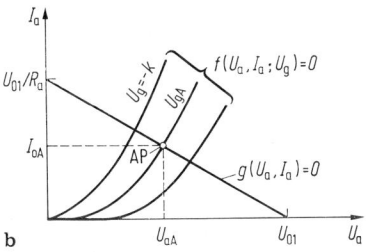

Bild 3.27. Gleichstromanalyse eines nichtlinearen
resistiven Netzwerks mit einer Triode: (a) Netzwerk, (b) graphische Lösung

Links der gestrichelten Linie in Bild 3.27 a
befindet sich das Klemmenpaar Anode — Kathode der Triode. Das Spannungs-Strom-Ver-
halten zwischen diesen Klemmen wird durch
das U_a,I_a-Kennlinienfeld

$$f(U_a, I_a; U_g) = 0 \qquad (3.50)$$

beschrieben, das U_g als Parameter enthält.
Eine Lösung ist ein solches Wertepaar
$U_a = U_{aA}$ und $I_a = I_{aA}$, für das f und g zugleich erfüllt werden. Da die Gitterspannung
$U_g = U_{gA}$ fest vorgegeben ist, reduziert sich
das Kennlinienfeld f auf eine einzelne Kennlinie $f(U_a, I_a; U_{gA}) = 0$. Es gibt somit genau
einen Schnittpunkt AP. Bei Wahl eines anderen Werts für die Gitterspannung U_g liegt
der Lösungspunkt AP an einer anderen Stelle
der U_a,I_a-Ebene, jedoch stets auf der Geraden
$g = 0$.
Als *drittes Beispiel* wird ein n-Kanal Sperrschicht FET (vgl. Bilder 3.6, 3.16, 3.17 und
3.19) in der Schaltung von Bild 3.28 a unter-
sucht. Alle ohmschen Widerstände seien
linear. Vorweg muß erwähnt werden, daß
dieses Beispiel keine technisch bedeutsame
Schaltung darstellt. Bei anderer Wahl der
Widerstände und Spannungsquellen kann das

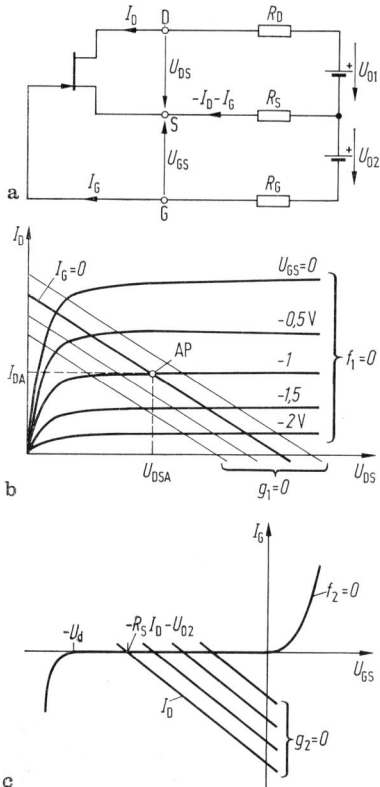

Bild 3.28. Gleichstromanalyse eines Netzwerks mit einem FET, (a) gegebenes Netzwerk, (b) und (c) Kennlinienfelder zur graphischen Bestimmung der Lösung

gleiche Resultat entweder ohne die Spannungsquelle U_{02} oder ohne den Widerstand R_S erzielt werden. Dieses Beispiel ist lediglich wegen der allgemeineren Beschreibung gewählt worden.
Die folgende Schaltungsanalyse beginne beim Klemmenpaar D—S. Während der Zusammenhang von Spannungen und Strömen auf der linken Seite des Klemmenpaars durch das U_{DS},I_D-Kennlinienfeld des FET

$$f_1(U_{DS}, I_D; U_{GS}) = 0 \qquad (3.51)$$

beschrieben wird, gilt für die rechte Seite des Klemmenpaars

$$U_{DS} + R_S(I_D + I_G) - U_{01} + R_D I_D =$$
$$= g_1(U_{DS}, I_D; I_G) = 0. \qquad (3.52)$$

Der funktionale Zusammenhang von Gl. (3.52) stellt eine parallele Geradenschar mit dem Parameter I_G dar, siehe Bild 3.28 b.
Zur Bestimmung der Lösung muß noch das Klemmenpaar G—S betrachtet werden. Der Zusammenhang auf der linken Seite wird durch die Kennlinie von Bild 3.6 b dargestellt:

$$f_2(U_{GS}, I_G) = 0. \qquad (3.53)$$

Der Zusammenhang auf der rechten Seite des Klemmenpaars G—S lautet

$$U_{GS} + U_{02} + (R_S + R_G) I_G + R_S I_D =$$
$$= g_2(U_{GS}, I_G; I_D) = 0. \qquad (3.54)$$

Beide Beziehungen, $f_2 = 0$ und $g_2 = 0$, sind in Bild 3.28 c dargestellt. Zur Lösung der Analyseaufgabe ist ein solches Quadrupel

$(U_{DS} = U_{DSA}; I_D = I_{DA}; U_{GS} = U_{GSA};$

$I_G = I_{GA})$

zu bestimmen, für das die Beziehungen $f_1 = 0$; $g_1 = 0$; $f_2 = 0$ und $g_2 = 0$ zugleich erfüllt werden. Dabei folgt aus bereits drei dieser Größen die vierte aus den Kennlinienfeldern des FET.
Für $-U_d < -R_S I_D - U_{02} < 0$ liegen alle Schnittpunkte bei $I_G = 0$. Damit ist in Bild 3.28 b die Gerade mit $I_G = 0$ diejenige, auf welcher der Lösungspunkt AP liegen muß. Die genaue Lage des Punktes AP erhält man, indem man die aus Bild 3.28 c für $I_G = 0$ folgende Beziehung

$$U_{GS} = -R_S I_D - U_{02} \qquad (3.55)$$

in Bild 3.28 b überträgt und die so entstehende Kurve mit der dortigen Gerade für $I_G = 0$ zum Schnitt bringt. Die praktische Durchführung dieses rein graphischen Verfahrens ist allerdings etwas umständlich.
Einfacher ist ein halbrechnerisches iteratives Verfahren, indem man mittels Gl. (3.55), beginnend bei einem kleinen Anfangswert, für irgendein I_D den zugehörigen Wert von U_{GS} berechnet. Dieses Wertepaar (I_D, U_{GS}) entspricht einem Punkt in Bild 3.28 b. Liegt dieser Punkt unterhalb der Geraden für $I_G = 0$, dann war der Anfangswert für I_D zu hoch gewählt, liegt er oberhalb, dann war I_D zu klein,

liegt er auf der Geraden, dann ist die Lösung gefunden.

Neben dem rein graphischen Verfahren und dem halbrechnerischen Verfahren gibt es noch das rein rechnerische Verfahren zur Lösung der Analyseaufgabe beim Netzwerk in Bild 3.28a. Hierzu benutzt man die drei voneinander unabhängigen Beziehungen von Gl. (3.55), von Gl. (3.52) mit $I_G = 0$ und von Gl. (3.41), und zwar von Gl. (3.41 b), wenn man vermutet, daß die Lösung in demjenigen Bereich des U_{GS}, I_D-Kennlinienfeldes liegt, wo die U_{GS}-Parameterkurven horizontal verlaufen. Hat dieses nichtlineare Gleichungssystem keine Lösung, dann ist Gl. (3.41a) an Stelle von Gl. (3.41 b) zu verwenden. Da die Gln. (3.41 a, b) den realen FET nur näherungsweise beschreiben, ist auch die Lösung nur eine Näherungslösung. Sie kann aber mit Vorteil als Ausgangspunkt für eine genauere graphische Lösung mit einem exakten Kennlinienfeld benutzt werden.

Als *viertes Beispiel* werde noch eine Schaltung mit einem bipolaren pnp-Transistor analysiert. Das zu untersuchende Netzwerk zeigt Bild 3.29a. Die ohmschen Widerstände seien linear, die Spannungen U_{01} und U_{02} seien positiv. Für die Analyse werden die beiden Klemmenpaare B—E und C—E betrachtet. Für jedes dieser beiden Klemmenpaare lassen sich zwei Beziehungen aufstellen.

Für die linke Seite des Klemmenpaars B—E gilt

$$U_{BE} - U_{01} + I_B R_1 = g_1(U_{BE}, I_B) = 0. \quad (3.56)$$

Die rechte Seite des gleichen Klemmenpaars B—E wird durch das U_{BE}, I_B-Kennlinienfeld des Transistors beschrieben (vgl. auch Bilder 3.7b und 3.15).

$$f_1(U_{BE}, I_B; U_{CE}) = 0. \quad (3.57)$$

Beide Beziehungen, $g_1 = 0$ und $f_1 = 0$, sind zusammen in Bild 3.29b graphisch dargestellt.

Für die linke Seite des Klemmenpaars C—E ist das U_{CE}, I_C-Kennlinienfeld zuständig,

$$f_2(U_{CE}, I_C; I_B) = 0, \quad (3.58)$$

während für die rechte Seite des Klemmenpaars wieder eine Geradengleichung gilt, nämlich

$$U_{CE} + U_{02} + I_C R_L = g_2(U_{CE}, I_C) = 0. \quad (3.59)$$

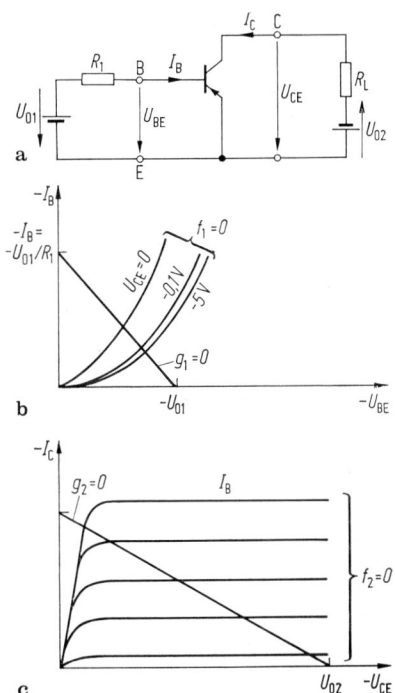

Bild 3.29. Gleichstromanalyse eines Netzwerks mit einem bipolaren pnp-Transistor. (a) gegebenes Netzwerk, (b) und (c) Kennlinienfelder zur graphischen Bestimmung der Lösung

Eine Lösung der Analyseaufgabe liefert ein solches Quadrupel

$$(I_B = I_{BA}; U_{BE} = U_{BEA}; I_C = I_{CA};$$

$$U_{CE} = U_{CEA}),$$

für das alle vier Beziehungen $g_1 = 0$; $f_1 = 0$; $g_2 = 0$ und $f_2 = 0$ zugleich erfüllt werden.

Da im U_{BE}, I_B-Kennlinienfeld für $U_{CE} < -0,1$ V die Kennlinien sehr dicht liegen, kann der Basisstrom I_B auch bei ungefährer Abschätzung des zunächst unbekannten Werts für U_{CE} bereits recht genau abgelesen werden. Mit diesem Wert von I_B kann in Bild 3.29c der Schnittpunkt der Geraden $g_2 = 0$ mit der Parameterkurve I_B bestimmt werden, woraus dann ein genauerer Wert von U_{CE} folgt. So findet man für dieses Beispiel relativ rasch das Lösungsquadrupel (I_{BA}, U_{BEA}, I_{CA}, U_{CEA}), womit auch die Spannungen an den Widerständen R_1 und R_L bekannt sind.

Dieses vierte Beispiel ist aus verschiedenen Gründen einfach. Erstens ist das Netzwerk einfach. Die Betrachtungen wären komplizierter geworden, wenn z. B. zwischen Basis und Kollektor oder in der Emitterzuleitung ein zusätzlicher ohmscher Widerstand vorhanden wäre. Zweitens ist die Netzwerkanalyse einfach, weil das U_{BE}, I_B-Kennlinienfeld und das U_{CE}, I_C-Kennlinienfeld verwendet werden. Ein Arbeiten z. B. mit den Kennlinienfeldern $I_C(U_{CB}; I_E)$ und $U_{BE}(I_E; U_{CB})$ hätte die Betrachtungen für dieselbe Schaltung in Bild 3.29a verwickelter gemacht. Bei der Analyse von Schaltungen mit bipolaren Transistoren ist daher die Wahl des geeigneten Kennlinienfeldpaars entscheidend für die Einfachheit der Analyse. Beim FET ist wegen $I_G = 0$ die Wahl der Kennlinienfeldart nicht so kritisch. Bei bipolaren Transistoren werden oft verschiedene Kennlinienfeldpaare vom Transistorhersteller mitgeliefert, die zwar äquivalent sind, die aber auf jeweils typische Anwendungsfälle zugeschnitten sind.

Statt graphisch mit Hilfe von Kennlinienfeldern kann das Netzwerk in Bild 3.29a auch rein rechnerisch analysiert werden. Dazu sind z. B. die Ebers-Moll-Gleichungen (3.21) bis (3.25) zu verwenden.

Im Beispiel von Bild 3.29a sind die Spannungsquellen U_{01} und U_{02} so gepolt, daß die Basis-Emitter-Diode in Durchlaßrichtung und die Basis-Kollektor-Diode in Sperrichtung betrieben werden. Diese Betriebsart ist übrigens typisch für die Anwendung des Transistors als Verstärker.

Der Exponent $U_{CB'}/U_T$ in Gl. (3.25) ist mit $U_T = 0,026$ V und $U_{CB'} < -0,1$ V so sehr negativ, daß der ganze zugehörige Exponentialausdruck gegen Eins vernachlässigt werden kann. Damit reduzieren sich Gl. (3.22) zu

$$I_C = -A_N I_E + I_{CBO} \qquad (3.60\,a)$$

und Gl. (3.25) unter Benutzung von Gl. (3.27) zu

$$I_C = B_N I_B + (B_N + 1)\, I_{CBO}. \qquad (3.60\,b)$$

Die Addition von Gl. (3.15) und Gl. (3.16) ergibt mit der gleichen Vereinfachung

$$I_B = -I_E - I_C = (1 - A_N)\, I_{EBS}(e^{U_{EB'}/U_T} - 1).$$

$$(3.61)$$

Gleichung (3.60) entspricht dem U_{CE}, I_C-Kennlinienfeld im Bereich des horizontalen Verlaufs der Kennlinien für $I_B = $ const, also der Beziehung $f_2 = 0$ von Gl. (3.58). Die Gl. (3.61) entspricht der zu einer einzigen Kennlinie verschmolzenen Kennlinienschar in Bild 3.28b, d. h. der Beziehung $f_1 = 0$ von Gl. (3.57).

Mit den vier analytischen Gleichungen für $g_1 = 0$ in Gl. (3.56), $g_2 = 0$ in Gl. (3.59); $f_2 = 0$ in Gl. (3.60) und $f_1 = 0$ in Gl. (3.61) steht ein nichtlineares Gleichungssystem zur rechnerischen Bestimmung des Quadrupels $(I_{BA}, U_{BEA}, I_{CA}, U_{CEA})$ zur Verfügung.

3.2 Linearisierung nichtlinearer Netzwerke im Arbeitspunkt

Die durch Gleichstromanalyse gefundene Lösung eines (im allgemeinen nichtlinearen) Netzwerks wird in der linearen Verstärkertechnik als *Arbeitspunkt* (abgekürzt AP) bezeichnet. Die Theorie der linearen Kleinsignalverstärkertechnik beruht auf der Betrachtung des Netzwerkverhaltens in der näheren Umgebung des AP. Dazu werden beim resistiven Netzwerk alle statischen Kennlinien im AP linearisiert, d. h. durch ihre dortigen Tangenten ersetzt. Die aktuellen Spannungen und Ströme im Netzwerk werden nun aus zwei Anteilen zusammengesetzt, nämlich aus den statischen Gleichspannungen U_{kA} und Gleichströmen I_{kA}, welche die Gleichstromanalyse liefert, und den zeitabhängigen Kleinsignalgrößen $u_k(t)$ und $i_k(t)$, welche den Gleichgrößen U_{kA} und I_{kA} überlagert sind.

Die im Abschnitt 3.1.3 erläuterte Arbeitspunktbestimmung ist ohne Änderung auch auf dynamische nichtlineare Netzwerke anwendbar, die außer resistiven Elementen auch noch lineare oder nichtlineare Induktivitäten und Kapazitäten enthalten. Für die Gleichstromanalyse müssen nämlich alle Induktivitäten durch Kurzschlüsse und alle Kapazitäten durch Leerläufe (Leitungsunterbrechungen) ersetzt werden. Für die Untersuchung des *Kleinsignalverhaltens* in der Umgebung des AP spielt aber die Geschwindigkeit eine Rolle, mit welcher sich die überlagerten Wechselspannungen $u_k(t)$ und Wechselströme $i_k(t)$ zeitlich ändern. Ist die zeitliche Änderung

hinreichend langsam, dann genügt es, wenn
nur die resistiven Elemente berücksichtigt
werden und deren statische Kennlinien im AP
durch ihre dortigen Tangenten ersetzt werden. Ist die zeitliche Änderung aber nicht hinreichend langsam, dann müssen nicht nur die
Tangenten der resistiven Elemente berücksichtigt werden. Es müssen darüber hinaus
auch noch die Induktivitäten und Kapazitäten
berücksichtigt werden, und zwar mit ihren
im AP gültigen Werten. Diese Werte können
in der Umgebung des AP als *linear* angesehen
werden.

3.2.1 Kleinsignalverhalten resistiver und dynamischer Systeme

Der Einfachheit halber werden im folgenden
die gleichen Beispiele betrachtet, deren Gleichstromanalyse (oder Arbeitspunktbestimmung)
im Abschnitt 3.1.3 bereits behandelt worden
ist.

In Bild 3.25 wird nun die unabhängige Spannungsquelle der konstanten Gleichspannung
U_{01} ersetzt durch die Serienschaltung derselben Gleichspannung U_{01} mit einer Wechselspannung $u_0(t)$, siehe Bild 3.30a. Ist die
Amplitude ΔU_0 der Wechselspannung sehr
klein im Vergleich zur Gleichspannung, d. h.
ist $\Delta U_0 \ll U_{01}$, dann kann die neue zeitabhängige Lösung der Netzwerkanalyse leicht
aus einer Modifikation von Bild 3.26a abgelesen werden, die in Bild 3.30b gezeigt ist.
Während die Gleichspannung U_{01} allein die
konstanten Werte I_{TA} und U_{TA} zur Folge hat,
ergibt die Überlagerung $U_{01} + u_0(t)$ die zeitabhängigen Reaktionen $I_{TA} + i_T(t)$ und $U_{TA} +$
$+ u_T(t)$, deren Wechselanteile $i_T(t)$ und $u_T(t)$
die Amplituden ΔI_T und ΔU_T haben.
Der Zusammenhang zwischen den Kleinsignalgrößen $u_T(t)$ und $i_T(t)$ ergibt sich bei
Linearisierung der Kennlinie $f = 0$ im AP zu

$$i_T(t) = G u_T(t) \tag{3.62}$$

mit

$$G = \frac{dI_T}{dU_T}(U_{TA}). \tag{3.63}$$

Der differentielle Leitwert G ist im AP von
Bild 3.30b positiv, d. h. eine Erhöhung von U_T
in positiver Richtung hat auch eine Erhöhung
von I_T in positiver Richtung zur Folge.

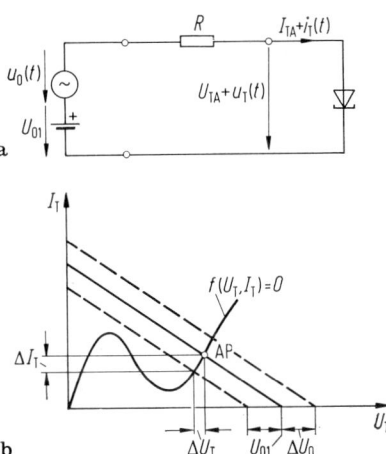

Bild 3.30. (a) Ersetzung der Gleichspannungsquelle in Bild 3.25a durch die Serienschaltung
einer Gleich- und Wechselspannungsquelle, (b)
Folgerung für Bild 3.26a

In Bild 3.26b entspricht die Lösung Q_2 einem
negativen differentiellen Leitwert G. Da parasitäre Leitungsinduktivitäten und Schaltungs-
kapazitäten in realen physikalischen Schaltungen unvermeidbar sind, ist die Lösung Q_2
in der Praxis nicht stabil. Berücksichtigt
man, daß reale Tunneldioden meist eine Par-
allelkapazität C haben, dann wird deutlich,
daß die in Bild 3.25 gezeigte Schaltung einem
Parallelschwingkreis gemäß Bild 2.1b vergleichbar ist, dessen Leitwert G_p negativ ist,
solange sich Klemmenspannung und Klemmenstrom der Tunneldiode im Bereich um Q_2
bewegen. Das hat eine Eigenschwingung zur
Folge, die im Gegensatz zu der in Bild 2.9
gezeigten Schwingung zeitlich anklingend ist.
Mit wachsender Amplitude gelangt die Schaltung bald entweder in den Punkt Q_1 oder in
den Punkt Q_3. In diesen beiden Punkten ist
der differentielle Leitwert aber positiv, was
dort ein rasches Abklingen von Eigenschwingungen zur Folge hat. Die Schaltung verbleibt
deshalb entweder im Punkt Q_1 oder im Punkt
Q_2. Da diese beiden Punkte stabil sind, bezeichnet man die Schaltung in Bild 3.25a als
bistabil.
Bemerkenswert ist noch die Situation von
Bild 3.26c. Hier ist die Gerade g so gewählt,
daß entfachte Eigenschwingungen die Schaltung nicht in einen stabilen Punkt bringen

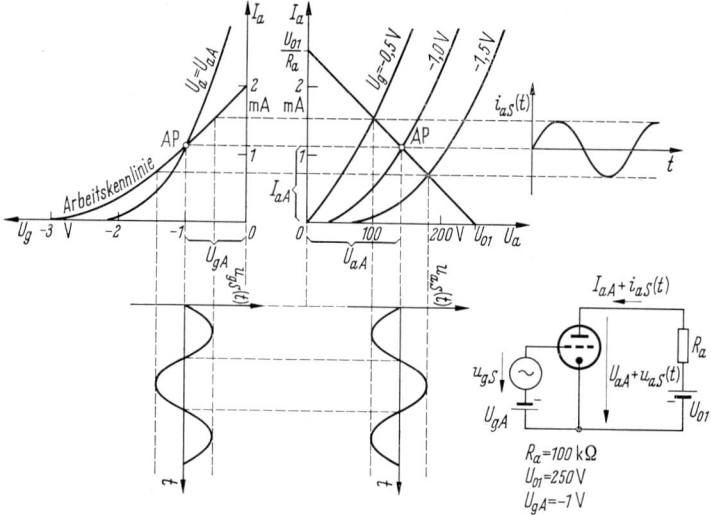

Bild 3.31. Verstärkung kleiner Wechselspannungen mit einer Triode

können. Die Schaltung bleibt also *instabil*. Man kann diese Situation zur gezielten Schwingungserzeugung mit vorgegebener Frequenz ausnutzen, indem man die Schaltung durch eine passende Induktivität in Serie zu R_1 und eine passende Kapazität parallel zur Tunneldiode ergänzt. Auch gibt es Möglichkeiten, einen negativen Leitwert zur Entdämpfung eines verlustbehafteten Übertragungswegs zu verwenden. Dadurch werden die auf dem verlustbehafteten Übertragungsweg geschwächten Signale wieder verstärkt. Auf diese Möglichkeit wird hier nicht näher eingegangen.

Als nächstes wird das zweite Beispiel des Abschnitts 3.1.3 mit der Triode aufgegriffen, siehe Bild 3.31. Die Gitterspannung U_{gA} ist nun ersetzt durch die Überlagerung $U_{gA} + u_{gS}(t)$, wobei $u_{gS}(t)$ eine sinusförmige Spannung der Amplitude 0,5 V ist. Die Änderung der Gitterspannung hat im U_a,I_a-Kennlinienfeld eine Aussteuerung längs der Lastgeraden zwischen den Kurven $U_g = -0,5$ V und $U_g = -1,5$ V zur Folge. Durch Umzeichnen des U_a,I_a-Kennlinienfeldes mit dem Parameter U_g in ein U_g,I_a-Kennlinienfeld mit dem Parameter U_a (vgl. Abschnitt 3.1.1) liefern die Punkte der Lastgeraden im U_a,I_a-Kennlinienfeld die sogenannte *Arbeitskennlinie* im U_g,I_a-Kennlinienfeld. Anhand dieser Arbeitskennlinie und der Lastgeraden ist in beiden Kenn-

linienfeldern der Vorgang der Kleinsignalverstärkung mit der Triode gut zu verfolgen. Zur Bestimmung des Zusammenhangs zwischen den Kleinsignalamplituden wird das U_g,I_a-Kennlinienfeld der Triode Gl. (3.50) in der folgenden Form

$$I_a = f_1(U_g, U_a) \tag{3.64}$$

betrachtet. Diese Beziehung mit den zwei Veränderlichen U_g und U_a wird nun im Arbeitspunkt AP in eine Taylor-Reihe entwickelt und nach den Gliedern 1. Ordnung abgebrochen:

$$I_a(U_{gA} + \Delta U_g, U_{aA} + \Delta U_a) =$$

$$= I_{aA} + \frac{\partial I_a(U_{gA}, U_{aA})}{\partial U_g} \Delta U_g +$$

$$+ \frac{\partial I_a(U_{gA}, U_{aA})}{\partial U_a} \Delta U_a =$$

$$= I_{aA} + \Delta I_a. \tag{3.65}$$

Mit den Abkürzungen

$$\frac{\partial I_a(U_{gA}, U_{aA})}{\partial U_g}\bigg|_{U_a = \text{const}} = S = \text{Steilheit}$$

und

$$\frac{\partial I_a(U_{gA}, U_{aA})}{\partial U_a}\bigg|_{U_g = \text{const}} = \frac{1}{R_i} = \begin{array}{l}\text{innerer}\\\text{Leitwert}\end{array}$$

folgt aus Gl. (3.65) die wichtige Beziehung

$$\Delta I_a = S\,\Delta U_g + \frac{1}{R_i}\,\Delta U_a \qquad (3.66)$$

oder nach ΔU_a aufgelöst

$$\Delta U_a = R_i\,\Delta I_a - \mu\,\Delta U_g \quad \text{mit} \quad \mu = SR_i. \qquad (3.67)$$

Die Größen ΔU_a, ΔI_a und ΔU_g können als Momentanwerte $u_{as}(t)$, $i_{as}(t)$ und $u_{gs}(t)$ der Kleinsignalaussteuerungen aufgefaßt werden. Mit $i_{gs}(t) = 0$ folgt damit aus Gl. (3.67) unmittelbar das in Bild 3.32a dargestellte *Kleinsignalersatzbild* der Triode.

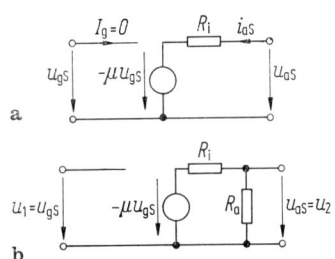

a

b

Bild 3.32. Kleinsignalwechselstromersatzbild (a) der Triode, (b) der Verstärkerschaltung in Bild 3.31

Das Kleinsignalersatzbild der gesamten Verstärkerschaltung von Bild 3.31 zeigt Bild 3.32b. Die konstanten Gleichspannungsquellen, die nur zur Festlegung des Arbeitspunkts dienen, sind durch Kurzschlüsse ersetzt worden, weil an den Klemmen der Gleichspannungsquellen keine Wechselspannungen auftreten können. Eine detaillierte Begründung wird beim nächsten Beispiel mit einer FET-Schaltung gegeben.

μ ist offensichtlich die Leerlaufverstärkung des Verstärkerersatzbildes in Bild 3.32b. Diese Leerlaufverstärkung würde sich theoretisch für $R_a \to \infty$ ergeben, wenn es gelänge, R_a zu vergrößern, ohne zugleich den Arbeitspunkt AP zu ändern.

Die Spannungsverstärkung des Verstärkers errechnet sich anhand von Bild 3.32b zu

$$\frac{u_2}{u_1} = \frac{u_{as}}{u_{gs}} = -\mu\,\frac{R_a}{R_i + R_a}. \qquad (3.68)$$

Die Kleinsignalverstärkung ist negativ. Das bedeutet, daß bei einer sinusförmigen Ein-

gangsspannung die Ausgangsspannung um 180° in der Phase gedreht ist, was auch an Bild 3.31 abzulesen ist.

Die Taylor-Reihenentwicklung im AP und das daraus resultierende Kleinsignalwechselstromersatzbild der Triode in Bild 3.32 sind unabhängig von der Art, wie die Arbeitspunktspannungen an der Triode zustandekommen. Deshalb gilt das Ersatzbild der Triode in beliebigen Schaltungen, sofern nur die Arbeitspunktgrößen U_{gA}, U_{aA}, I_{aA} dieselben sind. Bei anderen Arbeitspunktgrößen fallen lediglich die Kennwerte μ und R_i im Ersatzbild anders aus. Die Ersatzschaltungsstruktur bleibt aber dieselbe, solange die Triode bei $I_g = 0$ betrieben wird.

Als drittes Beispiel zur Beschreibung des Kleinsignalverhaltens wird jetzt nicht genau dieselbe Sperrschicht-FET-Schaltung wie in Bild 3.28a gewählt, sondern diejenige in Bild 3.33a. Mit dieser Schaltung, die den Widerstand R_s nicht enthält, läßt sich der gleiche AP einstellen wie bei der Schaltung in Bild 3.28a, wenn die Werte des Widerstands R_D und der Spannung U_{02} geeignet abgeändert werden.

Der Widerstand R_G hat wegen $I_G = 0$ keinen Einfluß. Er wird aber als möglicher Innenwiderstand der Kleinsignalspannungsquelle $u_0(t)$ mitgeführt.

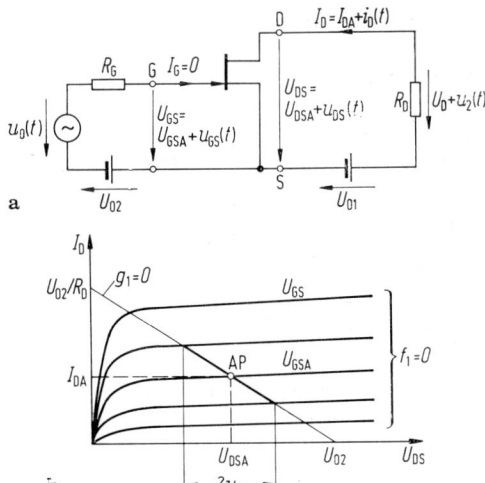

a

b

Bild 3.33. Verstärkung kleiner Wechselspannungen mit einem Sperrschicht-FET, (a) Schaltung, (b) Aussteuerung im U_{DS},I_D-Kennlinienfeld

Ist die Kleinsignalspannung $u_0(t) = 0$, dann haben alle Spannungen und Ströme in Bild 3.33 diejenigen Werte, die die Gleichstromanalyse liefert. An den FET-Klemmen sind das die Werte U_{GSA}, U_{DSA}, I_{DA} des in Bild 3.33b eingezeichneten AP.

Bei nicht verschwindender Kleinsignalspannung $u_0(t)$ sind den Gleichgrößen des AP Wechselanteile überlagert. Diese Wechselanteile werden durch Kleinbuchstaben ausgedrückt, siehe Bild 3.33a. Die durch $u_0(t)$ bewirkte Aussteuerung längs der Lastgeraden $g_1 = 0$ ist in Bild 3.33b durch den dick eingezeichneten Geradenabschnitt gekennzeichnet. Am Widerstand R_D ruft diese Aussteuerung eine Wechselspannung $u_2(t)$ hervor, deren Amplitude vom Abstand der Kennlinien $U_{GS} = $ const und von der Steigung der Lastgeraden abhängt.

Zur Bestimmung des quantitativen Zusammenhangs zwischen den Kleinsignalgrößen wird ähnlich wie bei der Triode vorgegangen. Die nachfolgenden Ausführungen sind wegen der größeren praktischen Bedeutung des FET detaillierter. Zunächst wird wieder der Zusammenhang der Kleinsignalgrößen für das dreipolige Element (hier der FET) allein bestimmt. Mit den so gewonnenen Ergebnissen, die auf ein FET-Kleinsignalersatzbild führen, wird anschließend der Zusammenhang der Kleinsignalgrößen für die ganze Schaltung berechnet.

Ausgangspunkt sind die allgemeinen FET-Beziehungen in der Form

$$I_G = 0, \tag{3.69a}$$

$$I_D = I_D(U_{DS}, U_{GS}). \tag{3.69b}$$

Letztere entspricht der Beziehung $f_1 = 0$ in Bild 3.32b und Bild 3.28b. Die Entwicklung von Gl. (3.69b) in eine Taylor-Reihe im AP lautet

$$I_D = I_{DA} + \Delta I_D = I_D(U_{DSA}, U_{GSA}) +$$

$$+ \frac{\partial I_D(U_{DSA}, U_{GSA})}{\partial U_{DS}} \Delta U_{DS} +$$

$$+ \frac{\partial I_D(U_{DSA}, U_{GSA})}{\partial U_{GS}} \Delta U_{GS} +$$

$+$ Glieder zweiter und höherer Ordnung.

$$\tag{3.70}$$

Mit den Abkürzungen

$$\frac{\partial I_D(U_{DSA}, U_{GSA})}{\partial U_{DS}}\bigg|_{U_{GS}=\text{const}} = \frac{1}{R_i} = \begin{array}{l}\text{innerer}\\\text{Leitwert}\end{array}$$

$$\tag{3.71}$$

und

$$\frac{\partial I_D(U_{DSA}, U_{GSA})}{\partial U_{GS}}\bigg|_{U_{DS}=\text{const}} = S = \text{Steilheit}$$

$$\tag{3.72}$$

ergibt sich bei Vernachlässigung der Glieder zweiter und höherer Ordnung für die Änderung des Drainstroms die lineare Beziehung

$$\Delta I_D = S \, \Delta U_{GS} + \frac{1}{R_i} \, \Delta U_{DS}. \tag{3.73a}$$

Gleichung (3.73a) ist unabhängig von der Zeit t und gilt damit für jeden Zeitpunkt. Bei kleiner Aussteuerung können deshalb die Größen ΔI_D, ΔU_{GS} und ΔU_{DS} als Momentanwerte der betreffenden Kleinsignalgrößen aufgefaßt werden. Somit folgt

$$i_D(t) = Su_{GS}(t) + \frac{1}{R_i} u_{DS}(t). \tag{3.73b}$$

Die für die Kleinsignalgrößen am FET geltenden Zusammenhänge der Gln. (3.73b) und (3.69a) werden durch das Kleinsignalersatzbild des FET in Bild 3.34 wiedergegeben. Innerer Leitwert $1/R_i$ und Steilheit S hängen, wie Bild 3.34b verdeutlicht, von der Lage des AP ab. Der innere Leitwert $1/R_i$ ist gleich der Steigung der Kennlinie $U_{GS} = $ const im AP. Dieser Leitwert ist gleich null, wenn der AP im

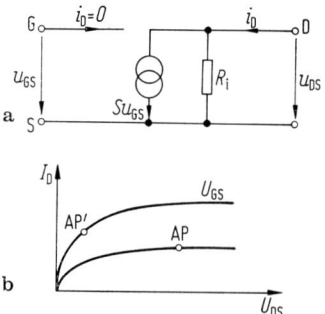

Bild 3.34. (a) Kleinsignalwechselstromersatzbild des FET, (b) Zur Abhängigkeit der Ersatzbildparameter R_i und S vom Arbeitspunkt AP

Bereich des horizontalen Verlaufs der Kennlinie U_{GS} liegt. Im Arbeitspunkt AP$'$ ist dagegen der innere Leitwert beträchtlich. Die Steilheit S hängt vom vertikalen Abstand der Kennlinien $U_{GS} = $ const ab. In einer gegebenen Schaltung liegt der AP aber fest, womit auch die Größen S und R_i des Kleinsignalersatzbildes festliegen.

Es mag vielleicht verwundern, daß die Stromquelle in Bild 3.34 a linear durch u_{GS} gesteuert wird, obgleich der vertikale Abstand der Kennlinien $U_{GS} = $ const einem quadratischen Gesetz folgt, vgl. Gl. (3.41 a). Man beachte aber, daß die Kleinsignalaussteuerung mit u_{GS} um einen Arbeitspunkt AP erfolgt, in welchem üblicherweise $|U_{GSA}| \gg u_{GS}$ gilt. In der Beziehung

$$(U_{GSA} + u_{GS})^2 = U_{GSA}^2 + 2U_{GSA}u_{GS} + u_{GS}^2 \tag{3.74}$$

darf deshalb der Term u_{GS}^2 vernachlässigt werden, was die lineare Abhängigkeit von u_{GS} beim Kleinsignalverhalten verdeutlicht.

Die Zusammenhänge der Kleinsignalgrößen am FET beschreiben im allgemeinen noch nicht den Zusammenhang der Kleinsignalgrößen einer Schaltung, die außer dem FET noch weitere Bauelemente enthält. Die Maschenanalyse der Schaltung in Bild 3.33 a liefert

$$U_{02} - u_0(t) + U_{GSA} + u_{GS}(t) = 0, \tag{3.75}$$

$$U_{01} - U_{DSA} - u_{DS}(t) - I_{DA}R_D -$$
$$- i_D(t)\,R_D = 0. \tag{3.76}$$

Die beiden Gleichungen Gl. (3.75) und Gl. (3.76) müssen im Fall $u_0(t) \equiv 0$, wenn alle Wechselgrößen identisch verschwinden, die folgenden Beziehungen der Gleichstromanalyse liefern

$$U_{02} + U_{GSA} = 0, \tag{3.77}$$

$$U_{01} + U_{DSA} - I_{DA}R_D = 0. \tag{3.78}$$

Mit den letzten beiden Gleichungen folgt aus Gl. (3.75) und Gl. (3.76), daß für die Wechselgrößen allein gelten muß

$$-u_0(t) + u_{GS}(t) = 0, \tag{3.79}$$

$$-u_{DS}(t) - i_D(t)\,R_D = 0. \tag{3.80}$$

Die Größen $u_{GS}(t)$, $u_{DS}(t)$ und $i_D(t)$ sind Kleinsignalgrößen am FET, die über Gl. (3.73 b) miteinander verknüpft sind.

Diese Überlegungen zeigen das folgende allgemeine und wichtige Resultat:

Für eine Untersuchung des Kleinsignalverhaltens einer Schaltung, bestehend aus FET und weiteren Bauelementen, kann man, nachdem AP und damit die FET-Kleinsignalersatzbildgrößen S und R_i festliegen, den FET durch sein Kleinsignalersatzbild und die Gleichspannungsquellen durch Kurzschlüsse ersetzen.

Die Kleinsignalanalyse z. B. der Schaltung in Bild 3.28 a mit dem zusätzlichen Widerstand R_s bereitet also, wenn dafür die Gleichstromanalyse, d. h. AP-Bestimmung, durchgeführt ist, keine nennenswerten Schwierigkeiten mehr.

Sinngemäß gilt dasselbe für Schaltungen mit Trioden oder bipolaren Transistoren und deren Kleinsignalersatzbildern. Sollten auch Gleichstromquellen vorkommen, die eingeprägte Gleichströme liefern, dann müßten diese durch Leitungsunterbrechungen ersetzt werden. Gleichstromquellen werden aber selten verwendet.

Für das zur Schaltung in Bild 3.33 a zugehörige Kleinsignalwechselstromersatzbild ergibt sich also die Schaltung in Bild 3.35. Bei endlichem Innenwiderstand $R_i < \infty$ kann die Parallelschaltung aus Stromquelle Su_{GS} und Innenwiderstand R_i in eine Serienschaltung von Spannungsquelle SR_iu_{GS} und Innenwiderstand R_i umgerechnet werden. Für die Spannungsverstärkung der Schaltung in Bild 3.35 errechnet sich

$$\frac{u_2}{u_0} = \frac{u_{DS}}{u_{GS}} = -S\,\frac{R_iR_D}{R_i + R_D}. \tag{3.81a}$$

Das Kleinsignalwechselstromersatzbild in Bild 3.34 a gilt genauer genommen nur für nicht zu hohe Frequenzen. Bei hohen Frequen-

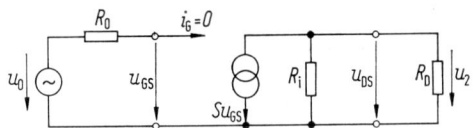

Bild 3.35. Kleinsignalwechselstromersatzbild der Schaltung in Bild 3.33 a, $R_0 = R_G$

zen muß die Kapazität zwischen Gate und Kanal berücksichtigt werden. Beim Sperrschicht-FET ist das die Sperrschichtkapazität, die wegen der zur Drain hin wachsenden Sperrschichtdicke am Source-Ende des Kanals wesentlich größer ist als am Drain-Ende. Im Kleinsignalwechselstromersatzbild für höhere Frequenzen kann dies durch eine Kapazität C_{GS} zwischen Gate und Source berücksichtigt werden, siehe Bild 3.36a. Für noch genauere Betrachtungen kann eine zweite Kapazität C_{GD} zwischen Gate und Drain, die in Bild 3.36a gestrichelt gezeichnet ist, in die Überlegungen einbezogen werden. Da jedoch $C_{GD} \ll C_{GS}$ ist, genügt es für die meisten Fälle (jedoch nicht immer, siehe Gln. (3.95) bis (3.97) beim bipolaren Transistor), wenn nur C_{GS} berücksichtigt wird. Beim Isolierschicht-FET sind die Verhältnisse analog. Hier ergibt sich aufgrund der Influenz eine Ladungsverarmung am Drain-Ende des Kanals, was zum gleichen Ersatzbild wie beim Sperrschicht-FET führt. Die Zahlenwerte der Kapazitäten hängen — wie die Zahlenwerte von R_i und S — vom Arbeitspunkt AP ab. Wegen der Kapazitäten stellt das Kleinsignalwechselstromersatzbild nun eine Schaltung dar, deren Verhalten zwar linear aber frequenzabhängig ist. Für die Kleinsignalanalyse von Schaltungen mit FETs bei höheren Frequenzen empfiehlt sich deshalb die jω-Rechnung mit komplexen Amplituden $\underline{U}$ und $\underline{I}$ für Spannung und Strom, vgl. Abschnitt 0.1.

Die Struktur der Kleinsignalwechselstromersatzbilder des FET gemäß Bild 3.34a und Bild 3.36a gilt unabhängig von der Lage des Arbeitspunktes AP, da die allgemeine Taylor-Reihenentwicklung lediglich die Existenz des AP, nicht aber dessen genaue Lage voraussetzt. Die Parameterwerte S und R_i und auch die Werte C_{GS} und C_{GD} hängen dagegen von der Lage des FET-AP (d. h. von den Größen U_{GSA}, U_{DSA}, I_{DA}) ab, sie sind aber unabhängig davon, auf welche Weise die Lage des FET-AP eingestellt wird. Die Kleinsignalwechselstromersatzbilder können daher für FETs in beliebigen Schaltungen verwendet werden.

Mit dem Ersatzbild des FET in Bild 3.36a folgt für die Schaltung in Bild 3.33a das Wechselstromersatzbild in Bild 3.36b. Wegen der Kapazität C_{GS} ist der Innenwiderstand R_0 der Kleinsignalspannungsquelle nun durchaus von Einfluß. Für die (komplexe) Spannungsverstärkung der Schaltung folgt nun

$$\underline{v}_u(j\omega) = \frac{\underline{U}_2}{\underline{U}_0} = \frac{\underline{U}_0}{\underline{U}_{GS}} \cdot \frac{\underline{U}_{GS}}{\underline{U}_2} =$$

$$= \frac{-S}{1 + j\omega R_0 C_{GS}} \cdot \frac{R_i R_D}{R_i + R_D} . \quad (3.81\,b)$$

Gl. (3.81 b) unterscheidet sich von Gl. (3.81 a) durch die Ersetzung

$$S \rightarrow \frac{S}{1 + j\omega R_0 C_{GS}} = S_w(j\omega) . \quad (3.82)$$

Der Betrag $|\underline{v}_u(j\omega)|$ der Spannungsverstärkung nimmt, wie ersichtlich, nach höheren Frequenzen hin ab. Diese Frequenzabhängigkeit könnte bei der Spannungsverstärkung also auch durch eine frequenzabhängige Steilheit $S_w(j\omega)$ in Bild 3.35 berücksichtigt werden. Dies gilt jedoch nicht für die Eingangsimpedanzen der Schaltungen in Bild 3.36.

Als letztes Beispiel zur Beschreibung des linearisierten Verhaltens im Arbeitspunkt AP wird schließlich die Schaltung mit dem bipolaren Transistor in Bild 3.29a besprochen. Deren Gleichstromanalyse liefert die zeitlich konstanten Größen I_{BA}, I_{CA}, I_{EA}, U_{CBA}, U_{CEA} und U_{BEA}, mit denen der AP festgelegt ist. Die zeitliche Auslenkung vom AP werde durch die Kleinsignalgrößen $i_B(t)$, $i_C(t)$, $i_E(t)$,

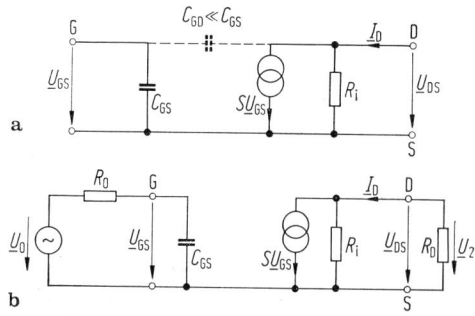

Bild 3.36. (a) Kleinsignalwechselstromersatzbild des FET bei höheren Frequenzen, (b) Kleinsignalwechselstromersatzbild der Schaltung in Bild 3.33a bei höheren Frequenzen, $R_0 = R_G$

$u_{CB}(t)$, $u_{CE}(t)$ und $u_{BE}(t)$ beschrieben, siehe Bild 3.37. Während die den AP festlegenden zeitlich konstanten Größen über die nichtlinearen statischen Transistorgleichungen von Ebers und Moll — siehe Gln. (3.21) bis (3.23) — bzw. über zwei voneinander unabhängige Transistorkennlinienfelder — siehe z. B. Bild 3.29b und c — miteinander verknüpft sind, hängen die zeitlich variablen Kleinsignalgrößen linear voneinander ab. Bei langsam veränderlichen Kleinsignalgrößen sind das lineare algebraische Gleichungen, bei rasch veränderlichen Kleinsignalgrößen sind das wegen der zu berücksichtigenden Trägheitseffekte (vor allem durch Kapazitäten) lineare Differentialgleichungen, die aber durch Laplace-Transformation — vgl. Abschnitt 0.4.2. — in lineare algebraische Gleichungen übergehen (die im allgemeinen nichtlinear von der Frequenz abhängen).

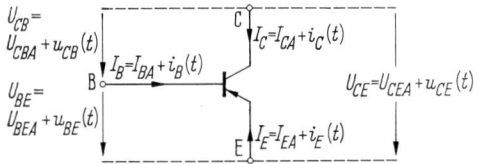

Bild 3.37. Zur Kennzeichnung der Kleinsignalgrößen

Wie bei der Triode und beim FET so dient auch beim bipolaren Transistor die Betrachtung einer speziellen Schaltung — hier die Schaltung in Bild 3.29a — lediglich dazu, um beispielhaft zu zeigen, wie ein AP beim Transistor eingestellt werden kann. Die herzuleitenden Kleinsignalwechselstromersatzbilder des bipolaren Transistors setzen aber lediglich voraus, daß ein AP überhaupt eingestellt ist, sie setzen nicht voraus, auf welche Weise der AP beim Transistor eingestellt worden ist. Während bei der Triode und beim FET jeweils die Betrachtung einer einzigen Funktion zweier Variabler bzw. deren Taylor-Reihe im AP ausreichend ist, müssen beim bipolaren Transistor *zwei* Funktionen zweier Variabler betrachtet werden. Im linearisierten Kleinsignalfall sind das bei langsam veränderlichen Variablen zwei lineare algebraische Gleichungen. Als solche können beispielsweise die Vier-

polgleichungen in Hybridform gelten. Diese lauten allgemein (vgl. Abschnitt 0.5):

$$u_1 = h_{11}i_1 + h_{12}u_2, \tag{3.83}$$

$$i_2 = h_{21}i_1 + h_{22}u_2. \tag{3.84}$$

Die Hybridgleichungen von Gl. (3.83) und Gl. (3.84) entsprechen dem Ersatzbild in Bild 3.38a, aus dem sie direkt abgelesen werden können.

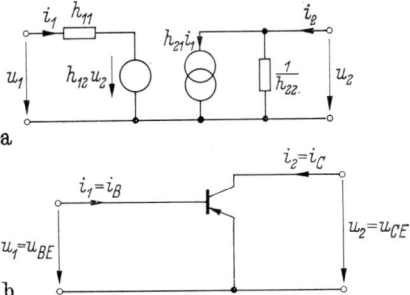

Bild 3.38. (a) Allgemeine Vierpoldarstellung mit h-Parametern, (b) Zuordnung der Klemmenspannungen und -ströme zwischen Vierpol und Transistor

Ordnet man den Vierpolspannungen und -strömen u_1, u_2, i_1 und i_2 willkürlich die Kleinsignaltransistorspannungen und -ströme u_{BE}, u_{CE}, i_B und i_C gemäß Bild 3.38b zu, dann lassen sich die h-Parameter direkt dem Vierfachkennlinienfeld von Bild 3.39 entnehmen. Aus den Gln. (3.83) und (3.84) folgt

$$h_{11} = \left.\frac{u_1}{i_1}\right|_{u_2=0} = \left.\frac{u_{BE}}{i_B}\right|_{u_{CE}=0} = \tan\psi, \tag{3.85}$$

$$h_{12} = \left.\frac{u_1}{u_2}\right|_{i_1=0} = \left.\frac{u_{EB}}{u_{CE}}\right|_{i_B=0} = \tan\zeta, \tag{3.86}$$

$$h_{21} = \left.\frac{i_2}{i_1}\right|_{u_2=0} = \left.\frac{i_C}{i_B}\right|_{u_{CE}=0} = \tan\varphi, \tag{3.87}$$

$$h_{22} = \left.\frac{i_2}{u_2}\right|_{i_1=0} = \left.\frac{i_C}{u_{CE}}\right|_{i_B=0} = \tan\tau. \tag{3.88}$$

Die Winkel ψ, ζ, φ und τ sind für einen willkürlich gewählten Arbeitspunkt AP in Bild 3.39 eingezeichnet. Bei Bild 3.39 handelt es sich um ein gemessenes Vierfachkennlinienfeld.

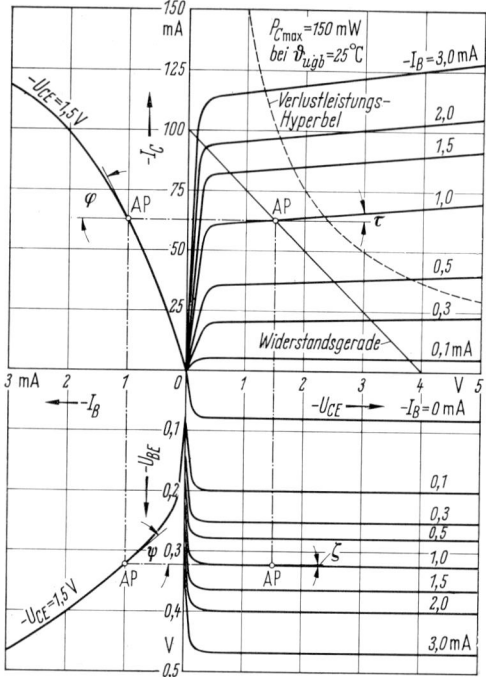

Bild 3.39. Bestimmung der h-Parameter aus dem Vierfachkennlinienfeld

Wie Bild 3.39 zeigt, gilt in praktischen Fällen näherungsweise $\zeta = 0$ und $\tau = 0$. Merkliche Werte haben — bei der Zuordnung gemäß Bild 3.38b — lediglich die Parameter h_{11} und h_{21}. Der Parameter h_{11} repräsentiert den (differentiellen) Widerstand r_B zwischen Basis und Emitter. Der Parameter h_{21} ist das (differentielle) Verhältnis zwischen Kollektor- und Basisstrom, also vergleichbar dem Großsignalparameter B_N in Gl. (3.27). Mit den so folgenden Vereinfachungen

$$h_{11} = r_B;\ h_{12} = 0;\ h_{21} = \beta_N;\ \frac{1}{h_{22}} = \infty \quad (3.89)$$

geht das Ersatzbild von Bild 3.38a über in das von Bild 3.40a, wobei der Kollektorstrom i_C zunächst als vom Basisstrom i_B gesteuert zu sehen ist. Da der Basisstrom i_B aber über r_B mit u_{BE} zusammenhängt, kann man den Kollektorstrom i_C auch als spannungsgesteuert durch u_{BE} auffassen. Es gilt

$$i_C = \beta_N i_B = \beta_N \frac{u_{BE}}{r_B} = g_m u_{BE}, \quad (3.90)$$

und damit

$$\beta_N = g_m r_B. \quad (3.90a)$$

Wegen $i_B + i_C + i_E = 0$ (vgl. Bild 3.37) kann man auch den Emitterstrom als steuernden Parameter auffassen. Das führt zum Ersatzbild in Bild 3.40b. Der Widerstand r_E in der Emitterleitung ergibt sich aus dem Widerstand r_B in der Basisleitung wegen

$$-i_E = i_C + i_B = (\beta_N + 1) i_B \quad (3.91)$$

aus der Beziehung

$$r_B = \frac{u_{BE}}{i_B} = \frac{u_{BE}}{-i_E} (\beta_N + 1) = r_E(\beta_N + 1). \quad (3.92)$$

Der Kollektorstrom i_C ergibt sich bei Steuerung durch i_E aus

$$-i_E = i_C + i_B = i_C + \frac{i_C}{\beta_N} =$$
$$= i_C \frac{\beta_N + 1}{\beta_N} = \frac{i_C}{\alpha_N}. \quad (3.93)$$

Die Größe

$$\alpha_N = \frac{\beta_N}{\beta_N + 1} \quad (3.94)$$

wird im Schrifttum oft als *Kleinsignalstromverstärkung in Basisschaltung* bezeichnet, während die Größe β_N den Namen *Kleinsignalstromverstärkung in Emitterschaltung* hat. Typische Werte von β_N liegen in der Größenordnung von 100.
Für Näherungsrechnungen kann der Widerstand r_B, der typischerweise in der Größenordnung einiger hundert Ohm liegt, oft vernachlässigt werden, und zwar insbesondere dann, wenn die Basis aus einer Signalstromquelle mit hohem Innenwiderstand gespeist wird, was bei der Kettenschaltung von Transistorstufen oft der Fall ist. Dann kann r_B durch einen Kurzschluß ersetzt werden, was auf die einfachste Ersatzschaltung in Bild 3.40c führt. In diesem Ersatzbild kann nur der Strom i_B die steuernde Größe sein, nicht die kurzgeschlossene Spannung u_{BE}.
Die Kleinsignalwechselstromersatzbilder in Bild 3.40 gelten nur bei niedrigen Frequenzen.

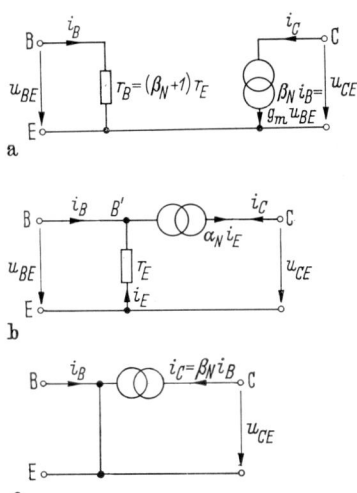

Bild 3.40. Kleinsignalwechselstromersatzbilder des bipolaren Transistors (siehe Text)

Wird der Transistor bei höheren Frequenzen betrieben, dann folgt die Auslenkung der Spannungen und Ströme *nicht* mehr den statischen Kennlinien. Die Ursache hierfür liegt teils in den vorhandenen Kapazitäten und teils in der endlichen Laufzeit der Ladungsträger im Transistor. Bei modernen Transistoren spielen die Kapazitäten die entschieden größere Rolle.

Bei Halbleitern mit pn-Übergängen lassen sich zweierlei Kapazitäten unterscheiden, nämlich die *Diffusionskapazität* und die *Sperrschichtkapazität*. Während die Sperrschichtkapazität C_S durch die Kapazität eines in Sperrichtung vorgespannten pn-Übergangs gegeben ist, hängt die Diffusionskapazität C_D mit dem Prinzip der *Raumladungsneutralität* im leitenden Halbleitermaterial zusammen, d. h. mit der Raumladungsneutralität in der p-Zone und der Raumladungsneutralität in der n-Zone einer in Durchlaßrichtung betriebenen pn-Folge. Wenn z. B. von der p-Zone kommend ein konstanter Strom von Defektelektronen durch die n-Zone fließt, dann befindet sich zu jedem Zeitpunkt in der n-Zone eine bestimmte konstante Anzahl von Defektelektronen. Diese Anzahl selbst hängt von der Stromstärke und dem Volumen der n-Zone ab. Damit diese Defektelektronen keine positive Raumladung in der n-Zone bilden,

müssen dort genauso viele Elektronen vorhanden sein. Entsprechendes gilt für die Elektronen, die durch die p-Zone fließen. Auch diese müssen von einer gleichgroßen Anzahl von Defektelektronen kompensiert werden. Die zur Herstellung von Raumladungsneutralität erforderlichen Defektelektronen in der n-Zone und Elektronen in der p-Zone bilden die Diffusionskapazität. Ändert sich nämlich der Diodendurchlaßstrom abhängig von der Zeit, dann müssen sich auch die für die Herstellung der Raumladungsneutralität erforderlichen Anzahlen von Defektelektronen in der n-Zone und von Elektronen in der p-Zone ändern, was einem kapazitiven Umladungseffekt entspricht.

Bei Transistoren spielt die Diffusionskapazität C_D, die verglichen zur Sperrschichtkapazität C_S sehr groß ist, die dominierende Rolle. Die Diffusionskapazität C_D ist parallel zum pn-Übergang Basis-Emitter zu zeichnen, der normalerweise in Durchlaßrichtung betrieben wird, siehe Bild 3.41a. Der kapazitive Umladungsstrom durch C_D hat aber keine steuernde Wirkung auf den Kollektorstrom I_C. Steuernd auf den Kollektorstrom wirkt

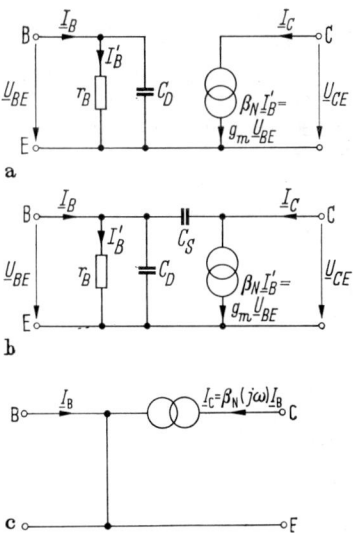

Bild 3.41. (a) Kleinsignalersatzbild des Transistors bei höheren Frequenzen, (b) durch die Kollektorsperrschichtkapazität C_S ergänztes Ersatzbild von Bild a, (c) vereinfachtes Ersatzbild unter Berücksichtigung der Frequenzabhängigkeit durch $\beta_N(j\omega)$

nur der resistive Anteil I_B' des Basisstroms. Für das Rechnen mit dem frequenzabhängigen Transistorersatzbild werden zweckmäßigerweise komplexe Amplituden $\underline{U}$ und $\underline{I}$ verwendet.

Für genauere Betrachtungen muß man neben der Diffusionskapazität C_D oft auch die Sperrschichtkapazität C_S des normalerweise in Sperrichtung betriebenen pn-Übergangs zwischen Basis und Kollektor berücksichtigen. Diese ist in Bild 3.41 b mit eingezeichnet. Obwohl ihr Wert wesentlich kleiner ist als derjenige der Diffusionskapazität C_D, spielt die Kollektorsperrschichtkapazität bisweilen deshalb eine nicht vernachlässigbare Rolle, weil über ihr eine wesentlich höhere Spannung liegt als über der Diffusionskapazität.

Im folgenden sei der Einfluß der Kollektorsperrschichtkapazität C_S auf die Eingangsadmittanz zwischen Basis und Emitter berechnet. Aus Bild 3.41 b folgt

$$\underline{I}_B = \underline{U}_{BE}\{1/r_B + j\omega C_D\} +$$
$$+ (\underline{U}_{BE} - \underline{U}_{CE})\, j\omega C_S. \qquad (3.95)$$

Bei einer ausgangsseitigen Belastung des Transistors durch den Lastwiderstand R_L ergibt sich die Kollektor-Emitter-Spannung $\underline{U}_{CE}$ zu

$$\underline{U}_{CE} = -\underline{I}_C R_L = -g_m \underline{U}_{BE} R_L. \qquad (3.96)$$

Durch Einsetzen in Gl. (3.95) folgt für die Transistor-Eingangsadmittanz

$$\underline{Y}_{BE} = \frac{\underline{I}_B}{\underline{U}_{BE}} = 1/r_B + j\omega C_D +$$
$$+ j\omega C_S(1 + g_m R_L). \qquad (3.97)$$

Der Anteil $j\omega C_S(1 + g_m R_L)$ wirkt also wie eine parallel zu C_D liegende Kapazität $C_{\text{äq}} = C_S(1 + g_m R_L)$, die um so größer ist, je größer der Lastwiderstand R_L und der Übertragungsleitwert g_m sind, vgl. hierzu den analogen Fall von Bild 3.36a.

Aus dem Ersatzbild ohne Berücksichtigung der Sperrschichtkapazität C_S in Bild 3.41a ergibt sich als Zusammenhang zwischen $\underline{I}_B$ und $\underline{I}_C$

$$\underline{I}_C(j\omega) = g_m \underline{U}_{BE}(j\omega) = \frac{g_m r_B}{1 + j\omega C_D r_B}\, \underline{I}_B(j\omega). \qquad (3.98)$$

In dem vereinfachten Ersatzbild 3.41 c mit vernachlässigter Eingangsimpedanz kann man den durch Gl. (3.98) beschriebenen frequenzabhängigen Zusammenhang zwischen $\underline{I}_C(j\omega)$ und $\underline{I}_B(j\omega)$ durch eine frequenzabhängige Funktion $\beta_N(j\omega)$ berücksichtigen. Das liefert in Analogie zu Gl. (3.98)

$$\underline{I}_C(j\omega) = \beta_N(j\omega)\, \underline{I}_B(j\omega)$$

$$\text{mit}\quad \beta_N(j\omega) = \frac{\beta_{N0}}{1 + j\omega/\omega_{\beta N}}. \qquad (3.99)$$

Hierin ist gemäß Gl. (3.90)

$$\beta_{N0} = \beta_N(0) = g_m r_B \qquad (3.100)$$

die Kleinsignalstromverstärkung bei Gleichstrom, während

$$\omega_{\beta N} = \frac{1}{C_D r_B} \qquad (3.101)$$

die β-Grenzfrequenz ist, d. h. diejenige Frequenz, bei welcher der Betrag $|\beta_N(j\omega)|$ auf das $1/\sqrt{2}$-fache von β_{N0} abgesunken ist.

Nicht nur das Ersatzbild in Bild 3.41 c ist als Näherung anzusehen. Alle in Bild 3.41 gezeigten Ersatzbilder sind Näherungen, wenn auch genauere. Bild 3.41a gilt z. B. nicht mehr bei hohen Frequenzen, wenn $\underline{U}_{BE}$ eingeprägt ist. Dann wäre nämlich auch C_D wirkungslos, was im realen Fall wegen vorhandener Bahnwiderstände nicht gegeben ist.

Zur Bestimmung des Kleinsignalverhaltens einer Schaltung mit einem bipolaren Transistor wird Bild 3.29a erneut betrachtet. In dieser Schaltung wird jetzt die Gleichspannungsquelle U_{01} durch eine Serienschaltung derselben Gleichspannungsquelle U_{01} mit einer Kleinsignalwechselspannungsquelle $u_0(t)$ ersetzt. Dies ist in Bild 3.42a gezeigt. Für die Untersuchung des Kleinsignalverhaltens sind die Gleichspannungsquellen durch Kurzschlüsse und der Transistor durch sein Kleinsignalersatzbild zu ersetzen.

Mit dem vereinfachten Transistorersatzbild von Bild 3.40c ergibt sich für die Gesamtschaltung das Ersatzbild in Bild 3.42b. Für dessen Ausgangsspannung $u_2(t)$ liest man ab

$$u_2(t) = -R_L \beta_N i_B(t) = -R_L \beta_N \frac{u_0(t)}{R_1}. \qquad (3.102)$$

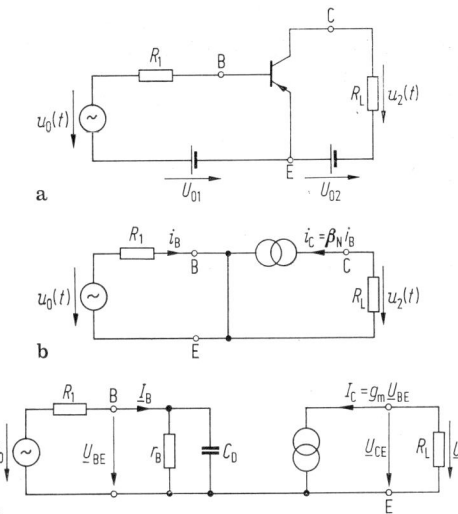

Bild 3.42. (a) Schaltung von Bild 3.29a mit einer zusätzlichen Kleinsignalquelle $u_0(t)$, (b, c) Kleinsignalwechselstromersatzbilder bei Verwendung der Transistorersatzbilder in Bild 3.40c und in Bild 3.41a

Für die Spannungsverstärkung gilt also

$$v_u = \frac{u_2}{u_0} = -\beta_N \frac{R_L}{R_1}. \qquad (3.103)$$

Mit dem Transistorersatzbild von Bild 3.41a ergibt sich für die Gesamtschaltung das frequenzabhängige Ersatzbild in Bild 3.42c. Die komplexe Amplitude der Ausgangsspannung $\underline{U}_2$ errechnet sich zu

$$\underline{U}_2 = -R_L \underline{I}_C = -R_L g_m \underline{U}_{BE} =$$

$$= -R_L g_m \frac{r_B \parallel C_D}{R_1 + r_B \parallel C_D} \underline{U}_0. \qquad (3.104)$$

Hierbei bedeutet $r_B \parallel C_D$ die Impedanz, die sich durch Parallelschaltung von r_B und C_D ergibt:

$$r_B \parallel C_D = \frac{1}{\dfrac{1}{r_B} + j\omega C_D} = \frac{r_B}{1 + j\omega C_D r_B}. \qquad (3.105)$$

Mit diesen Beziehungen und mit Gl. (3.100) folgt für die (komplexe) Spannungsverstär-

kung

$$\underline{v}_u(j\omega) = \frac{\underline{U}_2}{\underline{U}_0} = -R_L g_m \frac{r_B}{R_1 + r_B + j\omega C_D r_B R_1} =$$

$$= \frac{-\beta_{N0} R_L}{r_1 + r_B + j\omega C_D r_B R_1}. \qquad (3.106)$$

Der Betrag $|\underline{v}_u(j\omega)|$ nimmt mit wachsender Frequenz ab, d. h. daß der Verstärker Tiefpaßverhalten hat.

3.2.2 Einkopplung und Auskopplung von Wechselsignalen

In allen Beispielen von Abschnitt 3.2.1 wird die Kleinsignalaussteuerung um den Arbeitspunkt AP durch Wechselspannungssignalquellen realisiert, die in Serie zu Gleichspannungsquellen oder anderen Elementen des Netzwerks geschaltet sind. Damit diese Signalquellen den AP nicht verschieben, darf an Ihnen kein Gleichspannungsabfall entstehen, d. h. die Signalquellen müssen entweder innenwiderstandsfrei sein, oder es darf kein Gleichstrom durch sie fließen. Jede dieser Forderungen ist schwer zu erfüllen, besonders in Schaltungen mit bipolaren Transistoren, bei denen im Normalfall durch alle Elektroden (Emitter, Basis, Kollektor) ein Gleichstrom fließt.

Diese Schwierigkeiten entfallen, wenn das Wechselsignal über eine Kapazität C_2 eingekoppelt wird. Bild 3.43a zeigt einen solchen Fall. Der gestrichelt eingerahmte Schaltungsteil enthält einen bipolaren Transistor mit weiteren Bauelementen. Die Gleichstromverhältnisse und damit der AP des eingerahmten Schaltungsteils, werden wegen der Kapazitäten C_2 und C_3 weder durch die Signalquelle $\underline{U}_0$ noch durch die äußere Last R_A beeinflußt. Die im eingerahmten Schaltungsteil enthaltene Kapazität C_1 hat ebenfalls keinen Einfluß auf den AP.

Natürlich hängt nun die Stärke der Aussteuerung der Transistorspannungen und -ströme nicht nur von der Amplitude der Signalquelle ab, sondern auch vom Netzwerk, welches sich zwischen der Signalquelle und den Transistorklemmen befindet.

In Bild 3.43a hängt beispielsweise die komplexe Amplitude $\underline{U}_{BE}$ der Kleinsignalwechselspannung zwischen Basis und Emitter in kom-

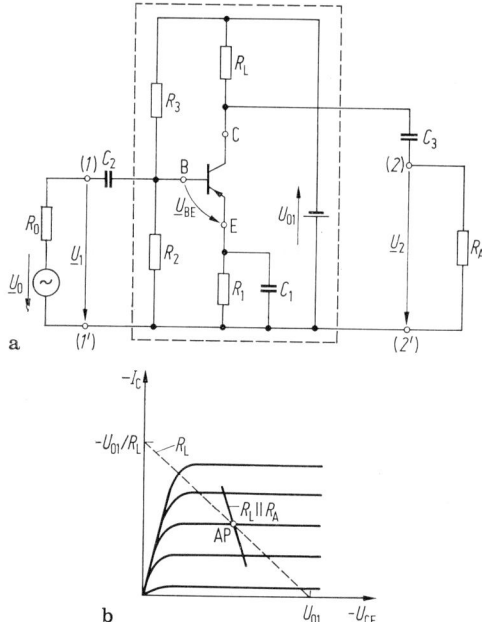

Bild 3.43. (a) Kapazitive Signaleinkopplung über C_2 und Signalauskopplung über C_3, (b) Einfluß auf die differentielle Lastgerade bei $C_3 \to \infty$

plizierter Weise von allen Elementen des gesamten Netzwerks ab, wenn an den Kapazitäten C_1 und C_2 merkliche Wechselspannungsabfälle auftreten.

Übersichtlichere Verhältnisse für eine Änderung von $\underline{U}_{BE}$ durch $\underline{U}_0$ erhält man, wenn man die zu R_1 parallele Kapazität C_1 und die Kapazität C_2 so groß wählt, daß sie für die Frequenz der Signalspannung $\underline{U}_0$ Kurzschlüsse bilden. Wenn außerdem noch R_0 sehr klein gehalten wird, dann ist $\underline{U}_{BE} \approx \underline{U}_0$.

Die Signalauskopplung findet in Bild 3.43a an den Klemmen $2-2'$ statt. Wenn auch der äußere Widerstand R_A wegen C_3 keinen Einfluß auf den AP des Transistors hat, so hat R_A aber doch einen Einfluß auf die Kleinsignalaussteuerung um den AP. Wenn die Kapazität C_3 so groß ist, daß sie für die Frequenz der Wechselstromaussteuerung einen Kurzschluß bildet, dann wird die Steigung der *differentiellen* Lastgeraden im U_{CE}, I_C-Kennlinienfeld im AP durch die Parallelschaltung von R_L und R_A gebildet, siehe Bild 3.43b. Der Betrag $|\underline{U}_2|$ wird um so kleiner je kleiner der äußere Widerstand R_A gemacht wird.

Die Koppelkapazitäten sind um so größer zu wählen, je niedriger die Frequenz des einzukoppelnden und auszukoppelnden Wechselsignals ist. Bei Gleichstromsignalen müssen unendlich große Kapazitäten, das sind Kurzschlüsse, verwendet werden. Gleichspannungssignal und Gleichspannungen des AP sind dann nicht leicht voneinander zu trennen.

Statt über Kapazitäten kann ein Wechselsignal auch induktiv mittels Übertrager oder Bandfilter eingekoppelt oder ausgekoppelt werden, ohne daß der Arbeitspunkt AP einer Schaltung durch die Signalspannungsquelle oder durch einen äußeren Lastwiderstand beeinträchtigt wird.

Als Ort der Signaleinkopplung ist in Bild 3.43 willkürlich die durch das Klemmenpaar $1-1'$ gekennzeichnete Stelle gewählt worden, während die Signalauskopplung willkürlich an der durch das Klemmenpaar $2-2'$ gekennzeichneten Stelle vorgenommen wird. Grundsätzlich hätte man das Signal auch an irgendeiner anderen Stelle des gestrichelt eingerahmten Schaltungsteils von Bild 3.43a kapazitiv einkoppeln können, beispielsweise parallel zu R_3. Auch hätte man die Signalauskopplung an anderer Stelle vornehmen können, beispielsweise zwischen Basis und Kollektor. Es gibt insgesamt eine große Anzahl von Möglichkeiten.

Der besseren Übersicht wegen, wird nun die Vielzahl der Möglichkeiten eingeschränkt auf die in Bild 3.44 gezeigte Situation. Bei diesem Bild handelt es sich um das Wechselstromersatzbild einer recht allgemeinen Schaltung mit einem dreipoligen Element. Diese Schaltung soll sich ergeben, wenn in der Original-

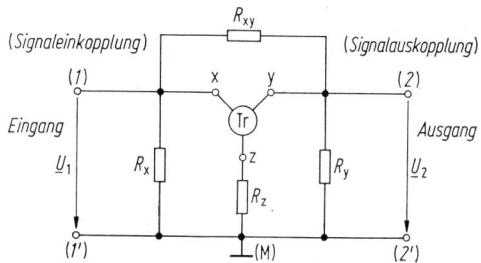

Bild 3.44. Wechselstromersatzbild einer allgemeinen Schaltung mit einem dreipoligen Element und mit Klemmenpaaren zur Signaleinkopplung und Signalauskopplung

schaltung alle Gleichspannungsquellen und alle äußeren (d. h. nicht zum dreipoligen Element gehörenden) Kapazitäten durch Kurzschlüsse und alle Gleichstromquellen und alle äußeren Induktivitäten durch Leerläufe ersetzt werden.
Die in Bild 3.44 gezeigte Situation ist dadurch eingeschränkt, daß

(a) Eingang und Ausgang eine gemeinsame Klemme haben (nämlich die Masseklemme M),
(b) die Eingangsklemme (1) mit einer Klemme (x) des dreipoligen Elements identisch ist,
(c) die Ausgangsklemme (2) mit einer anderen Klemme (y) des dreipoligen Elements identisch ist.

Erwähnt sei, daß es kaum eine praktische Schaltung gibt, die diesen recht allgemeinen Einschränkungen nicht genügt.
Bild 3.44 entspricht dem Wechselstromersatzbild von Bild 3.43a, wenn für die Dreipolklemmen

$$x = B; \quad y = C; \quad z = E$$

und für die Widerstände

$$R_x = R_2 \,\|\, R_3; \quad R_y = R_L; \quad R_z = 0;$$

$$R_{xy} = \infty \tag{3.107}$$

gesetzt wird. Bei fehlender Kapazität C_1 hätte sich $R_z = R_1$ ergeben.
Wäre in Bild 3.43a die Signaleinkopplung nicht parallel zu R_2, sondern parallel zu R_3 vorgenommen worden (was ohne Belang ist, da R_2 und R_3 wechselstrommäßig parallel liegen), und wäre die Signalauskopplung nicht zwischen Kollektor und Emitter, sondern zwischen Kollektor und Basis (was unterschiedliche Konsequenzen hat) erfolgt, dann hätte sich Bild 3.44 als zugehöriges Wechselstromersatzbild ergeben bei

$$x = E; \quad y = C; \quad z = B$$

und

$$R_x = R_2 \,\|\, R_3; \quad R_y = \infty; \quad R_z = 0;$$

$$R_{xy} = R_L, \tag{3.108}$$

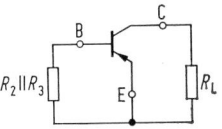

Bild 3.45. Wechselstromersatzbild des gestrichelt eingerahmten Schaltungsteils in Bild 3.43a

was anhand von Bild 3.45 leicht zu sehen ist, welches das Wechselstromersatzbild des gestrichelt eingerahmten Schaltungsteils von Bild 3.43a wiedergibt.
In Bild 3.44 bilden die Widerstände R_z und R_{xy} sogenannte *Rückkopplungen*, und zwar der Widerstand R_z eine Stromrückkopplung und der Widerstand R_{xy} eine Spannungsrückkopplung. Die Auswirkung solcher Rückkopplungen wird im Abschnitt 3.3.5 (Gegenkopplung) beschrieben, wo auch noch weitere Rückkopplungsarten behandelt werden. Die hier folgenden Betrachtungen seien auf den Fall nicht vorhandener Rückkopplungen, d. h. auf $R_z = 0$ und $R_{xy} = \infty$ beschränkt. Wird weiter einschränkend vorausgesetzt, daß zum Eingangsklemmenpaar $1-1'$ stets die Basis und zum Ausgangsklemmenpaar stets der Kollektor gehört, was auf Grund der im Abschnitt 3.1.2 behandelten Transistorphysik zweckmäßig ist, dann ergeben sich die in Bild 3.46 zusammengestellten drei Möglich-

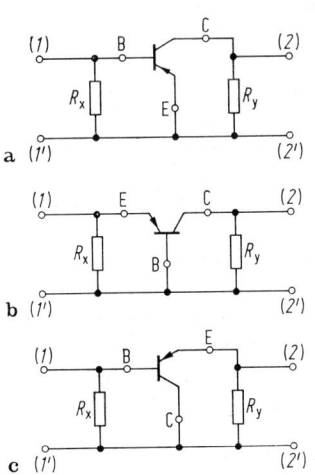

Bild 3.46. Wechselstromersatzbilder der Verstärkergrundschaltungen.
(a) Emitterschaltung, (b) Basisschaltung, (c) Kollektorschaltung

Tabelle 3.1 Zusammenstellung von Verstärkergrundschaltungstypen

dreipoliges Element	Einkopplung zwischen	Auskopplung zwischen	Bezeichnung des Grundschaltungstypes
bipolarer Transistor			
B Basis	BE	CE	Emitterschaltung
E Emitter	BE	CB	Basisschaltung
C Kollektor	BC	CE	Kollektorschaltung
FET			
G Gate	GS	DS	Sourceschaltung
S Source	GS	DG	Gateschaltung
D Drain	GD	DS	Drainschaltung
Triode			
G Gitter	GK	AK	Kathodenschaltung
K Kathode	GK	AG	Gitterschaltung
A Anode	GA	AK	Anodenschaltung

keiten, die als Emitterschaltung, Basisschaltung und Kollektorschaltung bezeichnet werden.

Die drei Verstärkergrundschaltungen mit bipolaren Transistoren in Bild 3.46 haben ihre Entsprechungen bei FETs und Trioden. Der Basis entsprechen das Gate und das Gitter, dem Kollektor die Drain und Anode. In Tabelle 3.1 sind die Verstärkergrundschaltungen zusammengestellt.

3.2.3 Eigenschaften der Verstärkergrundschaltungen

Wesentliches Merkmal eines Verstärkers ist, daß man damit die Leistung eines Signals verstärken kann. Ein Übertrager beispielsweise kann zwar eine Spannung hochtransformieren, nicht aber die Leistung eines Signals verstärken.

Die Signalquelle $u_0(t)$ mit dem Innenwiderstand R_0 kann an ihren Klemmen $1-1'$ gemäß Abschnitt 0.4.3.1 maximal die (momentane) Leistung

$$P_0 = \frac{u_0^2}{4R_0} \qquad (3.109)$$

abgeben. Bezeichnet $u_2(t)$ die *Leerlaufspannung* an den Klemmen $2-2'$ des Verstärkers und R_a den ausgangsseitigen Verstärkerinnenwiderstand, dann ist die den Klemmen $2-2'$

entnehmbare maximale Leistung gegeben durch

$$P_v = \frac{u_2^2}{4R_a}. \qquad (3.110)$$

Als *Leistungsverstärkung* v_P ergibt sich

$$v_P = \frac{P_v}{P_0} = \frac{u_2^2}{u_0^2} \cdot \frac{R_0}{R_a}. \qquad (3.111)$$

Die Leistungsverstärkung ist eine Größe, die nicht nur vom Verstärker selbst, sondern auch vom Innenwiderstand R_0 der treibenden Quelle abhängt.

Erweitert man Gl. (3.111) formal wie folgt

$$v_P = \left(\frac{u_2}{u_1}\right)^2 \left(\frac{u_1}{u_0}\right)^2 \frac{R_0}{R_a},$$

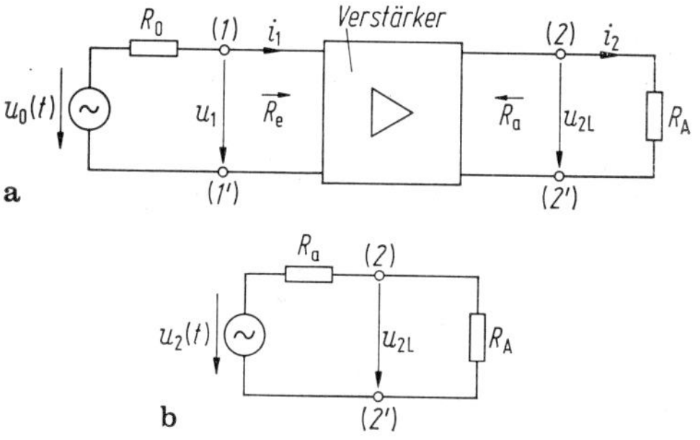

Bild 3.47. (a) Beschalteter Verstärker, (b) Ersatzbild des Verstärkers an seinen Ausgangsklemmen $2-2'$

dann erkennt man, daß die Leistungsverstärkung ausgedrückt werden kann durch den Innenwiderstand R_0 der treibenden Signalquelle und die folgenden drei vom Verstärker abhängigen Größen:

1. die Spannungsverstärkung

$$v_u = \frac{u_2}{u_1} \qquad (3.112)$$

des *leerlaufenden* Verstärkers bei eingeprägter Eingangsspannung u_1,
2. den ausgangsseitigen Innenwiderstand des Verstärkers R_a,
3. den Verstärkereingangswiderstand R_e, der bei bekanntem Innenwiderstand R_0 der Quelle den Term

$$\frac{u_1}{u_0} = \frac{R_e}{R_e + R_0} \leq 1 \qquad (3.113)$$

festlegt.

Damit ergibt sich die Leistungsverstärkung zu

$$v_P = v_u^2 \left(\frac{R_e}{R_e + R_0} \right)^2 \frac{R_0}{R_a}. \qquad (3.114)$$

Auch für $|v_u| < 1$ ist eine Leistungsverstärkung $v_P > 1$ möglich. Nach Gl. (3.113) und Gl. (3.114) ist das dann der Fall, wenn

$$\left(\frac{u_0}{u_1} \right)^2 \frac{R_a}{R_0} = \left(1 + \frac{R_0}{R_e} \right)^2 \frac{R_a}{R_0} < v_u^2, \qquad (3.115)$$

also bei einem großen Eingangswiderstand R_e oder/und bei einem geringen Innenwiderstand R_a. Dies ist der Fall bei einem Impedanzwandler.
Ist der Eingangswiderstand $R_e = 0$, dann ist auch $u_1 = 0$ und eine Spannungsverstärkung des Verstärkers nicht definiert. In diesem Fall kann man die Leistungsverstärkung in Gl. (3.111) durch die Kurzschlußstromverstärkung

$$v_i = \frac{i_{2k}}{i_1} = \frac{u_2/R_a}{u_0/R_0} = \frac{u_2}{u_0} \cdot \frac{R_0}{R_a} \qquad (3.116)$$

des Verstärkers, den ausgangsseitigen Innenwiderstand R_a und den Innenwiderstand der Quelle R_0 ausdrücken. In dieser Beziehung ist

i_{2k} der Ausgangsstrom des Verstärkers bei Kurzschluß an den Klemmen $2-2'$.
Im folgenden werden die Verstärkerkenngrößen R_e, R_a und v_u für die wichtigsten der in Tabelle 3.1 aufgeführten Verstärkergrundschaltungen ausgerechnet.

Emitterschaltung und Sourceschaltung

Zur Berechnung der Verstärkerkenngrößen der Emitterschaltung von Bild 3.46a ist der Transistor durch sein Ersatzbild zu ersetzen. Die Berechnungen fallen unterschiedlich kompliziert aus, je nachdem welches Ersatzbild man verwendet. Hier wird nun willkürlich das Ersatzbild von Bild 3.40a verwendet. Durch Einsetzen dieses Ersatzbildes in Bild 3.46a, ergibt sich das *Emitterschaltungsersatzbild* in Bild 3.48a.

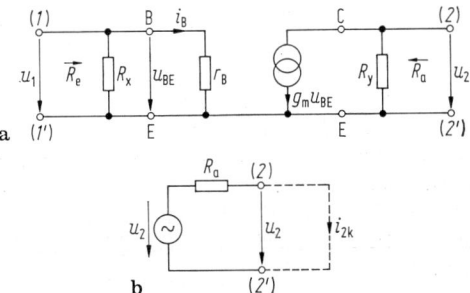

Bild 3.48. (a) Emitterschaltung unter Verwendung des Transistorersatzbildes von Bild 3.40a, (b) zur Berechnung des ausgangsseitigen Innenwiderstandes R_a

Aus Bild 3.48a liest man ab für den Eingangswiderstand (‖ bedeutet Parallelschaltung):

$$R_e = R_X \parallel r_B, \qquad (3.117)$$

für den ausgangsseitigen Innenwiderstand durch eine Kurzschlußbetrachtung an $2-2'$ und, siehe Bild 3.48b, Vorwegnahme von Gl. (3.119)

$$R_a = \frac{u_2}{i_{2k}} = \frac{u_2}{-g_m u_{BE}} = R_y \qquad (3.118)$$

und für die Spannungsverstärkung

$$v_u = \frac{u_2}{u_1} = \frac{u_2}{u_{BE}} = -R_y g_m = -g_m R_a. \quad (3.119)$$

Ist der durch die Transistorbeschaltung gegebene Widerstand $R_x \gg r_B$, dann kann $R_e \approx r_B$ gesetzt werden. In diesem Fall berechnet sich die Leistungsverstärkung gemäß Gl. (3.114) zu

$$v_P = R_y^2 g_m^2 \frac{r_B^2}{(r_B + R_0)^2} \frac{R_0}{R_y}. \qquad (3.120)$$

Ist $r_B \ll R_0$, dann folgt mit Gl. (3.90)

$$v_P = \beta_N^2 \frac{R_y}{R_0}. \qquad (3.121)$$

Gl. (3.121) hätte sich auch bei Verwendung des Transistorersatzbildes von Bild 3.40c ergeben, für das eine Spannungsverstärkung v_u nicht definiert ist. Bei Verwendung des frequenzabhängigen Transistorersatzbildes von Bild 3.41c ist β_N lediglich durch die frequenzabhängige Beziehung für $\beta_N(j\omega)$ gemäß Gl. (3.99) zu ersetzen.
Für die in Tabelle 3.1 aufgeführte *Sourceschaltung* ist in Bild 3.46a der bipolare Transistor durch einen FET zu ersetzen, dessen Gate am Punkt B und dessen Drain am Punkt C zu schalten ist. Bei anschließender Ersetzung des FET durch sein Ersatzbild in Bild 3.34a ergibt sich das Ersatzbild in Bild 3.49.

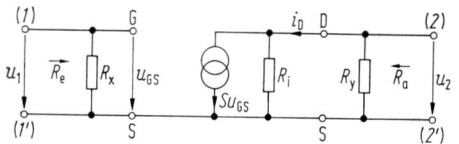

Bild 3.49. Sourceschaltung unter Verwendung des FET-Ersatzbildes von Bild 3.34a

Aus Bild 3.49 liest man ab

$$R_e = R_x, \qquad (3.122)$$

$$R_a = R_y \| R_i, \qquad (3.123)$$

$$v_u = \frac{u_2}{u_1} = \frac{u_2}{u_{GS}} = -S(R_i \| R_y) = -S R_a. \qquad (3.124)$$

Sourceschaltung und Emitterschaltung verhalten sich, vom Eingangswiderstand abgesehen, ähnlich. Bei entsprechender Wahl

der Gatebeschaltung kann bei der Sourceschaltung der Eingangswiderstand R_e beliebig hoch werden, was bei der Emitterschaltung auf Grund des im allgemeinen niedrigen Wertes von r_B nicht möglich ist.

Basisschaltung und Gateschaltung

Zur Berechnung der *Basisschaltung* wird der Transistor in Bild 3.46b durch sein Ersatzbild in Bild 3.40a ersetzt, siehe Bild 3.50.

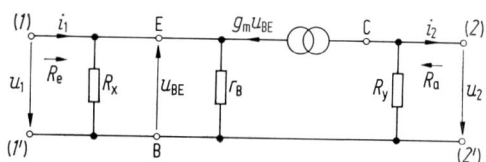

Bild 3.50. Basisschaltung unter Verwendung des Transistorersatzbildes von Bild 3.40a

Zur Berechnung des Eingangswiderstands R_e wird die Klemme E als Netzwerkknoten aufgefaßt. Die Summe der diesem Knoten zufließenden Ströme muß nach Kirchhoff verschwinden:

$$i_1 + \frac{u_{BE}}{R_x} + \frac{u_{BE}}{r_B} + g_m u_{BE} = 0. \qquad (3.125)$$

Mit $u_1 = -u_{BE}$ folgt daraus

$$R_e = \frac{u_1}{i_1} = \frac{1}{\dfrac{1}{R_x} + \dfrac{1}{r_B} + g_m} = R_x \| r_B \| \frac{1}{g_m}.$$

$$(3.126)$$

Für den ausgangsseitigen Innenwiderstand R_a folgt durch eine Kurzschlußbetrachtung an $2-2'$ und Vorwegnahme von Gl. (3.128)

$$R_a = \frac{u_2}{i_{2k}} = \frac{u_2}{-g_m u_{BE}} = R_y \qquad (3.127)$$

und für die Spannungsverstärkung

$$v_u = \frac{u_2}{u_1} = -\frac{u_2}{u_{BE}} = g_m R_y. \qquad (3.128)$$

Ist wieder der durch die Transistorbeschaltung gegebene Widerstand $R_x \gg r_B$, dann gilt mit

Gl. (3.90)

$$R_e = r_B \parallel \frac{1}{g_m} = \frac{r_B}{g_m r_B + 1} = \frac{r_B}{\beta_N + 1}.$$

$$(3.129)$$

Damit und mit Gl. (3.90a) und Gl. (3.114) folgt für die Leistungsverstärkung

$$v_P = g_m^2 R_y^2 \left(\frac{r_B}{r_B + R_0(\beta_N + 1)} \right)^2 \frac{R_0}{R_y} =$$

$$= \frac{R_y R_0 \beta_N^2}{[r_B + R_0(\beta_N + 1)]^2} \approx \frac{R_y}{R_0} \left(\frac{\beta_N}{\beta_N + 1} \right)^2.$$

$$(3.130)$$

Der letzte Ausdruck für die Leistungsverstärkung v_P hätte sich auch bei Verwendung des Transistorersatzbildes von Bild 3.40c bzw. Bild 3.41c ergeben. Aus der typischen Frequenzabhängigkeit $\beta_N(j\omega)$ gemäß Gl. (3.99) kann man das günstige Verhalten der Basisschaltung in Hinblick auf ihre Leistungsverstärkung bei hohen Frequenzen erkennen, das bei der Emitterschaltung, siehe Gl. (3.121), nicht gegeben ist. Der Nachteil der Basisschaltung liegt im geringen Eingangswiderstand R_e.

Für die in Tabelle 3.1 genannte *Gateschaltung* ist in Bild 3.46b der bipolare Transistor durch einen FET bzw. dessen Ersatzbild zu ersetzen. Der Basis entspricht wieder das Gate, dem Kollektor die Drain. Die mit Bild 3.34a sich ergebende Ersatzschaltung zeigt Bild 3.51.

Für die Summe der dem Knoten S zufließenden Ströme gilt

$$i_1 + \frac{u_{GS}}{R_x} + S u_{GS} + \frac{u_{GS} + u_2}{R_i} = 0. \quad (3.131)$$

Für die Summe der vom Knoten D wegfließenden Ströme gilt

$$S u_{GS} + \frac{u_{GS} + u_2}{R_i} + \frac{u_2}{R_y} = 0. \quad (3.132)$$

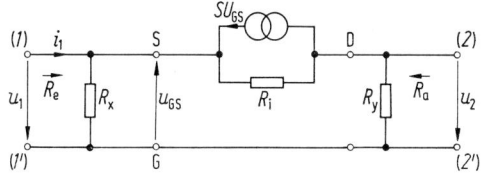

Bild 3.51. Gateschaltung unter Verwendung des FET-Ersatzbildes von Bild 3.34a

Mit $u_{GS} = -u_1$ ergibt sich aus Gl. (3.132) die Spannungsverstärkung zu

$$v_u = \frac{u_2}{u_1} = \frac{S + \frac{1}{R_i}}{\frac{1}{R_y} + \frac{1}{R_i}} = SR_y \quad \text{für} \quad R_i \to \infty.$$

$$(3.133)$$

Der Eingangswiderstand R_e läßt sich aus Gl. (3.131) bestimmen, wenn man dort u_{GS} gemäß $u_2 = v_u u_1 = -v_u u_{GS}$ durch u_1 ausdrückt und bei Bedarf v_u über Gl. (3.133) ersetzt:

$$i_1 = u_1 \left[\frac{1}{R_x} + S + \frac{1}{R_i} + \frac{v_u}{R_i} \right] = \frac{u_1}{R_e}.$$

Hieraus folgt

$$R_e = \frac{u_1}{i_1} = R_x \parallel \frac{1}{S} \quad \text{für} \quad R_i \to \infty. \quad (3.134)$$

Der ausgangsseitige Innenwiderstand R_a folgt aus der Leerlaufspannung $u_2 = v_u u_1$ gemäß Gl. (3.133) und dem Kurzschlußstrom i_{2k} am Ausgang. Im Kurzschlußfall ist $u_2 = 0$ und folglich $u_{GS} = -u_1$. Damit folgt aus Bild 3.51

$$i_{2k} = -S u_{GS} - \frac{u_{GS}}{R_i} = u_1 \left(S + \frac{1}{R_i} \right). \quad (3.135)$$

Mit der Leerlaufspannung aus Gl. (3.133) und mit Gl. (3.135) ist

$$R_a = \frac{u_2}{i_{2k}} = \frac{1}{\frac{1}{R_y} + \frac{1}{R_i}} = R_y \parallel R_i. \quad (3.136)$$

Wie die Basisschaltung, so ist auch die Gateschaltung vorteilhaft bei *hohen* Frequenzen, weil die Leistungsverstärkung v_P ähnlich dem Ausdruck von Gl. (3.130) ist. Der dort vorhandenen frequenzabhängigen Größe β_N entspricht jetzt eine ähnlich frequenzabhängige Größe S, siehe auch Gl. (3.82).

Kollektorschaltung und Drainschaltung

Diese Schaltungen werden auch als *Emitterfolger* und *Sourcefolger* bezeichnet. Ersetzt man den Transistor in Bild 3.46c durch sein Ersatzbild in Bild 3.40a, dann erhält man Bild 3.52.

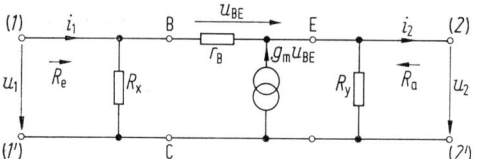

Bild 3.52. Kollektorschaltung unter Verwendung des Transistorersatzbildes von Bild 3.40a

Die Summe der dem Knoten E zufließenden Ströme ergibt mit $u_{BE} = u_1 - u_2$

$$\frac{u_{BE}}{r_B} + g_m u_{BE} - \frac{u_2}{R_y} = \frac{u_1}{r_B} - \frac{u_2}{r_B} +$$

$$+ g_m u_1 - g_m u_2 - \frac{u_2}{R_y} = 0. \qquad (3.137)$$

Hieraus folgt für die Spannungsverstärkung

$$v_u = \frac{u_2}{u_1} = \frac{\dfrac{1}{r_B} + g_m}{\dfrac{1}{r_B} + g_m + \dfrac{1}{R_y}} < 1. \qquad (3.138)$$

Zur Bestimmung des Eingangswiderstands R_e wird die Summe der dem Knoten B zufließenden Ströme betrachtet. Mit $u_{BE} = u_1 - u_2$ und $u_2 = v_u u_1$ ergibt sich zunächst

$$i_1 - \frac{u_1}{R_x} - \frac{u_{BE}}{r_B} =$$

$$= i_1 - \frac{u_1}{R_x} - \frac{u_1}{r_B} + \frac{v_u u_1}{r_B} = 0, \qquad (3.139)$$

und hieraus

$$R_e = \frac{u_1}{i_1} = \frac{1}{\dfrac{1}{R_x} + \dfrac{1}{r_B} - \dfrac{v_u}{r_B}} =$$

$$= R_x \left\| \left(\frac{r_B}{1 - v_u} \right) \right. . \qquad (3.140)$$

Für den ausgangsseitigen Innenwiderstand wird zunächst der ausgangsseitige Kurzschlußstrom i_{2k} bestimmt. Für diesen folgt aus Bild 3.52 unter Beachtung, daß bei Kurzschluß $u_2 = 0$ und $u_{BE} = u_1$ ist:

$$i_{2k} = \frac{u_{BE}}{r_B} + g_m u_{BE} = u_1 \left(\frac{1}{r_B} + g_m \right). \quad (3.141)$$

Mit der Leerlaufspannung u_2 aus Gl. (3.138) und dem Kurzschlußstrom i_{2k} aus Gl. (3.141) folgt

$$R_a = \frac{u_2}{i_{2k}} = \frac{1}{\dfrac{1}{r_B} + g_m + \dfrac{1}{R_y}} = r_B \left\| \frac{1}{g_m} \right\| R_y. \qquad (3.142)$$

Die Spannungsverstärkung ist beim Emitterfolger zwar positiv, aber stets kleiner als Eins. Der Vorzug des Emitterfolgers liegt im hohen Transistoreingangswiderstand $r_B/(1 - v_u)$ zwischen Basis und Kollektor und im geringen Innenwiderstand R_a der Ausgangsseite. Der Emitterfolger ist deshalb ein Impedanzwandler.

Einen entsprechenden *Sourcefolger* erhält man durch Einsetzen des FET-Ersatzbildes von Bild 3.34a in Bild 3.46c, wobei wieder das Gate der Basis und die Drain dem Kollektor entspricht, siehe Bild 3.53.

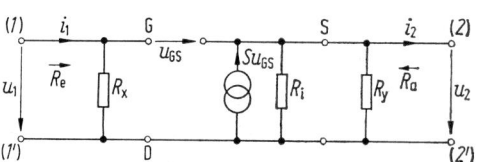

Bild 3.53. Drainschaltung unter Verwendung des FET-Ersatzbildes von Bild 3.34a

Aus Bild 3.53 liest man ab

$$u_2 = S u_{GS}(R_i \| R_y) = S(R_i \| R_y)(u_1 - u_2). \qquad (3.143)$$

Daraus folgt

$$v_u = \frac{u_2}{u_1} = \frac{S(R_i \| R_y)}{1 + S(R_i \| R_y)} < 1. \qquad (3.144)$$

Der ausgangsseitige Kurzschlußstrom i_{2k} folgt aus Bild 3.53 mit $u_2 = 0$ und daher $u_{GS} = u_1$

$$i_{2k} = S u_{GS} = S u_1. \qquad (3.145)$$

Das ergibt mit Gl. (3.144)

$$R_a = \frac{u_2}{i_{2k}} = \frac{R_i \| R_y}{1 + S(R_i \| R_y)}. \qquad (3.146)$$

Für den Widerstand R_e liest man direkt ab

$$R_e = R_x. \qquad (3.147)$$

Bei der Drainschaltung zeigen sich gleiche Eigenschaften wie bei der Kollektorschaltung, nämlich höchstmöglicher (durch die Beschaltung gegebener) Eingangswiderstand R_e, kleiner ausgangsseitiger Innenwiderstand R_a, der wesentlich kleiner als der Beschaltungswiderstand R_y ist, und eine Spannungsverstärkung kleiner als Eins. Auch die Drainschaltung dient vornehmlich als *Impedanzwandler*.

3.3 Allgemeine Probleme des Verstärkerentwurfs

Im Abschnitt 3.1 wurden Bauelemente der Verstärkertechnik beschrieben und zwar insbesondere Transistoren. Es wurde die Gleichstromanalyse von Schaltungen, die solche Bauelemente enthalten, erläutert. Das Ergebnis der Gleichstromanalyse liefert in der linearen Verstärkertechnik den Arbeitspunkt AP.

Die lineare Verstärkertechnik beruht darauf, daß durch ein zu verstärkendes Wechselsignal die Spannung oder der Strom an einer geeigneten Einkopplungsstelle der Schaltung um den Gleichwert des AP verändert werden. Diese Änderungen an der Einkopplungsstelle haben entsprechende Änderungen von Spannungen und Strömen an anderen Stellen der Schaltung zur Folge. Die Folgeänderungen können teils größere Amplitude haben als die Ursache oder können an einem niedrigeren Widerstandsniveau erscheinen. Bei Wahl einer geeigneten Auskopplungsstelle gewinnt man so ein leistungsverstärktes Signal. Bei kleinen Amplituden des Wechselsignals gelten lineare Zusammenhänge zwischen allen Wechselgrößen.

Im Abschnitt 3.2 wurde das lineare Kleinsignalverhalten von Schaltungen bei Aussteuerung um ihren AP beschrieben, und zwar auch im dynamischen Fall. Ferner wurden die zweckmäßigen Stellen für die Signaleinkopplung und die Signalauskopplung behandelt. Das führte zu den drei Grundschaltungstypen, der Emitterschaltung, der Basisschaltung und der Kollektorschaltung

bzw. zu ihren Gegenstücken bei Verwendung von FETs.

Bei einem zu konstruierenden Verstärker werden in erster Linie dessen äußere Verstärkereigenschaften (Betriebsgrößen) vorgeschrieben, die zwischen den Eingangs- und Ausgangsklemmen auftreten sollen. Hierzu gehören insbesondere die Bandbreite und Frequenzlage des Arbeitsbereiches, die Spannungsverstärkung v_u oder die Leistungsverstärkung v_P in diesem Arbeitsbereich und häufig auch der Eingangswiderstand und der Innenwiderstand des Verstärkers von der Ausgangsseite. Diese Forderungen bestimmen die Wahl des Grundschaltungstyps oder legen eine mehrstufige Realisierung des Verstärkers unter Verwendung von eventuell verschiedenen Grundschaltungsstufen nahe. Bei der Realisierung der Einzelstufen ist zunächst die Einstellung des Arbeitspunktes AP vorzunehmen. Dieses Problem wird im Abschnitt 3.3.1 behandelt. Sodann werden in Folgeabschnitten die erzielbare Verstärkung, die Frequenzbandbreite und Fragen der Aussteuerung dargestellt. Bei Wahl einer Grundschaltung und nach Einstellung des AP liegen die meisten Betriebsgrößen bereits fest. Eine nachträgliche Änderung von Betriebsgrößen in eine gewünschte Richtung ist dann oft nur noch durch eine sogenannte *Gegenkopplung* möglich. Diese wird im Abschnitt 3.3.5 behandelt.

3.3.1 Arbeitspunkteinstellung und Arbeitspunktstabilisierung

Die Arbeitspunkteinstellung einer Grundschaltung mit einem dreipoligen Element sollte möglichst so erfolgen, daß das zugehörige Wechselstromersatzbild frei von Rückkopplungen ist. Bezüglich Bild 3.44 bedeutet das $R_{xy} = \infty$ und $R_z = 0$.

Wegen des vorhandenen Basisstroms ist die AP-Einstellung beim bipolaren Transistor komplizierter als beim FET oder bei der Röhre, bei denen über das Gate bzw. Gitter im Normalfall kein Gleichstrom fließt. Die nachfolgenden Betrachtungen konzentrieren sich deshalb auf den bipolaren Transistor, und zwar willkürlich auf den pnp-Typ. Der bipolare Transistor ist für Anwendungen in der linearen Verstärkertechnik grundsätzlich so in ein Gleichstromnetzwerk einzubetten, daß Basis-Emitter-Diode in Durchlaßrichtung und Kollektor-Basis-Diode in Sperrichtung gepolt sind. Die grundsätzliche Polung der Gleichstrombatterien für die AP-Einstellung in den rückkopplungsfreien Grundschaltungen zeigt Bild 3.54. Bei Verwendung von npn-Transistoren sind alle Batterien umzupolen.

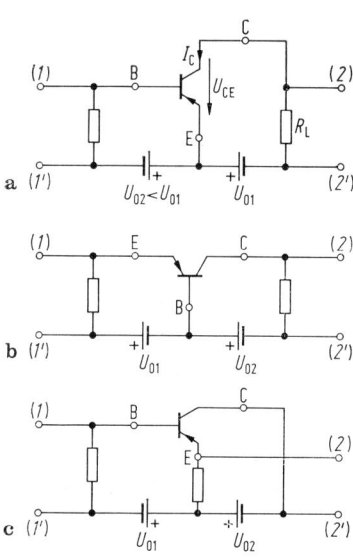

Bild 3.54. Grundsätzliche Polung der Gleichstrombatterien zur Einstellung des AP bei den Grundschaltungen mit bipolaren pnp-Transistoren: (a) Emitterschaltung, (b) Basisschaltung, (c) Kollektorschaltung

Bild 3.54 zeigt nur das Grundsätzliche, nämlich die Polung der pn-Übergänge bei gleichzeitiger Vermeidung von Rückkopplungen, wenn Signaleingang und -ausgang vorgeschrieben sind. Die Gleichspannungsquellen lassen sich auch so anordnen, daß man zwischen den Punkten $(1')$ und $(2')$ eine durchgehende Verbindung hat. Auch lassen sich Schaltungen finden, die mit nur einer Gleichspannungsquelle auskommen.

Die detaillierteren Überlegungen sollen nun am Beispiel der Emitterschaltung durchgeführt werden, die wohl die größte praktische Bedeutung hat. Die dabei gewonnenen Erkenntnisse lassen sich aber sinngemäß auf die anderen Grundschaltungen übertragen.

Bei Wahl des AP ist zu beachten, daß in einem Transistor nur eine beschränkte Leistung umgesetzt werden darf. Anderenfalls kann der Transistor zerstört werden. Im U_{CE}, I_C-Kennlinienfeld ist daher der Arbeitspunkt AP so anzuordnen, daß er unterhalb der *Verlustleistungshyperbel* (siehe Bild 3.15) zu liegen kommt. Diese Anordnung des AP kann man auf verschiedene Weisen erreichen, und zwar nicht nur durch Wahl verschiedener Kombinationen von U_{01} und R_L in Bild 3.54a, sondern auch durch verschiedene Netzwerktopologien. Eine andere Art der AP-Einstellung einer Emitterschaltung ist im gestrichelt eingerahmten Schaltungsteil von Bild 3.43a gezeigt. Diese Schaltung zeichnet sich zudem dadurch aus, daß sie nur eine einzige Gleichspannungsquelle enthält. Außerdem ist sie sehr allgemein. Man kann in ihr den gewünschten AP auch dann einstellen, wenn $R_2 = \infty$ und $R_1 = 0$ vorgibt.

Die verschiedenen Arten der AP-Einstellungen zeigen — abgesehen vom Wechselstromverhalten — unterschiedliches Gleichstromverhalten im praktischen Betrieb. Ursache ist die relativ starke *Temperaturabhängigkeit* verschiedener Transistorkenngrößen. Diese hat bei schwankender Temperatur eine Änderung des Arbeitspunktes und damit der gesamten Verstärkereigenschaften zur Folge. Oft ändert sich zudem der Arbeitspunkt in der Weise, daß die Verlustleistung im Transistor mit steigender Temperatur wächst. Das hat eine weitere Erwärmung des Transistors zur Folge und kann im ungünstigen Fall schließlich zu dessen Zerstörung führen.

Bei Temperatureinflüssen unterscheidet man zwischen *thermischer Stabilität* und *thermischer Stabilisierung*. Thermische Stabilität bedeutet hier lediglich, daß der Transistor nicht durch thermische Labilität des Arbeitspunktes zerstört wird. Stabilisierung kennzeichnet dagegen eine Maßnahme, die den Arbeitspunkt möglichst unempfindlich gegen Temperaturschwankungen macht.

Zunächst soll ein Verfahren zur Erreichung der Stabilität besprochen werden, das unter dem Namen *Prinzip der halben Speisespannung* bekannt ist. Dieses Prinzip beruht auf folgender Überlegung: Ein Transistor muß dann thermisch stabil sein, wenn mit steigender Temperatur ϑ die Verlustleistung P_V im

Transistor nicht größer wird, d. h. konstant bleibt oder absinkt. Mathematisch lautet die Bedingung:

$$\frac{\partial P_V}{\partial \vartheta} \leq 0. \tag{3.148}$$

Die Verlustleistung P_V im Transistor kann näherungsweise der Kollektorverlustleistung P_C gleichgesetzt werden, da die Emitter-Basis-Strecke in Durchlaßrichtung gepolt ist, d. h. einen vernachlässigbar kleinen Widerstand im Vergleich zur Basis-Kollektor-Strecke hat. Gl. (3.148) läßt sich also folgendermaßen umschreiben bzw. erweitern

$$\frac{\partial P_V}{\partial \vartheta} \approx \frac{\partial P_C}{\partial \vartheta} = \frac{\partial P_C}{\partial I_C} \frac{\partial I_C}{\partial \vartheta} \leq 0. \tag{3.149}$$

Wie weiter unten noch näher begründet wird, ist stets $\partial I_C/\partial \vartheta > 0$, d. h., der Kollektorstrom I_C steigt mit wachsender Temperatur. Damit die Bedingung der Gl. (3.149) eingehalten wird, muß $\partial P_C/\partial I_C$ entweder Null oder negativ sein.

Nach Bild 3.54a gilt für die Kollektorverlustleistung

$$P_C = U_{CE}I_C = (U_{01} - R_L I_C)\, I_C,$$

$$\frac{\partial P_C}{\partial I_C} = U_{01} - 2R_L I_C \leq 0, \quad R_L I_C \geq \frac{1}{2}\, U_{01}. \tag{3.150}$$

Die Stabilitätsbedingung wird eingehalten, wenn an R_L die halbe Speisespannung U_{01} oder mehr abfällt bzw. wenn zwischen Kollektor und Emitter maximal die halbe Speisespannung auftritt. Dies ist eine Bedingung, bei der der Transistor in jedem Fall thermisch stabil ist.

Maßnahmen zur Stabilisierung des Arbeitspunktes sind komplizierter als die zur Erreichung der Stabilität. Die Arbeitspunkteinstellung hat hier so zu erfolgen, daß sich der Arbeitspunkt möglichst wenig mit der Temperatur ändert. Dazu ist die quantitative Kenntnis der Temperaturabhängigkeit des Arbeitspunktes erforderlich.

Das Verhalten des Transistors wird im wesentlichen durch die Gln. (3.60) und (3.61) beschrieben. In Gl. (3.60) sind die Größen B_N und I_{CBO} temperaturabhängig. In Gl. (3.61)

ist bei $I_B = \text{const}$ neben A_N, welches über Gl. (3.60) mit B_N verknüpft ist, und natürlich U_T auch $U_{EB'}$ von der Temperatur abhängig. Die genaue Art der Temperaturabhängigkeit ist z. T. nur schwer aus einer Theorie herleitbar. Die Werte stammen aus der praktischen Erfahrung.

Für die Temperaturabhängigkeit der Stromverstärkung B_N gilt bei Germanium- (Ge) und Siliziumtransistoren (Si) näherungsweise [7]

$$B_N(\vartheta_j) \approx B_N(\vartheta_0) \left[1 + \frac{\vartheta_j - \vartheta_0}{50\ \text{K}} \right] \quad \text{für} \quad \text{Ge}, \tag{3.151}$$

$$B_N(\vartheta_j) \approx B_N(\vartheta_0) \left[1 + \frac{\vartheta_j - \vartheta_0}{75\ \text{K}} \right] \quad \text{für} \quad \text{Si}. \tag{3.152}$$

ϑ_j ist die Kristalltemperatur, $\vartheta_0 = 25\,°\text{C}$ ist die Bezugstemperatur. B_N ändert sich also (näherungsweise) linear mit der Temperatur. Die Bezugswerte $B_N(\vartheta_0)$ liegen zwischen 20 und 200. Siliziumtransistoren kann man bei wesentlich höherer Temperatur betreiben als Germaniumtransistoren.

Der Reststrom I_{CBO} ändert sich exponentiell mit der Temperatur, und zwar gemäß

$$I_{CBO}(\vartheta_j) = I_{CBO}(\vartheta_0) \cdot 2^{(\vartheta_j - \vartheta_0)/10\,\text{K}} \quad \text{für} \quad \text{Ge}, \tag{3.153}$$

$$I_{CBO}(\vartheta_j) = I_{CBO}(\vartheta_0) \cdot 2^{(\vartheta_j - \vartheta_0)/7\,\text{K}} \quad \text{für} \quad \text{Si}. \tag{3.154}$$

Bei Germanium verdoppelt sich also der Reststrom für jeweils $10\,°\text{C}$ Temperaturzuwachs über $25\,°\text{C}$. Typische Bezugswerte $I_{CBO}(\vartheta_0)$ liegen in der Größenordnung von 5 µA bei Germanium und 0,01 µA bei Silizium. Bei Siliziumtransistoren kann man den Einfluß des temperaturabhängigen Reststroms wegen des geringen Bezugswertes meist vernachlässigen. Bei Germaniumtransistoren spielt bei höheren Temperaturen der Reststrom aber oft eine wichtige Rolle. Bei einem Bezugswert von 5 µA und einer Temperaturerhöhung von $\vartheta_j - \vartheta_0 = 30\,°\text{C}$ ergibt sich $I_{CBO}\,(55\,°\text{C}) = 40$ µA. Ist die Stromverstärkung $B_N\,(55\,°\text{C}) = 100$, dann ruft nach Gl. (3.60b) dieser Reststrom einen Kollektorstromanteil von rund 4 mA hervor.

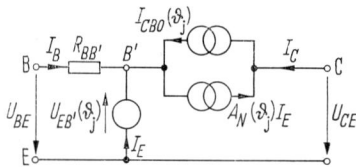

Bild 3.55. Temperaturabhängiges Transistor-ersatzbild

Bei konstantem Basisstrom I_B und steigender Temperatur sinkt der Betrag der äußeren Emitter-Basis-Spannung U_{BE} bei Germanium- und Siliziumtransistoren um den gleichen Betrag von etwa

$$\frac{\Delta |U_{EB}|}{\Delta \vartheta}\bigg|_{I_B = \text{const}} \approx -2 \frac{mV}{K}. \tag{3.155}$$

Mit der vereinfachten Gleichung für den normalen Betrieb Gl. (3.60a) ergibt sich aus Bild 3.12 das vereinfachte Ersatzbild von Bild 3.55. Die Kollektor-Basis-Diode ist gesperrt ($I_{CI} = 0$). Statt der stromgesteuerten Quelle $A_N I_{EN}$ ergeben sich nun zwei stromgesteuerte Stromquellen, $A_N I_E$ und I_{CBO}. Die in Durchlaßrichtung gepolte Emitter-Basis-Diode wird durch eine Spannungsquelle ersetzt, welche die an ihr abfallende Flußspannung repräsentiert. Diese Flußspannung beträgt bei Germaniumtransistoren etwa 0,3 V, bei Siliziumtransistoren etwa 0,6 V, vgl. Bild 3.10b und Bild 3.15.

Zur Berechnung der Temperaturstabilität einer Arbeitspunkteinstellung wird nun die allgemeine Schaltung von Bild 3.56a betrachtet. Der Widerstand R_1 hat zur Folge, daß nun nicht mehr wie in Bild 3.54a die Summe von Batteriespannung U_0 und (negativer) Kollektor-Emitter-Spannung U_{CE} allein am Lastwiderstand R_L abfällt. Damit würden die Überlegungen, die ursprünglich zur Wahl des Lastwiderstandes R_L im I_C, U_{CE}-Kennlinienfeld führten, hinfällig werden, wenn man nicht den Widerstand R_1 durch eine genügend große Kapazität C_1 für die den Ruhewerten überlagerten Wechselstromsignale kurzschließen würde. Die Kapazität C_1 sorgt also dafür, daß trotz des Vorhandenseins von R_1 die für die Wechselstromanteile wirksame Steilheit der Arbeitsgerade weiterhin allein durch den Lastwiderstand R_L bestimmt wird. Damit sich aber mit R_1 der gleiche Arbeitspunkt ergibt wie vorher, muß nun die Versorgungsspannung U_0 erhöht werden. Die Kapazität C_2 hat ebenfalls nur für Wechselstrom Bedeutung. Im übrigen sind die Wechselstromaspekte dieser Schaltung bereits anhand von Bild 3.43 erläutert worden. Bild 3.56b folgt aus Bild 3.56a durch Weglassen der für die Arbeitspunkteinstellung unwesentlichen Kapazitäten und durch Einsetzen des temperaturabhängigen Transistorersatzbildes von Bild 3.55.

Für die Schaltung in Bild 3.56b gelten folgende Gleichungen

$$I_B + I_C + I_E = 0, \tag{3.156}$$

$$I_C = -A_N I_E + I_{CBO}, \tag{3.157}$$

$$U_B = I_E R_1 + U_{EB'} - I_B R_{BB'}, \tag{3.158}$$

$$U_B/R_2 = I_B + (U_0 - U_B)/R_3. \tag{3.159}$$

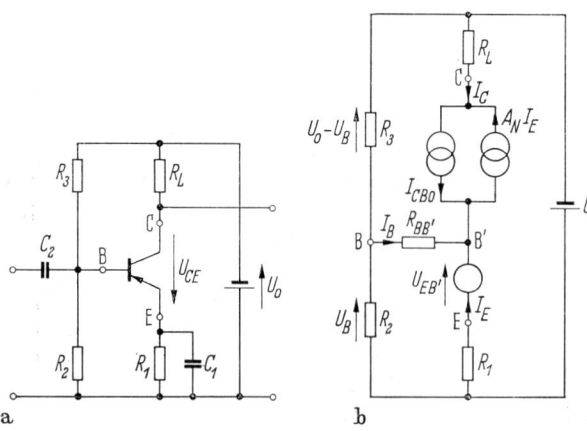

Bild 3.56. Zur Berechnung einer temperaturstabilisierten Arbeitspunkteinstellung, (a) Grundschaltung, (b) Ersatzschaltung unter Verwendung des temperaturabhängigen Ersatzbildes von Bild 3.55

a   b

Aus diesen vier Gleichungen soll nun der Emitterstrom I_E in Abhängigkeit von den temperaturabhängigen Größen I_{CBO}, $U_{EB'}$ und A_N [welches sich mit Gl. (3.27) aus B_N bestimmt] berechnet werden. Eliminiert werden also I_C, I_B und U_B.

Die Elimination von I_C erfolgt mit Gl. (3.156) und Gl. (3.157)

$$I_B = -I_E(1 - A_N) - I_{CBO}. \tag{3.160}$$

I_B in Gl. (3.158) und Gl. (3.159) eingesetzt ergibt

$$U_B = U_{EB'} + I_E R_1 + I_E(1 - A_N) R_{BB'} + \\ + I_{CBO} R_{BB'}, \tag{3.161}$$

$$U_B \left(\frac{1}{R_2} + \frac{1}{R_3} \right) = \frac{U_0}{R_3} - I_E(1 - A_N) - I_{CBO}. \tag{3.162}$$

Aus Gl. (3.161) und Gl. (3.162) folgt mit der Abkürzung

$$\frac{1}{R_2} + \frac{1}{R_3} = \frac{1}{R_B} \tag{3.163}$$

und Elimination von U_B nach einer elementaren Zwischenrechnung

$$I_E(\vartheta_j) = \frac{-U_{EB'}(\vartheta_j) - I_{CBO}(\vartheta_j) [R_{BB'} + R_B]}{[1 - A_N(\vartheta_j)] [R_{BB'} + R_B] + R_1} + \\ + \frac{U_0 R_B / R_3}{[1 - A_N(\vartheta_j)] [R_{BB'} + R_B] + R_1}. \tag{3.164}$$

In dieser Beziehung kann $1 - A_N(\vartheta_j)$ entsprechend Gl. (3.27) durch $1/[1 + B_N(\vartheta_j)]$ ersetzt werden.

Damit der Emitterstrom I_E relativ unabhängig von der Temperatur ϑ_j wird, muß der Zähler von Gl. (3.164) vom Ausdruck $U_0 R_B / R_3$ dominiert werden und der Nenner vom Ermitterwiderstand R_1. Der Faktor $R_B / R_3 < 1$ strebt gegen 1 für große Werte von R_2.

Weitere Einzelheiten lassen sich am besten anhand eines Zahlenbeispiels verdeutlichen. Es seien $U_0 = 10$ V, $R_B = 10^4 \, \Omega$, $R_3 = 2,7 \cdot 10^4 \, \Omega$, $R_{BB'} = 10^2 \, \Omega$, $R_1 = 1,5 \cdot 10^3 \, \Omega$. Als Transistor sei ein pnp-Germaniumtransistor gewählt mit

$$[1 - A_N(\vartheta_0)] \approx 1/B_N(\vartheta_0) = 0,01,$$

$$I_{CBO}(\vartheta_0) = -3 \cdot 10^{-6} \text{ A}, \quad U_{EB'}(\vartheta_0) = 0,3 \text{ V}. \text{ Das ergibt}$$

$$I_E(\vartheta_0) = \frac{(-0,3 + 0,03 + 3,7) \text{ V}}{(10^2 + 1,5 \cdot 10^3) \, \Omega} = 2,13 \text{ mA}.$$

Bei einer Temperaturerhöhung von $\vartheta_j - \vartheta_0 = 40 \, °C$ ergeben sich nach Gl. (3.151) bis Gl. (3.155): $[1 - A_N(\vartheta_j)] \approx 1/B_N(\vartheta_j) = 1/180$, $I_{CBO}(\vartheta_j) = -48 \cdot 10^{-6}$ A, $U_{EB'}(\vartheta_0) = 0,22$ V. Das ergibt

$$I_E(\vartheta_j) = \frac{(-0,22 + 0,48 + 3,7) \text{ V}}{(0,56 \cdot 10^2 + 1,5 \cdot 10^3) \, \Omega} \approx 2,54 \text{ mA}.$$

Die Erhöhung des Emitterstromes beträgt hier rund 20%. Sie würde größer ausfallen bei einer geringeren Versorgungsspannung und einem kleineren Emitterwiderstand R_1. Durch eine höhere Versorgungsspannung und einen größeren Emitterwiderstand läßt sich die Stabilität des Arbeitspunktes verbessern. Ferner läßt sie sich verbessern durch eine Verkleinerung von R_B. Letzteres bedingt allerdings einen geringeren Verstärkereingangswiderstand.

Verglichen mit bipolaren Transistoren gibt es bei FETs kaum Temperaturprobleme. Der dominante temperaturabhängige Einfluß liegt bei FETs in der Beweglichkeit μ der Majoritätsträger im Kanal. Diese Beweglichkeit nimmt mit steigender Temperatur ab und infolgedessen auch der Kanalleitwert G_k, vgl. Gl. (3.34). Mit steigender Temperatur sinkt also der Drainstrom I_D, wenn die Gate-Source-Spannung U_{GS} konstant gehalten wird. Eine Selbstaufheizung ist somit beim FET unmöglich, die thermische Stabilität ist von Haus aus gesichert.

Bei der Wahl des AP ist natürlich darauf zu achten, daß die zulässige Verlustleistung nicht überschritten wird. Im U_{DS}, I_D-Kennlinienfeld beschreibt die maximal zulässige Verlustleistung eine Hyperbel, ähnlich wie beim bipolaren Transistor in Bild 3.15. Der Arbeitspunkt AP wird für normale Verstärkeranwendungen in denjenigen Teil des U_{DS}, I_D-Kennlinienfeldes gelegt, der durch Gl. (3.41a) beschrieben wird, wo also die ($U_{GS} = $ const)-Kurven horizontal verlaufen. Die Drain-Source-Spannung U_{DS} ist beim n-Kanal-FET positiv, beim p-Kanal-FET negativ zu wählen. Die Wahl der Gate-Source-Spannung U_{GS} ist abhängig vom Typ und ist dem U_{DS}, I_D-Kenn-

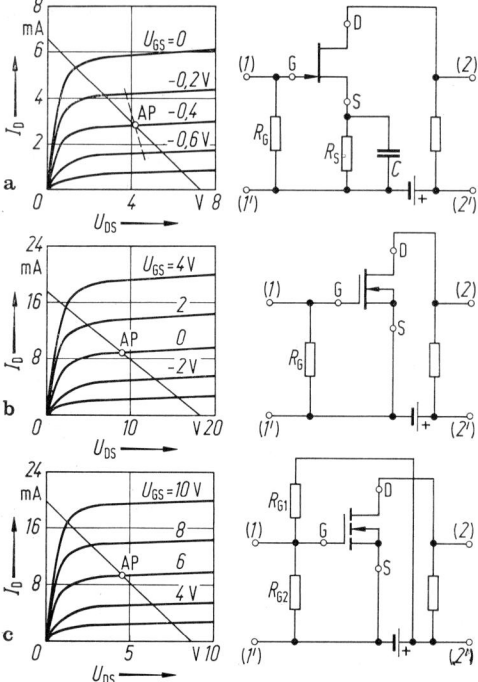

Bild 3.57. Möglichkeiten der AP-Einstellung bei n-Kanal-FETs (die Gleichspannungsquelle ist umzupolen, wenn entsprechende p-Kanal-FETs verwendet werden); (a) Sperrschicht-FET, (b) selbstleitender Isolierschicht-FET (Verarmungstyp), (c) selbstsperrender Isolierschicht-FET (Anreicherungstyp)

linienfeld zu entnehmen, sowie man dort den AP festgelegt hat.

In Bild 3.57 sind grundsätzliche Möglichkeiten der AP-Einstellung für die verschiedenen n-Kanal-FET-Arten am Beispiel der Sourceschaltung angegeben, und zwar unter Verwendung von nur einer Gleichspannungsquelle. Das für die einzelne FET-Art typische Kennlinienfeld ist jeweils neben die betreffende Schaltung gezeichnet.

Beim Sperrschicht-FET in Bild 3.57a wird die negative Vorspannung des Gate durch den Gleichspannungsabfall am Widerstand R_S erzeugt. Da über das Gate praktisch kein Gleichstrom fließt, kann über R_G auch kein Gleichspannungsabfall entstehen. Damit bleibt das Gate auf Nullpotential, während die Source auf positiverem Potential liegt. Um für Wechselsignale eine Rückkopplung durch R_S zu ver-

meiden (R_S entspricht dem Widerstand R_z in Bild 3.44), ist R_S durch eine entsprechend große Kapazität C zu überbrücken. Dadurch ändert sich natürlich auch die Steilheit der für Wechselstrom gültigen Lastgerade im AP, vgl. auch Bild 3.43b.

Beim selbstleitenden Isolierschicht-FET kann der AP auf die Kurve für $U_{GS} = 0V$ gelegt werden. In Bild 3.57b ist daher kein Widerstand in der Sourceleitung erforderlich. Gate und Source liegen hier beide auf Nullpotential. Beim selbstsperrenden Isolierschicht-FET in Bild 3.57c ist eine positive Gate-Source-Spannung nötig. Diese wird in der gezeigten Schaltung mit dem Spannungsteiler $R_{G1}-R_{G2}$ erzeugt.

Bei Verwendung von p-Kanal-FETs sind in Bild 3.57 die Gleichspannungsquellen umzupolen.

3.3.2 Verstärkung und Frequenzgang von Verstärkerstufen

Die Betriebsgrößen Leerlaufverstärkung $\underline{v}_u$, Eingangsimpedanz $\underline{Z}_e$ und ausgangsseitige Innenimpedanz $\underline{Z}_a$ einer Verstärkerstufe sind frequenzabhängig. Ursachen dieser Frequenzabhängigkeit sind die Frequenzabhängigkeit des Verstärkerelements (Transistor, Röhre) und die Frequenzabhängigkeit der Signaleinkopplung und Signalauskopplung.

Die Frequenzabhängigkeit wird nun am Beispiel der Verstärkung einer Transistorverstärkerstufe näher diskutiert.

Bild 3.58a zeigt eine vollständige Transistorstufe, die derjenigen von Bild 3.56a entspricht. Sie wird eingangsseitig von einer Quelle $\underline{U}_0$ mit dem endlichen Innenwiderstand R_0 gespeist. Bei nicht zu niedrigen, d. h. bei mittleren Frequenzen können die Kapazitäten C_1 und C_2 durch Kurzschlüsse ersetzt werden. Verwendet man für den Transistor das Ersatzbild von Bild 3.40a, dann erhält man die für mittlere Frequenzen gültige Ersatzschaltung von Bild 3.58b. Dabei ist der Eingangswiderstand (‖ bedeutet Parallelschaltung)

$$R_E = R_2 \| R_3 \| r_B . \tag{3.165}$$

Da Bild 3.40a keine speichernden Elemente enthält, können in ihm Momentanwerte durch komplexe Amplituden ersetzt werden und umgekehrt. Die Spannungsverstärkung errechnet sich aus Bild 3.58 b zu

$$v_{\mathrm{u}} = \frac{\underline{U}_2}{\underline{U}_0} = -\frac{g_{\mathrm{m}}\underline{U}_{\mathrm{BE}}R_{\mathrm{L}}}{\underline{U}_0} = -g_{\mathrm{m}}R_{\mathrm{L}}\frac{R_{\mathrm{E}}}{R_{\mathrm{E}} + R_0}. \tag{3.166}$$

Will man die Größe $\underline{U}_2/\underline{I}_1$ berechnen, dann muß man zunächst den Anteil von $\underline{I}_1$ bestimmen, der durch r_{B} fließt. Anschließend bestimmt man daraus mittels $\beta_{\mathrm{N}}I_{\mathrm{B}} = g_{\mathrm{m}}\underline{U}_{\mathrm{BE}}$ die Ausgangsspannung $\underline{U}_2$. Eine ausgangsseitig angeschaltete Zusatzlast wirkt sich als Parallelschaltung zu R_{L} verkleinernd auf die Verstärkung aus.

Ein genaueres Ergebnis als das von Gl. (3.166) hätte man erhalten, wenn man statt des Ersatzbildes von Bild 3.40a das von Bild 3.38a in die Schaltung von Bild 3.58a eingesetzt hätte.

Bild 3.58b gilt nicht für hohe Frequenzen. Bei hohen Frequenzen kann man zwar weiter-

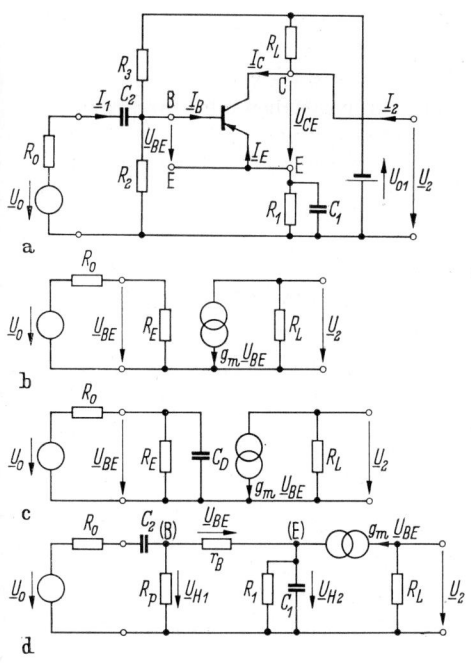

Bild 3.58. Berechnung einer Transistorverstärkerstufe, (a) Vollständiges Schaltbild, (b) Ersatzbild für mittlere Frequenzen, (c) Ersatzbild für hohe Frequenzen ($R_0 \neq 0$), (d) Ersatzbild für niedrige Frequenzen

hin die Kapazitäten C_1 und C_2 durch Kurzschlüsse ersetzen, man muß aber jetzt ein für hohe Frequenzen gültiges Transistorersatzbild verwenden. Benutzt man das relativ einfache Ersatzbild von Bild 3.41a, welches nur den Einfluß der Diffusionskapazität berücksichtigt, dann erhält man das Ersatzbild von Bild 3.58c für hohe Frequenzen. Darin berechnet sich R_{E} wieder gemäß Gl. (3.165). Die Verstärkung bestimmt sich nun am einfachsten in der Weise, daß man in Gl. (3.166) den Widerstand R_{E} durch die Parallelschaltung $R_{\mathrm{E}} \parallel 1/\mathrm{j}\omega C_{\mathrm{D}}$ ersetzt. Das ergibt

$$v_{\mathrm{u}} = \frac{\underline{U}_2}{\underline{U}_0} = \frac{-g_{\mathrm{m}}R_{\mathrm{L}}}{1 + R_0(1/R_{\mathrm{E}} + \mathrm{j}\omega C_{\mathrm{D}})}. \tag{3.167}$$

Aus Gl. (3.167) ist zu erkennen, daß bei höheren Frequenzen der Betrag der Verstärkung abnimmt.

Ein genaueres Ergebnis als das von Gl. (3.167) hätte man erhalten, wenn man statt des Ersatzbildes von Bild 3.41a das von Bild 3.41b verwendet hätte.

Bei sehr niedrigen Frequenzen hingegen kann man wieder das Ersatzbild von Bild 3.40a in Bild 3.58a einsetzen, man kann aber nicht mehr die Kapazitäten C_1 und C_2 durch Kurzschlüsse ersetzen. Auf diese Weise gelangt man zu dem Ersatzbild von Bild 3.58d, worin der Widerstand R_{p} durch die Parallelschaltung von R_2 und R_3 gebildet wird

$$R_{\mathrm{p}} = R_2 \parallel R_3. \tag{3.168}$$

Die Berechnung der Verstärkung, die man zweckmäßigerweise mit Hilfe der Knotenanalyse durchführt, ergibt einen recht komplizierten Ausdruck, auf dessen Wiedergabe hier verzichtet wird. Wichtig an diesem Ausdruck ist die Tatsache, daß der Betrag der Verstärkung bei sehr niedrigen Frequenzen ebenfalls abnimmt. Dies ist aber auch schon am Ersatzbild von Bild 3.58c abzulesen: Die mit geringer werdender Frequenz ansteigende Impedanz der Kapazität C_2 läßt den Betrag der Amplitude $\underline{U}_{\mathrm{H1}}$ absinken. Mit ansteigender Impedanz der Kapazität C_1 wird außerdem der Betrag der Amplitude $\underline{U}_{\mathrm{H2}}$ größer, was den Amplitudenbetrag $|\underline{U}_{\mathrm{BE}}|$ der steuernden Basis-Emitterspannung zusätzlich verkleinert. Aus Gl. (3.167) ergibt sich der Betrag der Verstärkung zu

$$|\underline{v}_u| = \left|\frac{\underline{U}_2}{\underline{U}_0}\right| = \frac{g_m R_L R_E}{\sqrt{(R_E + R_0)^2 + \omega^2 C_D^2 R_0^2 R_E^2}}.$$
$$(3.169)$$

Sein Maximalwert ergibt sich formal bei der Frequenz $\omega = 0$ und ist der gleiche wie in Gl. (3.166). Die Frequenz $\omega = \omega_0$, bei welcher der Betrag der Verstärkung auf das $1/\sqrt{2}$-fache des Maximalwerts abgesunken ist, berechnet sich aus

$$(R_E + R_0)^2 + \omega_0^2 C_D^2 R_0^2 R_E^2 = 2(R_E + R_0)^2$$

zu

$$\omega_0 = \frac{R_E + R_0}{R_0 R_E C_D} = \frac{1}{C_D R_0 \| R_E} = 2\pi B. \quad (3.170)$$

Im Normalfall sind C_1 und C_2 sehr groß gegen C_D. Das hat zur Folge, daß die obere Grenzfrequenz ω_0 sehr groß ist gegen die untere Grenzfrequenz ω_u, bei welcher der Betrag der Verstärkung auf Grund des Einflusses von C_2 und C_1 auf das $1/\sqrt{2}$-fache des Maximalwerts abgesunken ist. Aus diesem Grund kann ω_0 mit der Bandbreite B des Verstärkers identifiziert werden, siehe Gl. (3.170). Die Bandbreite ist um so größer, je kleiner die Diffusionskapazität C_D ist und je kleiner der Innenwiderstand R_0 der Signalquelle ist. Gl. (3.170) gilt nicht für $R_0 = 0$, weil in diesem Fall auch das Transistorersatzbild ungenau ist, vgl. Abschnitt 3.2.1.

Die Maximalverstärkung $|\underline{v}_u|$ ist gemäß Gl. (3.166) um so größer je größer g_m bzw. wegen $g_m r_B = \beta_N$, siehe Gl. (3.90), die Stromverstärkung β_N ist.

Eine besonders hohe Verstärkung erhält man dann, wenn der Transistor durch zwei Transistoren in Darlington-Schaltung ersetzt wird. Diese ist in Bild 3.59a dargestellt. Unter Verwendung des Transistorersatzbildes von Bild 3.40c bzw. 3.41c ergibt sich die Ersatzschaltung in Bild 3.59b.

Aus der Ersatzschaltung in Bild 3.59b liest man ab

$$i_{Cr} = \beta_1 i_{B1} + \beta_2 i_{B2} = \beta_1 i_{B1} + \beta_2(\beta_1 + 1)\, i_{B1} =$$
$$= [\beta_1 + \beta_2(\beta_1 + 1)]\, i_{B1} \approx$$
$$\approx \beta_1 \beta_2 i_{Br} = \beta_r i_{Br}. \quad (3.171)$$

Die Stromverstärkung der Darlington-Schaltung β_r ist also ungefähr gleich dem Produkt

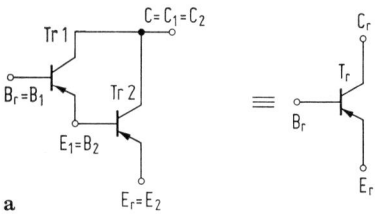

a

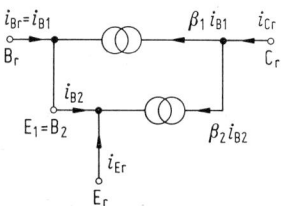

b

Bild 3.59. Darlington-Schaltung, (a) Zusammenschaltung zweier Transistoren Tr 1 und Tr 2 zu einem resultierenden Transistor Tr, (b) Kleinsignalersatzbild des resultierenden Transistors

der Stromverstärkungen der Einzeltransistoren β_1 und β_2. Die erhöhte Stromverstärkung muß aber mit einer verringerten Bandbreite erkauft werden. Haben die Einzeltransistoren die β-Grenzfrequenz $\omega_{\beta N}$, dann hat die Darlington-Schaltung etwa die Grenzfrequenz $\omega_{\beta N} \cdot$ $\cdot (\sqrt{2} - 1)$.

3.3.3 Obere Aussteuerungsgrenze, nichtlineare Verzerrungen

Besonders bei mehrstufigen Verstärkern ist häufig in den letzten Stufen und in der Ausgangsstufe die Verstärkung nicht mehr linear, d. h. nicht mehr amplitudenunabhängig. Das Ausgangssignal weist dann nichtlineare Verzerrungen auf, weil die Signalamplitude in den letzten Stufen so groß geworden ist, daß die Kennlinien bis in ihre nichtlinearen Bereiche ausgesteuert werden. In den ersten Stufen bzw. in der Eingangsstufe ist die Gefahr der nichtlinearen Verzerrung kaum gegeben, da hier das zu verstärkende Signal in der Regel noch einen sehr geringen Pegel hat. Neben dem Kennlinienklirren der Röhren und Transistoren können nichtlineare Verzerrungen auch noch durch andere Elemente der Verstärkerschaltung entstehen. Hierzu gehören vornehmlich Übertrager mit Eisenkern, die bei hoher Aussteuerung das *Eisenklirren* erzeugen. Gewisse nichtlineare Verzerrungen sind unvermeidbar. In vielen Fällen z. B. bei Sprach- oder Musikverstärkung, sind Klirrfaktoren bis in die Größenordnung 1% zulässig. Wesentlich höhere Forderungen sind jedoch an die Zwischenverstärker bei Kabelweitverkehrssystemen zu stellen: Einerseits ist das Frequenzvielfach der Trägerfrequenzsysteme (TF-Systeme), deren Funktion und Arbeitsweise in Teil II, Band 2, Bild 7.2, kurz beschrieben werden, wesentlich empfindlicher, andererseits liegen dort viele (manchmal mehrere hundert) Zwischenverstärker hintereinander (siehe Bild 5.19) und addieren ihre Klirrprodukte. Bei TF-Zwischenverstärkern sind deshalb Klirrfaktoren von 10^{-4} bis 10^{-5} und darunter erforderlich.

Die Größe der Klirrfaktoren, die durch gekrümmte Kennlinien entstehen, berechnet sich wie folgt: Der Zusammenhang zwischen den Momentanwerten der Ausgangsspannung u_2 und der Eingangsspannung u_1 eines Verstärkers (oder einer Verstärkerstufe) sei durch eine Potenzreihe gegeben.

$$u_2 = v(u_1 + c_2 u_1^2 + c_3 u_1^3 + \cdots), \qquad (3.172)$$

$v = |\underline{v}_u| =$ Betrag der Spannungsverstärkung. Mit $u_1 = \hat{U}_1 \sin \omega t$ wird

$$u_2 = v\{\hat{U}_1 \sin \omega t + c_2 \hat{U}_1^2 \sin^2 \omega t +$$
$$+ c_3 \hat{U}_1^3 \sin^3 \omega t + \cdots\}. \qquad (3.173)$$

Mit den trigonometrischen Umformungen

$$\sin^2 \omega t = \frac{1}{2} (1 - \cos 2\omega t),$$

$$\sin^3 \omega t = \frac{1}{4} (3 \sin \omega t - \sin 3\omega t)$$

ergibt sich

Die Klirrfaktoren sind (vgl. Abschnitt 0.1.3.1):

$$k_2' \approx \frac{\dfrac{1}{2} c_2 \hat{U}_1^2}{\hat{U}_1 + \dfrac{3}{4} c_3 \hat{U}_1^3} \approx \frac{1}{2} c_2 \hat{U}_1$$

proportional zur Aussteuerung, (3.175)

$$k_3' \approx \frac{\dfrac{1}{4} c_3 \hat{U}_1^3}{\hat{U}_1 + \dfrac{3}{4} c_3 \hat{U}_1^3} \approx \frac{1}{4} c_3 \hat{U}_1^2$$

proportional dem Quadrat der Aussteuerung. (3.176)

Klirrdämpfung ist das logarithmische Maß für den Klirrfaktor. Die Einheit ist Np oder dB.

$$a_{k_2'} = -20 \lg k_2' \text{ dB} = -\ln k_2' \text{ Np}, \qquad (3.177)$$

$$a_{k_3'} = -20 \lg k_3' \text{ dB} = -\ln k_3' \text{ Np}. \qquad (3.178)$$

3.3.4 Untere Aussteuerungsgrenze, Störeinflüsse

Wegen unvermeidlicher Störeinflüsse (Störspannungen, Störströme) darf der Pegel des Eingangssignals eines Verstärkers bzw. einer Verstärkerstufe nicht beliebig klein werden. Besonders bei der Eingangsstufe bzw. den ersten Stufen des Verstärkers muß den Störeinflüssen besondere Beachtung geschenkt werden, weil hier das zu verstärkende Signal noch sehr klein ist und die Störeinflüsse voll mitverstärkt werden. In den höheren Stufen bzw. der Endstufe sind Störeinflüsse in der Regel von geringerer Bedeutung, da das Signal hier bereits eine größere Amplitude hat. (Es ist hier natürlich nur von den Störeinflüssen die

$$u_2 = v\left\{\hat{U}_1 \sin \omega t + \frac{c_2}{2} \hat{U}_1^2(1 - \cos 2\omega t) + \frac{c_3}{4} \hat{U}_1^3(3 \sin \omega t - \sin 3\omega t) + \cdots\right\} =$$

$$= v\left\{\frac{1}{2} c_2 \hat{U}_1^2 + \left(\hat{U}_1 + \frac{3}{4} c_3 \hat{U}_1^3 + \cdots\right) \sin \omega t - \right.$$

$$- \left(\frac{1}{2} c_2 \hat{U}_1^2 + \cdots\right) \cos 2\omega t - \left(\frac{1}{4} c_3 \hat{U}_1^3 + \cdots\right) \sin 3\omega t$$

$$+ - \cdots . \qquad\qquad\qquad (3.174)$$

Rede, die im Verstärker selbst entstehen und nicht von denen, die von der Signalquelle bereits mitgeliefert werden. Die Signalquelle soll im folgenden zunächst als störungsfrei angesehen werden.) Kennzeichnend für die Größe der Störeinflüsse ist der *Störabstand*. Der Störabstand ist in diesem Fall das Verhältnis des Effektivwerts der Nutzspannung zum Effektivwert der Störspannung am Verstärkerausgang bei einer bestimmten Signalspannung am Verstärkereingang. Häufig bezieht man sich auch auf das Verhältnis von Leistungen.

Eine wichtige Störquelle liegt im *Widerstandsrauschen*, das von den unbestimmten thermischen Bewegungen herrührt, welche die freibeweglichen Elektronen im Widerstandsmaterial ausführen. Diese Bewegungen wirken sich als zeitlich unregelmäßige Störspannung (Rauschen) an den Klemmen des Widerstandes R aus. Die Messung zeigt, daß die Leistung dieser Rauschspannung in gleichen Frequenzintervallen Δf bis zu sehr hohen Frequenzen hinauf stets gleich groß ist, unabhängig davon, wo das Frequenzintervall Δf liegt (weißes Rauschen). Ihre Höhe ist proportional zur absoluten Temperatur T. Wenn auch der Zeitverlauf der Rauschspannung selbst unbestimmt ist, so ergibt sich wegen der konstanten Leistung doch ein fester Wert für den zeitlichen Mittelwert des Rauschspannungsquadrates $\overline{u_R^2}$. Das einseitige Leistungsdichtespektrum $\Phi^{(1)}(f)$ der von einem rauschenden Widerstand maximal abgebbaren Rauschleistung ergibt sich aus der Quantenphysik zu

$$\Phi^{(1)}(f) = \frac{hf}{e^{hf/kT} - 1} \approx kT \quad \text{für} \quad kT \gg hf.$$

$$(3.179)$$

In dieser Beziehung bedeuten

$h = 6{,}626 \cdot 10^{-34}$ Ws/Hz
  Plancksches Wirkungsquantum,
$k = 1{,}3807 \cdot 10^{-23}$ Ws/K
  Boltzmann-Konstante,
T thermodynamische Temperatur
  (in Kelvin).

Die Vereinfachung auf der rechten Seite von Gl. (3.179) gilt für übliche Umgebungstemperaturen (etwa 300 K) bis etwa 1 000 GHz. Die Vereinfachung gilt nicht für sehr niedrige Temperaturen und hohe Frequenzen.

Im Frequenzband der Bandbreite B, das sich von der unteren Grenzfrequenz f_u bis zur oberen Grenzfrequenz f_o erstreckt, ist die maximal abgebbare Rauschleistung gleich

$$P_R = (f_o - f_u)\,\Phi^{(1)}(f) = kTB.$$

$$(3.180)$$

Oft wird das Rauschen eines Verstärkerausgangs oder einer sonstigen Quelle durch die *äquivalente Rauschtemperatur* ausgedrückt, die sich aus Gl. (3.180) zu

$$T_{\ddot{a}} = \frac{P_R}{kB}$$

$$(3.181)$$

ergibt, wenn maximal abgebbare Rauschleistung und Bandbreite bekannt sind. In der Regel ist die äquivalente Rauschtemperatur höher als die wirkliche Temperatur der Quelle.

Die maximal abgebbare Rauschleistung P_R wird von einem als Quelle wirkenden Widerstand dann abgegeben, wenn dieser Widerstand angepaßt ist, d. h. wenn er mit einem rauschfrei gedachten Widerstand gleicher Größe belastet wird. Dann tritt über den Klemmen die halbe Leerlaufspannung, nämlich $u_R/2$, auf. Diese setzt im rauschfreien Widerstand im zeitlichen Mittel die mit Gl. (3.180) gegebene maximale Rauschleistung um. Somit resultiert der Zusammenhang:

$$\lim_{T \to \infty} \frac{1}{T} \int_{-T/2}^{T/2} u_R^2(t)\,\mathrm{d}t = \overline{u_R^2} = 4RkTB.$$

$$(3.182)$$

$\overline{u_R^2}$ ist also das mittlere Spannungsquadrat der Leerlaufrauschspannung eines rauschenden Widerstands der Größe R.

Für $T = 292$ K ist $kT \approx 4 \cdot 10^{-21}$ Ws, und es ergibt sich gemäß Gl. (0.16) als Effektivwert der Rauschspannung näherungsweise

$$\frac{\sqrt{\overline{u_R^2}}}{\mu V} \approx 0{,}13 \sqrt{\frac{R}{k\Omega}\,\frac{B}{kHz}}.$$

$$(3.183)$$

Für den Mittelwert der Rauschspannung gilt $\overline{u_R} = 0$, d. h. die Rauschspannung hat keine Gleichkomponente.

Wird der rauschende Widerstand kurzgeschlossen, dann fließt ein Kurzschlußrauschstrom. Das mittlere Stromquadrat des Rauschstroms ergibt sich aus Gl. (3.182) zu

$$\overline{i_{\mathrm{R}}^2} = \frac{4kTB}{R}, \qquad (3.184)$$

da Rauschspannung und Rauschstrom über R, ihre Quadrate folglich über R^2 miteinander verknüpft sind.

Gleichung (3.182) gibt das mittlere Rauschspannungsquadrat im gesamten Frequenzband der Bandbreite B an. Das mittlere Rauschspannungsquadrat pro Bandbreite ist

$$\Phi_{\mathrm{R}}(f) = \frac{\overline{u_{\mathrm{R}}^2}}{B} = 4kTR. \qquad (3.185)$$

Diese Spannungsquadratdichte der Rauschspannung wird oft auch nicht exakterweise als Rauschleistungsdichte bezeichnet. Diese Rauschleistungsdichte ist nicht die Leistungsdichte der maximal abgebbaren Rauschleistung und hat auch nicht die Dimension einer Leistungsdichte, sondern eines Spannungsquadrats pro Frequenz. Ihr Zahlenwert entspricht aber dem Zahlenwert einer Rauschleistungdichte, wenn man das Spannungsquadrat auf den Bezugswiderstand $R = 1$ Ohm bezieht.

Zur Charakterisierung des Störeinflusses einer Rauschspannung $u_{\mathrm{R}}(t)$ auf eine Signalspannung $u_{\mathrm{S}}(t)$ dient das als *Signalstörabstand* bezeichnete Verhältnis

$$\frac{\overline{u_{\mathrm{S}}^2}}{\overline{u_{\mathrm{R}}^2}} = \frac{P_{\mathrm{S}}}{P_{\mathrm{R}}} = \frac{P_{\mathrm{S}}}{\Phi_{\mathrm{R}}(f)\,B}. \qquad (3.186)$$

Da u_{S} und u_{R} am gleichen Klemmenpaar und damit am gleichen Widerstand auftreten, ist das Verhältnis der Spannungsquadrate gleich dem Verhältnis der entsprechenden Leistungen, der mittleren Signalleistung P_{S} und der mittleren Störleistung P_{N}, da sich der Bezugswiderstand, der nun beliebig sein darf, herauskürzt.

Blindwiderstände rauschen nicht. Schaltet man z. B. einen rauschenden ohmschen Widerstand R und eine Kapazität parallel, so rauscht diese Kombination entsprechend dem Realteil der Parallelschaltung

$$R \left\| \frac{1}{\mathrm{j}\omega C} = \frac{R}{1 + \mathrm{j}\omega RC} = \frac{R}{1 + \omega^2 R^2 C^2} -$$

$$\qquad - \mathrm{j}\,\frac{\omega R^2 C}{1 + \omega^2 R^2 C^2}. \qquad (3.187)$$

Nach höheren Frequenzen nimmt also im Fall der Parallelschaltung von Widerstand und Kapazität das Rauschen ab.

Die Rauschspannungsquadratdichte der Parallelschaltung erhält man durch Multiplikation des Realteils von Gl. (3.187) mit $4kT$:

$$\Phi_{\mathrm{R}}(f) = \frac{4kTR}{1 + (2\pi f RC)^2}. \qquad (3.188)$$

Bei bipolaren Transistoren liegen die Ursachen des Rauschens nicht nur im Widerstandsrauschen der Bahngebiete der n- und p-Zonen. Es kommen noch zusätzliche Effekte hinzu, die vom unregelmäßigen Durchtritt der Ladungsträger durch die Sperrschicht und vom zeitlichen Schwanken der Rekombination und Paarbildung herrühren. Diese Einflüsse sind im allgemeinen frequenzabhängig. Aber auch in anderen Verstärkerelementen, z. B. in der Röhre, gibt es frequenzabhängige Rauschquellen.

Der Einfluß all der verschiedenen Rauschquellen in einem Verstärker kann pauschal durch die sogenannte *Rauschzahl F* erfaßt werden. Sie ist definiert als Quotient aus dem Verhältnis von Signalleistung P_{S1} zu Rauschleistung P_{N1} am Verstärkereingang und dem entsprechenden Verhältnis $P_{\mathrm{S2}}/P_{\mathrm{N2}}$ am Verstärkerausgang (Bild 3.60)

$$F = \frac{\dfrac{P_{\mathrm{S1}}}{P_{\mathrm{N1}}}}{\dfrac{P_{\mathrm{S2}}}{P_{\mathrm{N2}}}} = \frac{P_{\mathrm{S1}} P_{\mathrm{N2}}}{P_{\mathrm{S2}} P_{\mathrm{N1}}}. \qquad (3.189)$$

Ein selbst nicht rauschender Verstärker hat die Rauschzahl $F = 1$. Sind im Verstärker Rauschquellen vorhanden, so ist $F > 1$. Alle im Verstärker enthaltenen Rauschquellen kann man sich in einem einzigen Widerstand R konzentriert denken. Bei Verstärkerelementen mit unendlichem Eingangswiderstand wie beim FET und bei der Röhre führt das auf einen *äquivalenten Rauschwiderstand* $R_{\ddot{\mathrm{a}}}$ in Serie zum Gate- bzw. Gitteranschluß.

Bild 3.60. Zur Definition der Rauschzahl eines Verstärkers

Beim bipolaren Transistor, der zwischen Basis und Emitter einen endlichen Eingangswiderstand hat, ist die Sache etwas anders. Hier kann man sich das Transistorrauschen im Innenwiderstand der treibenden Signalquelle mitentstanden denken. Dieser Innenwiderstand der Signalquelle rauscht dann stärker als es dem reinen Widerstandsrauschen gemäß Gl. (3.182) entspricht, während der Transistor selbst als rauschfrei angesehen wird. Unter der Annahme, daß der Transistor das Eingangssignal und das Eingangsrauschen mit der gleichen Leistungsverstärkung v_P verstärkt, aber das Ausgangsrauschen neben dem verstärkten Eingangsrauschen $v_P P_N$ noch einen zusätzlichen im Transistor produzierten Anteil P_{zus} enthält, läßt sich schreiben

$$P_{S2} = v_P P_{S1}; \quad P_{N2} = v_P P_{N1} + P_{zus}. \quad (3.190)$$

In Gl. (3.189) eingesetzt liefert das

$$F = \frac{1}{v_P} \frac{v_P P_{N1} + P_{zus}}{P_{N1}} \quad (3.191)$$

oder

$$\frac{P_{N2}}{v_P} = \frac{v_P P_{N1} + P_{zus}}{v_P} = F P_{N1}. \quad (3.192)$$

Der Generatorinnenwiderstand, der eigentlich nur das Widerstandsrauschen der Leistung P_{N1} liefert, hat rechnerisch die Leistung $F P_{N1}$ zu liefern, wenn der Transistorverstärker als rauschfrei angesehen wird, also die Ausgangsrauschleistung P_{N2} sich durch Multiplikation mit v_P aus der rechnerischen Eingangsrauschleistung ergeben soll. Statt mit Gl. (3.182) ergibt sich nun das mittlere Spannungsquadrat am Innenwiderstand R_0 zu $4R_0 kTBF$. Bei den Leistungen in Gl. (3.189) und in Gl. (3.186) handelt es sich jeweils um die Gesamtleistungen im gesamten betrachteten Frequenzbereich. Da die Rauschquellen aber oft frequenzabhängig sind, also in den verschiedenen Frequenzbereichen Rauschanteile mit unterschiedlichen Teilleistungen liefern, ist es oft zweckmäßig, nicht mit den Gesamtleistungen, sondern mit den Leistungsdichten zu rechnen. Das gibt dann frequenzabhängige Signalstörabstände und eine frequenzabhängige Rauschzahl.

In der Fernsprechtechnik verwendet man außer den Begriffen der Rauschspannung und Störspannung, die beide dasselbe bedeuten, noch den etwas Anderes kennzeichnenden Begriff der *Geräuschspannung*. Auf ein Telefon gelangende Störspannungen sind ja subjektiv nicht störend, wenn ihr Frequenzbereich außerhalb des Hörbereiches liegt. Die Bestimmung der Geräuschspannung geht also von der Frequenzabhängigkeit der Empfindlichkeit des menschlichen Ohres aus, welches bei Frequenzen um 800 Hz wesentlich empfindlicher ist als bei Frequenzen, die wesentlich darunter oder darüber liegen, und darum auf Störspannungen bei 800 Hz empfindlicher reagiert als auf solche bei z. B. 100 Hz und gleicher Amplitude, vgl. Abschnitt 4.3.4.

3.3.5 Gegenkopplung

Betrachtet wird eine einfache Verstärkerschaltung, z. B. die des einstufigen Verstärkers nach Bild 3.58a. Sind darin R_0 und der Arbeitspunkt (Arbeitspunktstabilisierung) fest vorgegeben (was meist der Fall ist), dann liegen damit sämtliche äußeren Verstärkereigenschaften wie $\underline{v}_u$ usw. fest. Man kann keinen ohmschen Widerstand ändern, ohne zugleich den Arbeitspunkt zu ändern. (Eine Änderung oder Entfernung des Wechselstromkurzschlusses C_1 stellt bereits eine Gegenkopplung dar.) Erst durch Verwendung von Gegenkopplungen ist es möglich, die Verstärkereigenschaften in weiten Grenzen zu verändern, ohne daß dabei der Arbeitspunkt mit verändert wird. (Nur in seltenen Fällen ist eine gleichzeitige Änderung des Arbeitspunktes erforderlich.) Es wird sich später zeigen, daß darüber hinaus die Gegenkopplung u. a. Verstärkungsschwankungen reduziert.

3.3.5.1 Allgemeine Beschreibung gegengekoppelter Schaltungen

Die Gegenkopplung (GK) ist ein spezieller Fall der sogenannten *Rückkopplung* (RK). Mit Rückkopplung bezeichnet man ganz allgemein die Rückführung eines Signals vom Ausgang (z. B. des Verstärkers) über ein Netzwerk (im allgemeinen ein passiver Vierpol) auf den Eingang. Es sind vier einfache Rückkopplungsarten möglich, je nachdem ob Verstärkervierpol und RK-Vierpol am Eingang und Ausgang in Serie oder parallelgeschaltet

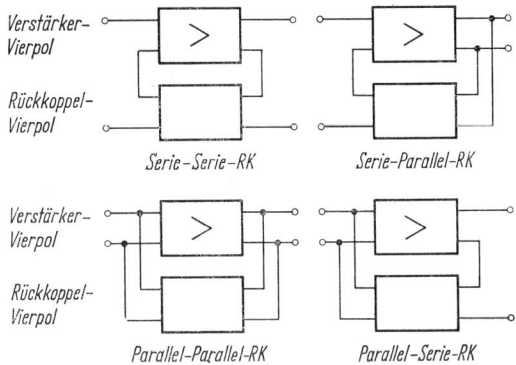

Verstärker-Vierpol

Rückkoppel-Vierpol

Serie-Serie-RK   Serie-Parallel-RK

Verstärker-Vierpol

Rückkoppel-Vierpol

Bild 3.61. Die vier möglichen Rückkopplungsarten

Parallel-Parallel-RK   Parallel-Serie-RK

sind (Bild 3.61). Wird durch Rückkopplung die Verstärkung der gesamten Anordnung vermindert, dann spricht man von *Gegenkopplung*. Wird durch Rückkopplung die Verstärkung der gesamten Anordnung vergrößert, dann spricht man von *Mitkopplung*.

Der Einfachheit halber soll für die folgende Beschreibung der wichtige Spezialfall sinusförmiger Signale vorausgesetzt werden. Bei Gegenkopplung muß die rückgeführte Spannung (bei Serienschaltung der Eingänge) bzw. der rückgeführte Strom (bei Parallelschaltung der Eingänge) gegenphasig zur Eingangsspannung bzw. zum Eingangsstrom sein. Der Idealfall einer Gegenkopplung liegt vor, wenn das rückgekoppelte Signal gegenüber dem Eingangssignal um 180° in der Phase gedreht ist. Bei Mitkopplung muß das rückgeführte Signal (Spannung oder Strom, je nachdem ob Serienoder Parallelschaltung am Eingang) mit dem Eingangssignal in Phase sein. Bei Mitkopplung muß das Eingangssignal durch das rückgeführte Signal vergrößert, bei Gegenkopplung verkleinert werden. Die Phasenlage des rückgeführten Signals ist im allgemeinen frequenzabhängig. Wenn man also für ein bestimmtes Nutzband eine Gegenkopplung eingeführt hat, so besteht die Gefahr, daß damit gleichzeitig eine Mitkopplung für irgendwelche Frequen-

zen außerhalb des Nutzbandes hervorgerufen wird, die unter Umständen zur Selbsterregung (wilden Schwingungen) führen kann.

In mehrstufigen Verstärkern sind kompliziertere Rückkopplungsarten möglich, weil hier nicht nur die einzelnen Stufen für sich rückgekoppelt werden können, sondern darüber hinaus noch zusätzliche Rückkopplungen über mehrere Stufen hinweg erfolgen können. Man spricht hier von mehrschleifigen Rückkopplungen im Gegensatz zur einschleifigen Rückkopplung in Bild 3.61. Hier soll nur die einschleifige Rückkopplung behandelt werden, weil damit bereits alles Grundsätzliche gesagt wird.

Berechnung der Verstärkung mit Rückkopplung. Für den Fall, daß am Verstärkereingang der Verstärker und das RK-Netzwerk in Serie geschaltet sind (Bild 3.62), subtrahieren sich bei GK am Eingang die Spannungen $\underline{U}_1$ und $\underline{U}_r$

$$\underline{U}_1' = \underline{U}_1 - \underline{U}_r. \tag{3.193}$$

Die Ausgangsspannung errechnet sich zu

$$\underline{U}_2 = (\underline{U}_1 - \underline{U}_r)\,\underline{v}_u; \tag{3.194}$$

$\underline{v}_u$ ist die Spannungsverstärkung ohne Rückkopplung. Sie wird bestimmt, indem man das RK-Netzwerk von der Eingangsseite abtrennt und mit einem Widerstand abschließt, der

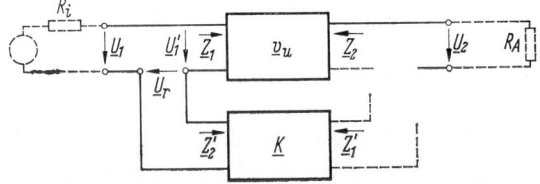

Bild 3.62. Zur Berechnung der Verstärkung bei Gegenkopplung (Die Art der Ankopplung des rückkoppelnden Vierpols am Verstärkerausgang ist offen gelassen)

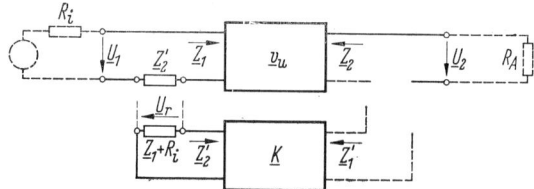

Bild 3.63. Schaltung zur Bestimmung von $\underline{K}\underline{v}_\mathrm{u}$

gleich der Summe von Verstärkereingangswiderstand und Generatorinnenwiderstand ist. Im Eingangskreis ist ein Widerstand einzufügen, der gleich dem ausgangsseitigen Innenwiderstand des RK-Netzwerkes ist, s. Bild 3.63. An der Verstärkerausgangsseite wird nichts geändert.

Die rückgeführte Spannung $\underline{U}_\mathrm{r}$ errechnet sich aus der Ausgangsspannung $\underline{U}_2$ und der Übertragungsfunktion $\underline{K}$ des RK-Vierpols zu

$$\underline{U}_\mathrm{r} = \underline{K}\underline{U}_2. \qquad (3.195)$$

Durch Einsetzen von $\underline{U}_\mathrm{r}$ in Gl. (3.194) folgt für die Verstärkung $\underline{v}_\mathrm{u}^*$ mit Rückkopplung

$$\underline{U}_2 = \underline{U}_1\underline{v}_\mathrm{u} - \underline{K}\underline{v}_\mathrm{u}\underline{U}_2, \qquad (3.196)$$

$$\underline{v}_\mathrm{u}^* = \frac{\underline{U}_2}{\underline{U}_1} = \frac{\underline{v}_\mathrm{u}}{1 + \underline{K}\underline{v}_\mathrm{u}}. \qquad (3.197)$$

Mitkopplung liegt vor, wenn $|\underline{v}_\mathrm{u}^*| > |\underline{v}_\mathrm{u}|$; Gegenkopplung liegt vor, wenn $|\underline{v}_\mathrm{u}^*| < |\underline{v}_\mathrm{u}|$. Das Produkt $\underline{K}\underline{v}_\mathrm{u}$ bezeichnet man als *Schleifenverstärkung* oder Umlaufverstärkung (bei Bode [12] feedback factor). Eine gewisse Schwierigkeit für die allgemeine Theorie bereitet die Größe von $\underline{U}_2$ bzw. von $\underline{v}_\mathrm{u}$ in Gl. (3.194) (vgl. [12], S. 45). Wie aus Bild 3.63 und Abschnitt 3.3.2 zu ersehen ist, hängt $\underline{v}_\mathrm{u}$ u. a. davon ab, wie das RK-Netzwerk am Verstärkerausgang angeschlossen ist, sowie von den Widerständen $\underline{Z}_1'$ und R_A. Diese Schwierigkeit ist aber nur durch das gewählte Schema bedingt, in dem man zwischen RK-Netzwerk und Verstärkerschaltung unterscheiden will. Bei praktischen Schaltungen ist es so, daß man gewisse Schaltelemente (Widerstände usw.) sowohl zum Verstärkervierpol gehörig als auch zum RK-Vierpol gehörig betrachten kann. Da bei praktischen Schaltungen aber letztlich nur die elektrischen Eigenschaften der Gesamtschaltung interessieren, nicht aber die Frage, ob irgendein Schaltele-

ment zum Verstärker oder zum RK-Vierpol gehört, entfällt die für die formale Theorie sich ergebende Schwierigkeit bei der praktischen Berechnung.

Für den Fall, daß am Verstärkereingang der Verstärker und das RK-Netzwerk parallelgeschaltet sind, muß man zunächst einmal den über das RK-Netzwerk zurückgeführten Strom mit dem Eingangsstrom addieren bzw. subtrahieren. Der Summenstrom ergibt über den Verstärkereingangswiderstand und den Generatorinnenwiderstand eine Summenspannung (bzw. Differenzspannung) am Verstärkereingang. Auf Grund dieser Überlegung errechnet sich wieder die gleiche Formel für $\underline{v}_\mathrm{u}^*$ wie bei Serienschaltung von Verstärkereingang und RK-Vierpolausgang. Auch die übrigen GK-Schaltungen von Bild 3.61 führen auf diese Formel. Gleichung (3.197) hat also eine universelle Bedeutung für alle GK-Arten. Sämtliche einschleifig gegengekoppelten Verstärker können somit durch das einfache Eindraht-Schema nach Bild 3.64 dargestellt werden. Der Nutzen der GK liegt einmal in der Möglichkeit, ein gewünschtes Verhalten der Eingangs- und Ausgangswiderstände und der Verstärkung einzustellen. Sie macht aber die Schaltung auch weitgehend unempfindlich gegen Stromversorgungsschwankungen, Exemplarstreuungen und Alterungserscheinungen der Verstärkerelemente, was man leicht erkennt, wenn man Gl. (3.197) nach $\underline{v}_\mathrm{u}$ differenziert (es wird nach $\underline{v}_\mathrm{u}$ differenziert, weil $\underline{v}_\mathrm{u}$ schwanken kann, $\underline{K}$ dagegen ist fest, da $\underline{K}$ in der Regel nur durch passive Elemente be-

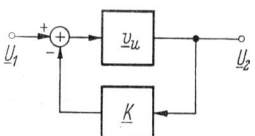

Bild 3.64. Verallgemeinerte Rückkopplungsdarstellung

stimmt wird).

$$\frac{\mathrm{d}\underline{U}_2}{\mathrm{d}\underline{v}_\mathrm{u}} = \frac{\mathrm{d}}{\mathrm{d}\underline{v}_\mathrm{u}}\, \underline{U}_1 \frac{\underline{v}_\mathrm{u}}{1 + \underline{K}\underline{v}_\mathrm{u}} =$$

$$= \underline{U}_1 \frac{1 + \underline{K}\underline{v}_\mathrm{u} - \underline{K}\underline{v}_\mathrm{u}}{(1 + \underline{K}\underline{v}_\mathrm{u})^2} = \frac{\underline{U}_1}{(1 + \underline{K}\underline{v}_\mathrm{u})^2}.$$

$$(3.198)$$

Für die relativen Schwankungen ergibt sich daraus

$$\frac{\mathrm{d}\underline{U}_2}{\underline{U}_2} = \frac{1}{1 + \underline{K}\underline{v}_\mathrm{u}}\frac{\mathrm{d}\underline{v}_\mathrm{u}}{\underline{v}_\mathrm{u}}. \qquad (3.199)$$

Die Schwankungen werden also um den Faktor $(1 + \underline{K}\underline{v}_\mathrm{u}) : 1$ verringert. Bei mehrstufigen Verstärkern kann die Gegenkopplung über den ganzen Verstärker hinweg erfolgen oder nur über einzelne Stufen. Für die Verstärkung ist es dabei gleichgültig, ob beispielsweise bei einem dreistufigen Verstärker über alle drei Stufen hinweg um 30 dB gegengekoppelt wird oder in jeder Stufe nur um 10 dB (Bild 3.65). Für den effektiven Nutzen der Gegenkopplung ist dies aber nicht gleichgültig. Die unerwünschten Schwankungen der Verstärkerelemente, der Versorgungsspannung usw. werden nämlich im ersten Fall um 30 dB verkleinert, im zweiten Fall aber nur um 10 dB. Die Gegenkopplung über den ganzen Verstärker ist also günstiger. Grenzen sind dadurch gesetzt, daß bei höherer Stufenzahl die Stabilitätsbedingungen schwieriger einzuhalten sind. Macht man $|\underline{K}\underline{v}_\mathrm{u}| \gg 1$, dann wird die Verstärkung mit GK

$$\underline{v}_\mathrm{u}^* \approx \frac{1}{\underline{K}}. \qquad (3.200)$$

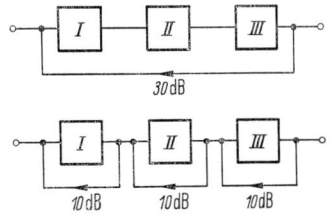

Bild 3.65. Gegenkopplungsmöglichkeiten bei mehrstufigen Verstärkern (Beispiel: insgesamt 30 dB)

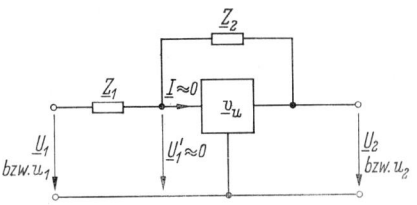

Bild 3.66. Baustein eines elektronischen Analogrechners

Die Verstärkung ist in diesem Fall unabhängig von $\underline{v}_\mathrm{u}$ und wird lediglich durch das RK-Netzwerk bestimmt. Hiervon wird bei Operationsverstärkeranwendungen Gebrauch gemacht. Wird in Bild 3.66 die Verstärkung $|\underline{v}_\mathrm{u}|$ sehr groß, dann wird bei endlicher Ausgangsspannung $\underline{U}_2$ die Spannung $|\underline{U}_1'|$ sehr klein, und es gilt bei sehr hohem Verstärkereingangswiderstand

$$\frac{\underline{U}_1}{\underline{U}_2} \approx -\frac{\underline{Z}_1}{\underline{Z}_2}. \qquad (3.201)$$

Ist $\underline{Z}_1$ ein ohmscher Widerstand R und $\underline{Z}_2$ eine Kapazität C, dann ergibt sich, wenn man die Momentanwerte u_1 und u_2 von Eingangs- und Ausgangsspannung betrachtet [vgl. Gl. (3.241) und Gl. (3.242)]

$$u_2 = -\frac{1}{RC}\int_0^t u_1\,\mathrm{d}t + u_2(0). \qquad (3.202)$$

Der gegengekoppelte Verstärker wirkt nach Gl. (3.202) nun als Integrator (Miller-Integrator, vgl. Bild 3.81.).

Ein weiterer Vorteil der Gegenkopplung liegt in ihrer linearisierenden Wirkung, das heißt in der *Verminderung nichtlinearer Verzerrungen* durch GK. Wie schon in Abschnitt 3.3.3 erwähnt wurde, entstehen nichtlineare Verzerrungen in mehrstufigen Verstärkern vorwiegend in den letzten Stufen bzw. in der Endstufe. Das Entstehen dieser Verzerrungen kann man schaltbildmäßig dadurch erfassen, daß man den Verstärker mit der Verstärkung $\underline{v}_\mathrm{u}$ als Kettenschaltung zweier Verstärker mit den Verstärkungen $\underline{v}_\mathrm{uI}$ und $\underline{v}_\mathrm{uII}$ auffaßt. Zwischen diesen beiden Verstärkern befindet sich ein Oberwellengenerator (Bild 3.67). Der Einfachheit halber soll nun nur der Einfluß einer

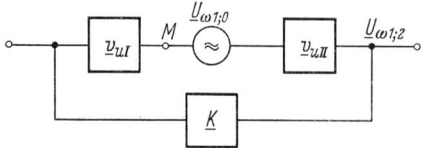

Bild 3.67. Zur Berechnung der Klirrfaktorverringerung durch GK

einzigen Oberwelle (bzw. einer einzigen Frequenz) berechnet werden. Es sei weiterhin angenommen, daß die Verzerrungen relativ klein seien, so daß die sekundären Oberwellen die die betrachtete Oberwelle ihrerseits wieder erzeugt, vernachlässigt werden können.

Am Verstärkerausgang möge die Oberwellenspannung $U_{\omega 1;2}$ vorhanden sein. Diese erzeugt am Punkt M von Bild 3.67 die Spannung $\underline{v}_{\mathrm{uI}}\underline{K}U_{\omega 1;2}$, welche sich dort der Spannung $U_{\omega 1;0}$ des Oberwellengenerators überlagert. Für den Fall, daß sich die Spannungen subtrahieren, wie das auch bei Gl. (3.193) angenommen wurde, ist

$$U_{\omega 1;2} = \underline{v}_{\mathrm{uII}}(U_{\omega 1;0} - \underline{v}_{\mathrm{uI}}\underline{K}U_{\omega 1;2}). \qquad (3.203)$$

Mit $\underline{v}_{\mathrm{u}} = \underline{v}_{\mathrm{uI}}\underline{v}_{\mathrm{uII}}$ ergibt sich daraus

$$U_{\omega 1;2} = \frac{\underline{v}_{\mathrm{uII}}U_{\omega 1;0}}{1 + \underline{K}\underline{v}_{\mathrm{u}}}. \qquad (3.204)$$

Während für den Fall, daß keine GK vorhanden ist, die Oberwellenspannung am Ausgang $\underline{v}_{\mathrm{uII}}U_{\omega 1;0}$ ist, reduziert sich bei GK diese Oberwellenspannung um den Faktor $1:(1 + \underline{K}\underline{v}_{\mathrm{u}})$ bei gleicher Steuerspannung am Punkt M.

3.3.5.2 Berechnung einfacher GK-Schaltungen

Die größte praktische Bedeutung haben die Serie-Serie-GK und die Parallel-Parallel-GK. Im folgenden sollen diese beiden Fälle näher betrachtet werden. Als Gegenkopplungsvierpol wird dabei ein einfacher ohmscher Widerstand R_{K} verwendet.

Berechnung einer Serie-Serie-GK

Ausgangspunkt sei die Transistorstufe von Bild 3.58a. Eine Serie-Serie-GK dieser Schaltung ist nun auf zwei Arten möglich. Bei der

ersten wird die gesamte Schaltung durch den Widerstand R_{K} gegengekoppelt. Das führt auf die Schaltung in Bild 3.68a, die ihrerseits direkt der betreffenden in Bild 3.61 entspricht. Die zweite Methode besteht darin, daß lediglich der Transistorvierpol durch R_{K} gegengekoppelt wird, während die übrige Schaltung unverändert bleibt. Das führt auf die prinzipielle Schaltung von Bild 3.68b. Damit der Arbeitspunkt des Transistors nicht durch R_{K} verändert wird, muß nun der Widerstand R_1 der ursprünglichen Schaltung von Bild 3.58a um den Wert von R_{K} verkleinert werden, s. Bild 3.68c.

In der Praxis wird bei Serie-Serie-GK ausschließlich die zweite Methode verwendet. Es werden nun hierfür die Leerlaufspannungsverstärkung $\underline{v}_{\mathrm{u}}^{*}$, der Eingangswiderstand $\underline{Z}_{\mathrm{e}}^{*}$ und der ausgangsseitige Innenwiderstand $\underline{Z}_{\mathrm{a}}^{*}$ berechnet. Der Stern * soll andeuten, daß es sich um Größen bei Vorhandensein von Gegenkopplung handelt. Die Schaltungsanalyse wird für mittlere Frequenzen durchgeführt. Dazu werden der Transistor durch sein Ersatzbild von Bild 3.40a und die Kapazität C_1 sowie die Batterie durch Kurzschlüsse ersetzt. Damit erhält man schließlich Bild 3.68d mit

$$R_{\mathrm{P}} = \frac{R_2 R_3}{R_2 + R_3}. \qquad (3.205)$$

Die Gegenkopplungsspannung U_{K} über R_{K} berechnet sich aus der Stromsumme am Knoten (E) zu

$$U_{\mathrm{K}} = U_{\mathrm{BE}}(g_{\mathrm{m}} + 1/r_{\mathrm{B}})\, R_{\mathrm{K}}. \qquad (3.206)$$

Damit ergibt sich die Eingangsspannung U_1^{*} zu

$$U_1^{*} = U_{\mathrm{BE}} + U_{\mathrm{K}} = U_{\mathrm{BE}}[1 + R_{\mathrm{K}}(g_{\mathrm{m}} + 1/r_{\mathrm{B}})]. \qquad (3.207)$$

Da die Ausgangsspannung

$$U_2^{*} = -g_{\mathrm{m}}U_{\mathrm{BE}}R_{\mathrm{L}} \qquad (3.208)$$

ist, folgt für die Spannungsverstärkung $\underline{v}_{\mathrm{u}}^{*}$ bei ausgangsseitigem Leerlauf

$$\underline{v}_{\mathrm{u}}^{*} = \frac{U_2^{*}}{U_1^{*}} = \frac{-g_{\mathrm{m}}R_{\mathrm{L}}}{1 + R_{\mathrm{K}}(g_{\mathrm{m}} + 1/r_{\mathrm{B}})} \approx -\frac{R_{\mathrm{L}}}{R_{\mathrm{K}}}$$

für $g_{\mathrm{m}} \gg 1/r_{\mathrm{B}}$ und $R_{\mathrm{K}}g_{\mathrm{m}} \gg 1$. $\qquad (3.209)$

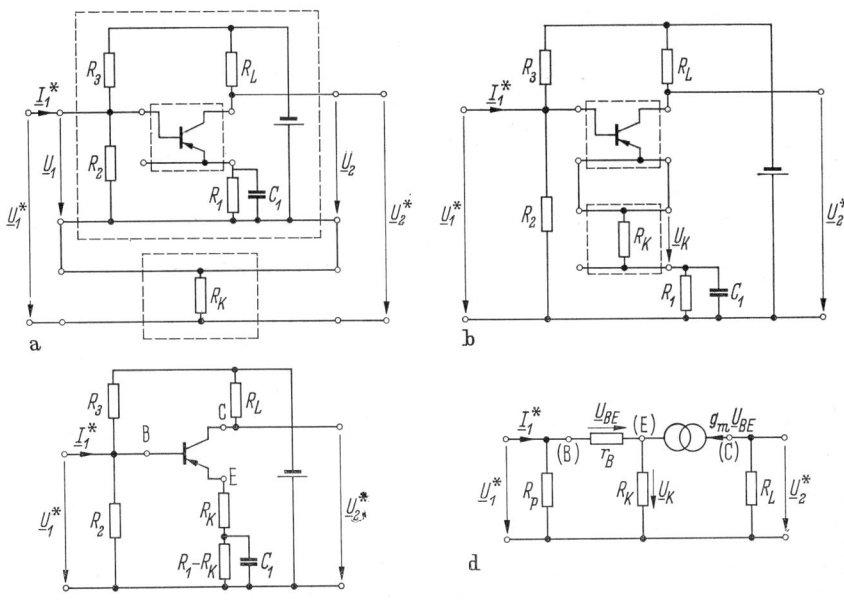

Bild 3.68. Berechnung einer Serie-Serie-GK. (a) Gegenkopplung einer Verstärkerstufe durch R_K, (b) Gegenkopplung des Transistorvierpols durch R_K, (c) Gegenkopplung des Transistorvierpols ohne Änderung des Transistorarbeitspunktes, (d) Wechselstromersatzbild für Bild c bei mittleren Frequenzen

Ohne GK, d. h. bei $R_K = 0$, ist die Verstärkung höher, nämlich

$$\underline{v}_u = \frac{U_2}{U_1} = -g_m R_L. \qquad (3.210)$$

Je größer der Gegenkopplungswiderstand R_K ist, desto geringer wird die Leerlaufspannungsverstärkung $\underline{v}_u^*$. Liegt die Arbeitsfrequenz so niedrig, daß die Kapazität C_1 keinen Kurzschluß mehr bildet, sondern einen Scheinwiderstand von vergleichbarem Betrag hat wie der Widerstand R_1, dann erhält man eine frequenzabhängige Gegenkopplung. Der Betrag der Verstärkung $|\underline{v}_u^*|$ steigt dann mit wachsender Frequenz asymptotisch gegen den Wert in Gl. (3.210).

Als nächstes wird der Eingangswiderstand $\underline{Z}_e^*$ berechnet. Dazu benötigt man den Eingangsstrom $\underline{I}_1^*$. Dieser bestimmt sich aus Bild 3.68 d und Gl. (3.207) zu

$$\underline{I}_1^* = \frac{U_1^*}{R_P} + \frac{U_{BE}}{r_B} =$$

$$= U_1^* \left(\frac{1}{R_P} + \frac{1}{r_B + R_K(g_m r_B + 1)} \right). \qquad (3.211)$$

Daraus folgt

$$\underline{Z}_e^* = \frac{U_1^*}{\underline{I}_1^*} = R_P \,\|\, [r_B + R_K(g_m r_B + 1)]$$

$$\approx R_P \,\|\, [R_K g_m r_B] = \beta_N R_K \,\|\, R_P. \qquad (3.212)$$

(Das Zeichen $\|$ bedeutet Parallelschaltung.)
Ohne GK, d. h. bei $R_K = 0$, ist der Eingangswiderstand

$$\underline{Z}_e = \frac{U_1}{I_1} = R_P \,\|\, r_B. \qquad (3.213)$$

Der Eingangswiderstand wird also durch die Serie-Serie-GK vergrößert.
Schließlich sei noch der ausgangsseitige Innenwiderstand $\underline{Z}_a^*$ bei konstanter Eingangsspan-

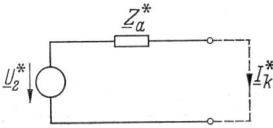

Bild 3.69. Zur Berechnung des ausgangsseitigen Innenwiderstandes $\underline{Z}_a^*$

nung $\underline{U}_1^*$ ermittelt. Dazu werden die Ausgangsklemmen als Pole einer Spannungsquelle mit dem Innenwiderstand $\underline{Z}_a^*$ aufgefaßt, s. Bild 3.69. Letzterer bestimmt sich dann aus dem Quotient von Leerlaufspannung $\underline{U}_2^*$ und Kurzschlußstrom $\underline{I}_k^*$. Die Leerlaufspannung ist bereits mit Gl. (3.208) bestimmt worden. Der Kurzschlußstrom ergibt sich aus Bild 3.68d zu

$$\underline{I}_k^* = -g_m \underline{U}_{BE}. \tag{3.214}$$

Folglich ist

$$\underline{Z}_a^* = \frac{\underline{U}_2^*}{\underline{I}_k^*} = R_L. \tag{3.215}$$

Bei dem gewählten Ersatzbild für den Transistor ergibt sich mit und ohne GK kein Unterschied beim ausgangsseitigen Innenwiderstand. Bei Wahl des genaueren Ersatzbildes von Bild 3.38a hätte sich mit GK eine Vergrößerung von $\underline{Z}_a^*$ ergeben.

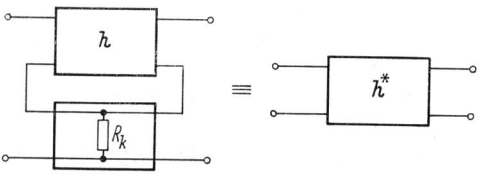

Bild 3.70. Serie-Serie-gegengekoppelter Transistorvierpol und Ersatzvierpol

Verwendet man das genauere Transistorersatzbild von Bild 3.38a, dann führt man die Berechnung gegengekoppelter Verstärkerstufen zweckmäßigerweise mit h-Matrizen durch. In Bild 3.70 stellt der linke obere Vierpol den Transistor, der linke untere den Gegenkopplungswiderstand R_K dar. Der rechts gezeichnete resultierende Vierpol soll der linken Serienschaltung äquivalent sein. Das Problem läuft darauf hinaus, die Ersatzmatrix h^* des gegengekoppelten Transistors aufzustellen. Hat man diese bestimmt, dann ergibt sich aus Bild 3.68b für mittlere Frequenzen das Wechselstromkleinsignalersatzbild von Bild 3.71. Die Leerlaufspannungsverstärkung $\underline{v}_u^*$, für die der Widerstand R_P keine Rolle spielt, ergibt sich nun mit Tabelle

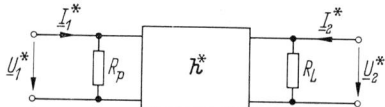

Bild 3.71. Zur Berechnung von $\underline{Z}_e$ und $\underline{Z}_a$

0.3 (Abschnitt 0.5.3) zu

$$\underline{v}_u^* = \frac{\underline{U}_2^*}{\underline{U}_1^*} = \frac{-h_{21}^* R_L}{h_{11}^* + \Delta h^* R_L}. \tag{3.216}$$

Der Eingangswiderstand $\underline{Z}_e$ berechnet sich nach Bild 3.71 aus der Parallelschaltung von R_P und der Vierpoleingangsimpedanz. Mit Tab. 0.3 erhält man

$$\underline{Z}_e^* = \frac{\underline{U}_1^*}{\underline{I}_1^*} = R_P \left\| \frac{h_{11}^* + \Delta h^* R_L}{1 + h_{22}^* R_L}. \tag{3.217}$$

Für den ausgangsseitigen Innenwiderstand ergibt sich entsprechend

$$\underline{Z}_a^* = R_L \left\| \frac{h_{11}^* + R_P}{\Delta h^* + h_{22}^* R_P}. \tag{3.218}$$

Nun sei noch die Berechnung der h^*-Parameter nachgeholt. In Bild 3.70 sind die Eingänge und die Ausgänge der beiden Vierpole in Serie geschaltet. Die resultierende Matrix zweier in Serie geschalteter Vierpole erhält man durch Addition ihrer Widerstandsmatrizen. Die Transistormatrix h muß also in die äquivalente Widerstandsmatrix (Z-Matrix) umgerechnet werden (was am besten mittels Tabellen geschieht — vgl. Abschnitt 0.5). Es ergibt sich

$$h = \begin{bmatrix} \underline{h}_{11} & \underline{h}_{12} \\ \underline{h}_{21} & \underline{h}_{22} \end{bmatrix},$$

$$Z = \begin{bmatrix} \underline{Z}_{11} & \underline{Z}_{12} \\ \underline{Z}_{21} & \underline{Z}_{22} \end{bmatrix} = \begin{bmatrix} \dfrac{\Delta h}{\underline{h}_{22}} & \dfrac{\underline{h}_{12}}{\underline{h}_{22}} \\ -\dfrac{\underline{h}_{21}}{\underline{h}_{22}} & \dfrac{1}{\underline{h}_{22}} \end{bmatrix}. \tag{3.219}$$

Für die Zählpfeilrichtung von Bild 0.21 errechnet sich die Matrix Z_k des GK-Vierpols zu

$$Z_k = \begin{bmatrix} R_k & R_k \\ R_k & R_k \end{bmatrix}. \tag{3.220}$$

Die Summe der Transistormatrix $\mathbf{Z}$ und der Matrix $\mathbf{Z}_k$ des GK-Vierpols ergibt die Widerstandsmatrix $\mathbf{Z}^*$ des gegengekoppelten Transistors

$$\mathbf{Z}^* = \mathbf{Z} + \mathbf{Z}_k = \begin{bmatrix} \underline{Z}_{11}^* & \underline{Z}_{12}^* \\ \underline{Z}_{21}^* & \underline{Z}_{22}^* \end{bmatrix} =$$

$$= \begin{bmatrix} \dfrac{\Delta \underline{h} + \underline{h}_{22} R_k}{\underline{h}_{22}} & \dfrac{\underline{h}_{12} + \underline{h}_{22} R_k}{\underline{h}_{22}} \\[2ex] \dfrac{\underline{h}_{22} R_k - \underline{h}_{21}}{\underline{h}_{22}} & \dfrac{1 + \underline{h}_{22} R_k}{\underline{h}_{22}} \end{bmatrix}. \quad (3.221)$$

Die Widerstandsmatrix $\mathbf{Z}^*$ wird nun wieder in die äquivalente $\mathbf{h}^*$-Matrix umgerechnet

$$\mathbf{h}^* = \begin{bmatrix} \dfrac{\Delta \underline{Z}^*}{\underline{Z}_{22}^*} & \dfrac{\underline{Z}_{12}^*}{\underline{Z}_{22}^*} \\[2ex] -\dfrac{\underline{Z}_{21}^*}{\underline{Z}_{22}^*} & \dfrac{1}{\underline{Z}_{22}^*} \end{bmatrix} =$$

$$= \begin{bmatrix} \dfrac{\Delta \underline{Z}^* \underline{h}_{22}}{1 + \underline{h}_{22} R_k} & \dfrac{\underline{h}_{12} + \underline{h}_{22} R_k}{1 + \underline{h}_{22} R_k} \\[2ex] \dfrac{\underline{h}_{21} - \underline{h}_{22} R_k}{1 + \underline{h}_{22} R_k} & \dfrac{\underline{h}_{22}}{1 + \underline{h}_{22} R_k} \end{bmatrix} =$$

$$= \begin{bmatrix} \underline{h}_{11} + \dfrac{R_k(1 - \underline{h}_{12})(1 + \underline{h}_{21})}{1 + \underline{h}_{22} R_k} & \dfrac{\underline{h}_{12} + \underline{h}_{22} R_k}{1 + \underline{h}_{22} R_k} \\[2ex] \dfrac{\underline{h}_{21} - \underline{h}_{22} R_k}{1 + \underline{h}_{22} R_k} & \dfrac{\underline{h}_{22}}{1 + \underline{h}_{22} R_k} \end{bmatrix} =$$

$$= \begin{bmatrix} \underline{h}_{11}^* & \underline{h}_{12}^* \\ \underline{h}_{21}^* & \underline{h}_{22}^* \end{bmatrix}. \quad (3.222)$$

Für die Berechnung der GK bei höheren Frequenzen arbeitet man zweckmäßigerweise mit Leitwertsparametern.

Berechnung einer Parallel-Parallel-GK

Ausgangspunkt ist wieder die Transistorstufe von Bild 3.58a. Aus ihr ergibt sich durch Parallel-Parallel-GK mit einem ohmschen Widerstand R_K die Schaltung in Bild 3.72a. Die Kapazität C_K dient als Gleichstromsperre, damit der Arbeitspunkt nicht verändert wird. Sie soll so groß sein, daß sie im Arbeitsfrequenzbereich wie ein Kurzschluß wirkt.
Wie man aus Bild 3.72a ersieht, ergibt sich diesmal kein Unterschied, ob man die ganze

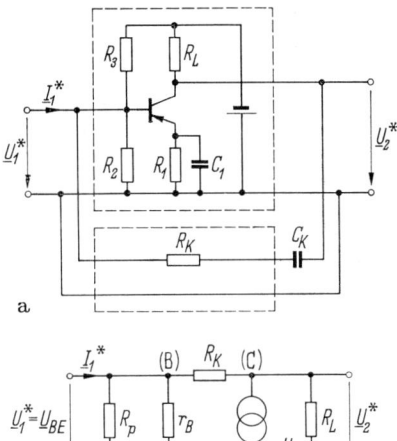

a

b

Bild 3.72. Berechnung einer Parallel-Parallel-GK durch R_K.
(a) Grundschaltung, (b) Wechselstromersatzbild bei mittleren Frequenzen

Schaltung oder nur den Transistor selbst gegenkoppelt. Im Bereich mittlerer Frequenzen kann der Transistor durch das Ersatzbild von Bild 3.40a ersetzt werden, wodurch sich die Schaltung in Bild 3.72b ergibt. Anhand dieser werden nun wieder die Leerlaufspannungsverstärkung $\underline{v}_u^*$, der Eingangswiderstand $\underline{Z}_e^*$ und der ausgangsseitige Innenwiderstand $\underline{Z}_a^*$ berechnet.
Aus der Stromsumme im Punkt (C) folgt

$$g_m \underline{U}_1^* + \frac{U_2^*}{R_L} + \frac{U_2^* - U_1^*}{R_K} = 0 \quad (3.223)$$

oder

$$\underline{U}_2^* \left(\frac{1}{R_L} + \frac{1}{R_K} \right) = \underline{U}_1^* \left(\frac{1}{R_K} - g_m \right). \quad (3.224)$$

Damit folgt — vgl. Gl. (3.210) —

$$\underline{v}_u^* = \frac{\underline{U}_2^*}{\underline{U}_1^*} = \frac{R_L - g_m R_K R_L}{R_L + R_K} = \frac{\underline{v}_u + R_L/R_K}{1 + R_L/R_K}. \quad (3.225)$$

Für $R_K \to \infty$ ist $\underline{v}_u^* = \underline{v}_u$, für $R_K \gg R_L$ bleibt $\underline{v}_u^* \approx \underline{v}_u$. Die Verstärkung $\underline{v}_u^*$ strebt gegen plus Eins für $R_K \to 0$. Im letzteren Fall sind Eingang und Ausgang direkt miteinander verbunden.

Zur Berechnung des Eingangswiderstandes $\underline{Z}_e^*$ wird zunächst aus Bild 3.72b der Strom $\underline{I}_1^*$ berechnet.

$$\underline{I}_1^* = \frac{\underline{U}_1^*}{R_P} + \frac{\underline{U}_1^*}{r_B} + g_m \underline{U}_1^* + \frac{\underline{U}_2^*}{R_L}. \qquad (3.226)$$

Durch Elimination von $\underline{U}_2^*$ mit Gl. (3.224) folgt

$$\underline{I}_1^* = \underline{U}_1^* \left(\frac{1}{R_P} + \frac{1}{r_B} + \frac{g_m R_L + 1}{R_L + R_K} \right) \qquad (3.227)$$

und daraus für den Eingangswiderstand

$$\underline{Z}_e^* = \frac{\underline{U}_1^*}{\underline{I}_1^*} = R_P \| r_B \| \frac{R_L + R_K}{g_m R_L + 1}. \qquad (3.228)$$

Für $R_K \to \infty$ ergibt sich wieder der Eingangswiderstand von Gl. (3.213). Im Gegensatz zur Serie-Serie-GK wird also durch die Parallel-Parallel-GK der Eingangswiderstand verkleinert.

Die Berechnung des ausgangsseitigen Innenwiderstandes $\underline{Z}_a^*$ geschieht wieder anhand von Bild 3.69. Für den Kurzschlußstrom $\underline{I}_k^*$ folgt aus Bild 3.72b

$$\underline{I}_k^* = \underline{U}_1^* \left(\frac{1}{R_K} - g_m \right). \qquad (3.229)$$

Mit der Leerlaufspannung $\underline{U}_2^*$ aus Gl. (3.224) folgt

$$\underline{Z}_a^* = \frac{\underline{U}_2^*}{\underline{I}_k^*} = \frac{1}{1/R_L + 1/R_K} = \frac{R_L R_K}{R_L + R_K}. \qquad (3.230)$$

Für $R_K \to \infty$ ergibt sich wieder das Ergebnis von Gl. (3.215). Durch die Parallel-Parallel-GK wird also der ausgangsseitige Innenwiderstand verkleinert.

Verwendet man als Transistorersatzbild nicht das von Bild 3.40a, sondern das genauere von Bild 3.38a, dann führt man die Berechnung wieder zweckmäßigerweise mit Hybridmatrizen durch. In Bild 3.73 wird durch die Matrix

h der Transistor beschrieben. Durch zwischenzeitliches Umrechnen in die Leitwertsmatrix ergibt sich als Hybridmatrix des gegengekoppelten Transistors

$$h^* = \begin{bmatrix} \underline{h}_{11}^* & \underline{h}_{12}^* \\ \underline{h}_{21}^* & \underline{h}_{22}^* \end{bmatrix} =$$

$$= \begin{bmatrix} \dfrac{\underline{h}_{11} R_k}{R_k + \underline{h}_{11}} & \dfrac{\underline{h}_{12} R_k - \underline{h}_{11}}{R_k + \underline{h}_{11}} \\[2ex] \dfrac{\underline{h}_{21} R_k + \underline{h}_{11}}{R_k + \underline{h}_{11}} & \underline{h}_{22} + \dfrac{1 - \underline{h}_{21} + \underline{h}_{12} - \underline{h}_{21}\underline{h}_{12}}{R_k + \underline{h}_{11}} \end{bmatrix}.$$

$$(3.231)$$

Im übrigen gelten nun wieder Bild 3.71 und die Gln. (3.216) bis (3.218), in welche nun die mit Gl. (3.231) berechneten $\underline{h}^*$-Parameter einzusetzen sind.

3.3.5.3 Stabilitätsbedingungen insbesondere bei Gegenkopplung

Bisher wurde vorausgesetzt, daß die Rückkopplungsspannung gegenphasig zur Eingangsspannung wirkt. Dies kann im Übertragungsbereich des Verstärkers unschwer erreicht werden, jedoch ist mit dem Verstärkungsabfall außerhalb des Übertragungsbereichs auch zwangsläufig eine wechselnde Phasendrehung verbunden, die schließlich die Gegenkopplung in eine Mitkopplung umwandeln kann und bei ungünstiger Bemessung des Verstärkers eine Selbsterregung der Schaltung bei außerhalb des Übertragungsbereichs liegenden Frequenzen herbeiführt.

Allgemein lassen sich Stabilitätsfragen bei Vierpolen anhand ihrer Übertragungsfunktion untersuchen. Speziell bei Verstärkern interessiert besonders die reziproke Spannungsübertragungsfunktion F_u^{-1}, d. h. die Funktion für die Spannungsverstärkung $\underline{v}_u$ [vgl. Gl. (3.166)]. Diese Funktion ist, wenn man alle in der Verstärkerschaltung auftretenden Kapazitäten und Induktivitäten berücksichtigt, im allgemeinen eine frequenzabhängige

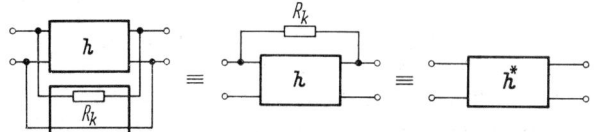

Bild 3.73. Parallel-Parallel-gegengekoppelter Transistorvierpol und Ersatzvierpol

gebrochene rationale Funktion. Die in den Gln. (3.166), (3.209), (3.210) usw. errechneten Funktionen ergaben sich nur deshalb als frequenzunabhängig, weil Kapazitäten usw. vernachlässigt wurden bzw. die Gegenkopplungsnetzwerke als blindwiderstandsfrei vorausgesetzt wurden. Für breitere Frequenzbänder gelten diese Voraussetzungen nicht, vgl. Gl. (3.167) und Gl. (3.169), und es ergibt sich mit $j\omega = s$ aus den Kirchhoffschen Maschen- und Knotenpunktsregeln allgemein

$$\frac{1}{F_u} = \underline{v}_u = \frac{U_2}{U_1} = \frac{Z(s)}{N(s)}. \tag{3.232}$$

$Z(s)$ ist das Zählerpolynom, $N(s)$ das Nennerpolynom in s. Hier gelten die gleichen Überlegungen wie in Abschnitt 2.1.3 bzw. 2.1.1.2 beim Zeitverhalten von Zweipolen. Es ergibt sich auch hier, daß das Nennerpolynom $N(s)$ die charakteristische Gleichung für die Eigenschwingungen der Ausgangsspannung $u_2(t)$ bei verschwindender Eingangsspannung $u_1 = 0$ ist. Das Nennerpolynom darf also keine Nullstellen in der rechten s-Halbebene haben, wenn der Verstärker stabil sein soll. Selbst Nullstellen auf der imaginären s-Achse vermeidet man bei Verstärkern. (Für das Zählerpolynom gilt diese Einschränkung normalerweise nicht, weil beim Berechnen von $\underline{v}_u$ davon ausgegangen wird, daß U_1 die Ursache und U_2 die Wirkung ist. Wenn man von U_2 als Ursache ausgeht, ergibt sich normalerweise eine andere Funktion, als wenn man von U_1 als Ursache ausgeht.) Notwendige und hinreichende Bedingung für Stabilität ist, daß $N(s)$ Nullstellen nur in der linken s-Halbebene

hat, d. h. ein *Hurwitz-Polynom* ist. Für die praktische Untersuchung ist dieses Kriterium sehr unhandlich, weil die Berechnung von $\underline{v}_u$ und erst recht der Pole von $\underline{v}_u$ unter Einschluß aller parasitären Blindelemente sehr umständlich ist. Von praktischer Bedeutung sind darum meßtechnische Methoden.

Eine wichtige Methode liegt in der Messung von F_u nach Betrag und Phase in Abhängigkeit von der Frequenz ω und Aufzeichnen der sich damit ergebenden Ortskurve (Bild 3.74). Die Nullstellen von $N(s)$ bzw. $F_u(s)$ bilden sich alle im Koordinatenursprung ab. Die Ortskurve ist die konforme Abbildung der imaginären s-Achse auf die F_u-Ebene. Liegt der Ursprung stets links der Ortskurve, dann gehören alle Nullstellen zu komplexen Frequenzen s mit negativem Realteil ($\sigma < 0$), was nur abklingende Eigenschwingungen ergibt. Der Verstärker ist dann stabil. Im

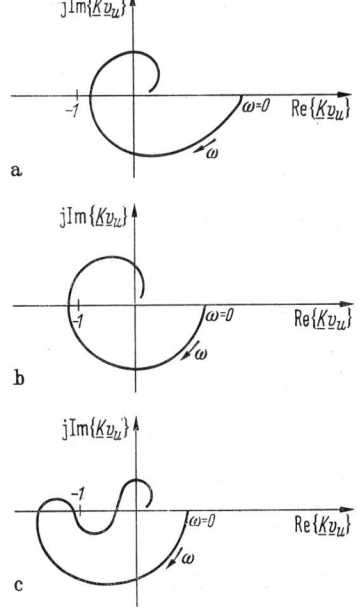

a

b

c

Bild 3.75. Stabilitätskriterien einschleifig rückgekoppelter Verstärker. (a) stabile Rückkopplung im gesamten Frequenzbereich von $\omega = 0$ bis $\omega = \infty$; (b) nichtstabile Rückkopplung: Der Punkt $\underline{K}\underline{v}_u = -1$ wird umschlungen; (c) bedingt stabile Rückkopplung: Der Punkt $\underline{K}\underline{v}_u = -1$ wird zwar nicht umschlungen, Schwankungen von $\underline{K}\underline{v}_u$ (z. B. beim Einschalten, bei Erwärmung usw.) führen hier aber leicht zum Oszillieren

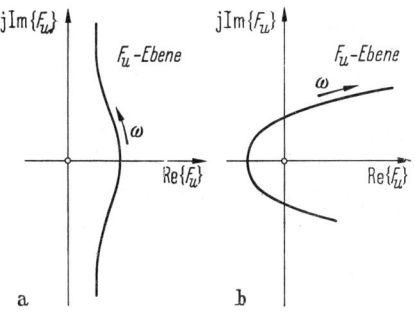

a   b

Bild 3.74. Zur Untersuchung der Stabilität anhand der Ortskurve. (a) stabiler Vierpol, (b) instabiler Vierpol

anderen Fall ist der Verstärker instabil (Strecker-Nyquist-Kriterium).

Bei gegengekoppelten Verstärkern gilt nach Gl. (3.197)

$$\underline{r}_{\mathrm{u}}^{*} = \frac{\underline{v}_{\mathrm{u}}}{1 + \underline{K}\underline{v}_{\mathrm{u}}} = \frac{Z(s)}{N(s)}. \qquad (3.233)$$

Nullstellen von $N(s)$ entsprechen Minus-Eins-Stellen der Schleifenverstärkung $\underline{K}\underline{v}_{\mathrm{u}}$ in Gl. (3.233). Bei Messung der Ortskurve von $\underline{K}\underline{v}_{\mathrm{u}}$ muß also der Punkt -1 stets links der $\underline{K}\underline{v}_{\mathrm{u}}$-Ortskurve liegen, d. h. er darf von der $\underline{K}\underline{v}_{\mathrm{u}}$-Ortskurve nicht umschlungen werden. Bild 3.75 zeigt und erläutert Beispiele von $\underline{K}\underline{v}_{\mathrm{u}}$-Ortskurven, die der Einfachheit halber nur für positive Frequenzen ω aufgezeichnet sind.

Die Größe $\underline{K}\underline{v}_{\mathrm{u}}$ ist der Messung zugänglich, wenn man den Gegenkopplungskreis an irgendeiner Stelle auftrennt und die so entstehenden offenen Klemmenpaare der Trennstelle jeweils mit den Scheinwiderständen abschließt, die gleich den Eingangswiderständen an den gegenüberliegenden Klemmenpaaren sind. Bild 3.76 erläutert den Sachverhalt im einzelnen.

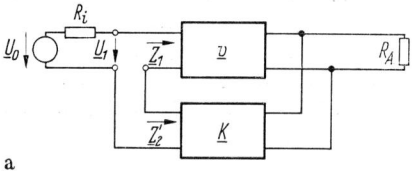

a

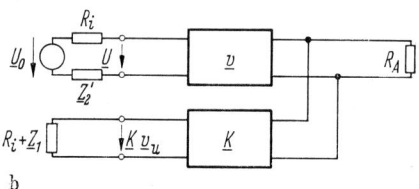

b

Bild 3.76. Meßtechnische Bestimmung der Ortskurve $\underline{K}\underline{v}_{\mathrm{u}}$

3.4 Operationsverstärker

Operationsverstärker sind Differenzverstärker mit extrem hoher Verstärkung. In der Analogrechentechnik bilden solche Verstärker die wichtigsten Bausteine für die Realisierung

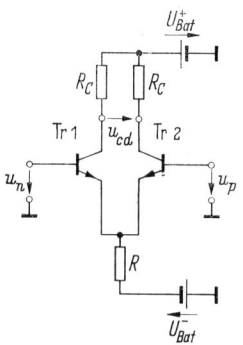

Bild 3.77. Differenzverstärkerstufe

mathematischer Operationen wie Addition, Subtraktion, Integration u. a. Bild 3.77 zeigt die Schaltung einer einzelnen Differenzverstärkerstufe. Der Widerstand R soll sehr groß sein und dafür sorgen, daß die Summe der durch beide Emitter fließenden Ströme praktisch konstant bleibt. Wird durch die Spannung u_{n} der Strom in Transistor Tr 1 vergrößert, dann erniedrigt sich der in Transistor Tr 2. Entsprechendes gilt bei Änderung der Spannung u_{p}. Das Kollektorpotential von Transistor Tr 1 ist daher proportional zur Differenz $u_{\mathrm{p}} - u_{\mathrm{n}}$, das von Transistor Tr 2 proportional zur Differenz $u_{\mathrm{n}} - u_{\mathrm{p}}$. Für die Differenzspannung zwischen beiden Kollektoren gilt

$$u_{\mathrm{cd}} = v_{\mathrm{d}}(u_{\mathrm{p}} - u_{\mathrm{n}}),$$

v_{d} ist die Differenzverstärkung.

Bei Änderung der Spannungen u_{p} und u_{n} im Gleichtakt, d. h. bei $u_{\mathrm{p}} = u_{\mathrm{n}} = u(t)$, tritt wegen des großen Wertes von R praktisch keine Änderung der Kollektorpotentiale auf (Gleichtaktunterdrückung).

Ein Operationsverstärker besteht aus mehreren Stufen: einem Eingangsdifferenzverstärker, einem Zwischenverstärker, der in der Regel ebenfalls ein Differenzverstärker ist, einer Potentialverschiebungsschaltung und einer belastbaren Ausgangsstufe mit geringem Innenwiderstand. Bild 3.78 zeigt ein prinzipielles Beispiel. Die Potentialverschiebung durch Spannungsteilung an R_3 und R_4 soll bewirken, daß das Gleichspannungspotential am Ausgang A zu Null wird, wenn beide Eingangsspannungen u_{p} und u_{n} gleich Null sind (Vermeidung des sogenannten *Offsets*).

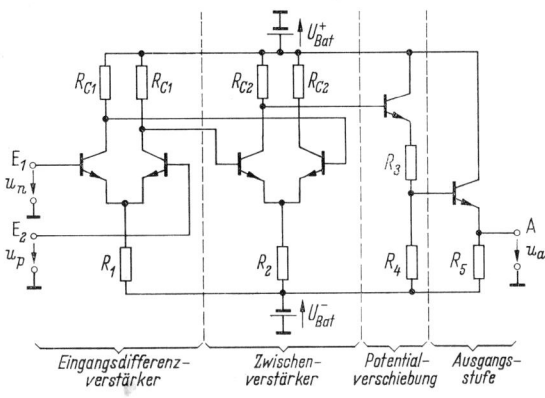

Bild 3.78. Prinzipielle Schaltung eines Operationsverstärkers

In realen Operationsverstärkerschaltungen wird der Emittersummenstrom statt durch R_1 durch den Kollektorstrom eines Transistors eingeprägt. Zur Potentialverschiebung werden meist kompliziertere Stromumlenkschaltungen benutzt, bei denen keine Verstärkungseinbuße in Kauf genommen werden muß, und im Ausgang werden in der Regel Gegentaktstufen verwendet, die sich über einen großen Spannungsbereich linear aussteuern lassen. Zusätzlich sind oft noch weitere Halbleiter enthalten, die teils als Temperaturkompensation teils als Überlastungsschutz dienen.

Für praktische Anwendungen ist der innere Aufbau von Operationsverstärkern von untergeordneterem Interesse. Viel wesentlicher sind seine äußeren Eigenschaften. Deshalb stellt man in Schaltkreisen den Operationsverstärker durch das einfache Symbol in Bild 3.79 dar.

Der Entwurf elektronischer Schaltkreise ist mit den heute zur Verfügung stehenden integrierten Festkörper-Operationsverstärkern vielfach einfacher, sicherer und auch billiger geworden als mit diskreten Einzelteilen. Die beim Entwurf anzustellenden Grundüberlegungen lassen sich am besten anhand idealer Operationsverstärker erläutern.

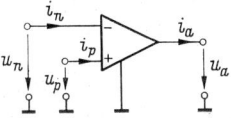

Bild 3.79. Blockschaltungssymbol des Operationsverstärkers

3.4.1 Eigenschaften des idealen Operationsverstärkers und Schaltungen mit idealen Operationsverstärkern

Der ideale Operationsverstärker wird durch folgende Beziehungen gekennzeichnet:

$$i_\mathrm{n} = i_\mathrm{p} = 0 \qquad \text{für alle} \quad u_\mathrm{n} \text{ und } u_\mathrm{p},$$

$$u_\mathrm{a} = V(u_\mathrm{p} - u_\mathrm{n}) \quad \text{für alle} \quad i_\mathrm{a}, \qquad (3.234)$$

Verstärkung $V \to \infty$.

Er hat also eine unendlich hohe Verstärkung, einen verschwindenden Innenwiderstand von der Ausgangsseite und unendlich hohe Eingangswiderstände sowohl zwischen den Eingängen und Masse als auch zwischen beiden Eingängen. Außerdem hat er eine unendlich große Bandbreite.

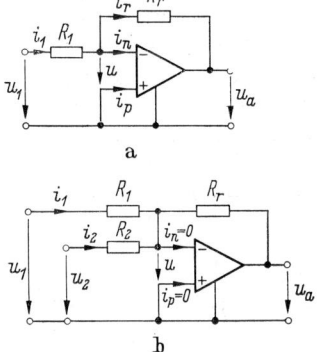

Bild 3.80. Wichtigste Grundschaltungstypen mit Operationsverstärkern (a) invertierende Verstärkerschaltung; (b) invertierende Summierverstärkerschaltung

Bild 3.80a zeigt die wohl wichtigste Grundschaltung mit einem Operationsverstärker. Die Schaltung ist gegengekoppelt, da das über den Rückkopplungswiderstand R_r rückgeführte Signal dem invertierenden Eingang $(-)$ zugeführt wird. Wegen $i_n = i_p = 0$ folgt mit der Knotenanalyse

$$i_1 = \frac{u_1 - u}{R_1} = i_r = \frac{u - u_a}{R_r}. \tag{3.235}$$

Mit $u = -u_a/V$ folgt daraus nach elementarer Rechnung

$$v_u^* = \frac{u_a}{u_1} = \left.\frac{-R_r/R_1}{1 + \frac{1}{V}\left(1 + R_r/R_1\right)}\right|_{V \to \infty} = -R_r/R_1. \tag{3.236}$$

Die Verstärkung v_u^* des gegengekoppelten Operationsverstärkers geht also gegen den konstanten Wert $-R_r/R_1$, falls

$$V \gg 1 + R_r/R_1. \tag{3.237}$$

Starke Schwankungen der normalerweise endlichen Verstärkung V des realen Operationsverstärkers wirken sich also nur geringfügig auf die Verstärkung v_u^* des gegengekoppelten Verstärkers aus, solange Gl. (3.237) erfüllt bleibt. Dies ist der größte Vorteil bei Verwendung von Operationsverstärkern. Im Fall $V \to \infty$ geht bei endlicher Ausgangsspannung u_a die Differenzspannung am Eingang $u \to 0$. In Bild 3.80 liegt also der invertierende Eingang sozusagen *virtuell* an Masse. In Gl. (3.237) ist das Vorzeichen von V nur scheinbar unwichtig. In Wirklichkeit jedoch würde eine Vorzeichenumkehr von V eine Mitkopplung und damit Instabilität zur Folge haben, vgl. Abschnitt 3.3.5.3. Mit der Schaltung in Bild 3.80b läßt sich die gewichtete Summe zweier Signale bilden. Statt Gl. (3.235) gilt nun

$$\frac{u_1 - u}{R_1} + \frac{u_2 - u}{R_2} = \frac{u - u_a}{R_r}. \tag{3.238}$$

Hieraus folgt für $u = -u_a/V \to 0$

$$u_a = -\frac{R_r}{R_1} u_1 - \frac{R_r}{R_2} u_2. \tag{3.239}$$

Die Schaltungen in Bild 3.80 ergeben beide negative Verstärkungsfaktoren $-R_r/R_{1/2}$. Wird in Bild 3.80a der Widerstand R_r durch eine Kapazität C ersetzt, dann erhält man die Schaltung des Miller-Integrators in Bild 3.81. Für die Stromsumme am invertierenden Eingang folgt

$$i_1 = \frac{u_1 - u}{R_1} = i_n + C\,\frac{\mathrm{d}(u - u_a)}{\mathrm{d}t}. \tag{3.240}$$

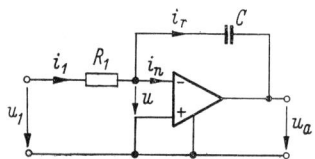

Bild 3.81. Miller-Integrator

Mit $i_n = 0$ und $u = -u_a/V \to 0$ folgt daraus

$$u_1 = -RC\,\frac{\mathrm{d}u_a}{\mathrm{d}t} \tag{3.241}$$

bzw. umgekehrt

$$u_a(t) = -\frac{1}{RC} \int_{-\infty}^{t} u_1(\tau)\,\mathrm{d}\tau =$$

$$= -\frac{1}{RC} \int_{0}^{t} u_1(\tau)\,\mathrm{d}\tau + u_a(0). \tag{3.242}$$

Der Miller-Integrator bewirkt eine sehr exakte Integration, weil der Ladestrom i_r des Kondensators C durch die Eingangsspannung u_1 eingeprägt wird und nicht wie in Bild 1.26 von der Kondensatorspannung abhängt (solange der Operationsverstärker nicht übersteuert ist). Vertauscht man C und R_1 in Bild 3.81, dann erhält man zwar im Prinzip ein Differenzierglied. Die Differentiation ist aber wegen des Tiefpaßcharakters der Verstärkung $\underline{V}(j\omega)$, vgl. Abschnitt 3.4.3, nicht sonderlich exakt. Einen positiven Verstärkungsfaktor erhält man mit der Schaltung in Bild 3.82.

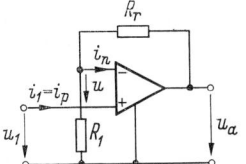

Bild 3.82. Nichtinvertierende Verstärkerschaltung

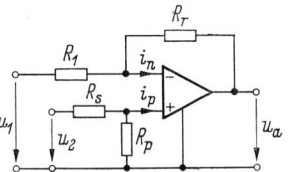

Bild 3.83. Differenzverstärkerschaltung

Aus der Spannungsteilerregel folgt wegen $i_n = 0$

$$\frac{u_a}{u_1 + u} = \frac{R_r + R_1}{R_1}.\qquad(3.243)$$

Mit $u = -u_a/V$ folgt daraus nach elementarer Rechnung

$$v_u^* = \frac{u_a}{u_1} = \frac{R_r + R_1}{R_1}\cdot\frac{1}{1 + \dfrac{1}{V}\dfrac{R_r + R_1}{R_1}}\bigg|_{V\to\infty} =$$

$$= \frac{R_r + R_1}{R_1}.\qquad(3.244)$$

Der positive Verstärkungsfaktor ist $v_u^* > 1$. Der Eingangswiderstand des gegengekoppelten Verstärkers ist im Fall von Bild 3.80a wegen $u = -u_a/V \to 0$ gegeben als $R_e = R_1$. Diesen Widerstand R_1 kann man auf Grund der statischen Unvollkommenheiten des realen Operationsverstärkers nicht beliebig groß machen, wie später mit Gl. (3.250) gezeigt wird.

Im Fall von Bild 3.82 ist er wegen $i_1 = i_p = 0$ theoretisch unendlich hoch, praktisch jedoch ist er bei realen Operationsverstärkern auch endlich, kann aber bei solchen mit FET-Eingang immerhin $10^{11}\ \Omega$ betragen. Dem Vorteil des hohen Eingangswiderstandes steht bei der Schaltung von Bild 3.82 der Nachteil gegenüber, daß damit kein Integrator gebildet werden kann.

Bild 3.83 zeigt eine Differenzverstärkerschaltung. Die Analyse dieser Schaltung liefert bei $i_n = i_p = 0$

$$u_a = \frac{u_2}{\dfrac{R_1}{R_r}\left(1 + \dfrac{R_s}{R_p}\right)\Big/\left(1 + \dfrac{R_1}{R_r}\right) + \dfrac{1}{V}\left(1 + \dfrac{R_s}{R_p}\right)} -$$

$$- \frac{u_1}{\dfrac{R_1}{R_r} + \dfrac{1}{V}\left(1 + \dfrac{R_1}{R_r}\right)}.\qquad(3.245)$$

Für den Fall $R_s/R_p = R_1/R_r$ vereinfacht sich das Ergebnis zu

$$u_a = \frac{u_2 - u_1}{\dfrac{R_1}{R_r} + \dfrac{1}{V}\left(1 + \dfrac{R_1}{R_r}\right)}\bigg|_{V\to\infty} = \frac{R_r}{R_1}\left(u_2 - u_1\right).$$

$$(3.246)$$

Für $u_2 = 0$ ergibt sich wieder das Ergebnis von Gl. (3.236). Dies zeigt, daß es theoretisch keine Rolle spielt, ob in Bild 3.80a der nichtinvertierende Eingang (+) direkt oder über einen Widerstand an Masse geschaltet ist. Praktisch zeigt es sich jedoch, daß man auf diese Weise den Einfluß von Offsetgrößen verringern kann, was im folgenden gezeigt wird.

3.4.2 Statische Unvollkommenheiten des realen Operationsverstärkers

Im statischen Betrieb unterscheidet sich der reale Operationsverstärker vom idealen hauptsächlich durch eine endliche, an den Aussteuerungsgrenzen nichtlineare Verstärkung, durch das Vorhandensein einer Offsetspannung und endlicher Eingangsströme sowie durch eine unvollkommene Gleichtaktunterdrückung und einen endlichen Innenwiderstand.

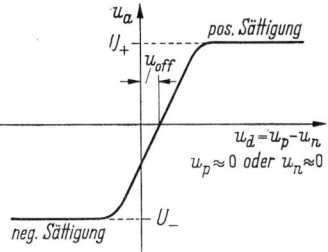

Bild 3.84. Typischer Zusammenhang zwischen den statischen Werten der Ausgangsspannung u_a und der Differenzspannung u_d für $u_p \approx 0$ oder $u_n \approx 0$

Bild 3.84 zeigt einen typischen statischen Zusammenhang zwischen der leerlaufenden Ausgangsspannung u_a und der Differenzspannung $u_d = u_p - u_n$ an den Eingängen. Die Steigung im mittleren Teil der Kurve ist die endliche Verstärkung bei Gleichstrom. Bei Differenzspannungen höheren Betrags tritt eine positive und eine negative Sättigung U_+ und U_-, die manchmal unterschiedliche Beträge haben können, ein.

Den Begrenzungseffekt von Bild 3.84 benutzt man häufig zur Realisierung von Vergleichsschaltungen oder *Komparatoren*. Legt man an den nichtinvertierenden Eingang eine Referenzspannung U_{ref} und an den invertierenden Eingang die mit U_{ref} zu vergleichende Spannung u_1, dann ist bei $V \to \infty$ die Ausgangsspannung $u_a = U_+$, falls $u_1 < U_{ref}$ und umgekehrt $u_a = U_-$, falls $u_1 > U_{ref}$. Der Fall $u_1 = U_{ref}$ hat keine praktische Bedeutung. Ein derart realisierter Komparator hat jedoch den Nachteil, daß der Operationsverstärker stark übersteuert wird und infolgedessen relativ langsam arbeitet.

Bild 3.85a zeigt eine Komparatorschaltung, bei welcher eine Übersteuerung vermieden wird, und die daher auch für höhere Geschwindigkeiten brauchbar ist. Abgesehen vom Rückkoppelpfad entspricht diese Schaltung derjenigen in Bild 3.80b mit $R_1 = R_2 = R$. Die Spannungs-Strom-Kennlinie des Rückkoppelpfads zeigt Bild 3.85b. Sie gleicht in

etwa der Kennlinie in Bild 1.10c, wenn man für die Dioden Kennlinien gemäß Bild 3.10 zugrunde legt. Für $|u_a| < U_K$ ist ein sehr hoher Rückkoppelwiderstand $R_r = R_s/2$ wirksam, da der Diodensperrwiderstand R_s viele Megaohm betragen soll. Dieser Bereich der Ausgangsspannung entspricht einer Situation am Eingang, bei welcher die Differenz

$$U_{ref} - u_1 = \Delta u \to 0 \qquad (3.247)$$

verschwindend klein wird, weil in diesem Bereich eine extrem hohe Verstärkung $R_s/2R$ wirksam ist. Sowie aber $|u_a| \geq U_K$ wird, tritt eine Begrenzung der Ausgangsspannung auf entweder U_K oder $-U_K$ ein. Es gilt daher mit guter Annäherung

$$u_a = \begin{cases} U_K & \text{für } u_1 > -U_{ref} \\ -U_K & \text{für } u_1 < -U_{ref}. \end{cases} \qquad (3.248)$$

Wie Bild 3.84 weiterhin zeigt, geht die Kurve im allgemeinen nicht durch den Ursprung. Dieser Effekt läßt sich durch eine Offsetspannung am sonst idealen Operationsverstärker beschreiben, s. Bild 3.86a. Typische Werte für Offsetspannungen liegen bei $\pm 2\,\text{mV}$. Formelmäßig gilt

$$u_a = V(u_p - u_n + u_{off}). \qquad (3.249)$$

Gl. (3.249) ist nur unter der Voraussetzung gültig, daß entweder $u_p \approx 0$ oder $u_n \approx 0$ ist, d. h. bei verschwindendem Gleichtaktsignal.

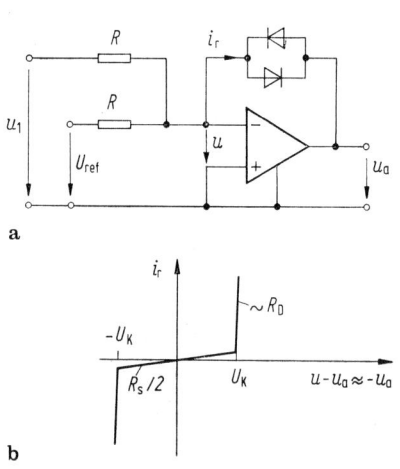

a

b

Bild 3.85. (a) Komparatorschaltung, (b) Spannungs-Strom-Kennlinie des Rückkoppelpfads

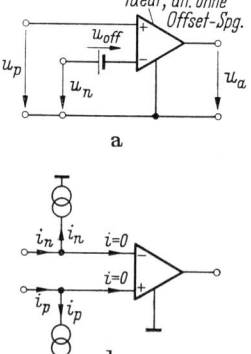

a

b

Bild 3.86. Zur Erläuterung der Offsetgrößen (a) Ersatzbild zur Berücksichtigung der Offsetspannung (u_{off} kann auch negativ sein), (b) Ersatzbild zur Berücksichtigung der Eingangsströme

Den Einfluß der Offsetspannung kann man unter anderem dadurch ausschalten, daß man z. B. anstelle der Schaltung von Bild 3.80a diejenige von Bild 3.83 verwendet und mit einer entsprechenden Gleichspannung am unteren Eingang die Offsetspannung kompensiert.

Während beim idealen Operationsverstärker von Bild 3.79 $i_n = i_p = 0$ ist, haben beim realen Operationsverstärker i_n und i_p Werte der Größenordnung nA bis μA. Die Differenz beider Eingangsströme i_n und i_p bezeichnet man als Offsetstrom, ihr arithmetisches Mittel als Biasstrom. Diese Größen sind aber in der Literatur nicht einheitlich definiert. Da diese Ströme weitgehend unabhängig von der Eingangsspannung sind, kann man sie durch die Stromquellen in Bild 3.86b berücksichtigen.

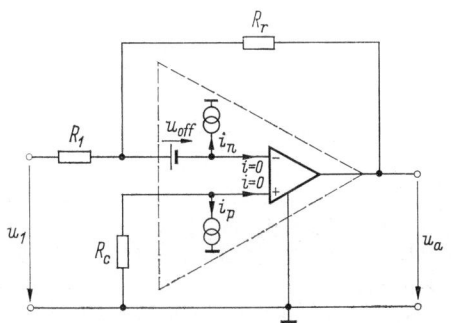

Bild 3.87. Invertierende Verstärkerschaltung von Bild 3.80a mit Berücksichtigung der Offsetgrößen

In Bild 3.87 ist die Schaltung von Bild 3.80a noch einmal dargestellt, wobei nun der ideale Operationsverstärker durch die gestrichelt eingerahmte Anordnung, dem vollständigen Ersatzbild für Offseteinflüsse, ersetzt ist. Die Analyse dieser Schaltung liefert nun anstelle von Gl. (3.236) mit $V \to \infty$

$$u_a = -\frac{R_r}{R_1} u_1 + \qquad (3.250)$$

$$+ \frac{R_r}{R_1} \left[u_{off} \left(\frac{R_1}{R_r} + 1 \right) + i_n R_1 - i_p R_c \frac{R_r + R_1}{R_r} \right].$$

Der zweite Summand gibt den Fehler durch die Offsetgrößen an. Wie schon im Zusammenhang mit Bild 3.83 festgestellt wurde, hat der Widerstand R_c keinen Einfluß auf den Ver-

stärkungsfaktor. Mit ihm kann man aber unter Umständen den Einfluß der Offsetgrößen erheblich reduzieren. Häufig wählt man $R_c = R_1 R_r / (R_1 + R_r)$.

Zusätzlich zum Einfluß der Offsetspannung, die unabhängig vom anliegenden Eingangssignal ist, ergibt sich beim realen Operationsverstärker noch eine vom anliegenden Gleichtaktsignal u_{gl} abhängige unerwünschte Komponente im Ausgangssignal, s. Bild 3.88.

$$u_a = V u_d + V u_{off} + V_{gl} u_{gl}. \qquad (3.251)$$

V_{gl} ist die Gleichtaktverstärkung.
Es ist $|V_{gl}| \ll |V|$. Mit Gleichtaktunterdrückung CMR (common mode rejection ratio) bezeichnet man den Ausdruck

$$CMR = 20 \lg \left| \frac{V}{V_{gl}} \right|. \qquad (3.252)$$

Typische Werte liegen bei 100 dB.

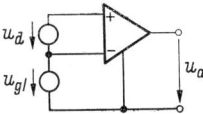

Bild 3.88. Zur Erläuterung der Gleichtaktverstärkung

3.4.3 Dynamische Unvollkommenheiten des realen Operationsverstärkers

Neben den statischen Unvollkommenheiten hat man bei zeitlich veränderlichen Signalen noch die dynamischen Unvollkommenheiten zu berücksichtigen, die vor allem in der Frequenzabhängigkeit der Verstärkung V zum Ausdruck kommen. Letztere wird durch die unvermeidlichen Diffusions- und Sperrschichtkapazitäten in schwer berechenbarer Weise beeinflußt. Für die meisten Zwecke genügt es jedoch, näherungsweise von der Beziehung

$$\underline{V}(j\omega) = \frac{V}{1 + j\omega/\omega_g} = V \frac{1 - j\omega/\omega_g}{1 + (\omega/\omega_g)^2} \quad (3.253)$$

auszugehen. In dieser Beziehung ist V die Verstärkung bei Gleichspannung und ω_g die Grenzfrequenz, bei welcher der Betrag auf den Wert $V/\sqrt{2}$ abgesunken ist, bzw. Real- und Imaginärteil gleichen Betrag annehmen, vgl. Gl. (3.99).

Es ist zweckmäßig, Gl. (3.253) als Bode-Diagramm, d. h. in doppelt logarithmischem Maßstab, darzustellen. Das so entstehende Diagramm für $V = 10^4$ und $f_g = \omega_g/2\pi = 100\,\text{Hz}$ zeigt Bild 3.89. Wie man sieht, läßt sich der Verlauf recht gut durch zwei Geradenstücke approximieren, die bei der Frequenz f_g zusammenstoßen. Oberhalb der Frequenz f_g fällt die Verstärkung mit 20 dB pro Dekade ab.

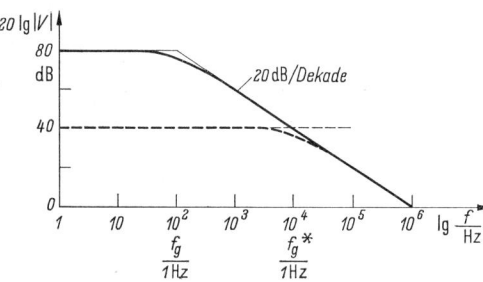

Bild 3.89. Bode-Diagramm des Frequenzgangs eines Operationsverstärkers

Zur Berechnung des Einflusses der frequenzabhängigen Verstärkung auf die Eigenschaften gegengekoppelter Schaltungen hat man Gl. (3.253) in die Gleichungen für die betreffenden Schaltungen — z. B. in die Gln. (3.236), (3.244), (3.246) — einzusetzen unter gleichzeitiger Ersetzung der Momentanwerte u

durch die entsprechenden komplexen Amplituden $\underline{U}(j\omega)$. Auf diese Weise ergibt sich z. B. aus Gl. (3.236) eine Vergrößerung der Bandbreite f_g^* des gegengekoppelten Verstärkers gegenüber der Bandbreite f_g des Operationsverstärkers gemäß

$$f_g^* = \frac{1 + V}{1 + R_r/R_1}\, f_g. \tag{3.254}$$

In Bild 3.89 ist dies für den Fall $R_r = 100 R_1$ durch die gestrichelten Linien dargestellt. Bei f_g^* sind Realteil und Imaginärteil von $\underline{v}_u^*(j\omega)$ gleich groß.

Von den Herstellern werden oft auch solche Operationsverstärker angeboten, die zwar einen größeren Wert von f_g haben, bei denen aber dafür der Betrag der Verstärkung stärker als mit 20 dB pro Dekade abfällt. Derartige Operationsverstärker ermöglichen den Entwurf von gegengekoppelten Schaltungen mit besseren Eigenschaften bei höheren Frequenzen. Allerdings ist in diesem Fall die Stabilität nicht immer gesichert. Man muß unter Umständen bei manchen Schaltungen den Frequenzgang durch eine oder zwei zusätzliche Kapazitäten korrigieren. Eine ausführliche Darstellung der Vorgehensweise findet man bei N. Fliege [8]. Auch ist es zweckmäßig, in dieser Beziehung die Angaben der Hersteller zu Rate zu ziehen.

Literatur

Kapitel 0

1. Unbehauen, R.: Elektrische Netzwerke. 2. Auflage Berlin, Heidelberg, New York: Springer 1981.
2. Pregla, R.: Grundlagen der Elektrotechnik. Teil I: Felder und Gleichstromnetzwerke, Teil II: Induktion, Wechselströme, Elektromechanische Energieumformung. Heidelberg: Hüthig 1980.
3. Küpfmüller, K.: Einführung in die Theoretische Elektrotechnik. 10. Aufl. Berlin: Springer 1973.
4. Holbrook, J. G.: Laplace-Transformation. Braunschweig: Vieweg 1970.
5. Papoulis, A.: The Fourier integral and its applications. New York: McGraw-Hill 1962.
6. Herter, E.; Röcker, W.: Nachrichtentechnik. München, Wien: Hanser 1976.
7. Fischer, J.: Größen und Einheiten der Elektrizitätslehre. Berlin, Göttingen, Heidelberg: Springer 1961.
8. Normen für Größen und Einheiten in Naturwissenschaft und Technik: AEF-Taschenbuch (DIN Taschenbuch, 22). 5. Aufl. Berlin, Köln: Beuth 1978.
9. Föllinger, O.: Laplace- und Fourier-Transformation. Berlin: Elitera 1977.
10. Schüssler, W.: Netzwerke, Signale und Systeme. Berlin, Heidelberg, New York: Springer 1981.

Kapitel 1

1. Desoer, C. A.; Kuh, E. S.: Basic circuit theory. New York: McGraw-Hill 1969.
2. Küpfmüller, K.: Einführung in die theoretische Elektrotechnik. 10. Aufl. Berlin: Springer 1973.
3. Feldtkeller, R.: Theorie der Spulen und Übertrager. 3. Aufl. Suttgart: Hirzel 1958.
4. Chua, L. O.: Introduction to nonlinear network theory. New York: McGraw-Hill 1969.
5. Lowenberg, E. C.: Schaltungen der Elektronik. New York, Düsseldorf: McGraw-Hill 1976.

6. Zinke, O.; Seither, H: Widerstände, Kondensatoren, Spulen und ihre Werkstoffe. 2. Aufl. Berlin, Heidelberg, New York: Springer 1982.
7. Purcell, E. M.: Elektrizität und Magnetismus. Braunschweig: Vieweg 1976.
8. Wagner, S. W. (Hrsg.): Stromversorgung elektronischer Schaltungen und Geräte. Hamburg: v. Decker's Verlag G. Schenk 1964, Abschnitt 3.
9. Höft, H.: Passive elektronische Bauelemente. Heidelberg, Basel: Hüthig 1977.

Kapitel 2

1. Rupprecht, W.: Netzwerksynthese. Berlin, Heidelberg, New York: Springer 1972.
2. Feldtkeller, R.: Einführung in die Siebschaltungstheorie der elektrischen Nachrichtentechnik. Stuttgart: Hirzel 1956.
3. Feldtkeller, R.: Einführung in die Theorie der Hochfrequenz-Bandfilter. 4. Aufl. Stuttgart: Hirzel 1953.
4. Cauer, W.: Theorie der linearen Wechselstromschaltungen. Berlin: Akademie-Verlag 1954.
5. Wunsch, G.: Theorie und Anwendung linearer Netzwerke, Teil I. Leipzig: Akadem. Verlagges. Geest & Portig 1961.
6. Wunsch, G.: Theorie und Anwendung linearer Netzwerke, Teil II. Leipzig: Akadem. Verlagsges. Geest & Portig 1964.
7. Schüssler, W.: Netzwerke und Systeme I. Mannheim, Wien, Zürich: Bibliographisches Institut 1971.
8. Wolf, H.: Lineare Systeme und Netzwerke. Berlin, Heidelberg, New York: Springer 1971.
9. Saal, R.: Handbuch zum Filterentwurf. Berlin, Frankfurt: AEG-Telefunken 1979.
10. Temes, G. C.; La Patra, W.: Introduction to Circuit synthesis and design. New York: McGraw-Hill 1977.

Kapitel 3

1. Völz, H.: Elektronik, 2. Aufl., Berlin: Aka-demie-Verlag 1979.
2. Chua, L. O.: Introduction to nonlinear network theory. New York: McGraw-Hill 1969.
3. Middlebrook, R. D.: A simple derivation of field-effect transistor characteristics. Proc. IEEE 51 (1963) 1146—1147.
4. Gray, P. E.; Searle, C. L.: Electronic principles, physics, models, and circuits. New York, London: Wiley 1969.
5. Gummel, H. K.; Poon, C. H.: An integral charge-control-model of bipolar transistors. Bell Syst. Tech. J. 49 (1970) 827—850.
6. Rusche, G., K. Wagner, u. F. Weitzsch: Flächentransistoren: Eigenschaften und Schaltungstechnik. Berlin, Göttingen, Heidelberg: Springer 1961.
7. Gibbons, J. F.: Semiconductor electronics. New York: McGraw-Hill 1966.
8. Fliege, N.: Lineare Schaltungen mit Operationsverstärkern. Berlin, Heidelberg, New York: Springer 1979.
9. Tietze, Ch.; Schenk, U.: Halbleiterschaltungstechnik, 5. Aufl. Berlin, Heidelberg, New York: Springer 1980.
10. Chua, L. O.; Lin, P. M.: Computer aided analysis of electronic circuits. Englewood Cliffs: Prentice Hall 1975.
11. Meyer, J. E.: MOS models and circuit simulation. RCA Review 32, March 1971, 42—63.
12. Bode, H. W.: Network analysis and feedback amplifier design. New York: Van Nostrand 1955.
13. Smith, J. I.: Modern operational circuit design. New York: Wiley 1971.
14. Ebers, J. J., Moll, J. L.: Large-Signal behaviour of junction transistors. Proc. IRE 42 (1954) 1761—1772.
15. Early, J. M.: Effects of space-charge layer widening in junction transistors. Proc. IRE 40 (1952) 1401—1406.

Sachverzeichnis